高等学校
测绘工程专业核心课程规划教材

工程测量学

（第二版）

主编　张正禄

编委　张正禄　黄声享　岳建平
　　　徐万鹏　刘成龙　田永瑞

WUHAN UNIVERSITY PRESS
武汉大学出版社

图书在版编目(CIP)数据

工程测量学/张正禄主编 . —2 版.—武汉:武汉大学出版社,2013.11
(2019.12 重印)
高等学校测绘工程专业核心课程规划教材
ISBN 978-7-307-11710-5

Ⅰ.工⋯ Ⅱ.张⋯ Ⅲ.工程测量—高等学校—教材 Ⅳ.TB22

中国版本图书馆 CIP 数据核字(2013)第 221584 号

责任编辑:王金龙   责任校对:鄢春梅   版式设计:马 佳

出版发行:**武汉大学出版社** (430072 武昌 珞珈山)
(电子邮箱:cbs22@ whu.edu.cn 网址:www.wdp.com.cn)
印刷:湖北民政印刷厂
开本:787×1092 1/16 印张:24.25 字数:586 千字 插页:1
版次:2005 年 10 月第 1 版   2013 年 11 月第 2 版
  2019 年 12 月第 2 版第 10 次印刷
ISBN 978-7-307-11710-5   定价:45.00 元

高等学校测绘工程专业核心课程规划教材
编审委员会

序

　　根据《教育部财政部关于实施"高等学校本科教学质量与教学改革工程"的意见》中"专业结构调整与专业认证"项目的安排，教育部高教司委托有关科类教学指导委员会开展各专业参考规范的研制工作。我们测绘学科教学指导委员会受委托研制测绘工程专业参考规范。

　　专业规范是国家教学质量标准的一种表现形式，并是国家对本科教学质量的最低要求，它规定了本科学生应该学习的基本理论、基本知识、基本技能。为此，测绘学科教学指导委员会从2007年开始，组织12所有测绘工程专业的高校建立了专门的课题组开展"测绘工程专业规范及基础课程教学基本要求"的研制工作。课题组根据教育部开展专业规范研制工作的基本要求和当代测绘学科正向信息化测绘与地理空间信息学跨越发展的趋势以及经济社会的需求，综合各高校测绘工程专业的办学特点，确定专业规范的基本内容，并落实由武汉大学测绘学院组织教师对专业规范进行细化，形成初稿。然后多次提交给教指委全体委员会、各高校测绘学院院长论坛以及相关行业代表广泛征求意见，最后定稿。测绘工程专业规范对专业的培养目标和规格、专业教育内容和课程体系设置、专业的教学条件进行了详尽的论述，提出了基本要求。与此同时，测绘学科教学指导委员会以专业规范研制工作作为推动教学内容和课程体系改革的切入点，在测绘工程专业规范定稿的基础上，对测绘工程专业9门核心专业基础课程和8门专业课程的教材进行规划，并确定为"教育部高等学校测绘学科教学指导委员会规划教材"。目的是科学统一规划，整合优秀教学资源，避免重复建设。

　　2009年，教指委成立"测绘学科专业规范核心课程规划教材编审委员会"，制订"测绘学科专业规范核心课程规划教材建设实施办法"，组织遴选"高等学校测绘工程专业核心课程规划教材"主编单位和人员，审定规划教材的编写大纲和编写计划。教材的编写过程实行主编负责制。对主编要求至少讲授该课程5年以上，并具备一定的科研能力和教材编写经验，原则上要具有教授职称。教材的内容除要求符合"测绘工程专业规范"对人才培养的基本要求外，还要充分体现测绘学科的新发展、新技术、新要求，要考虑学科之间的交叉与融合，减少陈旧的内容。根据课程的教学需要，适当增加实践教学内容。经过一年的认真研讨和交流，最终确定了这17门教材的基本教学内容和编写大纲。

　　为保证教材的顺利出版和出版质量，测绘学科教学指导委员会委托武汉大学出版社全权负责本次规划教材的出版和发行，使用统一的丛书名、封面和版式设计。武汉大学出版社对教材编写与评审工作提供必要的经费资助，对本次规划教材实行选题优先的原则，并根据教学需要在出版周期及出版质量上予以保证。广州中海达卫星导航技术股份有限公司对教材的出版给予了一定的支持。

　　目前，"高等学校测绘工程专业核心课程规划教材"编写工作已经陆续完成，经审查合格将由武汉大学出版社相继出版。相信这批教材的出版应用必将提升我国测绘工程专业的整体教学质量，极大地满足测绘本科专业人才培养的实际要求，为各高校培养测绘领域创新性基础理论研究和专业化工程技术人才奠定坚实的基础。

宁津生

二〇一二年五月十八日

前　言

　　《工程测量学》是高等学校测绘工程专业核心课程规划教材编审委员会确定的17门核心课程规划教材之一。2005年10月，由张正禄等8位高校老师编著的高等学校测绘工程专业核心教材、普通高等教育"十五"国家级规划教材《工程测量学》，到2013年10月刚好8年，在这8年里，该书被许多高等院校的师生作为教材使用，荣获第六届全国高等学校优秀测绘教材一等奖。随着测绘科技的快速发展和变革性进步，编者深感有必要对《工程测量学》进行了重新编写，内容上作较大更新，篇幅上要显著压缩。删除了过时陈旧的内容，归纳了工程测量学的理论方法，增加了现代高新技术，全书的内容更加丰富，章节的编排更加合理。与8年前的教材相比，新编《工程测量学》的更新达百分之六十以上。删除了"工程测量学的仪器与方法"一章，代之以"工程测量学的理论技术和方法"，增加了"高速铁路工程测量"和"城市地下管线探测"两章，删除了"线路工程测量"和"大型离子加速器的精密工程测量"这两章。对章名相同或相近的章，如"工程建设各阶段的测量及信息管理"、"地形图测绘及应用"、"工程建筑物的施工放样"、"工程建筑物的变形监测"、"设备安装检校和工业测量"、"桥梁工程测量"、工业与民用建筑测量"和"隧道与地下工程测量"等，也做了较大的改动。参编作者也有所变动，编写单位有武汉大学、西南交通大学、河海大学、长安大学和中铁十五局，主编张正禄所编写的比例超过百分之六十。书中既充分反映工程测量学科的全貌和最新发展，又包括了主编和作者在教学、科研和生产实践中的成果和经验，可从参考文献目录中查到。

　　全书共分14章，第1章"绪论"，主要讲述什么是工程测量学，为什么要学工程测量学，如何学习工程测量学；第2章"工程建设各阶段的测量及信息管理"，第3章"工程测量学的理论技术和方法"，第4章"工程测量控制网"，第5章"地形图测绘及应用"、第6章"工程建筑物的施工放样"，第7章"工程建筑物的变形监测"，第8章"设备安装检校和工业测量"，这6章是工程测量学的共性部分，是必学的基础性内容，第8章到第14章，依次是"工业与民用建筑测量"、"高速铁路工程测量"、"桥梁工程测量"、"水利和港口工程测量"、"隧道与地下工程测量"以及"城市地下管线探测"，属于典型工程的测量和实践，可以选择性地学习。各章之间有独立性和相关性，如工程测量学的理论技术和方法在工程建筑物的变形监测中有广泛应用，而工业与民用建筑测量中的深基坑变形监测，高速铁路、桥梁和水利工程中有许多典型的变形监测，则是对第7章内容的补充，相得益彰。对于工程测量控制网，其他许多章节也有涉及。隧道与地下工程测量和城市地下管线探测这两章涉及的面较宽，表现了该教材的完备性。

　　本书各章附有本章的重点和难点以及思考题。与本书配套的有《工程测量学习题、课程设计和实习指导书》，指导书针对各章，有名词解释、填空题、选择题、问答题、判断题、计算题和编程题等，还有一般性和综合性课程设计，有实践性教学和集中实习等内容，并有完整的答案。对该课程的规范化、标准化教学有很好的参考作用。

参加编写的作者及分工情况如下：

主编张正禄教授、博士生导师(武汉大学)，负责全书的组织、统稿和检校，撰写了第1、2、3、4、5、7、8章和第14章，其余的各章有部分编写；

黄声享教授、博士生导师(武汉大学)，撰写第6章；

岳建平教授、博士生导师(河海大学)，撰写第12章；

徐万鹏教授级高工(中铁十五局)，撰写第9、10章；

刘成龙教授、博士生导师(西南交通大学)，撰写第11章；

田永瑞副教授、硕士生导师(长安大学)，撰写第13章。

感谢同济大学张松林副教授对主要章节的检校并提出的修改意见，感谢张宇冉、周武平硕士对全书电子稿在格式和文字上的检校工作。

由于作者的水平和精力有限，书中所存在的谬误之处，敬请读者批评指正。

编著者

2013 年 8 月 1 日

目　　录

第1章　绪　　论 …………………………………………………………………………… 1

1.1　工程测量学的定义和作用 …………………………………………………………… 1

  1.1.1　工程测量学的定义 ……………………………………………………………… 1

  1.1.2　工程测量学的学科地位 ………………………………………………………… 2

  1.1.3　工程测量的任务和作用 ………………………………………………………… 2

1.2　工程测量学的内容和应用领域 ……………………………………………………… 3

  1.2.1　工程测量学的内容 ……………………………………………………………… 3

  1.2.2　工程测量学的应用领域 ………………………………………………………… 4

  1.2.3　与工程测量有关的学术团体 …………………………………………………… 4

1.3　工程测量学的特点和学习方法 ……………………………………………………… 5

  1.3.1　工程测量学的特点 ……………………………………………………………… 5

  1.3.2　工程测量学与相邻课程的关系 ………………………………………………… 5

  1.3.3　工程测量学的学习方法 ………………………………………………………… 6

1.4　工程测量学的发展历史和展望 ……………………………………………………… 7

  1.4.1　工程测量学的发展历史 ………………………………………………………… 7

  1.4.2　工程测量学的展望 ……………………………………………………………… 9

第2章　工程建设各阶段的测量及信息管理 ……………………………………………… 12

2.1　工程勘测设计阶段的主要测量工作 ………………………………………………… 12

  2.1.1　工业企业的测量 ………………………………………………………………… 12

  2.1.2　线路工程的测量 ………………………………………………………………… 13

  2.1.3　桥梁工程的测量 ………………………………………………………………… 13

2.2　工程施工建设阶段的测量 …………………………………………………………… 14

2.3　工程运营管理阶段的测量 …………………………………………………………… 15

2.4　工程测量信息管理 …………………………………………………………………… 15

第3章　工程测量学的理论技术和方法 …………………………………………………… 18

3.1　工程测量学的理论 …………………………………………………………………… 18

  3.1.1　测量误差和精度理论 …………………………………………………………… 18

  3.1.2　测量可靠性理论 ………………………………………………………………… 21

  3.1.3　灵敏度理论 ……………………………………………………………………… 25

  3.1.4　工程控制网优化设计理论 ……………………………………………………… 25

3.1.5　测量基准理论 ··· 27

3.2　地面测量技术和方法 ··· 28

　　3.2.1　角度测量 ··· 28

　　3.2.2　方向测量 ··· 29

　　3.2.3　距离测量 ··· 29

　　3.2.4　高程测量 ··· 33

　　3.2.5　坐标测量 ··· 37

　　3.2.6　三维激光扫描测量 ··· 38

　　3.2.7　远程微形变雷达测量系统(IBIS) ·· 39

　　3.2.8　近景摄影测量 ··· 41

3.3　对地观测技术和方法 ··· 42

　　3.3.1　GNSS 技术和方法 ·· 42

　　3.3.2　InSAR 技术和方法 ··· 45

　　3.3.3　机载 LIDAR 技术和方法 ·· 48

3.4　特殊测量技术和方法 ··· 49

　　3.4.1　基准线法测量 ··· 49

　　3.4.2　微距及其变化的测量 ··· 52

　　3.4.3　倾斜测量 ··· 53

　　3.4.4　挠度测量 ··· 54

　　3.4.5　投点测量 ··· 55

　　3.4.6　传感器测量 ·· 56

第4章　工程测量控制网 ·· 59

4.1　概述 ··· 59

4.2　工程测量控制网的种类 ··· 60

　　4.2.1　测图控制网 ·· 60

　　4.2.2　施工测量控制网 ·· 60

　　4.2.3　变形监测网 ·· 61

　　4.2.4　安装测量控制网 ·· 62

4.3　工程测量控制网的基准 ··· 62

4.4　工程测量控制网的布设 ··· 63

　　4.4.1　导线的布设 ·· 64

　　4.4.2　边角网的布设 ··· 64

　　4.4.3　GNSS 网的布设 ··· 65

　　4.4.4　水准网的布设 ··· 65

4.5　工程测量控制网的质量准则 ··· 65

　　4.5.1　精度准则 ··· 65

　　4.5.2　可靠性准则 ·· 68

　　4.5.3　灵敏度准则 ·· 68

　　　4.5.4　费用准则 ……………………………………………………………… 68
　4.6　工程测量控制网的优化设计 …………………………………………………… 69
　4.7　工程测量控制网的数据处理 …………………………………………………… 69
　4.8　几种典型的工程测量控制网 …………………………………………………… 72
　　　4.8.1　特长隧道的洞外平面控制网 ……………………………………………… 72
　　　4.8.2　特大桥梁的施工控制网 …………………………………………………… 72
　　　4.8.3　大型水利枢纽工程的施工控制网 ………………………………………… 74
　　　4.8.4　大型离子加速器的安装测量控制网 ……………………………………… 74
　　　4.8.5　大型升船机工程的施工与安装测量控制网 ……………………………… 76
　4.9　工程测量控制网点的埋设 ……………………………………………………… 76
　　　4.9.1　标石 ………………………………………………………………………… 76
　　　4.9.2　标志 ………………………………………………………………………… 78
　　　4.9.3　有关的其他标石标志 ……………………………………………………… 80

第5章　地形图测绘及应用 ……………………………………………………………… 81
　5.1　地形图及其比例尺系列 ………………………………………………………… 81
　　　5.1.1　地形图的定义和特点 ……………………………………………………… 81
　　　5.1.2　地形图的比例尺 …………………………………………………………… 81
　5.2　地形图测绘简述 ………………………………………………………………… 82
　　　5.2.1　陆地地形图测绘 …………………………………………………………… 82
　　　5.2.2　水下地形图测绘 …………………………………………………………… 83
　5.3　工程建设对地形图的要求 ……………………………………………………… 85
　　　5.3.1　工程建设对地形图比例尺的要求 ………………………………………… 85
　　　5.3.2　工程建设对地形图的精度要求 …………………………………………… 86
　5.4　地形图的应用 …………………………………………………………………… 86
　　　5.4.1　地形图的普通应用 ………………………………………………………… 86
　　　5.4.2　大比例尺地形图的典型应用 — 场地平整 ……………………………… 88
　　　5.4.3　地形图在工程建设中的应用 ……………………………………………… 91
　5.5　竣工总图实测与编绘 …………………………………………………………… 92
　　　5.5.1　竣工总图及其特点 ………………………………………………………… 92
　　　5.5.2　竣工总图的分类 …………………………………………………………… 93
　　　5.5.3　竣工总图的实测 …………………………………………………………… 93
　　　5.5.4　竣工总图的编绘 …………………………………………………………… 94

第6章　工程建(构)筑物的施工放样 ………………………………………………… 97
　6.1　建筑限差和放样精度 …………………………………………………………… 97
　　　6.1.1　建筑限差 …………………………………………………………………… 97
　　　6.1.2　施工放样的定义 …………………………………………………………… 97
　　　6.1.3　放样精度的确定方法 ……………………………………………………… 98

6.2 施工放样的种类和常用方法 …………………………………………… 99
  6.2.1 施工放样的种类 ……………………………………………………… 99
  6.2.2 点和平面直线放样方法 ……………………………………………… 99
  6.2.3 铅垂线放样方法 ……………………………………………………… 105
  6.2.4 高程放样方法 ………………………………………………………… 106
6.3 特殊的施工放样方法 ……………………………………………………… 108
  6.3.1 大跨度桥梁的放样方法 ……………………………………………… 108
  6.3.2 异形建筑的放样方法 ………………………………………………… 110
6.4 道路曲线及其放样数据计算 ……………………………………………… 116
  6.4.1 圆曲线 ………………………………………………………………… 116
  6.4.2 带缓和曲线的圆曲线 ………………………………………………… 119
  6.4.3 回头曲线 ……………………………………………………………… 123
  6.4.4 竖曲线 ………………………………………………………………… 124
  6.4.5 曲线测设方法 ………………………………………………………… 125
6.5 典型工程施工放样举例 …………………………………………………… 125
  6.5.1 三峡工程的特殊施工放样简述 ……………………………………… 125
  6.5.2 苏通大桥的特殊施工放样简述 ……………………………………… 127
  6.5.3 国家游泳中心的特殊施工放样简述 ………………………………… 130

第7章 工程建筑物的变形监测 ……………………………………………… 136
7.1 变形监测的基础知识 ……………………………………………………… 136
  7.1.1 变形监测的定义和分类 ……………………………………………… 136
  7.1.2 工程变形监测的意义和特点 ………………………………………… 137
  7.1.3 变形影响因子和变形模型 …………………………………………… 138
  7.1.4 变形监测的技术和方法 ……………………………………………… 142
7.2 变形监测方案设计 ………………………………………………………… 143
  7.2.1 典型变形的监测设计 ………………………………………………… 144
  7.2.2 测量方案设计需考虑的问题 ………………………………………… 146
7.3 变形观测数据处理 ………………………………………………………… 149
  7.3.1 概述 …………………………………………………………………… 149
  7.3.2 监测网参考点的稳定性分析 ………………………………………… 149
  7.3.3 变形分析 ……………………………………………………………… 152
7.4 变形监测资料整理、成果表达和解释 …………………………………… 159
  7.4.1 变形监测资料整理 …………………………………………………… 159
  7.4.2 成果表达 ……………………………………………………………… 161
  7.4.3 成果解释 ……………………………………………………………… 167

第8章 设备安装检校测量和工业测量 ……………………………………… 172
8.1 概述 ………………………………………………………………………… 172

8.2 设备安装检校的控制测量 ……………………………………… 172

8.3 设备安装检校中的若干测量 …………………………………… 174

   8.3.1 精密定线 ……………………………………………………… 174

   8.3.2 短边精密测角 ………………………………………………… 175

   8.3.3 短边方位传递 ………………………………………………… 178

8.4 设备安装检校测量的方法 ……………………………………… 179

   8.4.1 传统测量方法 ………………………………………………… 179

   8.4.2 现代测量方法 ………………………………………………… 179

8.5 三维工业测量系统 ……………………………………………… 181

   8.5.1 全站仪测量系统 ……………………………………………… 181

   8.5.2 激光跟踪测量系统 …………………………………………… 185

   8.5.3 工业摄影测量系统 …………………………………………… 187

   8.5.4 距离交会测量和室内 GPS 系统 …………………………… 190

   8.5.5 工业测量系统软件 …………………………………………… 192

8.6 大型天线的安装检校测量实例 ………………………………… 193

   8.6.1 概述 …………………………………………………………… 193

   8.6.2 控制网测量 …………………………………………………… 193

   8.6.3 天线面板水平拼装 …………………………………………… 195

   8.6.4 工作姿态下的测量及调整 …………………………………… 196

第9章 工业与民用建筑测量 …………………………………………… 199

9.1 大型工业厂区测量 ……………………………………………… 199

   9.1.1 大型厂区施工控制测量 ……………………………………… 200

   9.1.2 大型厂区施工测量 …………………………………………… 202

9.2 高层建筑物测量 ………………………………………………… 206

   9.2.1 内部控制网的建立和传递 …………………………………… 206

   9.2.2 垂直度计算 …………………………………………………… 207

   9.2.3 高程传递 ……………………………………………………… 207

   9.2.4 深基坑变形监测 ……………………………………………… 207

9.3 高耸建筑物测量 ………………………………………………… 211

   9.3.1 高耸建筑物竖向轴线控制——分层投点法 ………………… 211

   9.3.2 烟囱的施工测量 ……………………………………………… 215

   9.3.3 电视塔的施工测量 …………………………………………… 216

   9.3.4 摩天大楼的施工测量 ………………………………………… 220

9.4 异型异构建筑物测量 …………………………………………… 222

   9.4.1 国家体育场——"鸟巢"的测量 …………………………… 222

   9.4.2 国家大剧院的测量 …………………………………………… 226

   9.4.3 大型古建筑和文物的测量 …………………………………… 231

第10章　高速铁路工程测量 ································ 233

　10.1　概述 ·· 233

　10.2　高铁控制网的布设和测量基准 ···················· 234

　　10.2.1　控制网布设 ······································ 234

　　10.2.2　测量基准及建立方法 ···························· 235

　10.3　轨道控制网(CPⅢ)的布设和处理 ·················· 239

　　10.3.1　测量基准和精度匹配问题 ······················ 239

　　10.3.2　CPⅢ布设 ··· 240

　　10.3.3　CPⅢ网平面测量 ·································· 241

　　10.3.4　CPⅢ网高程测量 ·································· 242

　　10.3.5　三网合一技术 ···································· 243

　　10.3.6　CPⅢ网三维严密平差技术 ······················ 244

　10.4　轨道系统精密测量 ································· 253

　　10.4.1　轨道工程测量方法及专用仪器 ·················· 253

　　10.4.2　轨道精调测量 ···································· 256

　10.5　双块轨枕精调 ·· 257

　　10.5.1　轨排精调测量 ···································· 258

　　10.5.2　机械法施工的支脚精调 ·························· 258

　10.6　轨道板精调 ·· 259

　　10.6.1　博格精调技术 ···································· 259

　　10.6.2　基于轨道的轨道板精调技术 ···················· 264

　10.7　通用型强制对中装置 ······························· 265

　10.8　高速铁路的变形监测 ······························· 268

　　10.8.1　沉降监测网布设 ·································· 268

　　10.8.2　精度要求和数据处理原则 ······················ 269

　　10.8.3　桥梁沉降监测 ···································· 269

　　10.8.4　路基沉降监测 ···································· 270

第11章　桥梁工程测量 ································· 272

　11.1　概述 ·· 272

　11.2　桥梁施工控制网的精度和布设 ···················· 272

　　11.2.1　桥梁施工控制网的精度 ························· 272

　　11.2.2　桥梁施工控制网的布设 ························· 273

　11.3　悬索桥基准索股的垂度测量 ······················ 274

　　11.3.1　垂度测量的内容、要求和方法 ·················· 274

　　11.3.2　基于单向大气折光系数改正的垂度测量 ·········· 275

　　11.3.3　西堠门大桥的垂度测量 ························· 276

　　11.3.4　西堠门大桥的垂度控制及精度 ·················· 277

　11.4　悬索桥的索塔变形监测 ··························· 278

    11.4.1 日照温差影响的索塔静态变形监测 ·· 278

    11.4.2 猫道施工阶段的索塔变形监测 ·· 279

    11.4.3 索股牵引阶段的索塔变形监测 ·· 279

    11.4.4 钢箱梁吊装阶段的索塔变形监测 ·· 280

    11.4.5 索塔变形的距离差监测法 ·· 281

  11.5 连续刚构桥悬臂箱梁的挠度变形监测 ··· 282

    11.5.1 挠度变形的成因分析 ·· 282

    11.5.2 挠度变形监测与精度 ·· 283

    11.5.3 挠度变形监测的措施 ·· 285

    11.5.4 挠度变形的规律 ·· 286

  11.6 长悬臂箱梁标高的温度影响 ··· 286

    11.6.1 温度对长悬臂箱梁标高的影响 ··· 287

    11.6.2 温度影响的实验分析 ·· 288

    11.6.3 克服温度影响的对策 ·· 289

第 12 章 水利和港口工程测量 ·· 292

  12.1 水利工程测量概述 ·· 292

  12.2 大型水利工程的施工测量 ··· 293

    12.2.1 施工控制测量 ··· 293

    12.2.2 施工测量和放样 ··· 294

    12.2.3 设备安装测量 ··· 295

  12.3 大坝安全监测 ·· 297

    12.3.1 大坝外部变形监测 ·· 297

    12.3.2 大坝内部变形监测 ·· 298

  12.4 港口工程测量 ·· 300

    12.4.1 概述 ··· 300

    12.4.2 港口地形和控制测量 ··· 301

    12.4.3 桩基定位与施工测量 ··· 301

    12.4.4 港口施工测量和安全监测 ··· 303

第 13 章 隧道和地下工程测量 ·· 306

  13.1 概述 ·· 306

  13.2 隧道贯通误差与估算 ··· 307

    13.2.1 隧道贯通误差 ··· 307

    13.2.2 隧道贯通误差的分配 ··· 308

    13.2.3 隧道横向贯通误差影响值估算 ··· 309

    13.2.4 高程测量误差对高程贯通误差的影响 ····································· 312

  13.3 地下工程的控制测量 ··· 312

    13.3.1 隧道工程的地面控制测量 ··· 313

　　13.3.2　隧道工程的地下控制测量 ································· 315

　13.4　竖井联系测量 ·· 317

　　13.4.1　竖井平面联系测量 ······································· 318

　　13.4.2　高程联系测量 ··· 322

　13.5　陀螺仪定向原理及应用 ·· 323

　　13.5.1　概述 ··· 323

　　13.5.2　陀螺仪的基本特性 ·· 324

　　13.5.3　陀螺经纬仪定向原理 ······································ 325

　　13.5.4　高精度磁悬浮陀螺全站仪定向原理及应用 ·················· 329

　13.6　隧道施工测量与竣工测量 ······································ 333

　　13.6.1　隧道施工测量 ··· 333

　　13.6.2　隧道贯通误差的测定与调整 ································ 335

　　13.6.3　隧道竣工测量 ··· 337

　　13.6.4　施工期的变形监测 ·· 337

　13.7　盾构自动引导测量和顶管施工测量 ······························ 337

　　13.7.1　盾构自动引导测量系统 ···································· 337

　　13.7.2　顶管施工测量 ··· 339

第14章　城市地下管线探测 ··· 344

　14.1　概述 ·· 344

　　14.1.1　城市地下管线的现状 ······································ 344

　　14.1.2　地下管线探测的目的和意义 ································ 345

　　14.1.3　城市地下管线分类和结构 ·································· 345

　　14.1.4　城市地下管线探测基本流程 ································ 346

　14.2　城市地下管线探测方法和仪器 ··································· 346

　　14.2.1　地下管线探测方法 ·· 346

　　14.2.2　地下管线探测仪器 ·· 348

　　14.2.3　地下管线探测的程序和检验 ································ 349

　14.3　城市地下管线测绘 ··· 350

　　14.3.1　一般规定 ·· 350

　　14.3.2　已有地下管线测量 ·· 350

　　14.3.3　新建地下管线测量 ·· 352

　　14.3.4　管线数据处理与图形编绘 ·································· 353

　14.4　城市地下管线网信息系统 ······································ 356

　　14.4.1　系统结构 ·· 356

　　14.4.2　基本功能 ·· 356

　　14.4.3　数据标准制定和数据库设计 ································ 357

　　14.4.4　应用实例 ·· 358

参考文献 ··· 362

第1章 绪 论

工程测量学是一门实用性很强的测绘学二级学科,其理论、技术和方法涉及测绘学的许多知识。本章主要讲述工程测量学的定义、特点、发展历史、应用领域和学科地位,指出了对工程测量人员的要求和如何学好工程测量学这门课程。

1.1 工程测量学的定义和作用

1.1.1 工程测量学的定义

工程测量学(Engineering Surveying 或 Engineering Geodesy)是测绘学的二级学科,归纳起来,有以下三种定义:

(1) 工程测量学是研究各种工程建设在勘测设计、施工建设和运营管理阶段所进行的各种测量工作的学科。

工程建设是指投资兴建(建造、购置和安装)固定资产的经济活动以及与之相联系的其他工作。工程建设一般分为勘测设计、施工建设和运营管理三个阶段。各种工程包括:工业与民用建筑(如大型厂区,城市高层、高耸和各种建筑物等),道路工程(各种铁路、公路等),桥梁与隧道工程,水利水电枢纽工程(包括大坝、厂房、船闸等),地下工程(如地下矿山、隧道、城市地铁和人防等),管线工程(高压输电线、输油气管道和城市地下管线等),矿山工程(专门有矿山工程测量子学科),其他工程(如军事工程、海洋工程、机场、港口、核电厂以及离子加速器这样的科学实验工程)等。工程测量贯穿于各种工程的各个阶段。

(2) 工程测量学主要研究在工程建设各阶段、环境保护及资源开发中所进行的地形和其他有关信息的采集及处理,施工放样、设备安装和变形监测的理论、方法与技术,研究对测量资料及与工程有关的各种信息进行管理和使用,它是测绘学在国家经济建设和国防建设中的一门应用性学科。

地形信息采集主要表现为各种大比例尺地形图测绘,施工放样是将工程的室内设计放样实现到实地,变形监测(亦称安全监测)贯穿于工程建设的三个阶段,还包括变形分析与预报。

(3) 工程测量学是研究地球空间中(包括地面、空中、地下和水下)具体几何实体的测量描绘和抽象几何实体的测设实现的理论、方法和技术的一门应用性学科。它主要以建筑工程和机器设备为研究服务对象。

具体几何实体指一切被测对象,包括存在的地形、地物,已建的各种工程及附属物;抽象几何实体指一切设计的但尚未实现的各项工程。

比较上述三种定义，定义(1)比较大众化，易于理解，工程测量学翻译成 Engineering Surveying 比较恰当。定义(2)较定义(1)更具体、准确，上升到了理论、方法与技术，且范围更大，包括了环境保护及资源开发。从学术意义上讲，定义(3)更加概括、抽象、严密和科学。定义(2)、(3)除建筑工程外，机器设备乃至其他几何实体都是工程测量学的研究对象，而且都上升到了理论、方法和技术，强调工程测量学所研究的是与几何实体相联系的测量、测设的理论、方法和技术，而不仅仅是研究各阶段的各种测量工作。按定义(2)、(3)，工程测量学当翻译成 Engineering Geodesy。

1.1.2　工程测量学的学科地位

工程测量学是测绘学的二级学科。测绘学又称测绘科学与技术，它是一门具有悠久发展历史和现代科技含量的一级学科。测绘学的二级学科可作如下划分：

(1)大地测量学。包括天文大地测量学、几何大地测量学(或称大地测量学基础)、物理大地测量学、地球物理大地测量学、卫星大地测量学、空间大地测量学和海洋大地测量学等。

(2)工程测量学。包括矿山测量学、精密工程测量学、工程的变形监测分析与预报。国际上，许多矿山测量工作者认为他们所从事的工作与工程测量不同，应从工程测量中分离出来，并成立了矿山测量协会。但把矿山测量看作是工程测量的分支更恰当一些。

(3)摄影测量学与遥感。可分为摄影测量学、遥感学，摄影测量与遥感有许多相同之处，也有本质上的不同之处。摄影测量学包括航空摄影测量学和地面摄影测量学(也称近景摄影测量学或工程摄影测量学)，遥感学包括航空遥感学和航天遥感学。

(4)地图制图学。亦称地图学，包括地图投影、地图综合、地图编制和地图制印等。

(5)地理信息系统。是测绘学、大气科学、地理学和资源科学等一级学科的二级学科。

(6)不动产测绘(或称地籍测绘)。国外许多国家将其作为测绘学的二级学科，因为在经济、法律上有特殊意义；在测量技术方面，与工程测量的技术方法基本相同，且较之更简单。因此，国内有人将地籍测量纳入工程测量的范畴。

目前国内测绘教育将测绘学划分为大地测量学与测绘工程、摄影测量与遥感、地图制图学与地理信息工程三个二级学科，其实是不太恰当的。

1.1.3　工程测量的任务和作用

工程测量的任务可以概括为一句话：为工程建设提供测绘保障，满足工程建设各阶段的各种需求。具体地讲，在工程勘测设计阶段，提供设计所需要的地形图等测绘资料，为工程的勘测设计、初步设计和技术设计服务；在施工建设阶段，主要是施工放样测量，保证施工的进度、质量和安全；在运营管理阶段，则是以工程健康监测为重点，保障工程的安全高效运营。

工程测量在工程建设中，起尖兵和卫士的作用。工程测量关系到工程设计的好坏、关系到工程建设的速度和质量、关系到工程运营的效益和安全。以变形监测为例，它贯穿于工程建设和工程运营的始终，变形监测是长久性的工作，监测是基础，分析是手段，预报是目的。工程的变形监测，不仅是工程和设备正常和安全运营的保障，其数据处理结果也是对设计正确性的检验，变形分析资料是建设中修改设计或新建类似工程设计的重要依据。

1.2　工程测量学的内容和应用领域

1.2.1　工程测量学的内容

工程测量学的主要内容可以概括为：地形资料的获取与表达；工程控制测量及数据处理；建筑物的施工放样；设备安装检核测量；工程及与工程有关的变形监测分析与预报；工程测量专用仪器的研制与应用；工程信息系统的建立与应用等。

(1)工程测量学的理论、技术和方法。综合了误差、精度、可靠性、灵敏度、误差分配、精度匹配、优化设计、坐标系及其转换等理论。我们知道，经纬仪、水准仪、全站仪是工程测量的通用仪器，光学经纬仪、水准仪逐渐被电子经纬仪、电子全站仪、电子水准仪取代。GPS 接收机也已成为通用仪器而广泛使用。陀螺经纬仪可直接测定方位角，主要用于联系测量和地下工程测量。通用仪器可测角度、距离、高差、坐标差和坐标等几何量。为了保持内容的完备性，对于在测量学、大地测量学基础中已经讲述的测量技术和方法，本书只作简要归纳，对一些现代空间测量技术和方法则作系统性介绍，重点放在特殊的测量技术和方法上，如应用在精密工程测量领域的各种专用仪器技术和方法，包括确定待测点相对于基准线(或基准面)的偏距的基准线测量(或准直测量)、微距离及其变化量的精密距离测量、液体静力水准测量、倾斜测量和挠度测量等。此外，车载、机载和地面三维激光扫描仪已成为数据采集的重要手段，多传感器的高速铁路轨道测量系统，由 GPS 接收机、惯导仪、激光扫描仪、智能全站仪、CCD 相机以及其他传感器等集成的地面移动式测量系统，由 GPS OEM 板、通信模块、自动寻标激光测距仪等集成的变形遥控监测预警系统等，都代表了工程测量技术的现代发展。这些内容将在第 3 章中作为共性知识进行介绍和讲述。

(2)地形资料的获取与表达。在测量学中已经学习了大比例尺地形图的数字测绘方法。工程测量学中，主要是大、中、小比例尺地形图的应用，水下地形图、竣工图和各种纵横断面图测绘等，这些内容将在第 5 章作为共性知识介绍。

(3)工程控制测量及数据处理。包括工程控制网的分类、设计、建立和应用。涉及坐标系、基准、仪器和方法选取，建网、观测和网平差数据处理等问题，这些内容将在第 4 章作为共性知识详细讲述。

(4)建筑物的施工放样。放样可归纳为点、线、面、体的放样。点放样是基础，放样点应满足一定的条件，如在一条给定的直线或曲线上，或在空间形状符合设计要求的曲面上。放样分高程放样、直线放样、二维和三维放样。放样的方法很多，可分为一般的通用的放样方法和特殊的专门的放样方法。施工放样的工作量很大，放样一体化、自动化显得特别重要。这些内容将在第 6 章作为共性知识进行详细介绍。

(5)设备安装检核测量。在第 8 章作为共性知识讲述了设备安装检校测量的特点和方法，包括控制测量、短边测角、方位传递、工业测量和应用实例，归纳综述了几种工业测量系统，即电子经纬仪/电子全站仪测量系统、激光跟踪测量系统、工业摄影测量系统和室内 GPS 测量系统。

(6)工程的变形监测分析和预报。工程及与工程有关的变形监测、分析和预报是工程测量学的重要研究内容。该内容在本书第 7 章中作为共性知识进行重点讲述。

变形监测除了针对工程本身和所在范围外，还要对与工程有关的对象、范围进行监测，例如水利枢纽工程的库区滑坡、修建道路引发的滑坡、岩崩等。变形分析和预报需要对变形观测数据进行处理，还涉及工程、地质、水文、应用数学、系统论和控制论等学科，属于多学科交叉领域。

变形监测主要包括水平位移、垂直位移、沉陷、倾斜、扰度、摆动、震动和裂缝等的监测，又分周期性监测和持续性监测。变形分析和预报又称变形观测数据处理，有许多种方法，一般分为统计分析法和确定函数法。统计分析法以大量的监测数据为基础，侧重于变形的几何分析；确定函数法基于外力和变形之间的函数关系，是变形的物理解释方法。

变形监测是基础，变形分析是手段，变形预报是目的。变形监测分析与预报是工程和设备正常、安全运营的基础保障。

(7)本书第 2 章讲述了工程建设各阶段的测量工作及特点，从第 9 章到第 15 章，对工业与民用建筑测量、水利与港口工程测量、高速铁路工程测量、桥梁工程测量、城市地下管线网测量、地下工程测量、海洋工程测量、军事工程测量、加速器工程以及核电厂等典型工程按个性知识进行了讲述，上面各章的共性知识也贯穿其中。

1.2.2　工程测量学的应用领域

工程测量学是一门应用性很强的工程学科，在国家经济建设、国防建设、环境保护及资源开发中都必不可少，其应用领域，可按工程建设阶段和服务对象划分。

按工程建设的勘测设计、施工建设和运营管理三个阶段，工程测量可分为工程勘测、施工测量和安全监测。工程勘测主要是提供各种大、中比例尺如 1∶2000 和 1∶5000 的地形图，为工程地质、水文地质勘探等提供测量服务，重要工程的地层稳定性观测等。施工测量包括建立施工控制网、施工放样、施工进度和质量监控、开挖与建筑方量测绘、施工期的变形监测、设备安装以及竣工测量等。运营管理阶段的测量工作主要是安全监测。

按所服务的对象可分为建筑工程测量、水利工程测量、线路工程测量、桥隧工程测量、地下工程测量、海洋工程测量、军事工程测量、三维工业测量，以及矿山测量、城市测量等。各项服务对象的测量工作，各有其特点与要求，称为个性或特殊，但从其测量的基本理论、技术与方法来看，又有很多共同之处，称为共性或一般。共性知识，重点在本书第 2 章到第 8 章讲述，按个性或服务对象讲述的内容则在第 9 章到第 15 章进行介绍。

工程测量学的应用领域还可以扩展到工业、农业、林业和国土、资源、地矿、海洋等国民经济部门的各行各业。现代工程测量已经远远突破了为工程建设服务的概念，而向所谓的"广义工程测量学"发展，认为"一切不属于地球测量、不属于国家地图集范畴的地形测量和不属于官方的测量，都属于工程测量"。我们可以说：哪里有人类，哪里就有工程测量，哪里有建设，哪里就离不开工程测量。

1.2.3　与工程测量有关的学术团体

国际测量师联合会(International Federation of Surveyors，法文缩写 FIG)是世界各国测

绘学术团体联合组成的综合性学术组织，1878年7月18日成立于法国巴黎，下设3个大组、9个技术委员会。A组是专业组织与管理，包括第一(专业实践)、第二(专业培训)和第三委员会(专业文献)。B组是测量、摄影测量和地图制图，包括第四(河海测量)、第五(测量仪器和方法)和第六委员会(工程测量)。C组是土地规划和土地经济，包括第七(地籍测量和农村土地管理)、第八(城市不动产体系、城镇规划和发展)和第九委员会(不动产估价和经营)。

工程测量委员会下设六个工作组和两个专题组。六个工作组是：大型科学设备的高精度测量技术与方法、线路工程测量与优化、变形监测、工程测量信息系统、激光技术在工程测量中的应用、电子科技文献和网络。两个专题组是：工程和工业中的特殊测量仪器；工程测量标准。

德国、瑞士、奥地利三个德语语系国家在1956年组织了一个每隔3~4年举行一次的"工程测量国际学术讨论会"，到2010年已有16届。每一届都有几个与当时发展有关的专题，如2004年的专题是：大型工程测量项目；测量和数据处理技术；监测和风险管理；瑞士阿尔卑斯山特长隧道。

中国测绘学会下设有工程测量分会，每两年举办一次全国性的学术会议。各省的测绘学会也设有工程测量专业委员会。

1.3 工程测量学的特点和学习方法

1.3.1 工程测量学的特点

工程测量学除了要把实地的地形地物以一定的精度和形式描绘下来之外，更重要的是还需将室内设计图及相关数据和实地上的空间位置有机地联系起来。工程测量学的特点可以归纳为：服务对象众多，应用非常广泛，涉及的知识面广，工程的要求不尽相同，实施的条件千变万化。每个测量工程都需要制定最优化的测量方案，既能满足各项要求，又便捷可行，还能降低成本。许多精密的工程测量项目没有固定的作业模式可以照搬照套，需要遵循多种测绘规范和工程标准。现代工程建设的特点是，大型、特种和精密工程越来越多，即工程的规模越来越大，工程结构越来越复杂、造型越来越别致，有艺术性要求很高的曲线型建筑，有超高和异型异构建筑、有测量条件恶劣的高压高热高辐射建筑，作业难度大的地下和水下建筑等。工程建设的速度也越来越快，对测量放样的精度、速度、可靠性和自动化、智能化等方面的要求越来越高。工程测量学作为一门应用学科，在大型特种精密工程建设中发挥的作用越来越大。

1.3.2 工程测量学与相邻课程的关系

工程测量学与测绘学和其他学科的课程之间有密切的关系(参见图1-1)。"测量学"讲述了常用的测量仪器和大比例尺地图的数字测绘方法；"大地测量学基础"讲述了地球椭球体及其投影、分带，国家控制网的建立和维护，大地水准面、重力异常和垂线偏差等内容；"卫星大地测量学"主要讲述的内容有卫星的运动轨道、GNSS的原理及其应用等；在工程勘测设计阶段，常常要用到国家中、小比例尺的地形图系列，这些是"地图制图学"

的内容;"摄影测量与遥感"是测绘各种比例尺的数字地图的主要技术,例如在新建铁路、公路初步设计阶段,常采用航空摄影测量方法生产供选线设计用的带状地形图,"近景摄影测量"在地形图测绘、变形监测、三维工业测量、文物保护、公安侦破和医疗体育等方面都有许多应用;工程的竣工测量与"地籍测量"和城市基本图测绘有密切关系。所以,工程测量工作者应具备"测量学"、"大地测量学基础"、"摄影测量与遥感"、"地图制图学"、"地理信息系统"以及"地籍测量"等方面的有关知识。误差理论与测量平差是工程测量数据处理的基础,与之相关的还需要最优化设计理论、数值计算方法和线性代数等方面的知识。"高等数学"中的级数和微积分内容,"物理学"中的电磁波传播、力学和光学等是工程测量学中常涉及的基础知识,还应具备光、机、电(子)以及传感器等方面的知识。工程测量学中大量的数据处理、图形图像处理,建立工程信息系统以及基于知识的专家系统等都离不开计算机科学与技术方面的知识,要有一定的软件设计和编程能力,具有计算机软硬件和网络方面的知识。

工程测量的服务对象是各种工程,因此,应当具备有关土建工程、工程地质与水文方面的知识,变形的物理解释需要材料力学和结构力学的有关知识,变形分析与预报则涉及系统论乃至非线性科学方面的有关理论。工程测量工作者不仅需要学习和掌握相邻学科和交叉学科的知识,还要善于与相邻学科和交叉学科的专业人员协作。

随着空间技术、通信技术、信息技术和计算机技术的飞速发展,人类进入了信息时代,随着数字地球、智慧地球的建立和应用,我们可以认为:地球和人类乃是宇宙的中心。地球上人们相互往来日益增多,信息、技术和经验交流日益迫切,为此,工程测量工作者应具有较好的人文和外语知识,应至少学好一门外语。

图 1-1　工程测量学与其他学科和课程的关系

1.3.3　工程测量学的学习方法

在本书中,我们采用了"一般与特殊"、"纵向与横向"相结合的结构体系。所谓"一般",指各种工程的共性,"特殊"则指各种工程的特殊性。对于共性,进行统一讲解,而对于特殊性,则针对某一类工程进行具体描述。"纵向"是指按工程建设的三个阶段阐述测量工作的理论、方法和技术，而"横向"指按典型工程分别进行讲述。

学习时，要熟悉全书的结构体系，重点掌握共性方面的知识，学好第1章到第8章，根据情况，选择性地学习第9章到第15章。要结合工程实践进行教和学，安排一定的实习和课程设计。

1.4 工程测量学的发展历史和展望

1.4.1 工程测量学的发展历史

工程测量学是一门历史悠久的学科，是从人类生产实践中逐渐发展起来的。在古代，它与测量学并没有严格的界限。到近代，随着工程建设的大规模发展，才逐渐形成了工程测量学。

《圣经》中关于测绘的经文有24处，其文字记载，最早可追溯到公元前1400年以前；有关于地球形状的描述，地球上同一时刻有白天和黑夜的话语，也有关于地籍登记、地籍图绘制、房产测量和建筑测量的记载，甚至有量测可在太空中进行、信息可在宇宙中传播的论述。国外，公元前25世纪建造的埃及大金字塔，其形状、方向和位置之精准，都令人惊讶，这说明当时就有测量的工具和方法。我国在公元前2070年的夏朝时代，就开始了水利工程测量工作。司马迁在《史记》中对夏禹治水时的勘测情景作了如下描述："陆行乘车，水行乘船，泥行乘橇，山行乘樏(jú)，左准绳，右规矩，载四时，以开九州，通九道，陂九泽，度九山。"准绳和规矩是当时的测量工具，准是简单的水准器，绳可量距，规可画圆，矩是一种可定平，测长度、高度、深度和画矩形的测量工具。早期的水利工程以防洪、灌溉为主，测量工作是确定水位和堤坝高度。秦代李冰父子领导修建都江堰，用一个石头人来标定水位，当水位超过石头人的肩时，将受到洪水的威胁，水位低于石头人的脚背时，下游将干旱，这与现代水位测量的原理完全一样。1973年从长沙马王堆汉墓出土的地图，包括地形图、驻军图和城邑图三种，表示的内容相当丰富，绘制技术非常熟练，在颜色使用、符号设计、分类和简化等方面都达到了很高水平，是目前世界上发现的最早的地图，这与当时测绘术的发达是分不开的，表明汉代的地形测量、军事工程测量和城市测量已臻发达。北宋时，沈括为了治理汴渠，测得"京师之地比泗州凡高十九丈四尺八寸六分"，是水准测量在水利工程中的应用实例。

公元前14世纪，在幼发拉底河与尼罗河流域曾进行过土地边界测量。我国的地籍测量最早出现在殷周时期，秦、汉过渡到私田制，隋唐实行均田制，建立户籍册。宋朝按乡登记和清丈土地，出现地块图，到了明朝洪武四年，全国进行土地大清查和勘丈，编制的鱼鳞图册，是世界最早的地籍图册。

我国的采矿业是世界上发展最早的国家，在公元前二千多年的黄帝时代就已开始应用金属如铜器、铁器等，到了周代，金属工具已普遍应用。据《周礼》记载，在周朝已建立有专门的采矿部门，开采时很重视矿体形状，并使用矿产地质图来辨别矿产的分布。我国四大发明之一的指南针，从司南、指南鱼算起，有二千多年的历史，对矿山测量和其他工程勘测有很大的贡献。在国外，意大利都灵保存有公元前15世纪的金矿巷道图。公元前13世纪埃及也有按比例缩小的巷道图。公元前1世纪，希腊学者格罗·亚里山德里斯基对地下测量和定向进行了叙述。德国在矿山测量方面有很大贡献，1556年，格·阿格里柯拉出版的《采矿与冶金》一书，专门论述了开采中用罗盘测量井下巷道的一些问题。

工程测量学的发展也受到了战争的促进。中国战国时期修筑的午道，公元前210年，秦始皇修建的"堑山堙谷，千八百里"直道，古罗马构筑的兵道，以及公元前218年欧洲修建的通向意大利的"汉尼拨通道"等，都是著名的军用道路。修建中需要进行地形勘测、定线和隧道开挖测量。唐代李筌指出"以水佐攻者强……先设水平测其高下，可以漂城，灌军，浸营，败将也"，说明了测量地势高低对军事成败的作用。中华民族伟大象征的万里长城始建于公元前770—476春秋战国时期，在秦朝、汉朝和明朝总长都超过5000km，这一规模巨大的防御工程，从整体布局到修筑，都要进行详细的勘测和放样。

工程测量学的发展在很长的一段时间内是非常缓慢的。直到20世纪初，由于西方的第一、二次技术革命和工程建设规模的不断扩大，工程测量学才受到人们的重视，并发展成为测绘学的一个重要分支。以核子、电子和空间技术为标志的第三次技术革命，使工程测量学获得了迅速的发展。20世纪50年代，世界各国在建设大型水工建筑物、长隧道和城市地铁中，对工程测量提出了一系列要求；20世纪60年代，空间技术的发展和导弹发射场建设促使工程测量得到进一步发展；20世纪70年代以来，由于高能物理、天体物理、人造卫星、宇宙飞行和远程武器发射等的需要，建设了各种巨型实验室，从测量精度和仪器自动化方面都对工程测量提出了更高要求。21世纪以来，人类科技向宏观宇宙和微观粒子世界延伸，测量对象从陆地发展到海洋和太空，工程测量的领域日益扩大，除了工程建设如核电站、海底隧道、跨海大桥以及大型正负电子对撞机等传统的三阶段测量工作外，在太空站、巨型机器设备的荷载试验、高大建筑物(摩天大楼、电视塔和射电天文望远镜等)的施工、安装和变形监测中，以及地震观测、海底探测、文物保护，体育、医学和法学方面，都需要应用最新的精密工程测量技术和方法。

从工程测量学的发展历史可以看出，它的发展经历了一条从简单到复杂、从手工操作到测量自动化、从常规测量到精密测量的发展道路，它的发展始终与当时的生产力水平相同步，并且能够满足大型特种精密工程对测量所提出的愈来愈高的需求。大型特种精密工程是工程测量学发展的动力。以长江三峡大型水利枢纽工程为代表，还有白鹤滩、溪洛渡、向家坝、锦屏、乌东德和小浪底、刘家峡等，其规模都堪称世界之最；特大跨海、跨河桥梁长达30多千米，有我国的杭州湾大桥和东海大桥；瑞士阿尔卑斯山的哥特哈德特长双线铁路隧道长达57千米，整个工程投资相当于我国的长江三峡水利枢纽工程，跨越英吉利海峡的欧洲隧道和我国的秦岭隧道等都是闻名于世的特长隧道；我国已建成时速400多千米/小时的磁悬浮铁路，我国已建和正在修建的时速300多千米/小时的高速客运专线近2万千米；位于瑞士的欧洲原子核研究中心，其环形正负电子对撞机，周长达27千米；高耸建筑物方面，摩天大楼越来越多、越来越高，建筑师梦想在21世纪将建造高2000米乃至4000米的摩天大厦。此外，还有大型核电厂、大型天线、各种异形异构建筑等各种不甚枚举的大型特种精密工程。

1964年国际测量师联合会(FIG)成立了工程测量委员会(第六委员会)，从此，工程测量学成为了一门独立学科。

1.4.2 工程测量学的展望

1. 工程测量学的现代发展

(1)测量数据的精密处理。对测量的偶然误差、系统误差和粗差进行精细处理，在削弱偶然误差、消除系统误差、发现和剔除粗差方面取得了进展；在精度、可靠性、灵敏度基础上，扩展了广义可靠性，粗差、系统误差和变形的可区分性，提出了偶然误差的系统性影响和系统误差的偶然化问题。发展了工程控制网的优化设计理论，扩展了工程控制网的通用平差模型。将时序分析、频谱分析、小波理论、系统理论、人工神经网路以及有限元法等引入变形分析和预报，丰富了变形的几何分析和物理解释。

(2)卫星导航定位技术的发展和应用。全球导航卫星系统 GNSS(Global Navigation Satellite System)是最重要的对地观测技术，包括了我国的北斗卫星导航系统(CNSS)、美国的全球定位系统 GPS(Global Positioning System)、俄罗斯的全球导航卫星系统 GLONASS(Global Navigation Satellite System)和欧盟的伽利略 GALLIEO 系统等。在工程测量的应用方面，GNSS 控制网可以代替绝大部分地面三角形边角网，RTK 和单点定位技术可以实现无加密控制测量，可用于地面和水下数字测图，也可用于施工放样。车载 GNSS 多传感器混合测量系统可用于既有道路的带状图测量和信息采集。GNSS 还可用于许多变形监测项目，特别适合动态变形测量。与地面水准测量相结合，GNSS 技术可以解决许多地区的高程测量问题。

(3)激光技术的发展和应用。激光具有单色性好、相干性高、方向性强和亮度极高等特点。随着激光技术的发展，出现了许多激光类测量仪器，如激光经纬仪、激光水准仪、激光陀螺仪、激光扫平仪、激光铅直仪、激光导向仪、激光准直系统、激光干涉仪、激光跟踪仪、各种机载、车载和地面激光扫描仪等，可进行定向、准直、测角、测距、测高以及快速扫描等测量，在工程测量的各个领域如测量、测设、控制、变形监测、工业测量等都有广泛应用。

(4)遥感雷达干涉测量技术的发展和应用。合成孔径雷达干涉测量 InSAR(Interferometric Syntheric Aperture Radar)是合成孔径雷达(SAR)的遥感成像技术和干涉测量技术的融合，可以在大范围内获取地表数字高程和毫米到 $1\sim2$ 厘米量级的地表形变信息，在地面沉降监测、山体滑坡监测以及地震、火山、冰川活动方面有很好的应用前景。

(5)数字摄影测量技术的发展和应用。航空摄影测量、近景摄影测量和工业摄影测量都从模拟测量、解析测量发展到了数字测量阶段，摄影机平台发展到低空轻型无人飞机、飞艇和气球等，摄影机从量测相机发展到非量测相机和 CCD 相机，加上各种数字测量软件的发展以及与其他传感器结合，在大、中比例尺数字测图、变形监测和工业测量等方面有非常广泛的应用和应用前景。

(6)其他技术的发展和应用。电磁波测距技术、全站仪技术、光电传感器技术、计算机技术、通信技术以及地理信息系统技术对工程测量学的发展有极大的影响和促进。

2. 工程测量学的发展趋势和特点

可概括为"六化"和"十六字"。"六化"是：

(1)测量内外业作业一体化。测量内业和外业工作已无明确的界限，过去只能在内业处理和完成的，现在在外业可很方便地完成。如在测站上作图、平差和放样计算等。

（2）数据获取及处理自动化。借着电子全站仪、电子水准仪和 GNSS 接收机以及机载或附加软件，都可以自动获取并处理数据，如武汉大学测绘学院研制的科傻系统实现了地面控制和施工测量的数据获取及处理的自动化，用测量机器人实现了控制网观测和变形监测的自动化。

（3）测量过程控制和系统行为智能化。通过程序实现对自动化观测仪器的智能化控制，能模拟人脑思维判断和处理测量过程中遇到的各种问题，实现遥控、遥测和数据遥传。如在自动观测中，当视线遮挡会自动判断，等待或放弃观测，当变形值超限时会自动报警。

（4）测量成果和产品数字化。数字化是数据交换和计算机处理、管理和多样化产品输出的基础。

（5）测量信息管理可视化。包括图形、图像可视化和三维可视化表达以及虚拟现实等。

（6）信息共享和传播的网络化。是数字化的锦上添花，在局域网和国际互联网上实现信息共享、传播和增值服务。

"十六字"是：精确、可靠、快速、简便、实时、持续、动态、遥测，是从另一个角度概括工程测量学发展的特点，特别是朝快速、动态方向发展，各种多传感器混合测量系统，如车载、机载激光扫描测量系统，将成为快速获取海量数据的主要手段。

3. 工程测量学的发展展望

展望工程测量学的发展，一方面，随着人类文明的进步，对工程测量学的要求愈来愈高，工程测量学的服务范围不断扩大；另一方面，现代科技新成就，为工程测量学提供了新的工具和手段，从而推动工程测量学的不断发展。工程测量学发展的本质在于：直接为改善人类的生活环境，提高人类的生活质量服务。

工程测量学将进一步向宏观、微观方向发展。在宏观方面，将从陆地延伸到海洋，从地球到太空和其他星球，工程的规模更大、结构更复杂，对精度、可靠性、速度等方面的要求更高；微观方面，将向计量和离子世界方向发展，向显微摄影测量和显微图像处理方向发展，测量的尺寸更小，精度更高，例如要求到计量级。从一维、二维到三维乃至四维，从点信息到面信息获取，从静态观测到动态观测，从周期观测到持续测量。从后处理到实时处理，从人工量测到无接触遥测，从人眼观测到机器人自动寻标观测，从大型特种精密工程测量发展到与人体健康和生命有关的测量。

◎ 本章重点和难点

重点：工程测量学的定义、任务和作用，工程测量学的主要内容、应用领域和服务对象。

难点：工程测量学的发展趋势和特点。

◎ 思考题

（1）什么是工程测量学？

（2）为什么要学习工程测量学？工程测量学的作用是什么？

（3）工程测量学的内容主要有哪些？

（4）工程测量学的服务领域和对象主要有哪些？

（5）如何学好工程测量学？

（6）工程测量学与测绘学和其他学科的哪些课程之间有着什么样的密切关系？

（7）为什么说大型特种精密工程是工程测量学发展的动力？

（8）工程测量学有哪些现代发展？

（9）工程测量学发展趋势的"六化"是什么？

（10）工程测量学发展趋势和特点的"十六字"是什么？

第2章　工程建设各阶段的测量及信息管理

工程建设一般分为勘测设计、施工建设和运营管理三个阶段，与之对应，工程测量可分为勘测设计阶段的工程勘测、施工建设阶段的施工测量和运营管理阶段的安全监测工作。本章简要讲述三个阶段的主要测量工作及测量信息管理，对勘测设计阶段讲述多一些，对施工建设和运营管理阶段只作归纳。因为全书都是讲述各种工程中的测量工作，工程建筑物的施工放样和变形监测各占一章，工业与民用建筑、水利与港口工程、桥梁工程、高速铁路工程、地下工程各占一章，设备安装与工业测量、城市地下管线探测各占一章，地形图测绘和工程控制网各占一章。尽管如此，也不能穷尽所有的工程测量。但通过本课程的学习，足可以了解和胜任各种工程的测量工作。

2.1　工程勘测设计阶段的主要测量工作

任何一项工程建设都需要按建设目的、自然地理和社会条件进行选址和设计。设计人员进行设计需要不同比例尺的地形图，工程勘测设计阶段的测量工作主要提供设计人员所需比例尺的地形图和进行其他有关测量。

选址主要是收集已有地形图（如城市规划主要采用 1∶2000 的地形图）和有关资料，选出几个可能的方案，下达勘测设计任务书，委托测量人员进行勘测，测绘设计人员需要的各种地形图和进行其他有关测量。勘测设计阶段的测量工作视工程不同而各异，下面以工业企业、线路和桥梁工程为例予以说明，分别代表面状、线状和典型工程在勘测设计阶段的测量工作，也可供其他工程参考。

2.1.1　工业企业的测量

工业企业具有面状特征，一般来说，1∶5000 地形图可用于厂址选择、总体规划和方案比较等的勘测设计，1∶2000 地形图可用于初步设计；1∶1000 地形图可用于技施设计；对于地形复杂、建筑物密集、精度要求高的技施设计，需要 1∶500 的地形图。勘测设计阶段所需地形图的测绘，对于大范围宜采用航测数字化成图，并结合全站仪地面数字化测图技术进行，后者适合 1∶1000 和更大比例尺地形图测绘。

设计人员要在数字地形图上进行设计，例如要进行总图运输设计，绘制建筑总平面图、管线总平面图等。其中，总图运输设计（General Drawing）是在数字地形图和勘测资料基础上，综合利用各种条件，合理确定工业企业区域内各种建筑物、构筑物及交通运输设施的平面关系、竖向关系、空间关系及与生产活动的有机联系，要根据工业企业生产特点，以地形图为底图进行主辅车间、动力运输设施、仓库、管网以及办公与生活设施等的平面与竖向布置。工业场地的平面布置主要涉及建筑主轴线和辅助轴线的确定，建筑物的布设等，对地形图的平面位置精度的要求一般为图上不大于1mm；竖向布置要对厂区的自然地形进行平整改造，使建设中填挖方基本平衡，确定场地平整高程，设计建筑物的地坪高程、铁道轨顶高程、道路中心线高程以及管网高程。这些高程的设计要考虑地形条件和排水问题，如室内地坪要高出室外地面0.15~0.5m，地下管道最小埋设深度为0.6m。为此，所提供地形图的高程精度应不低于0.15m。

2.1.2 线路工程的测量

铁路、公路、架空送电线路以及输油管道等称为线路工程，它们的中线称为线路。一条线路工程的勘测设计，主要是根据国家计划与自然地理条件等，确定线路最经济合理的位置。

线路在勘测设计阶段的测量工作称为线路测量，为线路设计提供一切必要的地形资料。线路设计涉及社会、政治、经济、自然、地形、地质和水文等方面，一般要分阶段进行，勘测工作也要分阶段进行。各种线路工程的勘测工作大体相似，现以铁路工程为例说明之。

我国铁路勘测设计的程序，设计包括方案设计、初步设计和施工设计三个阶段，勘测主要分初测和定测两个阶段。

方案设计是设计人员根据已有的地形图资料，根据国家需求，设计几个可能的线路方案，经过全面的分析比较后，提出主要方案。初测就是根据方案设计下达的勘测设计任务书，为满足初步设计需要，对一条或多条主要线路所进行的各种测量。初测包括进行线路的分级平面、高程控制测量，沿线路实地选点、插旗、标出线路方向，补充方案设计中没有考虑的局部方案，沿线路方向进行初测控制测量和地形测量，就是测绘1∶5000~1∶2000的带状地形图(称初测地形图)。

设计人员在初测地形图上进行初步设计，报送审批，确定出其中的一个初步设计方案。定测是对批准的初步设计方案，将选定的线路测设到实地上和所进行的有关测量。线路测设时，结合地形、水文和地质等情况，可能对初步设计方案有小的局部改善，使线路更经济合理。

定测包括中线测量、曲线测设、纵横断面测量、局部的地形图测绘和专项调查测量，为施工设计收集资料。有关曲线测设内容在本书6.4节有详细讲述。

由于测绘技术的进步，特别是摄影测量数字化成图技术的发展，不仅减轻了测量人员的劳动强度，提高了效率，线路勘测成果更加丰富，也为设计人员提供了数字化设计平台，可在逼真的数字地面高程模型(Digital Elevation Model，DEM)上进行设计。

2.1.3 桥梁工程的测量

桥梁勘测设计阶段主要有以下测量工作：

(1)桥位平面和高程控制测量。建立平面和高程控制网，要求与国家或地方高等级已知三角点和水准点联测。

(2)桥址定线测量。在控制测量基础上按Ⅰ级导线测量精度于实地测设中线控制点(包括交点等)。

(3)桥址中线和断面测量。在桥址定线范围内，按有关规范要求施测全桥中线纵断

13

面，编制纵断面资料，绘制 1：500 的断面图。根据设计需要测绘若干桥墩(台)1：200 的横断面图。

(4)桥位地形测绘。测绘 1：500 比例尺的桥位陆地地形，准确反映地形、地物现状，测量与桥址中线交叉的道路及管线的平面位置、高程及悬空高度等；同时测绘桥址中线上、下游一定范围内的河床地形图。

(5)桥址水文测量。包括洪水位调查、水面坡度测量和流速流向测量。施测桥址中线上、下游一定范围内主河道上水流的流速和流向，按 1：500 比例尺绘制流向图。要求有效浮标测线至少 8 条，施测时要测记水位、风向和风速。可采用前方交会法定位浮标，或在浮标上安置 GNSS 接收机测量浮标位置。

(6)船筏走行线测量。施测桥址中线上、下游一定范围内的航迹线，按 1：500 比例尺绘制桥址航迹线图。要求上、下行的船舶各测 4 条左右。测记水位、船名、船型等。

(7)钻孔定位。按照地质勘探提供的坐标资料于实地测设钻孔的位置并测量地面高程，提交钻孔定位资料表。

2.2　工程施工建设阶段的测量

工程施工阶段的主要测量工作是施工放样(有时称测设)，就是将设计图上的建(构)筑物，根据其位置、形状、大小及高程按要求在实地标定出来的测量工作，是为工程施工服务的；另外还包括工程监理测量。为此，还要建立、维护施工平面和高程控制网，还要进行土石方测量、局部地形图测绘、施工期的变形监测以及施工结束后的竣工测量。

施工放样与测量的原理一样，但工作程序恰好相反。测量是获取客观世界中被测物体或对象的位置信息(用坐标和高程)，放样是根据设计物体或对象的位置信息确定其在客观世界中的位置。施工放样前，要根据总图运输设计或工程设计平面图以及地形等条件建立施工控制网，并加密施工测量控制点，施工放样根据控制点坐标、高程和放样点设计位置进行，包括线(中线、轴线)、点和高程放样，这部分内容详见本书第 6 章。

工程监理测量在工程施工阶段特别重要，测量监理起审查、检核和监督作用，以保证工程的质量和进度。国际咨询工程师协会(FIDIC)条例中规定监理具有一票否决权、分割工程权和终止合同的权力。业主、施工方和监理方的关系如下：施工方的测量单位受监理方的测量主管监督，监理方是代表业主执行测量监理。没有测量监理工程师的签字，业主方可以不支付任何费用给施工方。测量监理工作的侧重点与施工单位的测量有很大的区别，下面以公路、桥梁工程测量监理测量工作为例说明之。

(1)在施工开始前，要对施工控制网进行复测、检查。按原规范、原网形进行复测和成果计算比对，检查施工加密控制点。

(2)验收施工定线。在施工前，检查验收施工方提供的基准点和数据，检查所做的施工定线。

(3)检查验收作为断面施工图和土石方计算依据的原始地面高程。

(4)检测桥梁上、下部结构的施工放样，如 T 梁、板梁、现浇普通箱梁、现浇预应力箱梁的顶面高程放样检测，桩基础、承台、立柱、墩帽等的放样检测等。

(5)抽查每层路基的厚度、平整度、宽度和纵横坡度。

（6）检查施工方的内业资料。

（7）审批施工方提交的施工图，必要时进行补测，保证资料的准确和完整。

施工控制网是整个工程施工的基准，需要建立和维护，可参见本书第4章。局部地形图测绘和竣工测量是施工阶段的重要内容，可参见本书第5章，施工期的变形监测可参见本书第7章和第9章、10章、11章等有关章节，在此不作讲述。

2.3 工程运营管理阶段的测量

工程运营管理阶段的测量工作主要是工程建筑物的变形监测，变形监测又称变形观测、变形测量，有时亦称健康监测、安全监测，本书统称变形监测。所谓变形，是指监测点位置的变化，被监测对象的位移、沉降、倾斜、摆动、振动等变化；所谓监测，就是用测量的手段，定期地、动态地或持续地描述出来。变形监测包括建立变形监测网，进行水平位移、沉降、倾斜、裂缝、挠度、摆动和振动等监测。变形监测在工程勘测设计阶段、施工建设阶段也可能是必须的，例如为了确定某大型水电站的坝址，对坝址下游附近的一个滑坡进行了长期的监测，以确定是否会对大坝和电站发电造成危害。高层建筑在基础开挖到建成的整个施工期间，都要进行变形。规范规定，所有大中型电站在运营的全过程中都要进行大坝变形监测，又分为大坝内部变形观测（内观）和大坝外部变形观测（外观），参见本书12.3节。许多变形监测项目，除了要监测位移、沉降、倾斜等几何量外，还要测量应力、应变、渗流、渗压、风力、风速、水位、水压以及各种温度等物理量，供变形分析之用。有时，变形监测需要的精度要求是当时测量技术方法能达到的最高精度，要花费大量的人力、物力和财力。对于大型特种精密工程来说，变形监测是非常必要的，是人类永恒的测量工作，也是工程测量的最精彩部分。变形分析是涉及许多学科和知识的交叉学科，变形监测分析的目的是进行变形预报。以便采取必要的防治措施，保证工程的安全运营；并验证设计是否正确，为工程设计提供依据。变形监测是基础，变形分析是手段，变形预报是目的。变形监测有关变形监测的内容详见本书第7章全章，第9章9.3.4节讲述了深基坑与边坡变形监测，第12章12.3节讲述了大坝安全监测，第10章10.8节讲述了高速铁路的变形监测，第11章11.4节讲述了桥梁变形监测。

2.4 工程测量信息管理

工程建设的各个阶段都存在着测量信息管理问题，工程测量信息管理的目的在于实现各种测量信息的采集、处理、更新、管理和应用的数字化、一体化、自动化、智能化和网络化。

例如，勘测设计阶段的数字摄影测量提供4D产品，地面大比例尺测图和水下地形测量数字化，为勘测设计一体化打下了基础。电子全站仪、电子水准仪和GNSS接收机的广泛应用，也为测量信息的自动采集、处理和管理打下了基础。随着计算机科学和信息科学的发展，工程测量信息管理从文件管理、数据库管理发展到信息系统管理。极大地方便了工程测量信息的处理、更新、应用和管理。

工程测量信息系统是以工程测量信息为主体且为工程服务的一种信息系统，如勘测设计一体化系统、施工测量和放样信息系统、大坝变形监测信息系统、城市地下管线网信息系统等，是一种专题地理信息系统，管理与工程有关的测量和工程信息，为工程的某种目的服务，因此，也可称为工程信息系统。本书第14章14.4节所讲述的城市地下管线网信息系统，是一个非常重要而常见的专题地理信息系统，第12章12.4.3节介绍了桩基施工管理信息系统，下面介绍一种与工程密切相关的大坝管理综合信息系统。

目前，国内在大坝安全监测自动化、监测资料管理和大坝安全性评价方面有很大进展，如研制了大坝安全自动监测系统、大坝外观变形GNSS自动化监测系统、大坝安全监控信息管理系统、大坝安全综合评价专家系统等。大坝管理综合信息系统的基本结构如图2-1所示，包括数据采集子系统、大坝安全监测数据库、坝区地理信息子系统、办公自动化子系统、大坝信息发布子系统、安全评价子系统、灾害仿真子系统和系统维护子系统。各子系统的功能如下：

图 2-1 大坝管理综合信息系统基本结构

（1）数据采集子系统：大坝水平和垂直位移监测网，大坝所有内、外观项目，坝区高边坡，库区滑坡等的数据采集、粗差剔除、格式转换和预处理等。

（2）大坝安全监测数据库：是大坝变形分析、预报与安全性评价基本数据的共享平台，功能包括：数据检查，数据自动入库，数据的增加、删除、修改、查询、统计、报表、数据转换与输出等。

（3）坝区地理信息子系统：管理与大坝相关的地理信息，如坝区水下地形；坝区一定范围内的地形和地质构造信息、各类管线信息、交通信息、房屋与土地信息等。与大坝安全监测数据相结合，为大坝的安全性评价服务。

（4）办公自动化子系统：主要为大坝管理部门实现网络化无纸办公服务。

（5）大坝信息发布子系统：为部门内部人员获取与大坝信息相关的地理图形信息和数据库信息；部门外部群体可通过因特网或无线通信获取可以公开的信息。

（6）安全评价子系统：授权专家可以在远程通过因特网进入系统，对大坝进行变形分析、预报与安全性评价，解决我国大坝多、大坝安全性评价专家少的矛盾，实现异地办公。

（7）灾害仿真子系统：借助三维 GIS、虚拟现实建模语言 VRML、JAVA 和可视化技术可仿真工程灾害，如大坝失事或溃坝过程，或溃坝后的淹没情况，库区和坝区滑坡的发生、发展过程，滑坡引起的浪涌等；可模拟大坝的三维监测场景和设施，操作者和观看者像在大坝外部监测场景和内部监测廊道中漫游，有身临其境的感觉。

（8）系统维护子系统：系统中的参数设置，数据的保密、维护与更新，系统的安全与防护等。

系统开发平台的选择包括网络环境下应用系统的开发平台选择，地理信息系统基础软件平台选择和数据库平台的选择等，主要应考虑数据的兼容性、开发难度、用户应用成本以及系统的实用性、适应性、维护的方便性、可扩展性等因素。

信息系统设计包括数据库设计，要考虑用户要求，考虑系统的运行效率、可靠性、可修改性、灵活性、通用性和实用性等方面，进行数据库的逻辑模式设计、用户权限的设计、索引文件、中间文件或临时文件的设计以及视图的设计；还要进行系统的输入、输出和界面设计。一个功能完善的测量信息管理系统除包含数据库管理、专业计算分析和图形功能外，还应具有缓冲分析、叠置分析、地形分析等空间分析功能和可视化功能，图形与属性的相互操作等功能。

◎ 本章重点和难点

重点：大型工程在规划设计、施工建设和运营管理阶段的主要测量工作。
难点：工程测量的信息管理和系统设计。

◎ 思考题

（1）大型工程的测量一般分哪些测量工作？与工程建设的哪些阶段相对应？
（2）工程勘测设计阶段的主要测量工作有哪些？
（3）何谓总图运输设计？它有什么作用？
（4）我国铁路勘测设计中，工程勘测的初测和定测有哪些测量工作。
（5）工程监理测量在工程施工阶段起什么作用，有哪些工作？
（6）在工程运营管理阶段，需要监测哪些变形？
（7）为什么要建立工程测量信息系统？系统应具有些什么功能？

第3章　工程测量学的理论技术和方法

工程测量学的理论是测量学、大地测量学和摄影测量学理论在工程测量中的体现。本章进行了总结和综合，主要有测量误差理论、测量精度理论、测量可靠性理论、灵敏度理论、工程控制网优化设计理论和测量基准理论；工程测量学的技术和方法是密不可分的，与测量仪器相联系。本章既按角度(含方向)、距离、高差、坐标等观测量进行归纳总结，又按地面测量、空间测量和特殊测量进行分类，对工程测量学的理论、技术和方法进行了全面和深入浅出的介绍，有详有略。

3.1　工程测量学的理论

3.1.1　测量误差和精度理论

3.1.1.1　测量误差理论

1. 测量误差理论及其发展

测量误差包括偶然误差、系统误差和粗差三种。偶然误差又称随机误差。当一个观测值(或称测量值、量测值)的误差受许多因素的影响，而每一因素的影响都较小且量级相当时，则该观测值是随机变量，其误差属于偶然误差，且大多服从正态分布。观测值可以是简单的直接观测值，如钢尺读数、角度或距离读数，也可以是导出值，如测段水准高差、角度或距离的测回均值，也可以是组合值，如组合相位、相位差分等。基于最小二乘法的经典测量平差是建立在观测值只含偶然误差的情况。注意偶然误差有时有系统性影响。

系统误差是大小和符号有规律的误差，许多测量中的系统误差，可以通过测量方案、方法进行消除或减弱，有的可以通过模型进行改正。注意有的系统误差可以通过偶然化减弱。

粗差是大的偶然误差。粗差的特点：大的误差，随机出现，大小与精度有关，能否被发现与可靠性有关。粗差的影响规律：服从狭义可靠性理论。粗差的发现：与多余观测数有关，可进行粗差探测和定值定位。

系统误差的种类：仪器的系统误差，如加、乘常数误差，与仪器鉴定有关，全部观测值都含的系统误差，部分观测值含有的系统误差，如 GPS 接收机相位中心误差，单个观测值所含的系统误差，如大气折光差，可视为粗差，基准点发生变动，引起系统性影响，抵抗和减弱系统误差的方法：

(1)重复观测。多次读数、多测回、多时段、对向观测、异午观测、往返观测等，减小偶然误差，使系统误差偶然化。

（2）仪器检测。减小系统误差。

（3）进行基准点稳定性分析。完善平差的函数模型。

（4）测站选址。稳定、通视好，减小系统误差。

2. 误差分配理论

误差分配理论是测量设计的基础，例如要确定控制网的精度和施工放样的精度，需要按误差分配理论对误差进行合理分配。限差也是一种误差，如一般取中误差的 2 倍误差为极限误差或容许误差，建筑限差就是一种设计的总允许误差（参见 6.1.2 节）。误差分配主要依据三个原则："等影响原则"、"忽略不计原则"和"按比例分配原则"，简述于下。

（1）等影响原则。设总的限差为 Δ，主要由三种误差 Δ_1、Δ_2、Δ_3 引起，等影响原则认为三种误差相等，即

$$\Delta_1 = \Delta_2 = \Delta_3 = \frac{\Delta}{\sqrt{3}} \tag{3-1}$$

按误差传播定律，有

$$\Delta^2 = \Delta_1^2 = \Delta_2^2 = \Delta_3^2 = 3\left(\frac{\Delta}{\sqrt{3}}\right)^2 = \Delta^2 \tag{3-2}$$

（2）忽略不计原则。设总限差Δ由 Δ_1、Δ_2 两种误差引起，等影响原则认为三种误差相等，当一种误差等于或小于另一种误差的三分之一时，这一误差对总限差的影响可忽略不计，如假设

$$\Delta_2 = \frac{\Delta_1}{3} \tag{3-3}$$

$$\Delta^2 = \Delta_1^2 + \Delta_2^2 = \Delta_1^2 + \left(\frac{\Delta_1}{3}\right)^2 = 1.11\Delta_1^2 \tag{3-4}$$

则有

$$\Delta = 1.05\Delta_1 \approx \Delta_1 \tag{3-5}$$

（3）按比例分配原则。设总的限差为Δ，主要由三种误差 Δ_1、Δ_2、Δ_3 引起，根据实际情况，它们之间的比例为：$\Delta_1 : \Delta_2 : \Delta_3 = 1 : 2 : 1.5$ ，则有

$$\Delta^2 = \Delta_1^2 + \Delta_2^2 + \Delta_3^2 = 7.25\Delta_1^2 \tag{3-6}$$

最后可得三种误差与总限差比例关系为：$\Delta_1 = 0.37\Delta$ ，$\Delta_2 = 0.74\Delta$ ，$\Delta_3 = 0.56\Delta$ 。在这种情况下，Δ_2 是主要的误差来源，Δ_3 次之，Δ_1 最小。例如，隧道横向贯通误差由洞外控制测量误差、洞内导线测量误差和施工放样误差引起，施工放样误差的影响可以忽略不计，进出口两个方向的洞内导线测量误差影响可视为相等。因为洞外测量条件好，用 GNSS 技术建网的精度很高，洞内导线测量误差影响可按洞外控制测量误差影响的两倍进行分配，由此可得到洞外控制测量误差的影响值和洞内导线测量误差影响值，并作为洞内外控制测量设计提供依据。

3.1.1.2　测量精度理论

测量精度指测量精确度和准确度的总称。在测量中，精度主要包括仪器的精度和数值的精度，我们讨论最多的是数值的精度。仪器的精度由标称精度描述，如：全站仪的测角、测边精度，GPS 接收机的精度，激光扫描仪的精度和陀螺仪的精度等。它与仪器的分辨率、制造技术和工艺等有关。数值的精度又分相对精度和绝对精度。相对精度有两种：一种是指观测量的精度与该观测量的比值，比值越小，相对精度越高，如边长的相对

精度；另一种系指一点相对于另一点特别是邻近点的精度。相对精度是与基准无关的。绝对精度指一个观测量相对于其真值的精度，或相对于基准点的精度。绝对精度与基准有关，只能在相同基准下进行比较。在统计学的质量控制术语中，精度被称做"设计质量"。

1. 测量精度理论的发展

与测量精度理论有关的是由海森堡于 1926 年提出的测量不确定性原理（Uncertainty Principle of Measurement），该原理源于量子力学，其实质是：如果要预言一个基本粒子未来的位置和运动速度，就必须准确地测量出它现在的位置和速度。但是，若对一个基本粒子的位置测量得越准确，则对其速度的测量就越不准确，反过来也一样，若对基本粒子的速度测量得越准确，则对其位置的测量就越不准确，所以又称为测不准原理。从定义看，海森堡的测量不确定性原理与测量精度理论关系似乎不大，但从测不准这一点来说，却是非常一致的，即测量有误差，精度不会等于零，一个被测量是测不准的，其真值是无法得到的。

测量精度理论的发展是测量不确定度理论的出现。测量不确定度理论是 1963 年由美国国家标准局（NBS）的埃森哈特（Eisenhart）首先提出的，现已成为国际上表示测量结果及其不确定度的通行做法。测量不确定度的定义是：与测量结果相联系的、表示被测量值分散性的参数。例如，测量结果 $D = 2123.579$m，$U = 3$mm（$k = 2$），表示被测的距离在（2123.579 ± 0.003）m 之间，落在该区间的概率为95%（因 $k = 2$）。我国于 1998 年前后开始推行这一规范，其标志性技术法规文件是 JJF1001—1998《通用计量术语与定义》和 JJF1059—1999《测量不确定度评定与表示》。在 JJF1059 的开篇就指出："在我国实施 GUM，不仅是不同学科之间交往的需要，也是全球市场经济发展的需要。"

目前，不确定度理论和评价方法已经推广应用，但在测绘学科并没有引起足够的重视，仍然使用传统的精度评定方法。这一测量不确定度理论，在国际测绘界也没成为讨论的热点。究其原因，主要是测绘学中的误差理论和精度理论已经比较成熟，测量不确定度可以视为测量学中的中误差。测量不确定度理论中的测量概念要广泛得多，除对几何量外，还包括对电流、电压、质量、温度等物理量的测量，甚至包括医学中与生物活动有关的量的测量等。

测量误差理论、测量精度理论和测不准原理、测量不确定度可以上升到哲学，哲学认为：不确定性是事物的本质属性，宇宙是由不确定性和确定性构成的矛盾体；不确定性可转化为确定性；确定性会限制不确定性。它们共同之处是：一个被测量，特别是几何量，其真值是无法得到的，但是可以用一个确定的值（最或是值）和置信区间来无限近似地替代它、描述它，并指出概率分布，与哲学上完全一致。

2. 测量精度与误差的关系

测量精度与误差是密不可分的，误差小则精度高，误差大则精度低。测量精度常常用中误差（又称标准差）来表示。但是，测量精度和测量误差又是两个不同的概念。精度是精确度和准确度的总称。精确度与偶然误差有关，准确度不仅与偶然误差有关，而且与系统误差有关，表现为与真值的接近程度。但是，在测量学科中，精度最常用的是精确度的概念，认为在测量数据处理中，系统误差和粗差都已经消除了，只含有偶然误差，这是测量平差中最小二乘法的先决条件。中误差是在不含粗差和系统误差假设下导出的。

3. 精度匹配理论

20

在工程测量地面边角控制网设计中，边角的精度匹配问题是一个重要问题，随着全站仪的普遍应用，纯测角网已消亡，测边网也极少，广泛应用的是边角网。我们知道，测边引起(或控制)纵向误差，测角或测方向引起(或控制)横向误差，它们都与边长密切相关。设方向中误差为 m''_r ，测边的固定误差和比例误差分别为 a 和 b ，边长为 S ，则由方向中误差引起的横向误差和由边长中误差引起的纵向误差分别为

$$m_q = \frac{m''_r}{q''}S \tag{3-7}$$

$$m_L = \sqrt{a^2 + (bS)^2} \quad \text{或} \quad m_L = a + bS \tag{3-8}$$

所谓边角精度完全匹配，是指应满足 $m_q = m_L$ ，由于网的边长变化和仪器的限制，边角精度匹配是相对的，不匹配是绝对的，一般认为应当满足

$$\frac{1}{k}m_L \leqslant m_q \leqslant km_L$$

其中，$k \leqslant 2$ 或 $k \leqslant 3$ 时，可认为边角精度是基本匹配的。如果使用全站仪 TCA2003 来建立一个高精度的边角网，若取 $k \leqslant 2$ ，当边长大于 1460m 时，边角精度已不匹配了，测角引起的误差大于测边引起的误差的两倍，可以不作长边上的方向观测了(见图 3-1)。

图 3-1　边角精度匹配示意图

3.1.2　测量可靠性理论

如果一个测量控制网的平差模型是正确的，那么平差结果的精度能正确地反映网的质量。这里所说的平差模型正确是指观测值和未知数之间的几何关系和物理关系是正确的，观测值是独立的随机变量。然而，在实际中常常存在模型误差，例如：观测值和未知数之间的函数关系不正确，观测值中存在系统误差或粗差，观测值的先验精度与实际不合等。在统计学的质量控制术语中，精度被称做"设计质量"，在给定模型下，该设计质量的实

现如何，需引入一个"实现质量"准则，即网的可靠性准则。为了得到一个好的实现质量，一是对网进行第复测，二是在布网时事先考虑用独立的附加观测值来改善网的结构，这些观测值不仅是必需的，而且可为检验平差模型提供足够信息。可靠性准则不仅可提供衡量控制网观测值间相互控制、检核的量化数值，还能提供可能出现但不能被发现的最大粗差。

测量的可靠性理论最早由荷兰的巴尔达于 1967 年提出，主要针对控制网的单个粗差，提出了数据探测法及内部可靠性和外部可靠性。李德仁在 1985 年将巴尔达的可靠性理论进行了扩展，提出了摄影测量平差系统的可靠性理论，从一维备选假设发展到多维备选假设，提出了粗差和系统误差、粗差和变形的可区分性。本书结合工程测量实际，将巴尔达的内部可靠性和外部可靠性扩展到广义可靠性。下面分别说明如下：

1. 内部可靠性

假设控制网中只有观测值 l_i 含粗差 ∇_{li}，带粗差的观测值向量 l' 为

$$l' = l + \nabla_l \tag{3-9}$$

由间接平差可得改正数向量

$$V = A\bar{x} - l = (A(A^{T}PA)^{-1}A^{T}P - I)l \tag{3-10}$$

及其协因数阵

$$Q_{VV} = Q_{ll} - A(A^{T}PA)^{-1}A^{T} \tag{3-11}$$

由

$$V = -Q_{VV}Pl$$

可得

$$V' = -Q_{VV}P(l + \nabla_i) = V + \nabla_V \tag{3-12}$$

式中，∇_V 为改正数向量 V 的变化量，可以看成粗差 ∇_{li} 对 V 的作用

$$\nabla_V = -Q_{VV}P\nabla_l \tag{3-13}$$

粗差 ∇_{li} 会影响到所有观测值，而对相应改正数 V_i 的影响可写成

$$\nabla_{vi} = -(Q_{VV}P)_{ii}\nabla_{li} = -r_i\nabla_{li} \tag{3-14}$$

式中，r_i 为矩阵 $(Q_{VV}P)$ 主对角线上的元素，称 r_i 为观测值 l_i 的多余观测分量，且被定义为观测值的内部可靠性。r_i 具有以下性质：

（1）$0 \leqslant r_i \leqslant 1$。即多余观测分量 r_i 在 0 和 1 之间。

（2）$r = \sum_{i=1}^{n} r_i = n - u = \text{tr}(Q_{VV}P)$。所有观测值的多余观测分量之和等于多余观测数。

（3）观测值相互独立时，观测值的内部可靠性与观测值的精度成反比。证明如下：由

$$r_i = (Q_{VV}P)_{li} = 1 - \frac{\hat{\sigma}_i^2}{\sigma_i^2} \tag{3-15}$$

式中，σ_i 为 l_i 观测值的中误差，$\hat{\sigma}_i$ 为 l_i 平差值的中误差。可得：l_i 观测值的精度愈高，则平差后的精度提高则很小，有 $\hat{\sigma}_i \approx \sigma_i$，$r_i \approx 0$，$l_i$ 的精度愈低，则平差后 $\hat{\sigma}_i$ 将显著小于 σ_i，这时 $r_i \approx 1$。即观测值的精度愈高，则相应的 r_i 愈小，观测值的精度愈低，其 r_i 愈大，得证！

（4）r_i 是与基准的位置无关的不变量。

观测值相互独立时，∇_{li} 的下界值 $\nabla_0 l_i$ 为

$$\nabla_0 l_i = \sigma_i \cdot \frac{\omega_0}{\sqrt{r_i}} \tag{3-16}$$

式中，ω_0 为非中心参数，取值与显著水平 α 和检验功效 γ 有关，一般取 2.79（$\alpha = 0.05$，$\gamma = 0.80$）或 4.13（$\alpha = 0.001$，$\gamma = 0.80$）。由上式可见，$\nabla_0 l_i$ 与 r_i 有关，r_i 愈大，内部可靠性愈高，通过统计检验，能发现 l_i 中粗差的下界值 $\nabla_0 l_i$ 愈小；或对同一个粗差，检验功率愈大。

（5）一个网 r_i 的均值称为平均多余观测分量，可表示为

$$\overline{r_i} = \frac{r}{n} \tag{3-17}$$

2. 外部可靠性

观测值中只含一个粗差时，未被发现的粗差 $\nabla_0 l_i$ 对未知数向量的影响可表示为

$$\nabla_{x_i} = Q_{xx} A^{\mathrm{T}} P \begin{bmatrix} 0 \\ \vdots \\ \nabla_0 l_i \\ \vdots \\ 0 \end{bmatrix} \tag{3-18}$$

或

$$\nabla_{x_i} = Q_{xx} a_i^{\mathrm{T}} p_i \nabla_0 l_i \tag{3-19}$$

其中，a_i 为图形矩阵 A 第 i 行行向量，p_i 为 l_i 的权。上式表明，$\nabla_0 l_i$ 将作用于全部未知参数，且 ∇_{x_i} 与基准有关。为此，求 $\nabla_0 l_i$ 对未知数的平均影响

$$\delta_{0i}^2 = \nabla_{xi}^{\mathrm{T}} \sum_{xx}^{-1} \nabla_{xi} = \frac{1 - r_i}{r_i} \omega_0 \tag{3-20}$$

δ_{0i} 与基准无关，我们称之为控制网的外部可靠性的量度（又称为网的影响因子），描述抵抗观测值粗差对平差结果影响的能力，δ_{0i} 愈小，表示外部可靠性愈好。由上式可见，r_i 愈大，内部可靠性愈高，则 δ_{0i} 愈小，所以，内部可靠性和外部可靠性具有一致性。

一般来说，一个控制网的平均多余观测分量宜大于 0.3，粗差下界值宜小于 7 倍观测值中误差，影响因子宜小于 9。

综上所述，发现（或探测）观测值粗差的能力称为内部可靠性，抵抗观测值粗差对平差结果影响的能力称为外部可靠性。内部可靠性和外部可靠性可定义为狭义可靠性理论，主要通过多余观测分量（或多余观测数）来描述。公式都是在只有一个粗差的前提下导出来的。含粗差的观测值可视为方差不变而期望平移，也可视为期望不变而方差扩大。

3. 广义可靠性

可靠性理论对测量设计、数据处理和成果质量评定有重要指导意义。但狭义可靠性理论也存在一些问题，例如一条附合导线的多余观测分量很小，内部可靠性和外部可靠性都很差，难道说，附合导线及其成果就不可靠，附合导线就不能使用了吗？另外，在许多情况下，仅靠平差模型的改进，是不能发现粗差和系统误差的，更不能区分粗差和系统误差、粗差和变形。但在测量实践中应该如何做呢？因此，需要发展可靠性理论，用广义可靠性理论来指导测量、数据处理以及与之相关的工作，这就是广义可靠性理论提出的原因。

广义可靠性是测量系统发现和抵抗粗差、系统误差的能力，以及减小偶然误差的能力。可通过重复观测、多余观测和计量检测来描述。广义可靠性不仅是对狭义可靠性的扩展，将粗差扩展到粗差、系统误差和偶然误差，还涉及测量管理、设计、实施和表达等多

方面。当只讨论粗差时，二者是一致的。

由广义可靠性的定义可知，偶然误差、粗差与系统误差是广义可靠性讨论的重要内容，是必须进行重复观测、多余观测和计量检测的理论基础。测量观测值一定含偶然误差，有极少数的观测值可能含粗差，在许多情况下，观测值都含系统误差。但广义可靠性不仅是对测量系统中的观测值而言，广义可靠性涉及以下方面：

(1) 项目立项中的可靠性。对于一个大型测量项目，包括项目管理的可靠性：招投标管理、监理制度、质量保障体系等；人员的可靠性：人员的专业素质、技术力量搭配和管理水平；设备的可靠性：拥有的仪器、设备和软件；设计的可靠性：对测量提出的各项要求是否合理。

(2) 测量方案的可靠性。所制定测量方案的是否合理、可靠？

(3) 测量仪器的可靠性。选用的仪器是否合理、可靠？仪器检校是否按规范要求进行，仪器检定结果是否可靠？

(4) 观测值的可靠性。观测时间、时段是否恰当？观测方法是否合理？观测值的各项限差是否合理？检查是否完全？

(5) 平差系统的可靠性。平差软件是否正确可靠？平差系统的功能是否完备等。

(6) 测量成果的可靠性。测量成果及其精度、可靠性指标的表达。

广义可靠性的研究内容主要包括：广义可靠性与偶然误差、系统误差和粗差的关系，与基准的关系，与重复观测的关系，与多余观测的关系，与计量检测的关系。

例如，在减小偶然误差方面，应合理地选择测量仪器、仪器精度和类型，确定观测方法、读数次数、测回数、观测时间、观测时段长度等。

在系统误差方面，应分析系统误差的来源，如大气折光误差、GPS 测量中接收机相位中心误差、对流层电离层延迟误差、基准点变动引起的误差等；要特别注意仪器的系统误差，如测距仪加、乘常数的测定及其误差，水准尺每米真长改正及其误差。按规定进行仪器检测，对减小系统误差非常重要。多次读数、多测回、多时段、对向观测、异午观测、往返观测等，既可减小偶然误差，也可使一些系统误差偶然化。测站选址时，要求点位稳定，通视好，避开高压电磁场等，可减小折光、多路径影响等系统误差。在控制网重复观测时，必须统一基准，才能进行比较，必须对基准点作稳定性分析。

网平差时，首先要探测、定位和剔除粗差，并根据需要，进行方差分量估计，以完善平差的函数模型和随机模型。

广义可靠性的应用范围很广，包括测量方案设计、平差数据处理、基准点稳定性分析、仪器鉴定以及测量规范的制定与解释中的应用等，下面仅就测量成果表达说明如下。基于精度和广义可靠性理论，应包括测量的最或是值、精度区间、概率范围，重复测量次数（测回数）、基准（参考）点、基准面等信息，如 $D = 2123.5791 \text{m}$，$m_d = 3.00 \text{mm}$（$k = 2$），$n = 4$，$H_0 = 300.0 \text{m}$，表示被测的距离在 $(2123.5791 \pm 0.00300) \text{m}$ 之间，落在该区间的概率为 95%（因 $k = 2$），测回数为 4，为投影面 300.0m 上的平距。对于坐标成果的描述需要给出更多信息，如 $x = 31251209.4254 \text{m}$，$m_x = 1.27 \text{mm}$（$k = 2$），$n_l = 6$，$n_s = 2$，1954 北京坐标系，已知点为国家二等点。表示该坐标值在 $(31251209.4254 \pm 0.00127) \text{m}$ 之间，落在该区间的概率为 95%，方向测回数为 6，边长测回数为 2，为 1954 北京坐标系下的纵坐标，已知点为国家二等点，精度是相对于二等点的。其中测回数、精度区间、概率范围，基准等信息都与广义可靠性有关系。由上可见，基于精度和广义可靠性的成果表达比基于测量不确定度的成果表达更为完备。

3.1.3 灵敏度理论

灵敏度定义为：在给定显著水平 α_0 和检验功效 β_0 下，通过对周期观测的平差结果进行统计检验，所能发现的变形向量的下界值。对变形监测网而言，在变形监测网设计中，除考虑精度和可靠性外，还要求所布设的网对需要监测的变形向量具有尽可能高的灵敏度。灵敏度只与变形监测网有关，且是一个相对概念，即与变形向量有关，对于不同的变形向量具有不同的下界值，即对于不同的变形向量，具有不同的灵敏度。设变形向量为

$$d = \| d \| \cdot g = ag \tag{3-21}$$

即变形向量的模（表示大小）和单位向量（又称形式向量，表示变形向量方向）的乘积，灵敏度可用变形向量的大小即标量 a 来度量，它与形式向量 g 有关，a 愈小，灵敏度愈高。

对某一给定的形式向量 g，能被监测出的变形向量的下界值为

$$d_0 = a_0 g = \frac{\delta_0 \omega_0 g}{\sqrt{g^{\mathrm{T}} Q_{dd} + g}} \tag{3-22}$$

式中，δ_0 为某一常数，Q_{dd} 是位移向量 $d = X_2 - X_1$ 的协因数阵。ω_0 为与显著水平 α_0 和检验功效 β_0 相对应的非中心参数，a_0 则是变形监测网对于所要监测变形的灵敏度。

灵敏度实质上是特殊方向上的网点精度，可以通过网点的误差椭圆直观地反映出来。网的灵敏度愈高，则所要求的精度也愈高，即精度与灵敏度是成正比的。

3.1.4 工程控制网优化设计理论

过去，将工程控制网的优化设计分为四类，即：零类设计（ZOD，基准设计），一类设计（FOD，图形设计），二类设计（SOD，观测精度设计）和三类设计（THOD，已有网改进）。网的优化设计方法又分为解析法和模拟法两种。随着测量技术和计算机技术的发展，网的优化设计理论有了很大改变，再不谈四类优化设计和解析法优化设计了。网的布设更加方便灵活，网的优化设计也变得更加简单易行。下面介绍一种工程控制网优化设计的模拟计算法。

1. 基于可靠性的工程控制网优化设计方法

我们知道，观测值的内部可靠性与观测值的精度、变形监测网的灵敏度存在密切的关系，根据网的用途、精度要求和使用仪器，先作图上设计和实地踏勘，确定一个初始观测方案，观测精度应选取仪器所能达到的最高精度，使优化时有降低的余地；初始观测方案应对所有可能观测的边和方向进行全测，故有最大的多余观测数，是一个"肥网"或"密网"。然后按优化设计软件模拟初始观测方案，进行平差计算，对精度、可靠性乃至灵敏度等结果进行分析，看是否达到精度要求。一般来说精度会偏高，有富裕。可对观测精度作适当调整，在观测值精度基本合理的基础上，可基于观测值内部可靠性指标按从"肥"到"瘦"，从"密"到"疏"的策略进行网的优化设计。在优化设计时，提出了平均多余观测分量设计值的概念，对于不同用途不同要求的网，我们可以取该设计值为 0.3~0.6。由平均多余观测分量的设计值，计算设计的观测值个数为

$$n^0 = \frac{t}{1 - r_i^0} \tag{3-23}$$

式中，n^0 为设计的观测值个数，t 为必要观测值个数，r_i^0 为平均多余观测分量的设计值。具体地说，要对计算的观测值多余观测分量按从大到小的顺序排列，确定平均多余观测分量设计值，删去多余观测分量较大的观测值。然后重新做网的模拟计算。一般只需做一两次计算即可得到网的优化设计方案。该方法的特点是：初始方案总是一个观测精度和观测值个数都有富余的全边角网，如果该方案还达不到设计要求的话，则说明设计要求太高，或者是所采用的仪器精度还不够高。整个优化设计过程是如何调整观测精度和删除哪些观测值的问题。按此法删除的多余观测具有确定性且不致于引起形亏，优化结果是一致的，更符合实际。因为，GNSS 网也可看做是全边角网，故该法同样可以用于 GNSS 网。

基于可靠性的工程控制网优化设计方法可使用任何一种网平差软件进行，但要求软件具有计算观测值的多余观测分量和模拟观测方案的功能，"现代测量控制网数据处理通用软件包"（科达普施 CODAPS）具有网的优化设计功能，可生成正态标准随机数，并对这些正态标准随机数进行各种检验，如正态性检验、周期误差检验、偏度、峰度、方差和均值检验等。根据人工生成的一个观测方案文件（网名·FA2），可自动生成平差所需要模拟观测值文件（网名·IN2），该文件中的观测值是根据网点近似坐标反换的，再加上模拟的观测值精度形成不含粗差和系统误差的模拟观测值，通过平差可计算网的各种精度和可靠性指标，按前述的步骤进行网的优化设计，最后输出各种结果、网图和报表等。在综合课程设计中，将结合工程实际，进一步学习和掌握基于可靠性的工程控制网优化设计方法。

2. 算例分析

模拟一个 8 个点的桥梁边角网，其中 1、2 位于桥轴线上，北岸 4 个点，南岸 3 个点，江中岛上 1 个点。以 1 为已知点，1 至 2 的方位角为已知方位角，按独立网进行设计。优化设计要求：平均多余观测分量设计值不小于 0.4，最弱点精度不大于 4.5mm，最弱边精度优于 1/12 万。初始方案为观测 50 个方向值，25 条对向边的全边角网（见图 3-2(a)），方向观测值精度为 1.8″，边长观测值精度为 $3mm+2×10^{-6}×D$，D 为边长，取以 km 为单位的数值。初始方案的计算结果：最弱点点位精度为 2.3mm，最弱边精度为 1/17.5 万，精度偏高了。按前述优化设计过程进行如下优化设计与计算：平均多余观测分量设计值为 0.5，计算得观测值设计数为 42，即应删去 75−42＝33 个观测值，按观测值的多余观测分量从大到小排序，确定删除多余观测分量大于 0.80 的方向观测值 22 个，删除多余观测分量大于 0.66 的边长观测值 11 个，重新作平差计算，得平均多余观测分量为 0.53，最弱点点位精度为 3.6mm，最弱边精度为 1/14.2 万网的精度仍然偏高。

取平均多余观测分量设计值为 0.42 再进行计算，计算得观测值设计数为 36，再删去 3 个方向和 3 个边长观测值，计算最弱点点位精度为 3.7mm，最弱边精度为 1/13.9 万网的精度仍然偏高（见图 3-2(b)）。

由于平均多余观测分量已达到设计的极限值，为此，根据测量作业习惯，适当改变观测值精度，例如，让测边的精度保持不变，方向观测值精度降为 2.5″，按前面优化计算得：平均多余观测分量为 0.5，弱点点位精度为 4.3mm，最弱边精度为 1/12.1 万，该结果满足设计的要求，相对于初始方案，共减少了 39 个观测值，方向观测精度也从 1.8″降低到 2.5″，在精度、可靠性和经费等方面都达到了最优（见图 3-2(c)）。

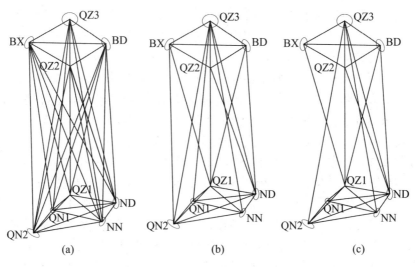

图 3-2　桥梁边角网的模拟法优化设计

3.1.5　测量基准理论

在测量学科中，测量基准是非常重要的。简明地说，测量基准是由测量坐标系和参考点(称基准点或已知点)组成。如地球的地心坐标系和参心坐标系、国家大地坐标系，城市坐标系、工程坐标系，正常高高程系统和重力参考系统等，基准点组成参考框架。确定坐标系之后，重要的是维护参考框架。参考框架由高精度的控制测量得到，或直接选取高一级的网点组成。

国家大地坐标系是一个涉及面广且十分复杂的问题，既要立足本国又要考虑全球，要与国外重要的坐标系统相协调，能获取和更新国内外的一些点的坐标，还涉及与地理信息有关的地图资料的偏差和更新问题。我国现采用的三维地心大地测量坐标系为 2000 国家大地坐标系(CGCS2000)，该坐标系的定义与国际地球参考框架一致，坐标原点为地球的质心，尺度为在引力相对论意义下局部地球框架的尺度，坐标系定向的初始值由 1984.0 时国际时间局定向给定，定向的时间演化不会产生残余的全球旋转，采用的参考椭球与正常椭球一致。

工程测量中，涉及基准的设计、建立和维护。对于一些大型工程，需要与国家大地坐标系或城市坐标系相联系，最常采用挂靠坐标系(Related Independent Coordinate System)的方法进行联系，即利用一点的国家坐标系(或城市坐标系)的坐标及该点至另一点的国家坐标系或城市坐标系方位角，并选择测区或建筑物的平均高程面(或指定高程面)作为边长投影面建立的坐标系统。也可采用与多个在国家大地坐标系或城市坐标系里的点进行联测的方法建立一点一方向的挂靠坐标系。例如大型水利水电工程、线路工程、工业企业建设工程和矿山工程都需要与国家大地坐标系或城市坐标系相联系。但是，工程坐标系是工程测量常常用到和必须掌握的坐标系。工程坐标系属于独立坐标系，采用平面直角坐标系和空间直角坐标系。坐标轴与工程的轴线平行，如 X 轴与大坝轴线、大桥轴线、隧道轴线或主要厂房轴线平行，平面直角坐标系与数学上的笛卡儿坐标系不一样，服从左手定则，空间直角坐标系的 Z 轴向上，一般服从右手定则。平面直角坐标系还需要定义在一个高程面上，一般选取测区的平均高程面，或选取便于重要工程放样的高程面，如过隧道地面的高程面、过桥梁墩台顶面的高程面。采用工程坐标系的好处是便于测量、工程设计和施工放样。在工程坐标系中，常采用固定一点和一方向的最小约束基准，即固定一点的坐标和一方向的方位角，尺度由精密电磁波测距或 GNSS 技术确定，这种基准称最小约束基准。最小约束基准中，基准的选取会影响点位的精度，但不影响点之间的相对精度。需要确保基准点和基准方向的稳定，否则会引起平移和转动。

在工程测量中，除国家大地坐标系、城市坐标系和工程坐标系之外，还涉及许多其他的坐标系，主要有：设计坐标系、施工坐标系、结构坐标系(如天线坐标系、星体坐标系)、摄影的像平面坐标系及像方、物方坐标系、测站坐标系和测量系统的坐标系等。要理解和掌握各种坐标系的定义，建立的必要性、坐标系之间的关系和坐标系间的坐标转换方法、步骤和注意的地方。由于都属于直角坐标系，转换的方法比较简单，设及平移、旋转和尺度参数，如果转换参数已知，可以直接利用公式进行转换；如果知道几个点(公共点)在两个坐标系的坐标，可以根据转换关系式按最小二乘法求解转换参数。需注意公共点的位置、精度和可靠性；需熟悉各种坐标转换软件及其使用。

由基准点组成参考框架，需要经常检查维护。在多个已知点组成基准框架的情况，需要检验基准点的稳定性，详见本书第 7 章。无基准点的设计现已极少采用。

3.2 地面测量技术和方法

3.2.1 角度测量

确定相交于一点的任意两条方向线之间角度的测量称角度测量。角度是测量中最基本的几何元素，包括水平角、垂直角和方位角。水平角是一点到两目标点的方向线垂直投影在水平面上所构成的角度；垂直角是一点到目标点的视线与水平面的夹角，若视线在水平面之上，垂直角为正，为仰角；否则垂直角为负，为俯角。垂直角也称竖直角、俯仰角或高度角，而视线与铅垂线的夹角称为天顶距。方位角是一点到目标点的视线与真北方向的夹角，是一种特殊的角度。

测量水平角和垂直角的仪器主要是经纬仪，分为光学经纬仪和电子经纬仪两大类。在测量学中已有较详细的讲述和实验实习操作，下面只作简单归纳：光学经纬仪是纯测角仪器，已有 100 多年的历史，经历了从游标读数到测微读数的发展阶段，我国第一台光学经纬仪于 1956 年生产，按精度分为 DJ07、DJ1、DJ2、DJ6 和 DJ15 几个等级。目前，光学经纬仪不再生产了，已被电子经纬仪取代。电子经纬仪采用编码读盘和电子读数，实现了数据采集的自动化，电子经纬仪的最高测角精度与光学经纬仪相当，约为 0.5″。电子经纬仪只有约 50 年的历史，现在也极少生产纯测角的电子经纬仪，而是生产能同时测角测距的电子全站仪，即电子经纬仪已基本被电子全站仪所取代。以后可以只学习电子全站仪即可。电子全站仪的发展趋势：速度更快、操作更简单、自动化智能化程度更高、数据获取、通讯和处理功能更强大；最高测角精度不可能显著提高，测距精度还会提高，但最大测程不会太长，如超过 4 千米。

3.2.2 方向测量

确定地面任一方向与真北方向间夹角的测量称方向测量（又称方位角测量），方向测量是一种特殊的角度测量，用罗盘可以测量地面任一方向与磁北方向间的夹角，但精度较低。用 GNSS(全球导航卫星系统)也可以得到任一条边在某一坐标系下的方向，但最常用的方法是用陀螺仪直接测量地面任一边的方位角。方向测量的陀螺经纬仪和陀螺全站仪将在本书的第 13 章讲述。

3.2.3 距离测量

确定任意两点间距离的测量称为距离测量，距离也是测量中最基本的几何量。距离测量的方法主要有三种：直接丈量、间接视距测量和物理测距。

1. 直接丈量法

直接丈量就是用尺子(测绳、皮尺、钢尺)直接在地面上测定两点间的距离，一般多用钢尺量距，精度要求高的用铟瓦线尺。钢尺长度有 20m、30m、50m 三种，铟瓦线尺一般长 24m。钢尺量距需要测钎、花杆(标杆)、垂球、温度计、拉力器等，过去常用于工程的施工放样，铟瓦线尺则更复杂，现在很少使用。

钢尺的尺长方程式是在一定拉力下(如对 30m 钢尺，拉力为 10kg)，钢尺长度与温度的函数关系，其形式为

$$L = L_0 + \Delta L + \alpha(t - t_0) L_0 \qquad (3-24)$$

式中，L 为钢尺在温度 t 时的实际长度，L_0 为钢尺的名义长，t 为钢尺量距时的温度，t_0 为钢尺检定时的温度，ΔL 为尺长改正数，即钢尺在 t_0 时实际长度与名义长度之差，α 为钢尺膨胀系数，即温度每变化 1℃ 时单位长度的变化率，其值一般为 $(1.15 \sim 1.25) \times 10^{-5}/℃$。铟瓦线尺的膨胀系数小，一般为 $0.5 \times 10^{-6}/℃$。尺长方程式在已知长度上比对得到，称为尺长检定，一般由测绘计量检定部门实施。

钢尺量距一般包括定线、量距、测高差和进行尺长、温度和倾斜改正等工作，在此不作详述。

2. 视距法

视距法是一种间接测距方法，是利用装有视距丝装置的测量仪器，如光学经纬仪、水准仪或平板仪配合标尺按三角原理测出距离。最简单的视距装置是由下丝和上丝构成的视距丝，与视距法测量配套的尺子称为视距尺。视距法测量距离的精度低，主要用于水准测量中测量前后视距，过去用光学经纬仪、平板仪作大比例尺地形图的模拟法测绘。与视距法原理相似的 2m 横基尺视差法距离测量，在 20 世纪 50~70 年代曾广泛用于导线测量，随着电磁波测距法的兴起，视差法和视差法测距已基本淘汰。

3. 电磁波测距法

利用电磁波来测定两点间距离的物理法测距是目前最流行、最重要也是最核心的现代化测量技术和方法。在《圣经》中有一句关于测量的描述："他的量带通遍天下，他的言语传到地极(诗 19：4)。"这里所说的量带，可理解为用电磁波测距的量尺，即调制波波长，言语可理解为信息。指出了测量可在宇宙空间中进行，信息可在宇宙空间中传播。诗篇写

于公元前 1000 年左右，在我国的东周时期。尽管《圣经》如此早就作了高度的概括和精辟的预言，但是直到 20 世纪 40 年代，电磁波测距技术才开始用于测量。电磁波（又称电磁辐射）是由同相振荡且互相垂直的电场与磁场在空间移动的波。按波长（或频率）可将电磁波分为无线电波、微波、红外线、可见光、紫外线、X 射线、γ 射线和宇宙射线，波长如下：

　　无线电波：3000 米~0.3 毫米；

　　微波：0.1~100 厘米；

　　红外线：0.3 毫米~0.75 微米；

　　可见光：0.7 微米~0.4 微米；

　　紫外线：0.4 微米~10 纳米；

　　X 射线：10 纳米~0.1 纳米；

　　γ 射线：0.1 纳米~ 1 皮米；

　　高能射线：小于 1 皮米。

　　测量上常用的电磁波测量技术包括无线电波测距、微波测距、光电测距和激光测距等。

　　电磁波测距按测量方式可分为基于脉冲和基于相位差两种，利用下列基本公式来计算待测距离 D

$$D = \frac{1}{2}ct_{2D} \tag{3-25}$$

式中，c 是电磁波在大气中的传播速度，取决于电磁波的波长和观测时测线上的气象条件，一般视为已知值，电磁波在真空中的传播速度为 $c_0 = 299792458 \pm 1.2\,\mathrm{m/s}$，$t_{2D}$ 是电磁波在测线上往返传播时间，可以直接测定，也可以间接测定。直接测定即基于脉冲的方法，是通过测定电磁波在测线上往返传播过程中的脉冲数来测定 t_{2D}，间接测定即基于相位差的方法，是通过调制光在测线上往返传播所产生的相位差来测定 t_{2D} 的，精密测距一般采用相位差式测量方法，其原理如下：

　　由光源发出的电磁波通过调制器调制后，变成光强随高频信号变化的调制波，射向测线另一端的反射镜，经反射后被接收器接收，然后发射信号（又称参考信号）与接收信号（又称测距信号）在相位计进行比较，得调制波在被测距离上往返传播所产生的相位移（或称相位延迟）Φ，则 t_{2D} 为

$$t_{2D} = \frac{\Phi}{\omega} = \frac{\Phi}{2\pi f} \tag{3-26}$$

式中，ω 和 f 分别为调制波的角频率和线频率。Φ 包括 N 个整周和不足一周的相位 $\Delta\Phi = \Delta N \cdot 2\pi$，可写为

$$\Phi = N \cdot 2\pi + \Delta\Phi = 2\pi(N + \Delta N) \tag{3-27}$$

将式（3-16）代入式（3-15），进而代入式（3-14），并顾及波长 λ 与频率 f 和波速 c 的关系，可得：

$$D = \frac{c}{2f}(N + \Delta N) \tag{3-28}$$

或

$$D = \frac{\lambda}{2}(N + \Delta N) \qquad (3-29)$$

上面两式为相位式测距的基本公式。可以看出，相位式测距法犹如用一根半波长的"测尺"进行量距，N 为丈量的整尺段数。

相位计只能测出相位差 $\Delta\Phi$，无法直接测出整尺段数 N，确定 N 主要用两种方法：直接测尺频率法和间接测尺频率法。

由式(3-29)可知，如果被测距离小于半波长，则 $N = 0$，则可确定距离 D，因此，为了扩大测程，必须选用较长的测尺，即用较低的调制频率（或称测尺频率），但是测相精度是一定的，这样将导致测距精度随测尺长度的增大而降低；为了保证测距精度，又必须选用较短的测尺，即用较高的测尺频率。为解决这一矛盾，选用一组测尺，以短测尺（又称精测尺）保证精度，用长测尺（又称粗测尺）保证测程，以精确获取整尺段数 N，这就是直接测尺频率法。

对于远程测距来说，直接测尺频率法的精测尺和粗测尺频率差会随测程增大而增加，将使电路放大器的增益和稳定性难以一致。因此，采用一组数值比较接近的测尺频率，用其差频作为粗测频率，间接确定 N 值，得到与直接测尺频率法相同的效果。

设用频率为 f_1 和 f_2 的两个测尺分别测量同一距离 D，则由式(3-17)有

$$\frac{2f_1}{c}D = N_1 + \Delta N_1$$

$$\frac{2f_2}{c}D = N_2 + \Delta N_2$$

将上两式联立求解，可得

$$D = \frac{c}{2f_{12}}(N_{12} + \Delta N_{12}) \qquad (3-30)$$

式中，$f_{12} = f_1 - f_2$ 称为差频，$N_{12} = N_1 - N_2$，$\Delta N_{12} = \Delta N_1 - \Delta N_2$。表明用差频 f_{12} 测取尾数 ΔN_1 或 ΔN_2 的效果是相同的。因此，可以选择一组相近的测尺频率 f_1，f_2，$\cdots$，f_n 进行测量，测得各尾数为 ΔN_1，ΔN_2，$\cdots$，ΔN_n。将 f_1 作为精测频率，取差频 f_{12}，f_{13}，$\cdots$，f_{1n} 为粗测频率，即得满足要求的测尺系统。

电磁波测距的仪器主要是电磁波测距仪（也称光电测距仪），按载波可分为光波测距仪和载波测距仪，其中光波测距仪是用白炽灯或高压水银灯为光源的光速测距仪，以激光作为载波的为激光测距仪，以红外发光管为光源的为红外测距仪；按测程可分为短程测距仪（2km 以内）、中程测距仪（2~7km）、远程测距仪（7~15km）和超远程测距仪（大于 15km）；按精度可分为超高精度测距仪、高精度测距仪和一般精度测距仪；按测距方式可分为脉冲式测距仪、相位式测距仪和混合式测距仪，脉冲式测距仪的测程远而精度较低，相位式测距仪的测程较短而精度高。精密测距仪均采用相位式或混合式的测距方式。

单纯的地面测距仪已基本淘汰，取而代之的是电子全站仪。电子全站仪包括电子测角和光电测距两大部分，测距的电磁波多为红外光，精度有显著提高，最高可达 $0.5\text{mm} + 1 \times 10^{-6} \times D$，以中、短程测距为主，远程和超远程测距已被 GNSS 测量所取代。电磁波测距时

需要同时测量垂直角、仪器高、温度、气压等，要进行仪器的加常数、乘常数改正、温度气压方面的气象改正、倾斜改正和投影改正等，在此从略。

GNSS 中的测距也是电磁波测距，除了测卫星到接收机之间的距离外，还可得到接收机之间的距离，以及这条距离所在边的方向，称为基线向量，所以 GNSS 包括了方向测量和距离测量。

4. 双频激光干涉测量

双频激光干涉测量系统由激光器、迈克尔逊干涉系统、偏振器、光电检测器和计算机组成，测量的原理如下：由 He-Ne 激光器产生纵向频率为 f_1、f_2 的左、右旋圆偏振光，频差约为 1.3MHz，经 1/4 玻片转换为两束正交偏振光。由分光器分出的一小部光，经过偏振器 P_1 拍频后，经光电检测器 1 得到频率为 $f = f_1 - f_2$ 的参考信号；由分光器分出的其余的光从光头中射出，进入迈克尔逊干涉系统，该系统由偏振分光镜 PBS、固定角锥棱镜 M_1 和可移动角锥棱镜 M_2 组成，射出光在 PBS 上分成两束，频率为 f_1 的光经固定角锥棱镜 M_1 返回；频率为 f_2 的光由可动角锥棱镜 M_2 返回，两束光汇合，经过偏振器 P_2 实现拍频，然后进入光电检测器 2，当可移动角锥棱镜 M_2 静止时，光电检测器 2 得到拍频信号为 $f = f_1 - f_2$，当可移动角锥棱镜 M_2 移动时，则得到的拍频频率为 $f = f_1 - (f_2 \pm \Delta f)$，其中 Δf 为可移动角锥棱镜运动所引起的多普勒频移（参见图 3-3）。Δf 的计算为

$$\Delta f = f_2 2V/C \tag{3-31}$$

图 3-3 双频激光干涉仪的测量原理

V 为可移动角锥棱镜的运动速度，符号由棱镜的运动方向而定。设可移动角锥棱镜的运动速度为 $\mathrm{d}L/\mathrm{d}t$，则位移为 $\mathrm{d}L = V\mathrm{d}t$，由于 $\lambda = c/f_2$，代入上式，并经过积分可得位移

$$L = \int_0^t V \mathrm{d}t = \int_0^t (\lambda \Delta f/2)\, \mathrm{d}t = \frac{\lambda}{2}N \tag{3-32}$$

式中，N 为在 t 时间内记录的脉冲数

$$N = \int_0^t \Delta f \mathrm{d}t \qquad (3-33)$$

上面就是双频激光干涉仪精密测量长度的原理。按此研制的双频激光干涉仪可实现测距仪、因瓦水准尺、米纹尺和其他线尺等的自动化检测。

3.2.4 高程测量

确定地面或物体上任一点的海拔高程或相对高度的测量称高程测量。高程测量的主要方法有几何水准测量、三角高程测量、液体静力水准测量和 GNSS 高程测量等。高程测量中最基本的观测量是高差，两点之间的高差为两点正常高程(俗称海拔高程)之差，实质上是一种在特定方向上的距离。

1. 几何水准测量

几何水准测量的原理十分简单，它是利用水准仪提供的水平视线测定两点之间的高差。如图 3-4 所示，A、B 两点的高差为

$$h_{AB} = a - b \qquad (3-34)$$

式中，a 和 b 分别为水准尺的读数，若 A 点的高程已知，则 B 点的高程为

$$H_B = H_A + h_{AB} \qquad (3-35)$$

光学水准仪是几何水准测量的主要仪器，电子水准仪可实现数字化和自动化测量，而且精度与光学水准仪相当，基本可以替代光学水准仪。电子水准仪的发展：速度更快、操作更简单、自动化智能化程度更高、数据存储、通信和处理功能更强大，精度更高。但视距不能太长(如不能超过 120m)，不能用于长的跨河水准测量；另外，要求一定的视场，不能通过一个较窄的狭缝进行照准读数。

精密水准测量在工程测量中非常重要，一、二等水准测量属于大地测量中的精密水准测量，在工程测量中也有许多应用，工程测量中的精密水准测量主要是短视线微水准测量，视线长

图 3-4　几何水准测量图

度为 5m 左右，采用专用的微型水准尺和激光水准仪，可自动照准和读数，显著减小照准误差和读数误差，也减小了其他误差的影响，每公里的高差中误差小于 0.2mm，测站高差中误差可达 0.01mm。

2. 三角高程测量

三角高程测量是根据两点间的水平距离和观测的垂直角，应用三角公式计算出两点间的高差，如图 3-5 所示，A、B 两点的高差为

$$h_{AB} = h_{12} = S_0 \tan\alpha_{12} + CS_0^2 + i_1 - v_2 \qquad (3-36)$$

式中，S_0 为 A、B 两点间的水平距离，α_{12} 为 P、N 两点间的垂直角，i_1、v_2 分别为仪器高和觇标高，C 为球气差系数，有：

图 3-5 三角高程测量

$$C = \frac{1-k}{2R} \qquad (3\text{-}37)$$

式中，C 为大气垂直折射系数，R 为参考椭球面上弧 $A'B'$ 的曲率半径。

也可将 S_0 化算为高斯投影平面上的长度 d 进行计算。对于对向观测，可以进一步化算为

$$\bar{h}_{AB} = h' + \frac{1}{2}(i_1 + v_1) - \frac{1}{2}(i_2 - v_2) + \Delta h_{AB} \qquad (3\text{-}38)$$

式中

$$\Delta h_{AB} = \left(\frac{H_m}{R} - \frac{y_m}{2R^2}\right)h' \qquad (3\text{-}39)$$

$$h' = d \cdot \tan\frac{1}{2}(\alpha_{AB} - \alpha_{BA}) \qquad (3\text{-}40)$$

H_m 为 A、B 两点的平均大地高，y_m 为 A、B 两点到中央子午线的平均横坐标。

若采用电磁波法进行距离测量，则称为电磁波测距三角高程测量，使用精密的测角测距全站仪，进行一定的技术设计，电磁波测距三角高程测量可达到四等、三等甚至二等几何水准测量的精度。

3. 液体静力水准测量

直接依据静止的液体表面(水平面)来测定两点(或多点)之间的高差，则称为液体静力水准测量。这是一种古老的测量方法，埃及金字塔建造以及我国殷朝平整城堡地基，就采用这种方法。该方法是基于伯努利方程，即对于连通管中处于静止状态的液体压力，满足

$$P + \rho g H = C \qquad (3\text{-}41)$$

$$P_1 + \rho_1 g_1 H_1 = P_2 + \rho_2 g_2 H_2 \qquad (3\text{-}42)$$

式中，P 为作用在液面上的大气压，ρ 为液体的密度，g 为重力加速度，H 为液面高度，C 为常数。如图 3-6 所示，将容器安置于 A、B 两点之上，，并在水管连通的容器间再用气管连接，当容器处于封闭状态时，P 不变；若采用同一种液体，则 ρ 相等，容器液面处于平衡状态时，有

$$\rho g a = \rho g (b + h) \qquad (3\text{-}43)$$

式中，a、b 为两容器中的液面读数；h 为两容器零点间的高差，显然有

$$h = a - b \qquad (3\text{-}44)$$

即可通过液面读数实现高差测量。按上述原理制成的液体静力水准测量或系统可以测出两点或多点之间的高差。若其中的一个观测头安置在基准点上，其他观测头安置在目标点上，进行多期观测，则可得各目标点的垂直位移。这种方法特别适合建筑物内部(如大

坝)的沉降观测，尤其是用常规的光学水准法观测较困难且高差又不太大的情况。目前，液体静力水准测量系统采用自动读数装置，可实现持续监测，监测点可达上百个。同时也发展了移动式系统，观测的高差可达数米，因此也用于桥梁的沉降变形监测。

测定液面高度的方法主要有目视接触法和电子传感器法，后者不仅可提高，而且可实现测量的自动化。

图 3-6　液体静力水准测量原理图

影响液体静力水准测量精度的因素主要有：连通管中液体有残存气泡，容器的零点差，量测误差，仪器搁置误差，测点的温度差和气压差影响，液体蒸发、液体弄脏影响、仪器倾斜及仪器结构变化影响等。

液体静力水准测量系统有固定式和移动式两种，容器可以平放也可悬挂。

4. GNSS 高程测量

采用 GNSS 测量，可得地面上任一点 P 的 GNSS 大地高 H_G，它是地面 P 点到过 P 点的 WGS 84 椭球法线与椭球面交点的距离（参见图 3-7），大地高 H_G 与正高 H^g 和大地水准面高 N 的关系为

$$H_G = H^g + N \qquad (3\text{-}45)$$

正高是 P 点沿垂线方向到大地水准面的距离，大地水准面无法精确得到，用过平均海水面的似大地水准面来代替，正高 H^g 用正常高 H^r 代替，大地水准面高 N 用高程异常 ζ 代替，GPS 大地高与正常高、高程异常 ζ 的关系式可表示为

$$H_G = H^r + \zeta \qquad (3\text{-}46)$$

地面任意两点之间的正高高差为

$$\Delta H^g = \Delta H_G - \Delta N \qquad (3\text{-}47)$$

这两点之间的正常高高差为

$$\Delta H^r = \Delta H_G - \Delta \zeta \qquad (3\text{-}48)$$

由于似大地水准面与大地水准面的差异很小，在小范围内，ΔN 与 $\Delta \zeta$ 的差异更小，$\Delta H^g \approx \Delta H^r$，所以，在实际应用中一般不区分正高和正常高。可见，要将 GPS 大地高转换为工程应用中所需要的正高，须求出相应的大地水准面高 N。

大地水准面高由三部分组成，即

$$N = N_{GM} + N_{\Delta G} + N_H \qquad (3\text{-}49)$$

图 3-7　大地高和正高

式中，N_{GM} 为长波分量，按地球重力场模型计算，构成平滑的大地水准面，$N_{\Delta G}$ 为中波分量，由重力异常引起，N_H 为短波分量，由地形起伏造成。N_{GM} 在全球范围内的精度为 2~6m，在局部区域可达 0.5m。采用斯托克斯积分公式或莫洛金斯基积分公式及地球重力场模型，加上测区 1~2° 范围的重力资料，计算大地水准面高的精度可达到 3~4cm，但一般还满足不了工程上的要求。因此，如何利用 GPS 大地高精确定大地水准面高是关键问题。

在工程测量应用中，确定小区域大地水准面高的方法主要是有 GPS 水准拟合法，该法的实质是：在 GPS 网中，选择若干个点（称公共点），用几何水准测出这些点的水准高程（即正高），可得到各点的大地水准面高，设点的大地水准面高 N 与二维平面坐标存在函数关系

$$N = f(x,\ y) + \varepsilon \qquad (3\text{-}50)$$

式中，$f(x,\ y)$ 为 N 的趋势值，ε 为其误差，一般采用多项式拟合趋势值，如

$$N_i = a_0 + a_1 x_i + a_2 y_i + a_3 x_i^2 + a_4 xy + a_5 y_i^2 + \varepsilon \qquad (3\text{-}51)$$

若有 n 个公共点，则可组成 n 个误差方程，按最小二乘原理，可以解算出 m（$m \leqslant n$）个未知系数，式（3-51）$m = 6$，即至少需要 6 公共点。在拟合区内，只要知道任一点 k 的平面坐标，即可带入上式，计算出该点的大地水准面高 N_k，进而得到其水准高程 H_k。要求公共点分布比较均匀，且在有代表性的高程上，若测区内大地水准面变化较平缓，则拟合得到的水准高程可达到四等水准测量的精度，即每公里高差中数的偶然中误差 $m_\Delta \leqslant 5\text{mm}$。

此外，还有基于大地水准面精化模型的 GPS 水准拟合法和 GPS 跨河水准法，其精度要高于单纯的 GPS 水准拟合法，在此从略。

由于大地水准面高的短波特性是由地形起伏所引起的，若从大地水准面高中去掉地形起伏的影响，即公共点上的大地水准面高只考虑式（3-48）中的前两项，按上述方法估计未知系数，求出各非公共点的大地水准面高后，再加上相应的地形起伏影响，则可提高拟合精度，对于山区和丘陵区更加适宜。此外，除采用多项式拟合外，也可采用多面函数拟合和最小二乘配置的方法确定大地水准面高，但最小二乘配置需要顾及地形起伏影响，并构造合适的信号向量协方差函数，才能得到满意的结果。

3.2.5 坐标测量

能直接测得物体上目标点或离散点在某一坐标系下坐标的测量称为坐标测量。坐标测量主要的技术方法有：自由设站法、极坐标法、GPS单点定位法、GPS RTK法、激光跟踪法、激光扫描法。主要仪器设备有电子全站仪、GPS接收机、激光跟踪仪、激光扫描仪和工业三维测量中的一些测量系统等。自由设站法是用全站仪进行边角后方交会，将全站仪自由地架设在地面上任一点，只要能对两个或两个以上已知点作边角测量，即可得到设站点的坐标。此法在大比例尺数字测图和施工放样中经常使用。极坐标法也是用全站仪进行，仪器架设在一个已知点上，后视另一个已知点，测量到待测点的角度和距离，即可得到待测点的坐标。一切激光跟踪仪和激光扫描仪测量点的坐标都是源于极坐标法。GPS单点定位法和GPS RTK法确定点的坐标的方法也是基于距离后方交会和基线测量。这些在本书和相关课程都会学到。下面主要介绍激光跟踪仪测量，激光扫描测量在下一小节作较详细的介绍。

激光跟踪仪是一种基于极坐标法的坐标测量仪器，具有实时、快速、动态、便于移动和精度高等优点，在大尺寸设备定位、安装与检测中有广泛应用。主要生产厂家有徕卡、FARO和API公司。现以徕卡LTD500激光跟踪仪为例予以说明(图3-8)。LTD500的最大测程为35m，坐标精度可达10ppm，即35m为0.7mm，10m为0.1mm。仪器由角度测量、距离测量、跟踪、控制和支撑共五部分组成。测角系统与光栅增量式测角的电子经纬仪测角原理类似，距离测量采用激光干涉原理，以干涉条纹作为测距分辨率，可达亚微米级。

图3-8　激光跟踪仪LTD500

激光跟踪仪测量的三维坐标是在仪器坐标系下得到的，该坐标系的定义为：以跟踪头中心为原点，以度盘上的0读数方向为X轴，以度盘平面的法线向上的方向为Z轴，以右手规则确定Y轴。仪器只能测量出棱镜移动的距离(即相对距离)，因此，首先要把移动棱镜放置在一个已知距离(基准距离)的点上(称跟踪仪的鸟巢)，然后再移动，将干涉测量出的相对距离加上基准距离，即可得到绝对距离。操作员从跟踪仪的鸟巢放置反射器

P（鸟巢距仪器中心的距离已知）并在空间移动时，仪器会自动跟踪反射器，同时记录干涉测距值 D 及水平度盘和垂直度盘上的角度值 Hz 和 V，按极坐标测量原理就可得到点的空间三维直角坐标（x，y，z）（见图3-9）。

图3-9　激光跟踪仪的坐标系和距原理

3.2.6　三维激光扫描测量

我们知道，激光技术是最重要的技术之一，激光又称"镭射"或"莱塞"，是英文 Light Amplification by Stimulated Emission of Radiation（LASER）的意译，意思是由受激发射的光放大产生的辐射。激光有定向极好、亮度极高、颜色极纯、能量密度极大等四大特点，是"最准的尺"、"最亮、最奇异的光"，其应用非常广泛，主要有激光加工、激光通信、激光唱片、激光照排、激光光谱、激光武器、激光治疗、激光传感器和激光测距等。

测量上常用的激光测距技术，有双频激光干涉测量、激光束准直测量、波带板激光准直测量、激光跟踪测量、激光扫描测量、机载激光雷达测量、激光测月、激光测卫和激光测高等。激光波长有：氦氖激光543nm（绿）、633nm（红），红宝石激光694nm，二氧化碳激光10600nm。与激光有关的测量产品主要有：双频激光干涉仪、激光跟踪仪、激光全站仪、激光经纬仪、三维激光扫描仪、激光铅直仪、激光准直仪、机载激光雷达、激光扫平仪和手持激光测距仪等。

随着工程测量服务领域的拓宽和三维设计制造对测量要求的提高，全站仪、激光跟踪仪已不能满足高密度三维坐标采集和"逆向工程"的需要，这些仪器在不同程度上需要采用接触式测量方式，测量速度不可能很快。与角度、方向、距离、高程和坐标测量相对应，激光扫描仪可以进行大量点的快速坐标测量。类似于激光跟踪仪，激光扫描仪对被测物体测量时也提供三个观测值，即水平角、垂直角和距离，测角系统类似激光跟踪仪的测量模式，但测距方式不同，是采用精密比对的相位差测量方式。测距时，向被测物体发射一束红外调制光，经物体表面反射后被仪器接收，同时也向仪器内部一段已知长度的光纤发射调制光，当发向被测物体的调制光往返传播时，另一部分光也在固定长度光纤内反复传播。当发向被测物体的光返回激光扫描仪接收器时，只需计算出另一部分光在光纤内传播的相位即可测出仪器到被测物体的距离。同时扫描控制模块控制并测量每个激光脉冲的水平角和垂直角，提供物体表面的三维点云数据。点云(Pointcloud)意即许多点像云一样以测量的规则显示在计算机上呈现物体的形状。利用这些点云数据，可建立物体的三维可视化模型。激光扫描仪还有测量时间的脉冲式测量方式，基于相位扫描仪测程较短，一般在百米以内，基于脉冲式的仪器测程可达数公里。生产厂家主要有：Z+F(德国)，Surphaser(美国)，I-site (澳大利亚)，Riegl(奥地利)，徕卡(瑞士)，天宝(美国)，Optech(加拿大)和拓普康(日本)等。摄影测量是基于影像建模，三维激光扫描是基于几何建模。三维激光扫描技术具有精度高、速度快、不接触、实时、主动、数字化和自动化等优点，是继 GNSS 技术之后测绘领域的又一次技术革命。

激光扫描仪按扫描距离可分为短距离、中距离和长距离激光扫描仪三类，短距离激光扫描仪扫描距离不超过 3m，适合小型模具或文物的量测，速度快、精度高，点的精度可达0.018mm。中距离激光扫描仪，扫描距离约60m，长距离激光扫描仪，扫描距离可达数公里。2002 年，徕卡公司推出了 LR200 激光扫描仪系列，其测量精度与激光跟踪仪相当。下面简要介绍奥地利 Riegl 激光扫描仪系列。

Riegl 激光扫描仪系列始于 20 世纪 80 年代，主打二维和三维激光扫描仪，2008 年将数字化全波形技术应用到 3D 激光扫描仪上，能够接收到无穷次回波，使用 1200 万到 2400 万像素以上的高质量单反数码相机，将同步拼接激光点云和高分辨率的影像快速生三维模型、正射影像和 CAD.图，发射频率 25000 赫兹到 300000 赫兹的近红外激光，对人眼完全安全，系列产品(射程 400m，600m，1000m，2000m 和 6000m)，如代表产品 VZ-400(图 3-10)，水平全景 360°扫描，5″的时间可得 520 万个激光点云数据，100m 距离的单点测量精度达 2mm，重量约 9.5kg，可在摄氏−20℃ 到 55℃环境下使用。

Riegl 激光扫描仪的随机软件 RiSCANPRO 具有以下功能：

能在几分钟内就完成多站激光扫描数据和数码影像数据的同步拼接，并显示拼接误差；能对 3D 激光点云进行数码影像的快速着色，生成 3D 彩色激光实景；能生成三角形(TIN)和数字高程模型(DEM)和数字正射影像图(DOM)；能进行长度和各种面积、体积计算；能自动去除植被，显示被植被遮挡的建筑物；能与全站仪、GPS 联合使用；能通过无线遥控、网络和有线等多种方式进行扫描仪的操作和数据处理；软件易学易用；用户可开发适合自己应用领域的软件，可以使用几十种第三方研制的优秀软件。

三维激光扫描技术在工业测量、土木工程、数字城市、地形可视化、城乡规划、自然灾害调查等领域都有广泛的应用。如大型工业设备和结构外形测量，机械制造安装测量，各种地下工程结构测量，各种面积体积计算测量，桥梁结构测量，管道、线路测量，大坝、桥梁、隧道和建筑物的变形监测；各种灾害估计和监控监测，文物挖掘、复制与保护；各种现场快速重建、虚拟现实以及动画、电影制作等。

3.2.7 远程微形变雷达测量系统(IBIS)

雷达是利用电磁波探测目标的电子设备，它发射电磁波对目标进行照射并接收其回波，由此获得目标至电磁波发射点的距离、方位和高度等信息。合成孔径雷达是利用雷达与目标的相对运动把尺寸较小

图 3-10 三维激光扫描仪 Riegl VZ-400

的实际天线孔径用数据处理方法合成孔径的较大的等效天线，雷达和合成孔径雷达技术参见本书3.3.2。

IBIS是一种基于微波干涉技术的创新雷达，称为地基合成孔径干涉雷达系统或远程微形变雷达测量系统，该系统集成了步进频率连续波技术（SF-CW）、合成孔径雷达技术（SAR）和干涉测量等先进技术，确保IBIS系统拥有极高的距离向分辨率和横向分辨率，是高精度变形监测的最新和最具应用前景的一种技术。

步进频率连续波技术（SF-CW）能够为IBIS在距离向提供高达0.5m的距离向分辨率，且该距离分辨率的大小与测距无关。

通过合成孔径雷达技术（SAR）和步进频率连续波技术（SF-CW）的结合，监测区域就被分割成很多二维的小单元。距离向分辨率为0.5m，使用SAR技术处理数据，能够提高系统的横向分辨率，天线在2m的线性扫描器轨道上运动时，好比是一根2m的天线，从不同观察角度向定点发射电磁波，收集沿2m轨道运动的所有信息，系统的角分辨率能达到4.5mrad，横向分辨率＝角分辨率×测距，大小与测距有关。在300m远处横向分辨率的为1.35m，在900m处为4.05m。

差分干涉测量技术。对于目标物的每一次测量都包括两方面信息：振幅$I(n)$和相位φ_n。将在不同时间得到的目标物的相位信息的差异进行比较，通过IBIS得到的位移变化量是在距离向的变化量，通过软件可以投影到其他任意方向上，可得到0.01mm的位移变化量。

IBIS微变形监测系统是意大利IDS公司和佛罗伦萨大学长达8年的合作研究成果。具有远距离、高精度、大范围监测等特点，该系统有IBIS-L和IBIS-S两套配置，见图3-11和图3-12。IBIS-L主要应用于大坝和山体滑坡等项目的监测，IBIS-S主要应用于桥梁、建筑物等项目的监测。IBIS-L的测量精度可以达到0.1mm，IBIS-S的测量精度甚至可达到0.01mm，可探测建筑物上某点高达50Hz的振动频率。系统主要受视线向相位误差和大气折射误差的影响，精度与目标反射率有关。

图3-11　IBIS-S配置　　　　　　　　　图3-12　IBIS-L配置

3.2.8 近景摄影测量

摄影机至被摄物体的距离不超过 300m 的摄影测量称为近景摄影测量，可确定被摄物体的大小、位置和几何形状。摄影机分量测和非量测相机，用量测相机的摄影方式有：正直摄影、等偏摄影和交向摄影，其原理见有关课程，在此从略，下面简述非量测相机原理如下：

非量测相机不是专为测量目的而设计制造，光学性能要差一些，内方位元素不稳定或不能记录，没有框标及定向设备，但使用方便灵活，价格较低，可任意调焦，可手持摄影，摄影方向可根据需要选择。非量测相机摄影的直接线性变换的基本公式为

$$\begin{cases} x_i + \dfrac{L_1X_i + L_2Y_i + L_3Z_i + L_4}{L_9X_i + L_{10}Y_i + L_{11}Z_i + 1} = 0 \\ y_i + \dfrac{L_5X_i + L_6Y_i + L_7Z_i + L_8}{L_9X_i + L_{10}Y_i + L_{11}Z_i + 1} = 0 \end{cases} \tag{3-52}$$

式中，$L_1 \sim L_{11}$ 是 11 个系数，它们是像片的 6 个外方位元素（X_S、Y_S、Z_S、φ、ω、κ），3 个内方位元素（主点的坐标仪坐标 x_0、y_0，所摄像片的 x 向主距 f_x），y 方向相对于 x 方向的比例变化率 ds（比例尺不一致性），以及 x、y 轴间的不垂直性 $d\beta$（不正交性）共 11 个参数的函数，X_i、Y_i、Z_i 为点的地面空间坐标，x_i、y_i 为相应点在像片上量测的像点坐标。

用非量测相机拍摄的像片，如果要在像片上求出任何一个像点的地面坐标，就要在所摄物体的左右、上下和前后布设几个控制点，然后用摄影机在两个不同的位置对所要测量的物体拍摄两张像片，分别放在坐标量测仪上量测出几个已知控制点的像点坐标 x_i、y_i 后，代入(3-52)式，求解出 11 个转换参数，再利用转换参数和被测点的量测坐标，分别求出被测点的地面坐标。

由于摄影物镜光学畸变差的影响，使得像点、摄站和相应地面点间的共线关系受到了破坏，光学畸变差主要以辐射方向影响为主，有

$$\begin{cases} \Delta x_i = (x_i - x_0) \cdot k \cdot r_i^2 \\ \Delta y_i = (y_i - y_0) \cdot k \cdot r_i^2 \end{cases} \tag{3-53}$$

其中：$r_i^2 = (x_i - x_0)^2 + (y_i - y_0)^2$

在直接线性变换的共线条件方程式中，对像点坐标加入改正项 Δx_i，Δy_i，则方程式可写成如下形式

$$\begin{cases} (x_i - x_0) + \Delta x_i + \dfrac{L_1X_i + L_2Y_i + L_3Z_i + L_4}{L_9X_i + L_{10}Y_i + L_{11}Z_i + 1} = 0 \\ (y_i - y_0) + \Delta y_i + \dfrac{L_5X_i + L_6Y_i + L_7Z_i + L_8}{L_9X_i + L_{10}Y_i + L_{11}Z_i + 1} = 0 \end{cases} \tag{3-54}$$

由(3-53)式可知，对称物镜畸变参数为 κ，此时共有 12 个未知参数。要求出一张像片的 12 个参数，在被摄物体周围至少要有 6 个已知控制点。一般应多于 6 个点，用最小二乘法求解 12 个参数。当分别求出在两个不同位置对同一物体所拍摄像片的两组参数后，并量测出两张像片上待定点的像点坐标 x、y，就可求出待定点的地面坐标。

与其他方法相比，近景摄影测量方法有下述显著特点：

（1）不需要接触被测物体；

（2）外业工作量小，观测时间短；

（3）摄影影像的信息量大，利用率高，利用种类多。

数字摄影测量技术的发展为近景摄影测量的应用开拓了更好的前景，与模拟摄影测量有关的一些误差已不需再考虑。

3.3　对地观测技术和方法

3.3.1　GNSS 技术和方法

全球导航卫星系统 GNSS（Global Navigation Satellite System）是利用导航卫星建立的覆盖全球的全天候无线电导航系统，是最重要的对地观测技术。它包括美国的全球定位系统（GPS），俄罗斯的全球导航卫星系统（GLONASS）、欧盟的伽利略导航卫星系统（Galileo）和我国的北斗导航卫星系统（Compass）。例如 GNSS 的双星系统是 GPS 和 GLONASS 的组合，双星系统接收机可接收 GPS 和 GLONASS 的卫星信号，增加了可见卫星数量，提高了精度、速度和生产效率。各系统有许多相同之处，下面主要讲述美国的 GPS，对 GLONASS、Galileo 和 Compass 只作简单介绍。

1. GPS 的组成部分

该系统包括空间、地面控制和用户三大部分。空间部分有 24 颗卫星，均匀分布在倾角为 55° 的 6 个近似圆形的轨道上。卫星高度约 20 200km，运行周期为 12h。卫星发送的信号由一个基本频率 f_0 = 10.23MHz 的震荡器产生，发射信号的两个载波（ L_1、L_2 ）频率分别为 f_1 = 1575.42MHz 和 f_2 = 1227.60MHz，相应的波长为 19.04cm 和 24.44cm。两个载波上都调制有频率为 f_0 的 P 码 $P(t)$（也称为精码）和导航电文 $D(t)$，在 L_1 上还调制有频率为 0.1f_0 的 C/A 码 $G(t)$（也称为粗码）。GPS 卫星所发出的信号可表示成：

$$P(t) D(t) \{A_p \cos(2\pi f_1 t + \Phi_{p1}) + A_p \cos(2\pi f_2 t + \Phi_{p2}) + A_c \cos(2\pi f_1 t + \Phi_c) \} \quad (3-55)$$

地面控制部分由一个主控站、三个注入站和五个监测站组成。主控站接收由监测站跟踪的数据，计算并预报卫星的广播星历，校正卫星的轨道；注入站的作用是把导航数据注入卫星；监测站是对卫星进行连续跟踪监测，计算每颗卫星每 15min 的平滑数据，每隔 8h 传送注入卫星导航信息和其他控制参数；用户部分主要指各种型号的接收机。

2. GPS 的定位原理

卫星按星钟发射伪随机噪声码（称测距码）经过时间 Δt 后到达接收机，接收机在本身时钟控制下也产生一组结构完全相同的码（称复制码），通过可调延时器对两组码进行相关处理，可得到卫星信号的传播时间 Δt，乘以电磁波在真空中的速度 c，可得卫星至接收机的距离（称为伪距），经过电离层和对流层的折射改正，星钟改正，得卫星至接收机的空间距离，若在接收机站同时观测 4 个以上卫星，由卫星坐标、卫星至接收机的空间距离可解算出接收机站的坐标，这就是伪距法绝对定位原理。在 GPS 中，主要采用载波相位测量，其原理如下：将载波作为测距信号，进行相位测量，可以达到更高的精度。假设接收机在时刻 t_0 跟踪卫星信号，并开始进行载波相位测量，且接收机本机震荡器也产生一个频率和初相位与卫星载波信号完全一致的基准信号，如果 t_0 时刻接收机基准信号的相位

为 $\Phi^0(R)$，接收到的卫星载波信号的相位为 $\Phi^0(S)$，并假设这两个相位之间相差 N_0 个整周信号和不足一周的 $F_r^0(\Phi)$，则可求得 t_0 时刻接收机到卫星的距离：

$$\rho = \lambda \left[\Phi^0(R) - \Phi^0(S) \right] = \lambda \left[N_0 + F_r^0(\Phi) \right] \tag{3-56}$$

载波相位测量的基本观测方程如下：

$$\rho = \bar{\rho}' + \delta\rho_{\text{ion}} + \delta\rho_{\text{tron}} - c \cdot v_{tb} + c \cdot v_{ta} + \lambda \cdot N_0 \tag{3-57}$$

式中，包括卫星至接收机的空间距离，电离层和对流层的折射改正项，星钟和接收机钟改正项。根据上述方程，既可进行单点绝对定位，也可进行相对定位，但多采用差分法载波相位相对定位测量。通过在接收机间求一次差，可消除星钟误差，削弱电离层、对流层折射误差和卫星星历误差，求一次差后的虚拟观测方程为：

$$\Delta\varphi_{ij}^p = \frac{f}{c}\rho_j^p - \frac{f}{c}\rho_i^p - \frac{f}{c}(\delta\rho_{\text{ion}})_{ij}^p - (v_{tb})_{ij} - (N_0)_{ij}^p \tag{3-58}$$

在接收机与卫星间求二次差，可消除测站间的相对钟差改正，求二次差后的虚拟观测方程为：

$$\Delta\varphi_{ij}^{pq} = \frac{f}{c}\Delta\rho_j^{pq} - \frac{f}{c}\Delta\rho_i^{pq} - \frac{f}{c}(\delta\rho_{\text{ion}})_{ij}^{pq} - (N_0)_{ij}^{pq} \tag{3-59}$$

一般，多采用求二次差进行相对定位。

在接收机、卫星和观测历元间求三次差，可消去整周未知数。

3. GPS 的定位模式

GPS 测量分单点绝对定位和相对定位两种基本模式。对于伪距单点定位，由于大气层延迟、轨道误差和钟差等误差影响，定位精度较低，只能用于普通的导航及一些低精度作业。精密单点定位采用精密星历和卫星钟差产品，利用双频观测值组合及对流层延迟模型改正等方法，大大提高了单点定位精度，为单台双频 GPS 接收机作业提供了可能。可用于低等级控制点布设，如水上定位测量、地形图测量和一些施工放样。相对定位的静态、快速静态定位测量，可用于各种工程控制网的布设，可代替大部分地面边角网，如测图控制网、施工控制网和许多变形监测网。GPS RTK（实时动态定位）及 GPS 网络 RTK 在低等级控制测量、大比例尺图数字测图和施工放样中得到普遍应用。

4. GPS 的数据处理

GPS 数据处理主要包括数据粗加工、预处理、平差、坐标转换等。GPS 数据的粗加工包括数据传输和分流，即将数据从接收机传输至计算机的同时分流成观测值文件、星历文件、测站控制信息文件等。GPS 数据预处理包括卫星轨道方程的标准化、时钟多项式拟合、整周模糊度的估算、整周跳变修复、观测值的标准化和基线向量解算等。平差即组成相位观测值的误差方程、法方程并进行网平差计算及精度评定等。坐标转换包括 GPS 点的 WGS-84 坐标转换到用户坐标系。

5. GPS 的误差和近期发展

GPS 定位误差主要包括与卫星有关的误差、与信号传播有关的误差和与接收机有关的误差三大误差来源，如卫星星历误差，卫星钟误差；对流层、电离层折射误差，多路径误差；接收机钟差，天线相位中心与几何中心不一致的误差，以及接收机的固定误差和比例误差。

GPS 第三代导航卫星，形成 L1、L2、L3 共三个 GPS 信号新格局；第四代卫星（Block

Ⅲ），计划 2014 年开始发射，完成后将改变现行六轨道 24 颗星的局面，用 32 颗卫星(3A 8 颗，3B 8 颗，3C 16 颗)构建高椭圆轨道(HEO)及地球静止轨道(GEO)相结合的 GPS 混合星座。在 BLOCK 2R-M 卫星的 L2 上增加 C/A 码，以利于接收机获取双频伪距和双频载波相位观测值，减少 L2 上的周跳，缩短求解整周模糊度的时间，有助于减弱多路径效应及电离层延迟影响。在接收机方面也有不少改进，包括：Trimble GPS R7、R8 型机上有 R-Track 技术，在 L1 和 L2 上能进行低噪声载波相位测量，精度达 1mm；增强了 L2 上 C 码的信噪比，进一步减小多路径误差，可进行低高度角跟踪。Leica 公司的 GPS1200 型采用了 Smart Track 技术，可支持升级后的 GPS 卫星信号。

6. GLONASS

GLONASS(格洛纳斯)是俄语中全球卫星导航系统的缩写，是苏联 1976 年启动的项目，由俄罗斯继续该计划，作用类似于美国的 GPS 和欧洲的伽利略系统。GLONASS 系统 1993 年开始在俄罗斯建立，2007 年开始在俄罗斯境内作卫星定位及导航服务。到 2009 年，服务范围拓展到全球，包括确定陆地、海上及空中目标的坐标及运动速度等。到 2012 年，有 24 颗卫星正常工作、3 颗维修、3 颗备用和 1 颗测试。GLONASS 星座由中轨道的 24 颗卫星组成，分布于 3 个圆形轨道面上，轨道高度 19100km，倾角 64.8°。与 GPS 不同，GLONASS 使用频分多址方式，每颗卫星广播 L1、L2 两种信号，频率为 L1 = 1602+ 0.5625·k(MHz)和 L2 = 1246+0.4375·k(MHz)，其中 k 取 1~24，为每颗卫星的频率编号，同一颗卫星满足 L1/L2 = 9/7。GLONASS 将在 2015 年完全建成，其定位和导航误差将从目前的 5~6m 缩小为 1m 左右，其精度处于全球领先地位。

7. Galileo

伽利略系统是按伽利略计划(欧洲的全球导航服务计划)建设的第一个民用的全球卫星导航定位系统，与 GPS 相比，它更先进、更有效、更可靠。且具有自成体系、能与其他的全球卫星导航系统兼容互动、具备先进性和竞争性、公开进行国际合作等四大特点。Galileo 由 30 颗卫星组成，其中 27 颗卫星为工作卫星，3 颗为候补卫星，卫星高度为 24126km，位于 3 个倾角为 56°的轨道平面内。Galileo 的民用设计目的将更适合各种不同用户如公用事业、商业服务、营救抢险等。用户将同时接收 GPS 和 Galileo 信号，二者互补，将提供更高的精度和可靠性。伽俐略计划的总经费仅为 33 亿欧元，相当于里昂到都灵的高速铁路主隧道的费用。Galileo 提供的信息还是位置、速度和时间，但是服务种类远比 GPS 多，有公开服务(OS)；生命安全服务(SoLS)；商业服务(CS)；公共特许服务(PRS)；以及搜救(SAR)服务。公开服务提供定位、导航和授时服务是免费的，供大批量导航市场用。商业服务是对公开服务的一种增值服务，以获取商业回报，它具备加密导航数据的鉴别功能，为测距和授时专业应用提供有保证的服务承诺。生命安全服务，它可以同国际民航组织(ICAO)标准和推荐条款(SARs)中的"垂直制导方法"相比拟，并提供完好性信息。公共特许服务是为欧洲/国家安全应用专门设置的，是特许的或关键的应用，具有战略意义。伽利略提供的公开服务定位精度通常为 15~20m(单频)和 5~0m(双频)两种档次，公开特许服务有局域增强时能达到 1m，商用服务有局域增强时为 10cm~1m。伽利略的推动力来源于应用用户和市场需求，对于各种各样应用的认知和开拓，以及可能的经济和社会效益分析，伽利略的特色及其与 GPS 兼容是其成功的关键。市场研究和预测表明，至 2020 年，伽利略的用户数量可达 25 亿个。其中 90%的用户是在批量市场，是与 GNSS 接收机集成的移动电话用户，以及车辆应用系统(telematics)用户。伽利略系统对于欧盟具有关键意义，它不仅能使人们的生活更加方便，还将为欧盟的工业和商业带来可观的经济效益。更重要的是，欧盟将从此拥有自己的全球卫星导航系统，有助于打破美国的垄断地位，在全球高科技竞争中获取有利位置，为将来建设欧洲独立防务创造条件。

8. Compass

北斗卫星导航系统是我国正在实施的自主研发、独立运行的全球卫星导航系统。与美国的 GPS、俄罗斯的 GLONASS、欧盟的 Galileo 并称全球四大卫星导航系统。北斗系统按照"三步走"的发展战略稳步推进：第一步：2000 年建成了北斗卫星导航试验系统，使中国成为世界上第三个拥有自主卫星导航系统的国家；第二步：2012 年左右，形成覆盖亚太大部分地区的服务能力；第三步：2020 年左右，北斗卫星导航系统形成全球覆盖能力。北斗卫星导航系统空间段将由 5 颗静止轨道卫星和 30 颗非静止轨道卫星组成，提供开放服务和授权服务。开放服务是在服务区免费提供定位、测速和授时服务，定位精度为 10m，军事定位达到厘米级，授时精度为 50ns，测速精度为 0.2m/s。授权服务是向授权用户提供更安全的定位、测速、授时和通信服务以及系统完好性信息。"北斗"与"GPS"、"伽利略"和"格洛纳斯"相比，优势在于短信服务和导航结合，增加了通信功能；全天候快速定位，极少的通信盲区，精度与 GPS 相当，在增强区域即亚太地区，会超过 GPS；向全世界提供的服务都是免费的，在提供无源定位导航和授时等服务时，用户数量没有限制，且与 GPS 兼容；特别适合集团用户大范围监控与管理，无依托地区数据采集用户的数据传输与应用；独特的中心节点式定位处理和指挥型用户机设计，可同时解决"我在哪？"和"你在哪？"的问题；自主系统和高强度加密设计，安全、可靠、稳定，适合关键部门应用。目前北斗卫星设计已经达到国外导航卫星水平，在未来发展中争取在国际导航卫星研制领域处于领先地位。

3.3.2 InSAR 技术和方法

InSAR(Interferometric Synthetic Aperture Radar)即合成孔径雷达干涉测量，简称干涉雷达测量。它是 20 世纪 90 年代末在 SAR 的基础上发展起来的一种新型的空间对地观测技术。雷达是利用电磁波探测目标的一种电子设备，它发射电磁波照射目标并接收其反射波，由此获得目标至发射点的距离、径向速度、方位和高度等信息。合成孔径雷达(SAR)是利用雷达与目标的相对运动把尺寸较小的真实天线孔径雷达用数据处理的方法合成一个较大的等效天线孔径雷达。合成孔径雷达是一种主动式微波传感器，雷达微波遥感对地表有一定的穿透能力，可以提供可见光、红外遥感所得不到的一些新信息。它的分辨率高，能全天候、全天时工作，能识别伪装、穿透掩盖物，所得到的高方位分辨率相当于一个大孔径天线所能提供的方位分辨率。

合成孔径雷达主要用于航空测量、航空遥感、卫星海洋观测、航天侦察、图像匹配制导和深空探测等。它能识别云雾笼罩地区的地面目标，识别伪装的导弹地下发射井，可探测月球、金星的地质结构，在导弹图像匹配制导中，采用合成孔径雷达摄图，能使导弹击中隐蔽和伪装的目标。在农业、林业、地质、环境、水文、海洋、灾害、测绘与军事领域的应用具有独特的优势，特别是在传统光学传感器成像困难的地区有着更重要的地位。

各国的星载合成孔径雷达系统有：美国的 Seasat-1、Sir-A/B/C、LACROSSE SAR、Light SAR 和 Medsat SAR；欧洲的 ERS-1/2、XSAR 和 ASAR；加拿大的 Radarsat-1/2；俄罗斯的 Almaz-1；日本的 JERS-1、ALOS/PALSAR；德国的 TerraSAR-X 以及意大利的 Cosmo-SkyMed 等。

InSAR 乃是以同一地区的两张 SAR 图像为基础，通过求取相位差获得干涉图像，经过一系列处理，从干涉条纹中获取大区域的地形高程数据和地表微量形变信息。

InSAR 通过两幅天线同时观测(单轨模式)或两次近平行观测(重复轨道模式)获取地面同一区域的复图像对。由于目标与两天线位置的几何关系，在复图像对上产生相位差而形成干涉图。干涉图中包含斜距方向上点与两天线位置之差的精确信息，利用传感器高度、雷达波长、波束视向及天线基线距之间的几何关系，可精确测量出图像上每一点的三维坐标及其变化。下面主要讲述 InSAR 常用的重复轨道模式的原理。

根据距离-多普勒原理，多普勒频率 f_{dop} 可以表示为

$$f_{\mathrm{dop}} = -\frac{2}{\lambda}\frac{\partial\rho}{\partial t} \qquad (3-60)$$

其中，ρ 为斜距，t 为时间，λ 为波长。由于 $2\pi f_{\mathrm{dop}} = \partial\varphi/\partial t$，$\varphi$ 为观测相位。故有

$$\partial\varphi(t) = -\frac{4\pi}{\lambda}\partial\rho(t) \qquad (3-61)$$

对上式积分，顾及地面散射影响，可得相位观测值 φ 与斜距 ρ 的关系式

$$\varphi = -\frac{4\pi\rho}{\lambda} + \varphi_{\mathrm{scat}} \qquad (3-62)$$

其中，φ_{scat} 为散射相位。

如图 3-13 所示，H 表示平台的高度，S_1 和 S_2 为两幅天线的位置，它们间的距离称基线距，用 B 表示，基线与水平方向夹角为 α；地面点 P 在 t_1 时刻到天线 S_1 的路径用 ρ_1 表示，其方向矢量为 $\vec{l_1}$，P' 在 t_2 时刻到天线 S_2 的路径用 ρ_2 表示，其方向矢量为 $\vec{l_2}$，点 P 到 P' 的距离为 D，点 P 在参考椭面上的投影为 P_0，P 和 P_0 之间的距离为 h_e，θ 为第一幅天线的参考视向角，地面点 P 的正高高程用 h 表示。天线 S_1 和天线 S_2 接收到的 SAR 信号 s_1 和 s_2 为

$$s_1 = |s_1|\,e^{j\varphi_1} \qquad (3-63)$$

$$s_2 = |s_2|\,e^{j\varphi_2} \qquad (3-64)$$

由于入射角的细微差异，两幅 SAR 复影像不完全重合，需先进行配准，对配准后的图像进行复共轭相乘得到复干涉图

$$s_1 s_2^{*} = |s_1||s_2|\,e^{j(\varphi_1-\varphi_2)} \qquad (3-65)$$

由式(3-62)和式(3-65)，干涉相位 φ 可表示为

$$\phi = \varphi_1 - \varphi_2 = \frac{4\pi}{\lambda}(\rho_2 - \rho_1) + (\varphi_{\mathrm{scat},1} - \varphi_{\mathrm{scat},2}) \qquad (3-66)$$

设 t_1 和 t_2 时刻地面散射特性相同，$\varphi_{\mathrm{scat},1} = \varphi_{\mathrm{scat},2}$，式(3-66)可简化为

$$\phi = \frac{4\pi}{\lambda}(\rho_2 - \rho_1) \qquad (3-67)$$

由图 3-13 可以得到

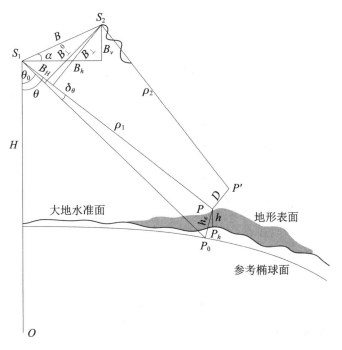

图 3-13 SAR 干涉测量示意图

$$\rho_2 \vec{l_2} = \rho_1 \vec{l_1} - B - D \tag{3-68}$$

上式两边乘以 $\vec{l_1}$，可得

$$\rho_2 \vec{l_2} \cdot \vec{l_1} = \rho_1 - B \cdot \vec{l_1} - D \cdot \vec{l_1} \tag{3-69}$$

由于 $B \ll \rho_1$，$D \ll \rho_1$，有 $\vec{l_2} \cdot \vec{l_1} \approx 1$，上式可表示为

$$\rho_2 \approx \rho_1 - B \cdot \vec{l_1} - D \cdot \vec{l_1} \tag{3-70}$$

将上式代入式(3-67)，可得

$$\phi \approx -\frac{4\pi}{\lambda}(B \cdot \vec{l_1} - D \cdot \vec{l_1}) = -\frac{4\pi}{\lambda}[B\sin(\theta-\alpha) - \Delta\rho] \tag{3-71}$$

将基线沿雷达视线方向进行分解，得到平行于视线方向的分量 $B_\parallel$ 和垂直于视线向的分量 $B_\perp$，于是有

$$B_\parallel = B\sin(\theta-\alpha) \tag{3-72}$$

$$B_\perp = B\cos(\theta-\alpha) \tag{3-73}$$

假设点 P_0 的视向角为 θ_0，令 $\beta = \theta_0 - \alpha$，$\delta_\theta = \theta - \theta_0$，有

$$\sin(\theta-\alpha) \equiv \sin(\beta-\delta_\theta) \approx \sin\beta + \cos\beta\delta_\theta \tag{3-74}$$

将式(3-72)、(3-73)和(3-74)代入式(3-71)，有

$$\phi \approx -\frac{4\pi}{\lambda}(B_\parallel^0 + B_\perp^0 \delta_\theta - \Delta\rho) \tag{3-75}$$

因

$$\delta_\theta = \frac{h_e}{\rho_1} \approx \frac{h}{\rho_1 \sin\theta_0} \qquad (3-76)$$

代入式（3-75），可得 InSAR 的一般表达式：

$$\phi = -\frac{4\pi}{\lambda}\left(B_\parallel^0 + \frac{B_\perp^0}{\rho_1 \sin\theta_0}h - \Delta\rho\right) \qquad (3-77)$$

基于上式，可以将干涉相位分解成三部分

$$\phi = \phi_{\text{ref}} + \phi_{\text{topo}} + \phi_{\text{defo}} \qquad (3-78)$$

其中，ϕ_{ref} 称参考相位，系由地球曲面所产生的干涉相位

$$\phi_{\text{ref}} = -\frac{4\pi}{\lambda}B_\parallel^0 \qquad (3-79)$$

ϕ_{topo} 称地形相位，是参考面之上的地形所产生的干涉相位

$$\phi_{\text{topo}} = -\frac{4\pi}{\lambda}\frac{B_\perp^0}{\rho_1 \sin\theta_0}h \qquad (3-80)$$

ϕ_{defo} 称变形相位，是地表形变产生的干涉相位：

$$\phi_{\text{defo}} = \frac{4\pi}{\lambda}\Delta\rho \qquad (3-81)$$

去除参考相位，剩余相位称平地相位 ϕ_{flat}，有

$$\varphi_{\text{flat}} = \varphi_{\text{topo}} + \varphi_{\text{defo}} = -\frac{4\pi}{\lambda}\left(\frac{B_\perp^0}{\rho_1 \sin\theta_0}h - \Delta\rho\right) \qquad (3-82)$$

若有测区的数字高程模型（DEM），可获取到该区域的高程相位 ϕ_{topo}，则可计算该地区的地表形变

$$\Delta\rho = \frac{\lambda}{4\pi}\phi_{\text{defo}} \qquad (3-83)$$

InSAR 的数据处理过程较为复杂，包括选择合适的 SAR 干涉像对，对 SAR 信号进行成像处理，生成单视复（SLC）影像，对两幅 SAR 影像进行"过采样"和"方位向预滤波"，以避免在形成干涉条纹中出现频谱混淆，进行 SAR 像对的配准和重采样，进行距离向预滤波，生成干涉图，计算相干系数，作平地效应改正、地形改正，进行干涉图的二次滤波相位解缠和地理编码等，在此不作细述。

InSAR 的主要优点是：属于主动式遥感，能全天候、全天时作业，测量结果具有连续的空间覆盖性；可对地壳变形进行准确的测量，是大区域地表沉降、地壳构造变形如板块运动、地震、造山等研究的强有力工具。在工程测量中，主要用于获取大区域的数字高程模型，特别是通过对同一地区不同时间的地表观测，获取地表的微量形变信息，其精度可达到毫米级，这对于大区域的地表沉降观测是多快好省的一种对地观测技术，有十分重要的意义和巨大的应用前景。

3.3.3 机载 LIDAR 技术和方法

LIDAR 是光探测与测距（Light Detection and Ranging）英文缩写的意译，又称激光雷达测量。我们已经知道，雷达是发射电磁波对目标进行照射并接收其回波，由此获得目标至发射点的距离、径向速度、方位和高度等信息的一种电子设备。激光雷达（Laser Radar）则

是用激光器作为辐射源的雷达，即激光技术与雷达技术相结合的产物。激光雷达由发射机、天线、接收机、跟踪架及信息处理器等部分组成。发射机是各种形式的激光器，如二氧化碳激光器、石榴石激光器、半导体激光器及波长可调谐的固体激光器等；天线主要指光学望远镜；接收机系各种形式的光电探测器如光电倍增管、半导体光电二极管、雪崩光电二极管、红外和可见光多元探测器件等组成。激光雷达采用脉冲或连续波两种工作方式，探测方法分直接探测与外差探测。将激光雷达测量系统可安装在飞机（含直升机）上，称机载激光雷达测量系统，它属于主动式直接测量系统，其飞行高度一般在 $200\sim6000\mathrm{m}$，使用脉冲激光测距，动态 GNSS 定位和贯导姿态测量，激光脉冲能部分地穿过植被，基本不需要地面控制点，能在危险地区（如沼泽、大型垃圾场）安全作业、速度快、周期短、时效性强，这也是该技术的优点和显著特点。

机载激光雷达测量主要包括机载 LIDAR 系统的组成及工作原理、机载激光雷达测高的原理，机载激光雷达测量的几何模型，测量的误差来源及影响规律，削弱系统误差的方法，测高定位精度的评定方法，机载激光雷达测量数据的滤波和分类方法，建筑物激光雷达数据提取及三维重建方法，LIDAR 距离图像处理方法等内容，需要结合实际应用进行专门的学习，在此不作叙述。

机载激光雷达测量可广泛应用于大区域三维地形数据的快速获取，尤其在在森林地区，它具有直接获取真实地面的高精度三维信息的能力，是传统航空摄影测量方法无法做到的。该技术和方法在数字地形图测绘、资源勘查、森林调查、城市三维建模、灾害调查、环境监测与评估、机载激光测高以及军事等方面有着极大的发展应用前景。

3.4 特殊测量技术和方法

3.4.1 基准线法测量

基准线法测量是构成一条基准线（或基准面），通过测量获取沿基准线所布设的测量点到基准线（或基准面）的偏离值（称偏距或垂距），以确定测量点相对于基准线的距离的测量，是工程测量学的一种特殊测量，常用于监测直线型建筑物的水平位移和大型线性设备的安装检校。基准线可以是水平的、铅直的或任意的一条不变动的直线，通常平行于被测物体的轴线，如大坝、机器设备的轴线。基准线可用光学法、光电法和机械法产生。基准线法又称准直法，测量偏距的过程也称准直测量。

1. 光学法

光学法可用电子全站仪（包含原光学经纬仪或电子经纬仪）的视准线构成基准线，称视准线法，采用测小角法或活动觇牌法测量偏距，也可用准直法和自准直法进行，前者基准线达 1000m，后者在数百米或数十米内，若在望远镜目镜端加一个激光发生器，则基准线是一条可见的激光束。视准线法又包括整条基准线法、分段基准线法和逐次递推基准线法，可根据情况选用和设计。

测小角法是精密测量基准线与置镜点到测点视线间的小角 α_i，按下式计算偏距

$$l_i = \frac{\alpha_i}{\rho''} \cdot S_i \tag{3-84}$$

式中，ρ'' 为弧秒，即 206265″，S_i 为置镜点到测点的距离。偏距的精度主要与小角 α_i 的测量精度有关，且与距离成正比，但距离误差的影响可忽略不计。故有

$$m_{l_i} = \frac{m_{\alpha_i}}{\rho''} \cdot S_i \qquad (3\text{-}85)$$

由误差传播律可得，当采用测回法观测时，设一测回所测小角的误差等于照准误差 m_v，而照准误差 m_v 通常与肉眼的视力临界角（60″）和经纬仪的望远镜的放大倍数 v 有关，即

$$m_v = \frac{60''}{v} \qquad (3\text{-}86)$$

我们可以根据偏距的精度要求值、置镜点到测点的距离计算小角的测量精度，再由望远镜的放大倍数计算小角观测的测回数。

在活动觇牌法中，偏距是直接利用安置在测点上的活动觇牌测定的，活动觇牌读数尺上的最小分划为 1mm，用游标可读到 0.1mm。测小角法和活动觇牌法的主要误差来源都是仪器照准觇牌时的照准误差，它们测量偏距的精度基本相当。觇牌的图案形状、尺寸和颜色的设计与制作很重要，例如要求图案的反差大（白底黑图），采用没有相位差的平面觇牌，图案应对称，觇牌应有适当的参考面积等。

由于视准线法的精度与置镜点到测点的距离有关，为了获得更高的精度，常采用分段视准线法，即将基准线分成几段，先测分段点相对于基准线的偏距，再测各测点相对于分段基准线的偏距，最后归算到两端点的基准线上。还有一种递推基准线法，是对分段视准线法的一种改进，其观测方案较复杂，多余观测数较多，但精度较高，在此不作细述。

2. 光电法

光电法是通过光电转换原理测量偏距，波带板激光准直、尼龙丝准直系统和激光准直系统都属于光电法。波带板激光准直中最典型的三点法波带板激光准直系统，如图 3-14 所示，在基准线两端点 A、B 分别安置激光器点光源和光电探测器，在需要测量偏距的测点上安置波带板，激光器点光源发射的激光照满波带板，通过光的干涉原理，将会在光源与波带板连线的延长线的某点形成一个亮点或十字线，对需要测量偏距的测点可设计专用的波带板，使干涉成像恰好落在安置有光电探测器的 B 点上。波带板激光准直法属于一种光干涉法。利用光电探测器，可以测出 AC 连线在 B 点处相对于基准面的偏离值 BC'，则可得到测点 C 对于基准面的偏距（图 3-15），有

$$l_c = \frac{S_c}{L} \cdot BC' \qquad (3\text{-}87)$$

图 3-14　波带板激光准直

图 3-15　波带板激光准直法测偏距

尼龙丝准直系统由直径 0.25mm 的尼龙丝、带有探测器的尺子及控制装置三部分组成。尼龙丝采用点针对中在两基准点间拉紧形成一条基准线。带有探测器的尺子强制对中在基准点的插座中，保持水平并与尼龙丝垂直，建立起过基准点中心且垂直于尼龙丝的垂线，探测器的分辨率为 0.001mm。控制装置由逻辑线路、滤波器、前置放大器、功率放大器及伺服回路组成。探测器在精密螺丝杆上移动的距离（即偏距）可由计算器显示出来。该准直系统应用在瑞士离子加速器工程 CERN 的精密测量之中，测量的最大偏距达520mm，在 100m 长基准线上的精度为 0.05mm。由于尼龙丝很细，受气流影响较大，要求观测条件稳定。有空气湍流时，将引起尼龙丝振动，使测量结果产生较大误差，这种情况，用激光准直系统更好。

激光准直系统由带专门光学系统的激光源及一台光电管接收机组成。基准线由一束激光束标定。由氦氖激光器发出功率为 1mW 的激光束，经过专门的光学系统后，将激光束的发散度降低到十分之一，且保证光强按高斯分布，这样光电管接收机能够按激光束的发散度和光强准确地探测出激光光束的中心位置。光电接收机放置在滑座上，滑座螺丝杆驱动下沿螺丝杆移动移动，位置的测量、计数及激光束中心位置的探测等与尼龙丝准直系统相似，所不同的是探测激光束中心位置的光电管按激光束垂直设置，且是借助光电管后面的两个小光电管来保证，它们被激光束的中央条带光照明，这个条带光由将主光电管分为两半的 0.5mm 宽的缝隙透射过来，根据差信号电检流计指示，当转动检流计使指针为零时，便达到了垂直的目的。该激光准直系统在长 100m 的基准线上，可测的最大偏距为600mm，偏距精度可达 0.09mm。

3. 机械法

机械法是在已知基准点上吊挂钢丝或尼龙丝构成基准线，用测尺游标、投影仪或传感器测量中间的目标点相对于基准线的偏距。机械法的优点是可以克服风和摆动的影响。引张线法是一种典型的机械法，它实质也是一种偏距测量。直线型重力大坝一般设有浮托引张线。引张线由端点装置、测点装置的测线装置三部分组成。端点装置包括墩座、夹线、滑轮和重锤；测点装置包括水箱、浮船、标尺和保护箱等；测线装置包括一根直径为0.6~1.2mm 的不锈钢丝和直径大于 10cm 的塑料保护管。钢丝在两端重锤作用下引张成一直线，构成固定的基准线，由于测点上的标尺是与建筑物如大坝固定在一起的，利用读数显微镜可读出标尺刻划中心偏离钢丝中心的偏距值，提高周期观测，可测量大坝的水平位移。一次观测（三测回的均值）的精度可达 0.03mm。类似分段视准线法，也可以采用分段引张线法进行偏距测量。

机械法准直原理也可用于直伸三角形测高，对于拱坝或环形粒子加速器，常布设如图3-16 所示的直伸重叠三角形网，每个直伸三角形长边上的高可视为偏距，精密测量这些偏距值，可提高导线点的精度。

最常用的机械法是正、倒垂线法也属于机械法准直测量，乃是以过基准点的铅垂线为垂直基准线。沿铅垂基准线的目标点相对于铅垂线的水平距离（偏距）可通过垂线坐标仪、测尺或传感器得到。正垂线法的主要设备包括悬线装置、固定与活动夹线装置、观测墩、垂线、重锤和油箱等。固定夹线装置是悬挂垂线的支点，应安装在人能到达之处，以便调节垂线的长度或更换垂线。该点在使用期间应保持不变，若垂线受损而折断，支点应能保证所换垂线位置不变，当采用较重的重锤时，在固定夹线装置上方 1m 处应设悬线装置。

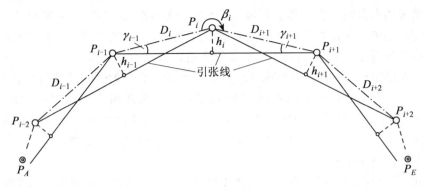

图 3-16　环形直伸三角形网

活动夹线装置为多点夹线法观测时的支点，其构造需考虑不使垂线有突折变化，以免损伤垂线，同时还需考虑到在每次观测时都不改变原点位置。垂线是一种高强度且不生锈的金属丝，垂线的粗细由本身的强度和重锤重量来决定，一般直径为 1~2.5mm。重锤是使垂线保持铅垂状态的重物，可用金属或混凝土制成砝码的形式。垂线直径为 1mm 时，重锤重量为 20kg；直径为 2.5mm 时，重锤的重量为 150~200kg。重锤上设有止动叶片，以加速垂线的静止。油箱的作用是不使重锤旋转或摆动，保持重锤稳定。倒垂线法的倒锤装置是利用钻孔将垂线(直径 0.8~1.0mm 的不锈钢丝)一端的连接锚块深埋到基岩之中，从而提供了在基岩下一定深度的基准点，垂线另一端与一浮体相连接，垂线在浮力的作用下被拉紧，始终可以恢复到铅直的位置上并静止于该位置，形成一条铅直基准线。倒锤装置的关键是钻孔须铅直，要保证使垂线在钻孔内能自由活动的有效空间。倒垂线的位置应与工作基点相对应，利用安置在工作基点的观测墩(有强制对中装置)上的垂线坐标仪可同时测定工作基点相对于倒垂线的两个坐标值(x，y)，比较其不同观测周期的坐标，即可求得工作基点的位移值。目前，垂线观测多采用自动读数设备，如遥测垂线坐标仪 TELEPENDLUM 分辨率为 0.01mm。另外，还有"自动视觉系统" AVS(Automated Vision System)，它采用电荷耦合器(CCD)照相机，自动拍摄垂线的影像，从而确定垂线位置的变化，分辨率可达到 3μm。

通过正、倒垂线法所获得的不同高程上的偏距可以绘制挠度曲线及其随时间的变化。所谓挠度曲线为相对于水平线或铅垂线基准线的弯曲线，曲线上某点到基准线的距离如建筑物的垂直面内各不同点相对于底点的水平位移就称为挠度，大坝在水压作用下产生弯曲，是相对于铅垂基准线在水平方向上的挠度，桥梁塔柱的弯曲也是如此，大桥水平梁的弯曲则是相对于水平基准线在铅垂方向上的挠度。

3.4.2　微距及其变化的测量

对于小于 50m 的距离，由于电磁波测距仪的固定误差所限不宜采用，根据实际条件可采用机械法。如金属丝测长仪，是将很细的金属丝在固定拉力下绕在因瓦测鼓上，其优点是受温度影响小，在上述测程下可达到优于 1mm 的精度。

两点间在 i 和 $i+1$ 周期之间的距离变化 Δl 可表示为(参见图 3-17)：

$$\Delta l = L_{i+1} - L_i = l_{i+1} - l_i \tag{3-88}$$

如果传递元素(因瓦线、石英棒等)的长度 a、b 保持不变,则只需测微小量 l_i 和 l_{i+1} 即可,这样不仅花费小,而且精度很高。瑞士某道路研究所研制的伸缩测微因瓦线尺由伸缩测量和拉力测量两部分组成,其测微分辨率为 0.01mm, Δl 的精度可达 0.02mm。

图 3-17 伸缩测微仪原理

图 3-18 所示是用伸缩测微仪测量岩体移动,仪器由滑轮、铟瓦丝、重锤和记录器构成,安装在岩体的两个断层上,可测量断层的相对移动。

图 3-18 用伸缩测微仪监测岩体移动

3.4.3 倾斜测量

确定地面或建筑物倾斜值的测量称倾斜测量,地面上两点之间的倾斜值可通过测量两点间的高差和距离进行计算获得。测量两点之间高差的变化,可得到倾斜值的变化,称为间接法,系采用水准测量或静力水准测量方法,在 3.2.4 节进行了介绍。若在一个测点上直接测量偏离基准面(或基准线)的夹角,则称为直接法倾斜测量,所采用仪器称倾斜仪。倾斜仪的种类很多,可分为两类,一类是以液体水平面为测量基准面,如气泡倾斜仪,另一类是以铅垂线为测量基准线,如垂直摆倾斜仪和伺服加速度计式倾斜仪。气泡倾斜仪中具有代表性的是用于测量地基倾斜的 JQY-2 型钻孔式气泡倾斜仪,安置在钻孔井中,由探头、控制电路和记录系统三大部分组成。探头部分包括标定、调平、定向、防水、固井电平、放大电路、电缆和传感器等部分;控制电路作调平、定向控制,标定高压稳压电源、低通滤波放大和电平迁移;记录系统作测量和控制数据的采集(见图 3-19)。探头下井固定定向后,用调平装置把传感器调到水平位置,采用新型的结构小巧的双轴电解液气泡倾斜传感器,传感器处于水平位置时,气泡居中,当传感器倾斜时,桥路输出电压 ΔV_0 与倾斜角 $\Delta\alpha$ 有下述关系式:

$$\Delta V_0 = K \times \Delta\alpha \tag{3-89}$$

式中，K 为传感器的电压灵敏度。JQY-2 型钻孔式气泡倾斜仪的钻孔深度为 $15\sim50\mathrm{m}$，调平范围为 $\pm3°$，分辨率为 10^{-9}。双轴电解液气泡倾斜传感器的分辨率很高，在工程安装测量和变形监测中太灵敏，多采用原理相似的单轴气泡电子倾斜仪，如 DQY-6A 型六线电子倾角仪，在此不作细述。

图 3-19　JQY-2 型钻孔式气泡倾斜仪的结构框图

伺服加速度计式倾斜仪是以垂线为基准进行倾斜测量的仪器，如图 3-20 所示，OA 为重力加速度矢量，与垂线方向一致，OB 为与重力加速度矢量的夹角等于 φ 的测量轴线，OC 与重力加速度矢量 OA 正交，则重力加速度矢量 OA 在 OB、OC 上的分量为

$$\begin{cases} \boldsymbol{g}_{ob} = \boldsymbol{g} \times \cos\varphi \\ \boldsymbol{g}_{oc} = \boldsymbol{g} \times \sin\varphi \end{cases} \tag{3-90}$$

式中，$\boldsymbol{g}$ 为重力加速度，伺服加速度计是测量加速度的仪器，不难看出，通过 OA、OB 和 OC 的数值可以得到倾斜角 φ。这种仪器的代表型产品有 CX-01 型测斜仪，其测量范围为 $0\sim53°$，精度达 $4\mathrm{mm}/15\mathrm{m}$，工作深度为 $80\sim100\mathrm{m}$。

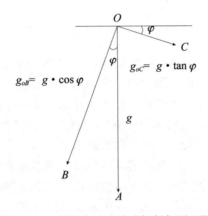

图 3-20　J 伺服加速度计式倾斜仪原理图

3.4.4　挠度测量

挠度是一种特殊的变形位移值，相对于水平或铅垂基准线的弯曲线称挠度曲线，曲线上某点到基准线的垂距称该点的挠度。例如，混凝土重力坝在水压力作用下会发生弯曲，

在坝体与坝轴线平行的垂直面内，某一垂线在不同高程的测点相对于垂线底点在垂直坝轴线方向的水平位移即为该点的挠度（图 3-21），大桥钢梁的弯曲线也是一种挠度曲线（图 3-22）。混凝土重力坝的挠度曲线，可以通过正、倒垂线方法或倾斜测量方法获得。对于高层建筑物在风力作用下发生的挠曲，与倾斜和日照所引起的变形相比，可以忽略不计，主要作倾斜、扭转和振动观测。

图 3-21　大坝的挠度曲线

图 3-22　大桥钢梁的挠度曲线

　　用倾斜测量方法获取挠度的原理如下：由测斜仪测得倾角 α_i、α_{i+1} 和两点间的距离 D，可按下式计算挠度曲线各点的倾角 α 和坐标差（图 3-23）

$$\alpha = \frac{1}{2}(\alpha_i + \alpha_{i+1}) \tag{3-91}$$

$$\Delta y = y_{i+1} - y_i = D \cdot \sin\alpha \tag{3-92}$$

得到挠度曲线上的各点，将挠度曲线端点与基准点连测，可得挠度曲线。通过周期观测，可得挠度曲线的变化。

3.4.5　投点测量

　　投点就是将点从一个高程面上垂直投放到另一个高程面上，主要用于高层建筑物几何

图 3-23　用测斜仪获取挠度

中心的放样，可参见本书9.4.1节和9.4.2节的内容。过底部基准点向上投点一般多采用天顶仪或底向垂准仪，如高耸建筑物常根据底层控制点来放样和安装上部各层的结构；过顶部基准点向下投点则采用天底仪或顶向垂准仪，如矿山和隧道工程要将地面点通过竖井垂直投影到地下。投点测量方法分机械法、光学法和光电法，机械法实质是改进的正、倒垂线法，如垂线遥测仪；光学法有光学对点仪、激光铅直仪和激光垂准仪；光电法是在光学法基础上，采用光电探测系统，实现传感器读数，提高效率和精度。投点精度可通过仪器严格置平、盘左盘右观测或4个位置投点等方法予以削弱。

在工程测量中还有与精密定位有关的直线度、曲线度、水平度、平面度、平行度、铅直度、圆度和曲面等测量，其方法可根据本书前述一些方法改进或改造，在此不细述。

3.4.6　传感器测量

我们这里所指的测量中的传感器技术是一种基于光电信号转换的技术。电子全站仪和电子水准仪中就有获取角度、距离和高差读数的各种传感器，可以把需要确定的距离、角度和高差等几何量及其微小变化转化为电信号，其原理如图 3-24 所示。按转换原理可分

图 3-24　将位移量转换为电压或电容的作用原理和特征曲线

电感式、电容式、光电式、电阻式、压电式和压抗式等信号转换。由上述原理所制造的各种传感器有电感式传感器中的差动变压器、直线式感应同步器、电容式传感器、光栅式传感器、硅光电池、电荷耦合器(CCD，又称固态图像传感器)、数模转换器等。图 3-25 为几种具有代表性的将微小位移量转换为电压或电容的作用原理和特征曲线。图 3-25 表示对同一种垂直位移，可采用不同的传感方法进行获取。将这些用于测量和变形监测的传感器安装在电子全站仪、电子水准仪、伸缩仪、应变仪、准直仪、铅直仪、测斜仪以及静力水准测量系统中，通过数据获取、信号处理、数据转换与通信，可实现测量和变形监测数据获取、传输与处理的自动化和智能化。

图 3-25 用不同传感方法进行获取同一种垂直位移

◎ **本章重点和难点**

重点：工程测量学主要的理论与测量学、大地测量学和摄影测量学理论的关系。工程测量学有别于其他测绘学科的特殊理论技术和方法。现代科学和测绘技术在工程测量中的应用。

难点：工程测量中的误差理论及其扩展，广义可靠性理论及其应用，测量基准理论，基于可靠性的工程控制网模拟优化设计方法。

◎ **思考题**

(1)工程测量学有哪些理论？为什么说工程测量学的理论是测量学、大地测量学和摄影测量学理论在工程测量中的体现？

(2)工程测量学有哪些技术和方法？

(3)什么叫狭义可靠性？什么叫广义可靠性？

(4)什么叫偶然误差的系统性影响？什么叫系统误差的偶然化？

(5)什么是误差分配的三原则？

(6)什么叫边角精度的匹配？

(7)距离、高程和坐标测量各有哪些方法？

(8)什么叫激光？激光有哪些特点？有哪些激光测量仪器？

(9)远程微形变雷达测量系统集成了哪些先进技术？具有什么重要应用前景？

(10)我国北斗卫星导航系统的"三步走"的发展战略是什么？

(11)什么叫合成孔径干涉雷达？它有哪些优点？

(12)机载激光雷达测量技术有哪些优点和特点？有哪些方面的应用？

(13)什么叫基准线法测量？基准线有何特点？可用哪些方法产生？

(14)什么叫倾斜测量？倾斜测量有哪些方法？用什么仪器？

(15)什么叫挠度和挠度曲线？测量挠度有哪些仪器和方法？

(16)什么叫投点测量？投点测量有哪些仪器和方法？

(17)什么叫传感器测量？有哪些传感器？用在哪些方面？

第4章　工程测量控制网

工程控制网是应用最广泛的测量控制网，本章讲述测量控制网的定义，工程测量控制网的分类和特点，对工程测量控制网的布设方法、质量准则和设计计算进行了较详细讲述，最后，介绍了几种典型的工程测量控制网和网点埋设布标知识。

4.1　概述

测量控制网由地面上一系列点(称测量控制点)构成，控制点之间由边长、方向、高差或 GNSS 基线等观测量连接并构成网型，点的空间位置可通过已知点的坐标及点之间的连接按一定方法计算得到。按其范围和用途，测量控制网可分为四大类：全球测量控制网、国家测量控制网、城市测量控制网和工程测量控制网。

全球测量控制网是由国际组织在全球范围建立的大地测量参考框架。主要用于确定、研究地球的形状、大小及变化，确定和研究地球的极移、章动和板块运动等。

国家测量控制网是由各国测绘部门建立全国范围内统一地理坐标系统下的大地测量参考框架，如以地球参考椭球面为基准面的大地坐标或高斯平面坐标系统，以大地水准面为基准面的高程系统，提供点在国家坐标系下的坐标，为大型工程建设、为保证国家基本图的测绘更新、为满足大比例尺图测图的精度要求，提供平面和高程基准。国家控制网采用逐级加密方式布设，其特点是控制面积大，控制点间距离较长，点位的选择主要考虑点的密度、稳定性和网的图形。

城市测量控制网是由城市测绘主管单位建立的城市坐标系统，一般来说，大多数大、中、小城市的城市坐标系统都与国家坐标系相同，其城市控制网与国家控制网相连接。对于像北京、上海、天津、重庆和武汉等特大城市，一般要建立独自的城市平面坐标系，采用与国家坐标系相同的地球参考椭球，也与国家坐标系连接，但中央子午线、投影高程面与国家坐标系的不尽相同，其目的在于减小或控制投影改正。城市高程坐标系在国家高程基准下建立。

工程测量控制网是工程项目的空间位置参考框架，是针对某项具体工程建设测图、施工或管理的需要，在一定区域内布设的平面和高程控制网。由工程建设单位建立或委托其他测绘单位建立。对于大型工程建设，如京沪、武广高速铁路，其工程控制网要与国家测量控制网连接，采用与国家坐标系相同的地球参考椭球，但中央子午线、投影高程面与国家坐标系的不尽相同。对于一些具体工程如隧道、桥梁、大型厂区和核电站等，可采用独立坐标系，不要求与国家或城市测量控制网连接。

4.2 工程测量控制网的种类

工程测量控制网是为工程建设提供工程范围内统一的参考框架，为工程中的各项测量工作提供位置基准，满足工程建设不同阶段对测绘在质量（精度、可靠性）、进度（速度）和费用等方面的要求，提供测绘保障。工程测量控制网具有提供基准、控制全局、加强局部和减小测量误差积累的作用。

工程测量控制网可按以下标准进行划分：

按网点性质：一维网（或称水准网、高程网）、二维网（或称平面网）、三维网；

按网形：三角网、导线网、混合网、方格网；

按施测方法：测角网、测边网、边角网、GNSS 网；

按基准：约束网、经典自由网、自由网；

按坐标系：附合网、独立网；

按其他标准：首级网、加密网、特殊网、专用网（如隧道控制网、建筑方格网、桥梁控制网等）。

本书按用途进行分类：即分为测图控制网、施工测量控制网、变形监测网和安装测量控制网四种，下面分别进行介绍。

4.2.1 测图控制网

顾名思义，测图控制网是为测图服务的测量控制网。为工程建设建立的测图控制网大多是为地面大比例尺数字地形图测绘服务，其作用主要在于保证图上内容精度均匀、相邻图幅正确拼接和控制测量误差的累积。随着测绘科技的发展，过去的三角网、小三角网、导线网或一、二级导线大都不再采用，一般采用两级布设方案，主要 GNSS 技术布网，用导线（网）或 GNSS RTK 作图根加密。

测图平面控制网的精度应能满足 1∶500 比例尺测图精度要求；网的控制范围应比测区大一些，网点应尽量均匀，密度视测图比例尺而定。大型工程的测图控制网应与国家控制网联测，可采用挂靠的方法。对于小型或局部工程，可将首级测图控制网布设成独立网。

测图高程控制网通常采用水准测量或电磁波测距三角高程的方法建立，后者可代替三、四等水准测量，使用中应注意以下几点：

（1）应控制视线长度，斜距不宜太长（如大于 1km）；宜采用中间设站法，设站的前后距离大致相等。

（2）选取有利时间进行观测，有条件时可用两台仪器作对向观测，否则应往返观测竖直角，往返测的时间间隔应尽量短。应精确量测仪器高、觇标高。

4.2.2 施工测量控制网

为工程施工建设服务的测量控制网称为施工测量控制网，它的作用在于为施工放样、施工期的变形测量、施工监理测量和竣工测量等提供统一的坐标系和基准。施工平面控制网具有以下特点：

（1）精度要求较测图控制网高。如工业厂房主轴线的定位精度为 1cm，4km 以下的山岭隧道，相向开挖时隧道中线的横向贯通中误差为5cm。

（2）根据工程规模，可多级或两级布网，有些工程的次级网可能比首级网的精度高。例如含建筑物和道路管线等项目的工程，项目轴线间的几何联系比细部相对于轴线的精度要求低。因此，先建立用以放样各建筑物主轴线的首级网，再根据各工程项目要求建立次级网，次级网的精度比首级网的精度高。

（3）控制点使用频繁，受施工干扰大，点的密度较大，需要作定期复测。控制点常直接用于放样和施工期的变形测量，使用频繁，现代化施工多采用交叉作业法，建筑物的施工高度有时相差悬殊，施工场地复杂、施工机械遮挡、施工人员较多，影响网点间的通视。因此，点的密度较大，应在施工设计总平面图上精心布置点位，考虑施工场地、施工程序和施工方法，考虑控制点的稳定性、长期保存性和使用方便性等。施工期需要定期复测。

（4）为了便于坐标计算和施工放样，控制网的坐标系与施工坐标系一致。在设计总平面图上，建筑物的平面位置系用施工坐标系的坐标来表示。施工坐标系是以建筑物的主要轴线为坐标轴而建立的局部直角坐标系统。如水利枢纽工程用大坝轴线作为坐标轴，桥梁工程用桥轴线作为坐标轴，隧道工程用隧道中线为坐标轴，工业厂区则采用主要厂房或主要生产设备的轴线作为坐标轴，且尽可能有控制网点布设在主轴线上。

（5）为了不作投影改正和便于放样，投影面与工程的平均高程面应一致。工业厂区采用厂区平均高程面；桥梁工程要求化算到桥墩顶的高程面；隧道控制网则应投影至隧道平均高程面，有的工程要求投影到放样精度要求最高的平面。

施工高程控制网通常按两级布设，即布满整个施工场地的基本高程控制网与根据各施工阶段放样需要而布设的加密网。首级高程控制网通常采用三等水准测量建立，加密则用四等水准测量。加密网点一般为临时水准点，布设在建筑物近旁的不同高度上，开始作为沉陷观测点使用，当浇筑混凝土块的沉陷基本停止后，则作为临时水准点使用。

施工平面控制网和高程控制网通常单独布设。对于位于工程平坦地区的工程，如工业厂区，平面控制点通常兼作高程控制点。

4.2.3 变形监测网

为工程的安全、健康而布设的控制网称为变形监测网。既要保证施工期的安全，也要保证工程运营管理期的健康（安全）。对于平面变形监测网来说，其特点主要有：

（1）变形监测网由参考点、工作基点和目标点组成。参考点位于变形体外，是网的基准，应保持稳定不变；工作基点离变形体较近（甚至在变形体上），用于对目标点的观测；目标点位于变形体上，变形体的变形由目标点的运动描述。

（2）变形监测网必须进行周期性观测。各周期应采用相同的观测方案，包括相同的网型、网点，相同的观测仪器和方法，相同的数据处理软件和方法。如果中间要改变观测方案（如仪器、网型、精度等），则须在该观测周期同时采用两种方案进行，以确定两种方案间的差别，便于进行周期观测数据的处理。

（3）变形监测网的精度要求很高，最好选用当时技术条件所能达到的最高精度。

（4）除精度、可靠性外，还要顾及变形监测网的灵敏度。

（5）变形监测网一般采用基于监测体的坐标系统，该坐标系统的坐标轴与监测体的主轴线平行（或垂直），变形可通过目标点的坐标变化来反映。

变形监测网还有其他一些特别的地方，如：一个网可以由任意个网点组成，但至少应由一个参考点、一个目标点(确定绝对变形)或两个目标点(确定相对变形)组成。对一个高塔作变形监测，甚至可以只通过一个参考点进行。对一条堤坝的变形监测，可布置成一条平行于堤坝的导线作为参考网，通过观测左、右角和重复测量提高自身可靠性，目标点设在堤上，其位置由多参考点进行前方交会得到。

对于高程的变形监测，有许多特点是相似的。高程基准点需要采用一、二等水准作周期观测。高程的变形监测大多采用水准测量方法进行。

4.2.4 安装测量控制网

为大型设备构件的安装定位而布设的控制网称为安装测量控制网，又称微型大地控制网或大型计量控制网，主要是平面网。安装测量控制网一般在土建工程施工后期布设，多在室内，也是工程竣工后设备变形监测及调整的依据。安装测量控制网的范围小，精度可以达到很高。点位的选择要考虑设备的位置、数量、建筑物的形状、特定方向的精度要求等；点的密度和位置能满足设备构件的安装定位。一般是先在总平面图上设计一个理论图形，然后将其测设到实地上去。通常是一种微型边角网，边长较短，从几米至一百多米，整个网由形状相同、大小相等的基本图形组成。对于直线型的建筑物，可布设成直伸形网；对于环形地下建筑物如环形加速器或对撞机工程，可布设成由大地四边形构成或由测高三角形构成的环型网；对于大型无线电天线，可布设成辐射状网。

设备安装的高程定位由高程控制点大多采用水准测量方法进行，比较简单，在此从略。

4.3 工程测量控制网的基准

工程测量控制网的基准就是网平差求解未知点坐标时所给出的已知点数据，对网的位置、大小和方向进行约束，使平差有唯一解。如果网的基准不足，网平差时法方程系数矩阵将会出现秩亏，这时需要求某一特解；如果网的基准过多，则存在基准间是否相容的问题。工程测量控制网的基准分三种类型：

(1)约束网。具有多余的已知数据。

(2)最小约束网(经典自由网)。只有必要的已知数据。

(3)自由网(无约束网)。没有已知数据，全部网点都是未知点。

对于水准网或高程网(一维网)，网中只有一个点的高程已知，为最小约束网；网中有两个以上点(含两个)的高程已知，则为约束网；网中没有已知点的，为自由网。

对于二、三维网，假设都测有边长(这是最常见的，纯测角网已消亡，不需讨论)。

平面网(二维网)中只有一个点的坐标和一条边的方位角已知，为最小约束网；若含两个或两个以上已知点的为约束网；没有已知点的为自由网。

三维网的最小约束条件可以是：网中有两个点的三维坐标已知，另一条边的方位角已知(为了控制整个网绕两个已知点的连线旋转)；也可以是：网中有一个点的三维坐标已知，已知一条边的方位角，已知两条边的高度角。凡多于最小约束条件，如有三个(含三个)以上点的坐标已知，则称为约束网；少于最小约束条件的为秩亏网；无已知坐标、已知方位角和高度角的网为自由网，自由网的图形矩阵 A 有列亏，法方程矩阵 N 将出现基准秩亏 d：

$$d = u - r \qquad (4-1)$$

式中，u 为坐标未知数数，r 为矩阵 N 的秩，基准秩亏与网的维数和观测值类型有关。表 4-1 列出了一、二、三维网的观测值类型、基准秩亏和基准参数之间的关系。基准参数表示一个网在保持内部几何形状不变条件下的变换，包括平移、缩放和旋转变换，通过这些变换可消除基准秩亏。

自由网在变形监测网布设中可能用到，如果所有网点都在变形区内，有人认为可按自由网处理。但也是在"各点的变动都是随机的"，"网点的重心"不变的假设条件下才成立，否则，其结果也是偏的。随着测绘技术的发展，可以在变形区外布设参考点，所以不宜采用自由网。对于测图控制网，可采用约束网，对于变形监测网，约束点（基准点）可以在两个以上，对于其他大多数工程测量控制网，用最小约束网则较好。

表 4-1   工程控制网观测值、基准秩亏和基准参数的关系

维数	网型	观测值类型	基准秩亏	基准参数
1	高程网	高差	1	1 个平移
2	平面网	边长和方位角	2	X 和 Y 方向的 2 个平移
		边长或边长和水平方向	3	2 个平移，1 个绕 Z 轴的旋转
		水平方向	4	2 个平移，1 个旋转，1 个缩放
3	三维网	边长和天顶角或边长和水平方向或边长、天顶角以及水平方向	4	3 个在 X、Y、Z 方向的平移，1 个绕 Z 轴的旋转
		水平方向和天顶角	5	3 个平移，1 个旋转，1 个缩放
		边长	6	3 个平移，3 个绕 X、Y、Z 轴的旋转
		在 $d = 6$ 时再加一个比例尺未知数	7	3 个平移，3 个旋转，1 个缩放

4.4   工程测量控制网的布设

工程测量控制网布设应遵循大地测量学的基本原理，应确定坐标系和基准，应根据精度要求，采用构网方式，通过在点之间进行边长、角度（方向）、基线和高差等观测，获取网点的坐标和高程。网的布设和建立步骤是：

（1）根据精度要求确定控制网的等级。

（2）确定布网图形和测量仪器。高程网采用几何水准或电磁波测距三角高程技术布网，平面网主要布设成 GNSS 网或地面边角网。

（3）图上选点、实地踏勘、构网和作方案设计，进行网的模拟计算。

（4）埋石造标。应达到稳定后方可开始观测。

（5）外业观测。严格遵循有关规范，包括检查验收和质量控制。

（6）内业数据处理和提交成果。数据预处理、网平差、质量评定和技术资料与成果汇总。

4.4.1 导线的布设

测量控制网中的导线是指将控制点用直线连接起来形成的折线。控制点称为导线点，分已知点和未知点，相邻两点之间的折线称导线边，相邻两导线边之间的夹角称转折角，导线测量的实质是通过观测导线边和转折角（现都使用全站仪），根据已知点的坐标计算未知点的平面坐标。按图形可分为闭合导线、附合导线和支导线，由导线构成的网称导线网；按等级可分为三、四等导线、一、二、三级导线以及图根导线。

对于导线的布设，主要是附合导线的布设。附合导线是指两端各有两个已知点，中间是未知点的导线。附合导线有简单、灵活、方便和应用广泛等优点，非常适合矿山巷道、地铁、隧道等地下工程和道路、水利、管线等线状工程，以及城市、森林等通视困难地区的控制测量。在 GNSS 技术广泛用于首级控制网情况下，适合用附合导线作加密控制。

附合导线的最大缺点是可靠性较差，不论有多少个未知导线点，其多余观测数都等于3。当未知点个数等于 3 时，平均多余观测值数为 0.214，未知点个数等于 10 时，平均多余观测值数仅为 0.086。附合导线中的粗差不易被发现，粗差对平差结果的影响较大。严密平差的后验单位权中误差不能用来评定平差结果的精度。

附合导线应尽量布设成直伸形状，两相邻边长不宜相差过大，未知点点数不宜过多。改进的附合导线布设方案：沿附合导线在未知点附近增设新点（辅助点），这些点可埋设也可不埋设标石，施测时，只在辅助点上安置棱镜，与导线一起观测而不需要设站；也可沿附合导线一侧或两侧布设辅助点，构成较坚强的网形。

附合导线平差的后验单位权中误差若显著大于先验值，需要查找原因并对症处理。原因可能是：观测值中可能存在粗差，已知点可能有问题。处理方法：可以将附合导线当成支导线从两端分别计算，查找可疑的导线点或观测值。

4.4.2 边角网的布设

边角网为用地面测角侧边仪器施测的、由三角形或多边形构成的三角形网和导线网，三角形网包括有重叠三角形的网。单纯测角的三角形网已不再采用，单纯测边的三角形网也极少采用，一般都是布设成边角全测的三角形网。但是，按边角精度匹配和优化设计理论布设边全测、方向不全测的所谓不完全三角形网最好。三角形网没有图形的限制，长短边可以相差很大，夹角也可以很小或接近180°。但在方向观测时，要注意长短边的调焦问题。边角网都使用全站仪施测，有条件时，尽量用智能型测量机器人进行自动化观测。导线网要有足够的闭合环和附合线路，一个多边形环的边不宜太多，如不宜超过 6 条。由于 GNSS 技术的应用，最长边将大大减小，已极少布设平均边长为 8~13km 的边角网了。平均边长为几百米或更短的特高精度专用网，如三峡工程升船机施工控制网，宜布设为边角网许多大型水利工程施工控制网和变形监测网，由于顶空通视的原因，也宜布设为边角网，安装测量控制网基本都是边角网。

4.4.3 GNSS 网的布设

GNSS 网是最重要、最常用的网，将是优先考虑的布网方案，特别是范围大、距离远、地面通视差的工程，如大区域测图、隧道、桥梁工程、各种线路工程的首级控制网，都应首选 GNSS 网。GNSS 网也无图形的限制，长短边可以相差很大，点的布设主要是考虑工程需要、便于到达、易于保存、顶空条件好、多路径影响小以及电磁干扰小等。在工程中，还需要考虑在将设站的网点上，至少有一个相邻点通视，以解决定向问题。GNSS 网的施测应依据有关规范，对于特高精度的 GNSS 网，只要符合工程特点，满足工程需要，可以在规范的基础上提高一些，如增加时段长和时段数，可以对某些边作长时段精密测量，可以用很多台接收机同时观测，除精度、可靠性要求不高的测图控制网，不能用点连式布网、少用边连式布网，宜采用网连式布网。

4.4.4 水准网的布设

工程中的水准网采用一、二、三、四等水准测量方法布设和施测，应统一到国家高程系，遵照相应的规范执行，在此不作叙述。

4.5 工程测量控制网的质量准则

4.5.1 精度准则

1. 网的总体精度

对工程测量控制网进行间接平差，网的总体精度可由 $\hat{x}$ 的置信超椭球概率公式

$$P\left\{(\tilde{x} - \hat{x})^{\mathrm{T}} \sum_{xx} (\tilde{x} - \hat{x}) \leqslant \chi^2_{u, 1-\alpha}\right\} = 1 - \alpha \tag{4-2}$$

导出，上式中，$\sum_{xx}$ 为坐标未知数向量 $\hat{x}$ 的协方差阵(图 4-1)，对其作谱分解

$$\sum_{xx} = [s_1 s_2 \cdots s_u] \begin{bmatrix} \lambda_1 & & & \\ & \lambda_2 & & \\ & & \ddots & \\ & & & \lambda_u \end{bmatrix} \begin{bmatrix} s_1^{\mathrm{T}} \\ s_2^{\mathrm{T}} \\ \vdots \\ s_u^{\mathrm{T}} \end{bmatrix} \tag{4-3}$$

式中，λ_i 为 $\sum_{xx}$ 的特征值，按由大到小的顺序排列；s_i 为属于 λ_i 的特征向量。置信超椭球的半径 A_i 为：

$$A_i = \sqrt{\lambda_i \chi^2_{u, 1-\alpha}} \tag{4-4}$$

协方差矩阵 $\sum_{xx}$ 包含了网的各种精度的丰富信息，其中，网的总体精度可通过置信超椭球的以下准则描述：

(1)E 准则。置信超椭球的最大半轴最小

$$\lambda_{\max} = \min \tag{4-5}$$

(2)体积最小准则。置信超椭球的体积最小

图 4-1 基于坐标未知数的协因数矩阵 Q_{xx} 的精度准则

$$\det(\sum{}_{xx}) = \prod_{i=1}^{u}\lambda_i \Rightarrow \min \tag{4-6}$$

（3）方差最小准则。$\sum_{xx}$ 的迹（置信超椭球的半轴平方和）最小

$$\operatorname{tr}(\sum{}_{xx}) = \sum_{i=1}^{u}\lambda_{ii} \Rightarrow \min \tag{4-7}$$

（4）平均精度最小准则。

$$\sigma_x = \frac{1}{u}\operatorname{tr}(\sum{}_{xx}) \Rightarrow \min \tag{4-8}$$

（5）均匀性和各向同性准则。用以下两个公式近似描述：

$$\lambda_{\max} - \lambda_{\min} \Rightarrow \min \tag{4-9}$$

$$\frac{\lambda_{\max}}{\lambda_{\min}} \Rightarrow 1 \qquad (4\text{-}10)$$

2. 点位精度

点位精度与网的基准有关，是可变量，随已知点的位置而变。点位精度可用下面的赫尔默特点位误差表示：

$$s_{p_j}^H = \sqrt{s_{x_j}^2 + s_{y_j}^2} = s_0\sqrt{\lambda_1 + \lambda_2} = s_0\sqrt{\mathrm{tr}(Q_{jj})} \qquad (4\text{-}11)$$

式中，s_0 为验后单位权中误差；s_{x_j}、s_{y_j} 为 j 点的中误差。点位精度也可用点的误差椭圆或置信椭圆的长短半轴及长半轴的方向角表示，误差椭圆的长短半轴及长半轴的方向角为

$$\begin{cases} A_F^2 = \dfrac{1}{2}s_0^2(q_{xx} + q_{yy} + \omega) \\[2mm] B_F^2 = \dfrac{1}{2}s_0^2(q_{xx} + q_{yy} - \omega) \\[2mm] \theta_F = \dfrac{1}{2}\arctan\left(\dfrac{2q_{xy}}{q_{xx} - q_{yy}}\right) \end{cases} \qquad (4\text{-}12)$$

其中

$$\omega = \sqrt{(q_{xx} - q_{yy})^2 + 4q_{xy}^2} \qquad (4\text{-}13)$$

置信椭圆的长、短半轴和长半轴的方向角为

$$\begin{cases} \bar{A}_k^2 = 2 \cdot s_0^2 \cdot \lambda_1 \cdot F_{2,\,f,\,1-\alpha} = 2 \cdot F_{2,\,f,\,1-\alpha} \cdot \bar{A}_F^2 \\[2mm] \bar{B}_k^2 = 2 \cdot s_0^2 \cdot \lambda_1 \cdot F_{2,\,f,\,1-\alpha} = 2 \cdot F_{2,\,f,\,1-\alpha} \cdot \bar{B}_F^2 \\[2mm] \theta_K = \theta_F \end{cases} \qquad (4\text{-}14)$$

式中，$F_{2,f,1-\alpha}$ 为 F 分布的分位值；自由度 f 是计算 s_0^2 的多余观测数。由式（4-14）知，误差椭圆是在 $F_{2,f,1-\alpha} = 0.5$ 时置信概率为 $1 - \alpha$ 的椭圆，置信概率与 f 有关，表 4-2 列出了在几种自由度下的置信概率。从表中可见，用理论方差 σ_0^2 计算，误差椭圆的置信概率为 39.4%，由 s_0^2 计算，则误差椭圆的置信概率要小一些，在 29.3% 和 39.4% 之间。

表 4-2　　　　　　　　　　误差椭圆在不同自由度下的置信概率

自由度（f）	置信概率（$1 - \alpha$）
1	0.293
2	0.333
5	0.366
∞	0.394

3. 相对点位精度

可用相对误差椭圆描述，任意两点 i、k 坐标差 Δx_{ik} 的协因数阵 $Q_{\Delta\Delta}^{ik}$ 可表示为

$$Q_{\Delta\Delta}^{ik} = \begin{bmatrix} q_{\Delta x \Delta x}\, q_{\Delta x \Delta y} \\ q_{\Delta y \Delta y}\, q_{\Delta y \Delta y} \end{bmatrix}_{ik} = Q_{ii} + Q_{kk} - Q_{ik} - Q_{ki} \qquad (4\text{-}15)$$

相对误差椭圆的长、短半轴和长半轴的方向角为

$$\begin{cases} A_{RF}^2 = \dfrac{1}{2}s_0^2(q_{\Delta x\Delta x} + q_{\Delta y\Delta y} + \omega_R) \\[2mm] B_{RF}^2 = \dfrac{1}{2}s_0^2(q_{\Delta x\Delta x} + q_{\Delta y\Delta y} - \omega_R) \\[2mm] \theta_{RF}^2 = \dfrac{1}{2}\arctan\left(\dfrac{2p_{\Delta x\Delta y}}{q_{\Delta x\Delta x} - q_{\Delta y\Delta y}}\right) \end{cases} \qquad (4\text{-}16)$$

其中

$$\omega_R = \sqrt{(q_{\Delta x\Delta x} - q_{\Delta y\Delta y})^2 + 4q_{\Delta x\Delta y}^2} \qquad (4\text{-}17)$$

对于经典自由网来说，相对点位精度是与基准位置无关的不变量。

4. 坐标未知数函数的精度

设有坐标未知数的线性函数 φ 为

$$\varphi = F^T x \qquad (4\text{-}18)$$

其方差可表示为

$$\sigma_\varphi^2 = F^T \Sigma_{xx} F \qquad (4\text{-}19)$$

网中任意两点(有直接连接或没有接连接)间的边长和方位角是坐标未知数的函数，常常要计算其平差值的精度，其中最重要的是最弱边的精度。对于经典自由网来说，边长、方位角和角度是与基准位置无关的不变量。

坐标未知数的线性函数 φ 的上、下界值满足雷莱关系式(Rayleigh Relation)

$$\lambda_{\min} F^T F \leqslant \sigma_\varphi^2 \leqslant \lambda_{\max} F^T F \qquad (4\text{-}20)$$

4.5.2 可靠性准则

控制网的可靠性准则包括网的内部可靠性，即发现观测值粗差的能力的量度，也包括网的外部可靠性，即抵抗观测值粗差对平差结果影响的能力的量度，还包括网广义可靠性，即发现和抵抗粗差与系统误差以及减小偶然误差的能力，可参见本书3.1.3节可靠性理论。

4.5.3 灵敏度准则

灵敏度准则是针对平面变形监测网，在给定显著水平 α_0 和检验功效 β_0 下，通过对变形监测网的周期观测和平差，进行统计检验，所能发现的位移向量的下界值 d_0 定义为网的灵敏度。灵敏度是一个相对概念，即对于不同的变形向量具有不同的下界值。可参见本书3.1.3节灵敏度理论。

4.5.4 费用准则

控制网的费用一般包括用于设计、埋石、造标、交通运输、仪器设备、观测、计算、检查等各项费用。由于建网的费用涉及诸多因素，一般难以用一个准确的函数来描述，通常采用观测值权的总和为最小作为费用准则，即

$$\sum_{i=1}^n p_i \Rightarrow \min \qquad (4\text{-}21)$$

由于网的测量费用与网的设计计算费用相比，一般来说，后者不到百分之五，所以进行网优化设计很有必要，只增加微不足道的费用，但可显著降低测量费用。

4.6 工程测量控制网的优化设计

工程测量网的优化设计包括：提出设计任务，制定设计方案，实施方案优化，进行方案评价。设计任务通常是业主提出要求，测量单位将这些要求具体化，表示为数值上的要求。例如点的分布需满足某些条件，最弱点、最弱边精度要求，对变形监测网还有灵敏度的要求。设计方案包括布网方案和观测方案，也包括仪器的选择，观测时间的确定等。实施方案优化就是优化设计过程，优化设计方法有解析法、模拟法两种。现在很少有人研究解析法优化设计了，本书在第3章网的优化设计理论中介绍了一种基于可靠性的工程控制网的模拟优化设计方法，详见3.1.5节。

4.7 工程测量控制网的数据处理

工程测量控制网数据处理应建立在测量内外业一体化和数据自动化流的基础上。测量内外业一体化系指控制测量的内外业工作是连续一体地完成的。内业工作有：图上选点布网、模拟优化设计计算、观测数据预处理和网平差(含观测值粗差剔出、方差分量估计、精度评定、网图显绘和成果输出)等；外业工作有：实地踏勘定点、埋设标石标志、网的外业观测(包括数据检查、质量控制)。内外业一体化可大大节省时间、降低劳动强度、减少建网费用、提高成果质量。实现的关键是研制合适的软、硬件系统。厂商在生产仪器时，也配套了相应的软件，如 GNSS 接收机、电子全站仪和电子水准仪都有丰富的随机软件，具有自动采集数据的功能，由于工程测量控制网内外业一体化的全过程比较复杂，要适合不同的测量规范，满足不同的用户需求，要配套不同的仪器，要适应计算机技术发展，需要研制专门用于工程测量控制网内外业一体化系统。下面简要介绍由武汉大学测绘学院研制的有关软件系统。

(1)测量机器人工程测量控制网网观测自动化系统(Geo_ Net)。实现了用测量机器人(如徕卡 TCA2003)进行工程测量控制网网观测的自动化，符合我国现行有关规范的要求，可按要求输入限差，采集的数据完全符合限差要求。外业采集数据直接进入配套的数据预处理软件，生成外业观测记簿，并输出后续网平差软件(如 COSA-CODAPA)观测值数据文件，实现内、外业一体化和数据处理自动化。该软件有直接加载到徕卡 TCA2003(或TCA1800)上的机载软件，有装在掌上型电脑上和笔记本电脑上的版本。

(2)"基于掌上型电脑的测量数据采集和处理系统"(COSA_ EREPS)。在专用的掌上型电脑上运行，可进行一、二、三、四等线路水准测量的数据采集，工程测量控制网网观测的数据采集，还具有许多其他功能，可实现水准网、工程测量控制网从数据采集、质量检核、预处理到网平差的一体化和自动化数据流。

(3)"地面测量工程控制测量数据处理通用软件包"(COSA_ CODAPS，参见图 4-2)。在便携式或台式微机上运行，既可独立使用，也可直接使用前面两个软件生成的观测值数据文件。具有工程测量控制网模拟优化设计计算、自由网平差、任意平面网平差、水准网平差、高铁 CPⅢ网平差、粗差探测与剔除、方差分量估计、闭合差计算、隧道贯通误差影响值估算、网图显绘、报表打印、坐标转换、周期观测叠置分析和数

图4-2 COSA_CODAPS功能菜单框图

图4-3 COSA_GPS功能菜单框图

文件(F)

新建(N)
打开(O)
关闭(C)
保存(S)
另存为(A)
新建工程
打开工程
打印(P)
打印预览(V)
打印设置(R)
最近文档
退出(X)

GPS数据处理(G)

已知数据
基线网数据
三维向量网平差
二维联合平差
椭球面三维平差
工程网(一点一方向)
GPS高程拟合
秩亏自由网平差
稳定性分析
设置

三维已知坐标
二维已知坐标
一维已知高程点
输入地面边长
输入地面方位

查看(V)

平差结果
观测值

三维基线向量
二维基线向量

三维向量网
二维联合平差
一维高程拟合

工具(T)

同步环闭合差
异步环闭合差
重复基线差
网图显绘
贯通误差
GPS网设计
输出CAD网图

坐标转换(C)

XYZ->BLH
BLH->XYZ
BL->XY
XY->BL
换带与高程面
XY1->XYZ
XYZ->XYZ
二维转换参数
一维转换参数

三参数相似变换
四参数相似变换
六参数仿射变换

帮助(H)

帮助主题
关于CosaGPS

据通信等功能。

(4)"GNSS 工程测量控制网平差通用软件包"(COSA_ GPS)。具有在世界空间直角坐标系(WGS-84)进行三维向量网无约束平差和约束平差、在椭球面上进行国家 GNSS 网与工程测量控制网的三维平差、在高斯平面坐标系下进行 GNSS 网约束平差、与地面边的联合平差和一点一方向的最小约束平差以及 GNSS 高程拟合等功能,并带有常用的工程测量计算工具(参见图 4-3)。一点一方向的最小约束平差是该软件的特色。许多工程测量控制网如桥梁、隧道、水利枢纽工程等,只需要固定一点、一个方向,选取工程投影面,建立独立坐标系。软件设计了对话框,需输入固定点的点名、平面坐标和某一特定方向的方位角,输入大地坐标、正常高投影面正常高的概略值,平面坐标可以是独立坐标,固定方位角为工程有关,如桥轴线、隧道轴线、大坝的坝轴线方向等。

COSA_ CODAPS 和 COSA_ GPS 称科傻系统,意即用高科技集成的傻瓜式系统,科傻系统的特点是:正确可靠,通用性强,整体性和稳定性好,操作简便,自动化程度高,处理速度快,解算容量大,使用的时间长、用户多,已达到炉火纯青的程度。全部软件采用 VC++语言编写,编辑器、文档、图形、数据处理模块均是自主编写;采用多文档和工程管理模式,可同时处理多项任务,方便进行各类数据的操作;用表格方式或文本方式进行数据录入,大部分操作采用"傻瓜"式选项。采用节省内存的快速算法,在较早的 64M 内存的微机上,就可整体解算数千个未知点的网,内存不够时则采用外存作缓冲,可解算更大规模的网。

在课程的综合课程设计中将用 COSA_ CODAPS 软件进行附合导线的验后单位权方差的模拟计算和统计分析,进行工程测量控制网的模拟法优化设计,进行隧道网设计和贯通误差影响值计算,还包括粗差探测、可靠性计算和叠置分析等内容。同时,熟悉 COSA_ GPS 的若干功能。

4.8　几种典型的工程测量控制网

4.8.1　特长隧道的洞外平面控制网

特长隧道(洞)大多可作为直线隧道处理。洞外平面控制宜采用 GNSS 技术建网,取独立的工程平面直角坐标系,以进口点到出口点的方向为 X 轴方向,与之相垂直的方向为 Y 轴方向。在进、出口线路中线上布设进、出口点(J、C),进、出口宜各布设 3 个定向点(J_1、J_2、J_3 和 C_1、C_2、C_3),进、出口点与相应定向点之间应通视;为减小垂线偏差的影响,点之间的高差不宜相差太大。因受隧道地形条件影响,洞口处的 GNSS 基线不可能很长,一般要求 300~500 m,若小于该值,宜设强制对中装置。贯通面位于隧道中央且与 Y 轴平行(参见图 4-4)。长洞短打时会有多个贯通面,在中间的竖井、平洞或斜井处,应像进、出口一样布设洞口点和定向点,全部网点做统一观测和平差,分别计算两相邻洞口点间的贯通误差。

4.8.2　特大桥梁的施工控制网

桥梁施工控制网是桥梁的施工放样的基准,也兼作施工期乃至运营期的变形监测,对

图 4-4 隧道(洞)洞外 GNSS 平面控制网布设示意图

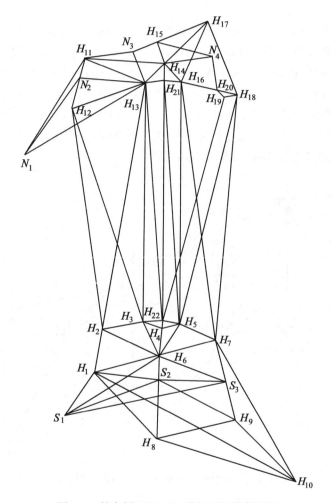

图 4-5 某大桥工程 GPS 首级平面控制网图

点的精度、位置和稳定性要求较高。GNSS 网的布设应根据工程需要，以满足工程要求为最高准则。图 4-5 所示为某大桥(全长 36 km)的 GNSS 首级平面控制网。该网的精度需满足两个指标：网中最弱点点位中误差 ≤ 20mm 最弱边(按两公里计)边长相对中误差 ≤ 1：410000。一般应在桥轴线上布点，以控制桥长和进行桥轴线放样，在桥轴线两侧布点，用于桥梁的墩台放样,该网在桥轴线(H_{21}、H_{22})方向上有8个点,联测了3个国家控制点,在桥轴线两侧和大桥两端的一定范围内布设了一定数量的点;考虑作 GNSS 水准拟合,还将 N_1、N_2、N_3、N_4 和 S_1、S_2、S_3 几个水准点纳入到网。一共布设了29个点,控制面积达1800多平方千米。无论是首测网还是复测网,实测网的精度都远高于设计要求。

4.8.3 大型水利枢纽工程的施工控制网

某大型水利枢纽工程的施工控制网要求最弱点点位精度 ≤ 5mm,网设计采用了地面网、GNSS 网和 GNSS 网与地面测边的联合网方案三个方案,采用四等精度与国家控制点联测,确定一个点的坐标和该点上的一条边方位角,作为起算数据。经网的模拟设计计算,网的精度为

地面网: X 坐标为1.0~3.4mm; Y 坐标为1.0~2.3mm;点位精度为1.2~4.1mm。

GNSS 网: X 坐标为1.6~4.1mm; Y 坐标为1.6~4.4mm;点位精度为2.3~5.7mm。

联合网: X 坐标为0.8~2.4mm; Y 坐标为0.8~1.7mm;点位精度为1.1~2.9mm。

最后采用联合网方案,如图4-6所示。全网由19个点构成,主网为大地四边形,增加了6个施工放样点。用天宝双频接收机($3mm + 1 \times 10^{-6} \times D$)进行静态观测基础上;用 TCA2003 全站仪测30条边,边长需做加乘常数、周期误差、气象和大气折光改正,用二等水准高差进行倾斜改正,再投影至施工高程面上。

图4-6 某大型水利枢纽工程的施工控制网

4.8.4 大型离子加速器的安装测量控制网

图4-7所示为高能离子加速器的安装测量控制网,布设在地下环形隧道内,整个网由形状相同、大小相等的基本图形(大地四边形、三角形)组成,基本图形的边长和形状,与隧道的宽度和平均半径有关。

环形隧道

(a)   (b)

图 4-7　高能离子加速器的安装测量控制网

图 4-8　某大型升船机的施工测量控制网图

4.8.5 大型升船机工程的施工与安装测量控制网

图4-8为某大型水利枢纽工程升船机的施工与安装控制网图，共有34座点，最长边为402.2m，最短边为18.4m，平均边长约为150m，测站最大方向数达15，网的图形和结构都非常坚强，采用高精度智能全站仪进行全边角全测，测角精度为0.5″，测距精度为$1.0mm+1×10^{-6}×D$。共观测312个方向，155条边，多余观测值达379，平均多余观测值数0.812，最弱点点位中误差达0.76mm，小于设计要求(1mm)。该网不仅用于升船机工程的土建施工，也作安装检校测量的首级控制。

4.9 工程测量控制网点的埋设

工程测量控制点要长期、经常性地使用，要按规范要求埋设永久性标石和标志。标石是指采用挖坑埋设预制截头锥体混凝土标，或通过钻深孔就地浇筑钢筋混凝土标，或通过钻孔深埋与基岩相连的钢管标等方法固定和设置控制点的设施，标志则是在标石或其他稳固载体上精确表示控制点位置的设施。标石上一定有标志，但标志不一定设在标石上。标石和标志应保证稳定、安全和长期保存，应尽可能避开外界的影响，避开活动断裂带和人工土层，尽可能埋设在稳定的基岩上。无法与基岩相连时，深度应在地下水位变化层和冻土层以下。在埋设标石和标志时，常常采取某些措施来削弱或消除外界的影响。国内外有专门从事与测量标石、标志生产有关的厂家。工程测量人员也要根据情况购买或自行设计特殊的标石、标志。如在我国的高速客运专线建设中，对埋设在道路两边水泥电杆上的CPⅢ点和桥栏上的CPⅡ点，测量人员就设计了多种不同的标志(参见本书第10章)。

4.9.1 标石

1．平面控制点标石

标石类型：主要有普通标石、深埋式标石和带强制对中装置的观测墩。

普通标石：通常挖坑埋设截头锥体混凝土标，为防止自重引起的沉降，需加大标石底部面积。

深埋式标石：通过钻深孔就地浇筑的钢筋混凝土标。用于施工控制网和变形监测网。

带强制对中装置的观测墩：多用于大坝、水电站、隧洞、桥梁、滑坡体整治等大型工程施工控制网、变形观测监测网以及安装测量控制网。观测墩为钢筋混凝土墩，现场浇灌，基础应深埋在冻土层以下0.3m，顶部安装强制对中基座，观测墩的基础平台和观测平台上可埋设水准标志。强制对中基座采用全不锈钢制造，不易锈蚀，易于保护，通用性强，可安置各种类型的全站仪和GNSS接收机等仪器和照准标志，对中精度可达0.05mm。

2. 水准点标石

有基岩水准基点标石、平硐岩石水准基点标石、深埋双金属管水准基点标石、深埋钢管水准基点标石、浅埋钢管水准标石、混凝土基本水准标石、混凝土普通水准标石、混凝土三角高程点墩标标石、混凝土三角高程点建筑顶标石、铸铁或不锈钢墙水准标志和地表岩石标等。平硐岩石水准基点标石(参见图4-9)：为了保证水准基点的安全，避免观测过程中的温度影响，设内室、外室和过渡室，基准点上设内标志，埋设在平硐内完整的岩体上，内标志本身受地表温度的影响小，稳定性高，隐蔽性好。观测时，先打开内门，关上外门，将水准仪置于平硐内，待内室与过渡室的温度一致后，将内标志的高程传递至外标志。然后，将仪器置于硐外，关上内门，开启外门，待过渡室温度与外界温度一致后，进行水准线路观测，这样可消除由于视线通过不同温度空气层所产生的折光影响。

图 4-9　平硐岩石水准基点标石

图 4-10　深埋双金属管水准基点标石

深埋双金属管水准基点标石：适合于覆盖层较厚的平坦地区，钻孔穿过土层，达到砂卵石层，深埋双金属钢管标（图 4-10）。其原理是利用膨胀系数不同的钢管和铝管，通过测量两根金属管的高差并进行改正来消除由于温度变化对标志高程产生的影响。设两根金属管原有长度均为 L_0，钢管的线膨胀系数为 α_S，铝管的线膨胀系数为 α_A，则有：

$$L_S = L_0 + L_0 \times \alpha_S \times t = L_0 + \Delta L_S \tag{4-22}$$

$$L_A = L_0 + L_0 \times \alpha_A \times t = L_0 + \Delta L_A \tag{4-23}$$

式中，ΔL_S、ΔL_A 分别为钢管和铝管因温度变化所引起的改正数，t 为标志各层度温度变化之平均值。若 $\alpha_A = 2\alpha_S$，则有 $\Delta L_A = 2\Delta L_S$，两根金属管长度的差值（两标志头的高差）Δ 为：

$$\Delta = L_A - L_S = \Delta L_A - \Delta L_S = \Delta L_S = \frac{1}{2}\Delta L_A \tag{4-24}$$

Δ 可以根据设在两标志头上的读数设备或用水准仪测定，故可由上式得到钢管和铝管的改正数 ΔL_S、ΔL_A。在实际作业中，首次观测时两管的高度不一定正好相等，设用水准仪首次观测时两标志头的高差为 Δ_0，某次测得的两标志头的差为 Δ，有：

$$\Delta + \Delta L_S = \Delta_0 + \Delta L_A \tag{4-25}$$

则钢管标的温度改正数为

$$\Delta L_S = \frac{1}{2}\Delta L_A = \Delta - \Delta_0 \tag{4-26}$$

即根据本次观测和首次观测求得的两标志头的高差，可求得钢管标和铝管标的温度改正数，从而得到标的高程。如果钢管和铝管过长，受自重影响，容易产生挠曲，会使求得的改正数误差增大。这时，可采用双金属弦丝代替金属管（其原理与双金属管标相同）。

4.9.2　标志

平面控制点的标志一般用将金属十字形刻画嵌入标石，十字中心作为点的精确位置。水准点标志多以圆形标志头顶作为点的精确高程位置，标志头以强度较硬、能防腐蚀的金属或玛瑙制成。

平面控制点上通常还要设照准标志，除如图 4-11 所示的照准标志外，还有杆式、塔形杆式和觇牌等照准标志。对照准标志要求有：反差大、亮度强（带照明）、无相位差，形状、大小有利于精确照准。

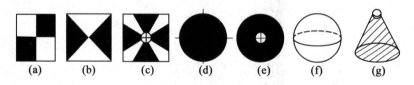

图 4-11　平面控制点的照准标志

杆的直径或标志的线宽应根据视线长度 S 计算，用双丝瞄准时，杆的直径或单线标志的线宽 d 为

$$d = \frac{\mu''}{2\rho''} \times S \qquad (4\text{-}27)$$

式中，μ 为望远镜十字丝双丝间的夹角（约 $35''$），双线标志的宽度 l 可按下式计算

$$l = \frac{3b}{f} \times S \qquad (4\text{-}28)$$

式中，b 为望远镜十字丝单丝的宽度（约 $6\mu m$），f 为望远镜物镜焦距（约 $300mm$）。

　　觇牌图案有多种，常用的有：塔形标志（图 4-12），几何中心明显，标心宽度不同，可供不同视距应用；条状标志，中心轴明显，易于准确照准，是按视距 S 计算的，适用于特定长度；楔形标志，照准精度较高，宜用于较短的视距。

(a) 精密活动觇牌　　　　(b) 精密固定觇牌

图 4-12　精密照准觇牌

　　除上述平面控制点的标志外，还有精密工程测量、工程变形监测和地籍测量中采用的基础上标志、墙上标志和隐蔽式标志等，如坝顶上的嵌心标、基础廊道底板上的嵌心标、基础廊道的侧墙上或建筑物墙（柱）上的标志及各种沉降观测标志：砖块式、燕尾式、铆钉头式、垫板式、弯钩式、U 形式等（图 4-13）；螺旋式隐蔽标志系用铜和铝合金加工成带丝口的活动标志，将螺母嵌入墙内，同时将标心旋进，测量后再旋下标心，拧上保护盖。

(a)　　　　　　(b)　　　　　　(c)　　　　　　(d)

图 4-13　沉降观测标志

4.9.3 有关的其他标石标志

本书中有关的其他标石标志，可参见本书第 8 章设备安装检校和工业测量的 8.4.1.2 和 8.5.1.2，第 7 章高速铁路工程测量的 10.7 节通用型强制对中装置。

◎ 本章重点和难点

重点：工程测量控制网的准则，各种工程测量控制网的布设方法和步骤。地面三角形网和 GNSS 网的布设要点。工程测量控制网的数据处理软件及使用。

难点：工程测量控制网布设理论方法的现代发展和网质量评价。

◎ 思考题

(1) 什么是工程测量控制网？

(2) 何谓测量控制网？其主要作用是什么？

(3) 何谓施工测量控制网？它有何特点？

(4) 何谓变形监测网？它有何特点？

(5) 何谓安装测量控制网？它有何特点？

(6) 什么是工程控制网的基准？

(7) 什么叫附合导线？它有何特点和优缺点？

(8) 何谓边角网？三角形边角网有哪些特点？

(9) 如何布设 GNSS 网？

(10) 工程测量控制网包括哪些精度准则？

(11) 何谓网的内部可靠性、外部可靠性和广义可靠性？

(12) 何谓变形监测网的灵敏度？

(13) 何谓科傻系统？它有何特点。

(14) 为什么要求埋设永久性标石和标志？埋设时需要注意些什么？

第5章 地形图测绘及应用

本章在介绍地形图及其比例尺系列的基础上，对地形图测绘技术和方法进行了简要叙述，着重讲述水下地形图测绘，工程建设各阶段对地形图的要求、地形图的应用以及工程竣工总图的编绘等内容。

5.1 地形图及其比例尺系列

5.1.1 地形图的定义和特点

地形图是指将地球表面的起伏形态和地物的位置、形状采用水平投影的方法并按一定的比例尺缩绘到图纸上，或以数字形式存放在计算机上，后者又称数字(或电子)地形图。

地形图的特点主要有：

(1)可视性强、易读性好、信息量大。地形图是按一定的数学法则，采用一定的符号系统和制图方法绘制的，综合反映地形地物，可纵观全局，经过简单培训，就可以读懂图上的内容，正射影像图、三维图的可视性、易读性好更好。地形图的信息量很大，包括的地物、地貌称为地形要素，地物以比例符号、半比例符号和非比例符号表示，如居民地、道路线、境界线、水系、植被以及各种注记等诸多地理和属性信息，地貌主要以等高线表示。一幅地形图可以称为一个小的地理信息系统。

(2)具有可量测性。在地形图上可以定向、定位，可以量测距离、方向和面积。

(3)具有时间性、保密性。现势性。地形图需要实测、修测和更新，有强烈的时间性。许多地形图还属于保密资料。凡能公开的地形图要做一定的技术处理。

基于上述特点，地形图可用于区域概况研究，可作为填绘地理考察内容的工作底图，可作野外工作用图，可作编制专题地图的底图，可在图上进行各种设计计算，还是基础地理信息系统和各种专题地理信息系统的信息来源。

5.1.2 地形图的比例尺

通常把比例尺大于或等于1∶5 000的地形图称为大比例尺地形图，主要有1∶500、1∶1 000、1∶2 000和1∶5 000，这些是工程测量中最常用的地形图，某些时候，还需用到1∶100~1∶300的更大比例尺的地形图；一般把1∶1万、1∶2.5万、1∶5万、1∶10万的地形图称为中比例尺地形图；小于1∶10万的地形图如1∶20万、1∶25万、1∶50万、1∶100万，称为小比例尺地形图。我国规定1∶1万、1∶2.5万、1∶5万、1∶10万、1∶25万、1∶50万和1∶100万7种比例尺地形图为国家基本比例尺地形图，其中，1∶1万到1∶5万的地形图是测绘的，1∶10万到1∶100万的地形图是编绘的。例如，德国有全国覆盖的1:5 000的基本地形图,每3~4年要更新一次。我国大部分地区测绘有1:1万到1:5万的地形图,但1:1万的地形图都还没有做到全国覆盖。实测的基本地形图比例尺大小和更新周期是一个国家测绘水平发达与否的重要标志。

5.2 地形图测绘简述

长沙马王堆汉墓出土的文物就包括地形图,图中用统一的图例表示居民地、道路、河流、山脉,比例尺大约为1:170 000,不仅内容丰富,准确性高,绘制技术也非常熟练,在颜色使用、符号设计、分类和简化等方面都达到了很高的水平。据考证为西汉时期公元前170年左右所绘制,是目前世界上发现最早的地形图。清朝康熙年间(1662—1722年),康熙帝在外国传教士的帮助下,亲自领导在全国进行大地测量和地形图测绘,1717年,全国测绘工作结束,按统一的比例绘制了《康熙皇舆全览图》,成为了清代后期编制全国地图的蓝本。

德国堪称测绘最发达的国家,最早的地图为1523年巴伐利亚的1:800 000的地形图,德国有全国覆盖的1:5000的基本地形地籍图,在上面能显示出个人的房屋,基本上是动态修测,每3~4年更新一次。各种比例尺的地形图非常丰富,且能在市场上买到,如非常详细的交通图集、骑自行车的线路图。

近几十年来,地形图的测绘技术和方法发展很快,地形图的测绘已从人工测绘模拟图发展到自动化测绘数字图。测绘学科有许多课程都涉及地形图的测绘、生产与制作。下面分陆地与水下地形图测绘进行简要介绍。

5.2.1 陆地地形图测绘

在《测量学》或《数字测图原理和方法》课程中主要讲述用地面测绘方法特别是用电子全站仪进行大比例尺地形图测绘;《航空摄影测量学》课程的主要内容是中、小比例尺地形图测绘,生产4D产品:数字栅格地图(DRG)、数字线划地图(DLG)、数字高程模型(DEM)和数字正射影像图(DOM),最常测绘的是1:2 000、1:5 000、1:1 0000和1:2 5000比例尺的地形图,低空摄影测量也可测绘和生产1:500和1:1 000比例尺的地形图;地面摄影测量适合测绘山地1:500到1:2 000比例尺地形图;航天遥感可生产1:1万到1:5万比例尺的专题遥感解译地形图,地面遥感则可生产1:10000到1:1000比例尺的专题遥感解译地形图。《地图制图学》课程则主要讲述小比例尺地形图如1:10万、1:25万、1:50万、1:100万的编绘与制作。

随着测绘高新技术的发展,地形图测绘的方法更多,例如采用遥感技术可以测绘制作各种中小比例尺地形图和专题图;用机载激光雷达(LIDAR)测量可以测绘大、中比例尺地形图和专题图,制作数字地面模型;机载和地面激光扫描技术可测绘大比例尺地形图;用合成孔径雷达测量也可测绘制作各种比例尺地形图;无人小飞机摄影测量可灵活地用于许多情况下的大比例尺地形图测绘;带相机的全站仪(如徕卡的新型全站仪TS11/15)能更快更方便地测绘困难地区的大比例尺地形图。GNSS定位技术中的单点定位(PP)、差分定位(DGPS)和实时动态定位(GNSS RTK)技术都可以用于地形图测绘。

5.2.2 水下地形图测绘

水下地形测量包括测点的平面位置和水深测量。平面位置主要采用 GNSS 定位技术确定，水深主要通过各种类型的测深仪得到，由水面高程（水位）减去水深可得测点的水底高程。其他定位方法如断面索法、测量机器人（智能全站仪）极坐标法、无线电定位方法以及人工测深方法，因已很少采用，在此从略。

在工程建设中，对于近海、江河、湖泊的水下大比例尺地形图测绘，主要采用 GNSS 技术和水深测量技术，即用 GNSS 技术进行平面定位，用水深测量技术同步测量水深。定位精度可达到 1~5m，水深测量的精度与测深仪和水的深度有关，如 0.01m+0.1% Depth，都能满足各种规范的要求。

（1）平面定位测量。采用 GNSS 技术进行平面定位主要包括单点定位、单基准站或多单基准站的差分定位和实时动态载波相位差分定位（GNSS RTK），对于湖泊、水库和江河的水下地形测量，差分定位用单基准站即可，对于沿海近岸约 400km 范围内海域的海底地形测绘，常采用无线电指向标差分全球定位系统（RBN-DGPS Radio Beacon–Differential Global Position System）或广域差分 GNSS 定位系统。上述技术在有关课程中有详细讲述，在此从略。

（2）回声测深仪基本原理。水深测量主要采用回声测深仪、多波束测深系统和机载激光雷达测深系统等仪器技术。测深仪的种类很多，主要是向高精度、高效率、高水深、自动化和数字化方向发展。下面简要介绍用于湖泊、水库和江河水下地形测量的回声测深仪基本原理。如图 5-1 所示，设测量声波从某一水面至水底往返的时间为 Δt，可按下式计算水深

$$S = \frac{1}{2}v \cdot \Delta t \qquad (5-1)$$

式中，v 为超声波在水中的传播速度，约为 1 500m/s。

图 5-1　回声测深原理

回声测深仪由换能器和控制器两部分组成。在控制器指挥下，发射换能器按预定的时间间隔发出电脉冲，并转换成超声波向水下发射，自水底反射后垂直向上传播，一部分被接收换能器接收并转换为电脉冲，经放大后输入控制器。发射脉冲与接收脉冲之时间间隔

即 Δt。有的测深仪把发射脉冲在纸上或记录器上记录为基线，回声波脉冲因延迟而与基线有一段距离，把两记录线的间隔换算为水深。

（3）双波束回声测深仪。该仪器采用宽窄两种波束相结合进行水深测量，窄波束的精度高，宽波束的作业深度大，可避免在水流湍急的峡谷河段作业时窄波束丢失水深数据而造成空白。通过控制窄波束宽度可提高测深精度。宽窄波束发射机在同一换能器上同时发射声波信号，机器记录的两种测深扫描显示在同一记录面上，两种回波记录在模拟记录面的灰度有明显差异，亮度也不同。如双波束回声测深仪采用 200 kHz、7.5°窄波束与 24 kHz、25°宽波束，宽波束记录呈深色轨迹、窄波束记录呈浅灰色，在河床平坦段两种轨迹线几乎重叠在一起。

回声测深仪的工作频率是仪器测深能力的重要指标，因频率与波长互成反比，声波的辐射能力与波长密切相关。DF-3200 MKII 回声测深仪的窄波束工作频率为 200 kHz，波长约为 5×10^{-6} m，窄波束换能器向水下发射声波时，当其波长比河床泥沙粒径小很多时，泥沙颗粒表面为反射体，使声波返回，而仪器的宽波束工作频率较低，其波长比河床泥沙粒径大得多，大部分入射波可以绕过泥沙颗粒向前传播，直到大于宽波波长的界面，才反射至换能器。因此，两种波束在有泥沙淤积的河床中测深时，其测深值不会相同，窄波束的测深值代表水深，宽波束测深值为水深加上泥沙厚度，所以双波束回声测深仪还可测泥沙和淤积的厚度。

（4）回声测深仪的安装和校准。测深前，要先安装和校准回声测深仪。安装时，将换能器头与空心钢管连接并固定在船中部的舷侧，电缆通过空心钢管接到换能器，以减小船起伏对测深的影响，根据所测水域水深、流速和船的航速及吃水深度，换能器的入水深度为 0.3~1m。声速与水的温度、含盐量以及压力的变化有关，在不同水体和季节，仪器的声速不同，测定声波在水中的传播速度很重要。可采用比对法在现场检测和校准测深仪：测船行驶到一定水深处，同时用测深杆（或测深锤）和测深仪测量水深，若相差不超过限值，说明测深仪声波的声速是适当的，否则需要按下式进行改正

$$S_n = \frac{D_r}{D_e} S_{pre} \tag{5-2}$$

式中，S_{pre}、S_n 为改正前、后的声速；D_r、D_e 分别为用测深杆、测深仪测量的水深。需要在不同水深处进行比较，取改正后声速的平均值。

（5）水位观测。水位是指水体的自由水面高出固定基面以上的高程。水位观测是通过观测水尺读数来确定水位的一项作业。在河流和海洋测绘水下地形图时，必须考虑水面高程随时间的变化。要通过水位观测将测深数据与地面高程系统联系起来的，进而获得水底高程。一个简单的水位观测站，在岸边水中设立一根标尺，标尺起点高程 H_0 可通过与陆地水准点联测得到。水下地形测绘期间，按一定时间间隔（如 10min 或 30min）对标尺进行读数，并绘制水位-时间曲线图，即可得测深时水面的瞬间高程 $H_0 + \Delta Z(t_i)$，则水底的高程为 $H_0 + \Delta Z(t_i) - S(t_i)$。

在水下地形图测绘中，有时需用水深描述水下地形点，如用等深线表示的水深图或海图，为此，还要引入深度基准面的概念。海图及各种水深资料所载深度的起算面称为深度基准面（Datum for Sounding Reduction）。水深测量通常是变化的水面上进行，不同时刻测量同一点的水深也是不相同的，随潮差大小而不同，在有些海域十分明显。为了测得水深

中的潮高，必须确定一个起算面，把不同时刻测得的某点水深归算到这个面上，这个面就是深度基准面。深度基准面通常取在当地多年平均海面下深度为 L 的位置。确定深度基准面的原则，是既要保证舰船航行安全，又要考虑航道利用率。由于各国求 L 值的方法有别，因此采用的深度基准面也不相同。我国在 1956 年以后采用理论深度基准面即理论最低潮面，在内河及湖泊用最低水位(lowest water level)、平均低水位(mean-low water level)或设计水位(projected water level)作为深度基准面。水下某地形点 A 的水深值 S_A 等于深度基准面的高程 H_0 与 A 点高程 H_A 之差，即

$$S_A = H_0 - H_A \tag{5-3}$$

水下地形外业测量时，要将 GNSS 定位系统与测深仪器组合，用前者定位，用后者同时进行水深测量。目前，水下地形图测绘的自动化程度很高，都是采用数字化测图方法，配备有相应的控制和数据采集与处理软件，组成水下地形自动测量系统。如美国 IMC 公司生产的 Hydro I 型水下地形自动测量系统，野外只需两人便可完成岸台和船上的全部操作，一天所测的数据用 1~2h 就可处理完毕。

为了保证成图质量，一般要在室内的图上设计测深断面线，测深断面线和测深点的间距与测图比例尺有关，可参见有关规范。因为水下地形点的平面位置和高程(水位和水深)是分别进行的，应特别注意同步性，采用 GNSS-RTK 定位时，同步性是易于实现的。内业工作主要有：定位、测深数据汇总与检核；根据水位观测计算测点高程；绘制各种比例尺的水下数字地形图、纵横断面图和水下数字地形模型。

5.3　工程建设对地形图的要求

5.3.1　工程建设对地形图比例尺的要求

工程建设根据工程的规模和阶段的不同，对所需地形图比例尺的要求也不同。一般来说，在规划设计阶段，主要用到 1∶1 万 到 1∶5 万的中小比例尺地形图，极少用小于 1∶5 万的地形图。但是为施工建设服务的初步设计，也要用到 1∶5 000 和 1∶2 000 的局部地区或带状地区的地形图，施工建设阶段，则要用到 1∶500 到 1∶2 000 的大比例尺地形图，工程细部还可能需要比例尺大于 1∶500 的地形图，表 5-1 列出了工程建设中常用比例尺地形图的典型用途。

表 5-1　　　　　　　　　　工程建设中常用比例尺地形图的典型用途

比例尺	典 型 用 途
1∶1 万到 1∶5 万	区域总体规划、线路工程设计、水利水电工程设计、地质调查等
1∶5 000	工程总体设计、工业企业选址、工程方案比较、可行性研究等
1∶2 000	工程的初步设计、工业企业和矿山总平面图设计、城镇详细规划等
1∶1 000 或 1∶500	工程施工图设计、地下建(构)筑物与管线设计、竣工总图编绘等

5.3.2 工程建设对地形图的精度要求

对于中小比例尺地形图来说，其精度都能满足工程建设的用图要求。对于大比例尺地形图的精度，《工程测量规范》有明确的规定，例如：工业企业和矿山，主要建构筑物细部点点位中误差不超过 5cm、高程中误差不超过 2cm 的要求。这里我们根据规范制定的工程最高精度要求，讨论全站仪数字测图方法所能够达到的精度，能否满足这一规定。

使用全站仪进行数字法测图，与常规白纸测图误差的误差影响有所不同，目标点的点位中误差公式可表示为：

$$m_P = \sqrt{m_{Di}^2 + m_{Ct}^2 + m_{Me}^2 + m_{Ob}^2} \tag{5-4}$$

式中，m_{Di} 为定向点误差所引起的点位中误差，m_{Ct} 为对中误差所引起的点位中误差，m_{Me} 为极坐标法观测误差所引起的点位中误差，m_{Ob} 为目标点棱镜中心与待测目标点不重合误差所引起的点位中误差。其中 m_{Me} 是主要误差，它与仪器精度和仪器到目标点的距离有关，假设使用最低精度的仪器，如测角精度为 10″，测距精度为 5mm+10ppm·D，在距离不超过 500m 时，m_{Me} 都小于 4.0cm，而其他三项误差都远小于 m_{Me}，所以，使用全站仪进行数字法测图，完全能满足 5cm 的平面精度要求。

使用全站仪进行的数字法测图中，点的高程精度主要由测角误差引起，还有测距误差、仪器高和目标高的量测误差以及球气差影响。测距误差、球气差影响可忽略不计，仪器高和目标高的量测误差一般不超过 0.5cm。测角误差的影响与仪器到目标点的距离有关，使用 6″级仪器，距离超过 300m 时，测角误差引起的高程中误差将大于 2cm，若将距离控制在 250m 以内，可满足 2cm 的要求。因此在测主要建构筑物时，应缩短距离。

5.4　地形图的应用

作为野外工作用图，地形图可用于实地定位、定向、导航和量测。在室内，基于地形图，可以进行距离、高差、方向、角度、面积、体积(库容、土石方)、坡度计算等。基于地形图制作的各种专题图，如交通图、旅游图、规划图等，都十分贴近百姓，属于地形图的一般应用，在此不作赘述。从工程测量的角度看，本节主要说明大比例尺地形图在断面图绘制、图上选线和施工图制作上的普通应用，在场地平整和典型工程中的应用。

5.4.1　地形图的普通应用

1. 断面图绘制

许多工程设计中，需要了解两点之间的地面起伏情况，就需要绘制断面图，根据地形图绘制断面图和实测断面图有两种方法，下面介绍前一种方法。如图 5-2(a) 所示，在地形图上作所需方向上 A、B 两点的连线，由各等高线交点的高程和平距可制作断面图(图 5-2(b))。对于数字地形图如数字高程模型，可通过程序自动绘制。

2. 图上选线

在有些工程设计中，为了节省费用。需要按一定坡度选一条最短路线，如图 5-3 所示，从 A 点开始向上到 B 点选一条坡度 $i=5\%$ 公路线，已知等高距 $h=2\mathrm{m}$，则通过两相邻

图 5-2　断面图绘制

图 5-3　图上选线

等高线的最短路线长度为：

$$S = \frac{h}{i} = \frac{2}{5\%} = 40\text{m} \tag{5-5}$$

以 A 为圆心，根据地形图比例尺，将 40m 化为图上距离并以此为半径作圆弧，与 48m 等高线相交于 1 或 1′点，又以 1 或 1′为圆心，以同样长度为半径作弧，与 50m 等高线交于 2 或 2′，依此类推，可得到两条坡度为 5% 的路线，通过实地踏勘，可定出路线。对于数字地形图如数字高程模型，可通过程序自动选出最短路线。

3. 制作施工总平面图

施工图是表示工程的总体布局，建筑物的外部形状、内部布置、结构构造、内外装修、材料作法以及设备、施工等要求的图。其中表示工程总体布局的图又称施工总平面图，是设计人员根据设计资料在大比例尺地形图上制作的。

5.4.2 大比例尺地形图的典型应用——场地平整

场地平整也是大比例尺地形图的典型应用。在建筑工程、水利工程、道路建设以及工矿企业等许多工程中，往往要进行场地平整，要求将地面平整为水平面或斜面，在其上布置建筑物、便于排水和满足交通运输需要等。场地平整要遵循土石方工程量小，挖填方基本平衡的原则。利用地形图计算土石方工程量方便、经济，下面介绍一种在地形图上内插方格网的方法，说明场地平整的做法和步骤。

1. 设计面为水平面时的场地平整

(1) 在地形图上拟建场地内绘制方格网。方格网边长根据地形复杂程度、地形图的比例尺以及估算的精度不同而异。使用 1∶500 地形图时，根据地形复杂情况，一般以 10m 或 20m 为宜。当采用机械施工时，可取 40m 或 100m。绘完方格后，进行排序编号，如图 5-4 所示。并内插求出每个方格点的地面高程，写在每个方格的右上方。

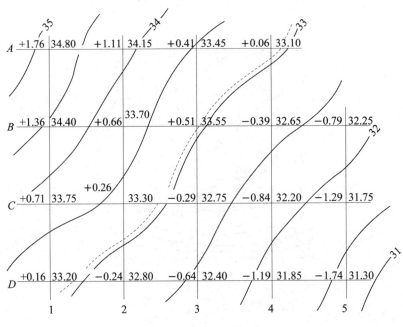

图 5-4　水平面场地平整

(2) 计算场地的平均高程 (设计高程)。在满足填挖方量基本平衡的前提下，设计高程可以认为是场地的平均高程。但计算时不能简单地取各方格点高程的算术平均值。因为与各格网点高程相关的方格数不同，也可理解为各方格网点高程的权不一样。如果假设与一个方格相关的方格点 (角点)，其高程的权为 1；与两个方格相关的方格点 (边点)，其高程的权为 2；与三个方格相关的方格点 (拐点)，其高程的权为 3；与四个方格相关的方格点(中点)，其高程的权为4，则可利用求加权平均值的方法计算设计高程，其一般式为：

$$H_S = \frac{\sum P_i \cdot H_i}{\sum P_i} \qquad (5-6)$$

式中，H_S 为水平场地的设计高程；H_i 为方格点的地面高程；P_i 为方格点 i 的权，可根据方格点的位置在 1、2、3、4 中取值。

现将图 5-3 中各方格点的高程及权代入式(5-6)得设计高程：

$H_S = [1 \times (34.80+33.10+32.25+31.30+33.20) + 2 \times (34.15+33.45+31.75+31.85+$
$\quad 32.40+32.80+33.75+34.40) + 3 \times 32.65 + 4 \times (33.70+33.55+33.30+32.75+$
$\quad 32.20)] \div (1 \times 5 + 2 \times 8 + 3 \times 1 + 4 \times 5) = 33.04 (\text{m})$

(3)绘出填挖边界线。在地形图上根据等高线内插出高程为设计高程 33.04m 的曲线，这条曲线即为填挖边界线(图中带有短线的曲线)。

(4)计算填挖高度。各方格点的填挖高度 h_i 为该点的地面高程及设计高程之差，即：

$$h_i = H_i - H_S \qquad (5-7)$$

式中，h_i 为正表示挖方，h_i 为负表示填方，标注在方格点的左上方。

(5)分别按下式计算挖、填土石方量。

角点：　　挖(填)高 $\times \left(\dfrac{1}{4}\right)$ 方格面积；

边点：　　挖(填)高 $\times \left(\dfrac{2}{4}\right)$ 方格面积；

拐点：　　挖(填)高 $\times \left(\dfrac{3}{4}\right)$ 方格面积；

中点：　　挖(填)高 $\times \left(\dfrac{4}{4}\right)$ 方格面积。

按填挖方量分别求和，即得总的填挖土石方量。

(6)放样填挖边界线及填挖高度。在拟建场地内，按适当间隔分别放样出设计高程点，用明显标志将这些设计高程点连成曲线，该曲线即为填、挖边界线。

填挖高度的放样，应首先将地形图上设计的方格点放样于实地，并钉木桩表示。然后在木桩上注记相应各方格点的填挖高度，作为平整场地的依据。

2. 设计面为倾斜面时的场地平整

若将图 5-4 表示的地面，根据地貌的自然坡降，平整为从北到南、坡度为 8% 的倾斜场地，每个方格网长度为 10m，且要保证填挖方量基本平衡的原则，作业步骤如下：

(1)绘制方格网　同水平场地绘制方法相同(如图 5-5 所示)。

(2)计算重心点的设计高程。若使填挖方量总平衡，对于倾斜场地，应首先确定重心点，以重心点高程为设计高程(即平均高程)，再求出其他方格点的设计高程作为设计依据。对于对称图形，重心点在重心线上，重心线一般为图形中心线，此例就是南北对称方向，重心线在图形中心(红色虚线)。所以，仍可按水平场地计算设计高程的方法，求出场地重心线处的设计高程，本例为 51.8m。

(3)确定倾斜面最高格网线和最低点格网线的设计高程。如图 5-6 所示，按设计要求，AB 为场地的最高边线，CD 为场地的最低边线。已知 AD 边长为 40m，则最高边线与

图 5-5　倾斜面的场地平整

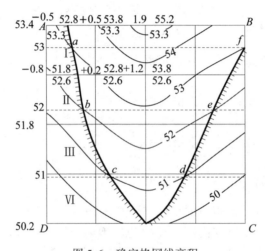

图 5-6　确定格网线高程

最低边线的设计高差为：

$$h = 40 \times \frac{8}{100} = 3.2 \ (\text{m})$$

由于场地重心线（图形中心轴线）的设计高程为 51.8m，所以，倾斜场地最高边线和最低边线的设计高程分别为：

$$H_A = H_B = 51.8 + \frac{3.2}{2} = 53.4 \ (\text{m})$$

$$H_C = H_D = 51.8 - \frac{3.2}{2} = 50.2 \ (\text{m})$$

（4）确定填挖边界线。沿 AD 及 BC 边线，根据最高边线和最低边线的设计高程内插出 51m、52m、53m 平行等高线（图中虚线），这些虚线为 8% 倾斜场地上的设计等高线，设计等高线与实际等高线交点（a、b、c、d、e、f）的连线即为填挖边界（绘有短线的曲线）。

90

（5）确定方格点的填挖高度。根据实际等高线内插出各方格点的地面高程，注在方格的右上方。再根据设计等高线内插出各方格点的设计高程，注在方格点的右下方。最后按式(5-7)计算出各方格点的填挖高度，注在方格点的左上方。

（6）计算填挖方量。同水平场地计算方法相同。

（7）放样填挖边界线及填挖高度。同水平场地部分相同。

在数字地形图上，利用数字地面模型，计算平整场地的挖、填方工程量，则更为方便。先在场地范围内按比例尺设计一定长度的方格网，提取各方格顶点的坐标和内插计算顶点的高程，同时，给出（按设计单位要求的高程）或算出设计高程，求算各方格点的挖、填高度，按照挖、填范围分别求出挖、填土（石）方量。这种方法比在地形图上计算更为便捷。

5.4.3 地形图在工程建设中的应用

主要简介地形图在水利水电工程、线状工程和工业企业建设各阶段中的应用，也可供在其他各种工程的应用时参考。

1. 地形图在水利水电工程中的应用

为了开发与利用水资源需要兴建水利枢纽工程和其他工程如拦河坝、水电站、船闸、水库、引、调水渠、港口、码头等，对于一个水系或河流而言，首先要进行规划设计，合理布设梯级开发，选择水利枢纽位置，使其在发电、航运、防洪及灌溉等方面能发挥最大的效益。这时需要全流域1∶5万的地形图，以便研究河谷地貌特点，绘制水面与河底纵断面图，初步确定各梯级水利枢纽的流域面积、水头、库容、发电量、回水淹没情况以及各枢纽工程的建造次序等。对于水库设计，主要采用1∶1万至1∶5万比例尺的地形图，确定淹没范围、量算淹没面积、计算库容、设计库岸的防护工程、调查淹没的房屋、人口、耕地，设计航道和码头、制定库底清理、搬迁及交通线改建规划等。

初步设计阶段，除了库区1∶1万或者1∶2.5万的地形图以外，在枢纽工程地区，应有1∶1万或者1∶2.5万的地形图，以便确定坝轴线。坝轴线选定后，应测绘枢纽地区1∶2 000或1∶5 000的地形图，供布设备类建筑物使用。

施工设计阶段，对于整个枢纽工程地区，特别是大坝、厂房、船闸、引水渠渠首、引水隧洞进口处，以及后勤、管理和生活区，需测绘1∶1 000和/或1∶500的陆上与水下地形图，以便为确定建筑物的位置和尺寸的技术设计服务，如布置枢纽工程、道路、仓库、码头、船坞、防洪堤以及其他附属建筑物等。

2. 地形图在线状工程中的应用

线状工程即按线状分布的各种工程如铁路、公路、输电线、输油输气管道以及引水、调水工程等，这里主要简介铁路、公路工程中地形图的应用，其他工程可作为参考。

铁路、公路在线路方案研究的规划设计阶段，需要1∶1万到1∶5万的地形图。由于铁路、公路工程中一般都包括有桥梁与隧道工程，在线路方案研究中举足轻重。对于特大型桥梁和特长隧道工程，属于造价很高的关键性工程，要根据政治、经济需要并结合地形、地质及水文等条件先确定其位置，然后再确定路线走向、位置及其与桥隧工程的连接。对于中、小型的桥隧工程，则是先决定路线的走向、位置，再确定桥、隧的位置。确定出几个线路方案后，进入勘测设计阶段，需要沿线1∶2 000的带状地形图（一般采用摄影测量方法测绘)供初步设计用。

对于特大型桥梁，先是在 1∶1 万或 1∶2.5 万地形图上布设，再到实地踏勘，提出几个方案。经过研究和审批，确定出比较方案，然后作初步设计，初步设计时，要求测绘各比较方案地区 1∶1 000 到 1∶5 000 和/或 1∶10 000 的桥址地形图、河流水下地形图及桥渡总平面图，用以确定桥位和桥头引线，设计主体及附属工程，以及布设施工场地等。

3. 地形图在工业企业建设中的应用

工业企业是指从事工业性生产、经营或工业性劳务活动，且具有法人资格的经济组织。在工业企业的建筑设计中，需要测绘 1∶500、1∶1 000、1∶2 000 和 1∶5 000 的各种大中比例尺地形图，设计人员要在这些地形图上进行建筑物平面位置和高程设计，地形图是建筑设计定点、定位、定向、定坡以及计算工程量的主要依据。

初步设计阶段，设计人员要设计绘制建筑总平面图(简称总平面图)。所谓总平面图，就是在地形图上，用水平投影法和相应的图例，绘出新建、拟建和要拆除的建筑物和构筑物(如厂房、车间、仓库、动力设施和道路线等)轮廓和坐标的图。总平面图包括的内容有：保留的地形和地物、测量坐标格网、场地范围的坐标或定位尺寸、道路红线、用地红线；原有及规划的道路，建筑物及构筑物的位置；主要建构筑物应标注坐标、与相邻建筑物间的距离及建筑物总尺寸、名称、层数；广场、停车场、消防车道及高层建筑消防扑救场地；绿化、景观及休闲设施的布置示意，并表示出护坡、挡土墙，排水沟等；要绘出指北针或风玫瑰图；说明栏内注明尺寸单位、比例、地形图的测绘单位、日期，坐标及高程系统；还有补充图例及其他说明等。设计人员还要绘制主要建构筑物的竖向布置图，图上描绘了竖向布置系统设计：地面连接方式、场地平土标高、排水坡向、建筑物地坪高程及运输道路高程等。

在施工设计阶段，设计人员要设计绘制施工总平面图，重点解决大宗材料进入工地的运输方式。如铁路运输需将铁轨引入工地，水路运输需考虑增设码头、仓储和转运问题，公路运输需考虑运输路线的布置问题等等。总图的其他内容与总平面图相同，只是还要详细一些。要正确反映所有建筑物的形状、平面位置和高程，道路和管线的走向与坡度，作为施工放样的依据。施工设计需要基于局部测绘的大比例尺地形图。

工程竣工后，要测绘和编绘竣工总图，下面进行详细介绍。建筑总平面图、施工总平面图和竣工总图可以看做是在一般地形图基础上绘制的特殊地形图。

5.5 竣工总图实测与编绘

5.5.1 竣工总图及其特点

竣工总图是工程竣工后按实际和工程需要所绘制的图，与一般的地形图不同，与建筑总平面图、施工总平面图也不完全相同，它能真实反映工程设计与施工的情况。与施工总平面图比较，增加了在工程施工阶段增加和变更的工程内容。

竣工总图系以竣工测量为主，以设计和施工资料为辅进行编绘。编绘竣工总图的目的是为了满足管理上的需要，便于设计、施工和生产管理人员掌握工程的地形情况和所有建(构)筑物的平面位置和高程等的关系。竣工总图不仅是进行生产管理的重要技术资料，而且也是将来改、扩建的技术档案资料，例如，工程若为分阶段设计、施工，则每一期工程竣工后，都应绘制该期的竣工总图，作为下期工程设计的依据。竣工总图的特点如下：

竣工总图中建(构)筑物(包括地下和架空的各种管线)细部点的点位和高程中误差应满足有关规范规定，系以解析数据的测量误差来确定，不取决于测图比例尺。就目前数字化成图的精度均可达到竣工总图的要求，较难掌握的是地形、地物取舍问题。

竣工总图宜采用数字竣工总图，宜选用 1∶500 的大比例尺，坐标系统、高程基准、图幅大小、图例符号、图上注记、线条规格等，应与建筑总平面图和施工总平面图一致。使原有已积累的测量、设计与施工的大量图纸资料能前后衔接地使用，使生产管理和改建、扩建工程形成统一体。

5.5.2 竣工总图的分类

根据工程情况，竣工总图可能是一张竣工总平面图，也可能除总平面图外，还有各种专业图(如各种管线竣工图、综合管线竣工图等)辅助图、剖面图以及细部点成果资料等。下面以大型工业厂区为例进行说明。

(1)厂区现状总平面图。反映全厂区现状的竣工总图，图上的内容包括工业用地上原有和新建的厂房、车间、仓库和办公楼等建(构)筑物，各种运输线路，工业及生产管线等的平面和高程位置，并标明细部点坐标、高程，及各种设备的元素和特征；还要表示出一般的地形、地物情况。该图要从实用出发，取舍得当。

(2)辅助图。厂区现状总平面图的附件，在厂区局部图面负荷较重，线条、注记、符号、数据等较多之处，为清晰起见，用 1∶100 或 1∶200 比例尺的辅助图表示。

(3)剖面图。为了表示地下管线和一些建(构)筑物地下埋设部分的情况，绘制剖面图作为现状总平面图的附件。

(4)专业图。在大型、复杂的厂区，为适应设计和施工管理的需要，还要求绘制专业分图如：给、排水管网图、工业管网图、输电及通信管线图(包括地下电缆)和运输线路图等。分图上只标出厂区主要厂房、道路、明显的建(构)筑物等其位置轮廓，但要按专业需要作详细的表示，与该专业无关的线路、地形地物可舍去，突出专业的需要，使图面简化。

(5)技术总结报告和成果表。分类编绘各厂区细部点施测一览表，编绘控制点、细部点坐标和高程成果表，表示出各种所需要数据及元素，并绘制草图。厂区现状图编绘完毕后，还要提供总结报告，说明施测和编绘的技术、方法，达到的精度及分类情况等。

5.5.3 竣工总图的实测

如前所述，竣工总图系以竣工测量为主，以设计和施工资料为辅进行编绘。编绘时要充分搜集已有的测量资料，特别是设计和施工资料，竣工总图编绘需收集的资料主要有：已有数字或模拟的大比例尺地形图、建筑总平面图、施工总平面图、设计变更文件、施工检测记录、竣工测量资料以及其他相关资料。要对已收集的资料应进行实地对照检核，满足要求时应充分利用，否则应重新测量。当资料不全、达不到要求时，要在施工过程中作实测补充。竣工实测要根据已有的施工控制点，例如，对主要建（构）筑物（包括地下和架空的各种管线）细部点的点位和高程，按要求的精度采用全站仪用解析法进行竣工测量；地下管道及隐蔽工程，应在回填前进行实测；有些专业图的主要内容要作竣工详测。

5.5.4 竣工总图的编绘

竣工总图的内容非常丰富和繁杂，根据不同用途应采取不同的技术措施，比如，竣工总图上的数据有不同的注记要求，如果不能满足各专业对竣工图表示内容的要求，还需要编绘专业图、辅助图和剖面图等。下面仍以大型工业厂区竣工总图的编绘为例进行说明。

（1）交通运输和现状总平面图。应绘出地面的建（构）筑物、公路和铁路，并绘出地面排水沟以及树木绿化等设施；对于矩形建（构）筑物，在对角线两端外墙轴线交点，注记两点以上坐标；对于圆形建（构）筑物，注记中心点坐标及外半径；所有建筑物都应注记室内地坪标高；对公路中心线起终点、交叉点，应注记坐标及标高，弯道应注记交点坐标、交角和半径，应注意路面材料及宽度；铁路中心线起终点、曲线交点，应注记坐标，曲线上应注明曲线半径、切线长、曲线长、外矢矩、偏角等信息；应注记铁路的起终点、变坡点及曲线内轨轨面标高。

（2）给、排水管道竣工图。对于给水管道，应绘出地面给水建（构）筑物及各种水处理设施；在管道节点处，当图上按比例绘制有困难时，可用放大详图表示；应标注管道起终点、交叉点、分支点的坐标；在变坡处应注记标高，在变径处应标注管径及材料；对不同型号的检查井，应绘出详图；对于排水管道，应绘出排水管道污水处理构筑物、水泵站、检查井、跌水井、水封井，绘出各种排水管道的雨水口、排水口、化粪池以及明渠、暗渠等。应标注检查井的中心坐标、出入口管底标高、井底和井台标高，标注管径、材料、坡度。对不同型号的检查井，应绘出详图。还应绘出有关的建筑物及铁路、公路等。

（3）动力、工艺管道竣工图。对于动力、工艺管道应绘出管道及有关的建（构）筑物，管道交叉点、起终点，标注坐标、标高、管径及材料；对于埋设在地沟的管道，应在适当地方绘出地沟断面，表示出沟的尺寸及沟内各种管道的位置。还应绘出有关的建筑物及铁路、公路等。

（4）输电及通信线路竣工图。对于输电线路，应绘出总变电所、配电站、车间降压变电所、室外变电装置、柱上变压器、铁塔、电杆、地下电缆检查井等。对于通信线路，应绘出中继站、交接箱、分线盒（箱）、电杆、地下通信电缆入孔等。对各种线路起终点、分支点、交叉点的电杆，应标注坐标。线路与道路交叉处，应注明净空高；应注明地下电缆深度或电缆沟沟底标高。标注各种线路的线径、线数和电压等，注明各种输变电设备的型号、容量。还应绘出有关的建筑物及铁路、公路等。

（5）综合管线竣工图。应绘出所有的地上、地下管道，主要建（构）筑物及铁路、道路；在管道密集处及交叉处，应用剖面图表示其相互关系。

编绘的原则是：地面建（构）筑物，应按实际竣工位置和形状进行编绘，凡有实测的，应根据实测的竣工测量资料编绘。对于模拟图，可采用扫描矢量化技术制作底图，进一步取舍、增补、修改后编绘到相应的图层，若与设计图坐标不一致时，还需要进行坐标转换。对于实测的竣工资料，可直接装入竣工总图的底图中。如果原设计图及其修改是在白纸图或聚酯薄膜图上进行，则需要采用转绘技术将有关的地形、地物、设计的建(构)筑物转绘至总图上。

下面根据数字图的特点说明编绘竣工总图编绘的具体做法。对于数字化的图和资料，采用分层、分色技术进行复制、重叠、剪切、删除等编辑，根据需要进行取舍、增补、修改，作为编绘竣工总图的底图。总图底图是基本图件，以它为基础逐步编绘出竣工总图和各专业分图。如按坐标绘出所有控制点的位置，按前面的规定标注出各种设计元素，如标注管线坐标、标高、管径及材料；标注道路中心线起终点、交叉点坐标及标高，道路的曲线元素等，以不同颜色及符号表示。根据施工计划，将设计内容放样到实地。通过复测、检查及竣工测量等，提供施工放样检查和竣工资料，依此资料将各细部点的坐标、高程以及各种必要元素，用实测数据代替设计数据，绘于施工总图底图上，修改变化后的地形、地物(例如平整场地前的地形，拆除旧有和临时建筑物等)。由此逐步形成现状总平面图，最后经图面整饰，编辑成多色竣工总图。

采用数字竣工总图，前面所说的辅助图、专业图以及细部点成果资料等均可从厂区现状总平面图中分离出来，进一步进行编绘，最后生成各种专业图。全部竣工总图编绘完成后，可以分幅输出、局部输出、多幅合并输出。竣工总图可作为地理信息系统(GIS)和各种专题信息系统的基础资料，可转换到不同的信息系统中，为建立的工程管理信息系统提供基础数据。

竣工总图应经原设计及施工单位技术负责人审核、会签。图 5-7 所示是某厂区竣工总图一部分。

图 5-7　某厂区竣工总图一部分

重点：国家基本比例尺地形图及其应用，大比例尺数字化地形图的应用，水下大比例尺数字化地形图测图，竣工总图及其编绘，场地平整计算。

难点：大比例尺数字化地形图测图的误差来源及分析。

◎ **思考题**

(1)什么叫地形图？地形图有哪些特点？

(2)地形图有哪些应用？

(3)我国的国家基本比例尺地形图有哪些？

(4)为什么说实测基本地形图比例尺和更新周期是一个国家测绘水平发达与否的重要标志？

(5)数字法测图中，平面点位精度和高程精度主要由哪些误差引起？

(6)与陆地地形测量相比较，水下地形测量有哪些特点？

(7)什么叫场地平整？哪些工程需要进行场地平整？为什么要进行场地平整？

(8)什么叫深度基准面？

(9)水下地形测量中为什么要进行水位观测？

(10)何谓竣工总图？它有何特点？编绘竣工总图时还要编绘些什么图？

第6章 工程建（构）筑物的施工放样

工程建（构）筑物是工程建筑物和工程构筑物的总称。一般来说，具备、包含或提供人类居住功能的人工建造物称为建筑物，不具备、不包含或不提供人类居住功能的人工建造物称为构筑物，比如水塔、水池和过滤池等。但这个定义不是绝对的，在水利水电工程中，江河、渠道上的所有建造物都称为水工建筑物。

本章主要讲述建筑限差和放样精度，施工放样的种类和方法，曲线放样及其数据准备，若干特殊的放样方法，最后结合典型工程实例进行说明。

6.1 建筑限差和放样精度

6.1.1 建筑限差

建筑限差是指建筑物竣工后实际位置相对于设计位置的极限偏差，又称设计或施工允许的总误差。建筑限差与建筑结构、用途、建筑材料和施工方法有关，如按建筑结构和材料分钢结构、钢筋混凝土结构、毛石混凝土和土石结构，其建筑限差由小到大排列；按施工方法分预制件装配式和现场浇筑式，前者的建筑限差要小一些；钢结构中用高强度螺栓连接比用电焊连接法的建筑限差要小。一般工程如混凝土柱、梁、墙的建筑限差为 10~30mm；高层建筑物轴线倾斜度的建筑限差要求高于 1/1000~1/2000；钢结构的建筑限差为 1~8mm；土石结构可达 10cm；有特殊要求的工程项目，设计图纸上有明确的建筑限差要求。

建筑限差按不同的建筑结构和用途，应遵循我国现行标准执行。如《混凝土结构工程施工及验收规范》、《钢筋混凝土高层建筑结构设计与施工规程》、《建筑安装工程施工及验收技术规范》等。

6.1.2 施工放样的定义

所谓工程的施工放样，就是将图上设计的工程建（构）筑物的平面位置和高程按设计和施工的要求，以一定的精度在实地标定出来，作为工程施工的依据。放样又称测设，其目的和顺序与测量恰好相反，测量是将地面上的地形、地物描绘到图上，而放样是将图上设计的工程建（构）筑物标定到地面。

施工放样是直接为施工服务的，放样中的任何差错，都将影响工程的质量和进度。测量人员要具有高度的责任心，放样前要熟悉工程总体布置图和细部结构设计图，找出主要轴线和主要点，以及各细部间的几何关系，结合现场条件，选择仪器设备和确定放样方法，精心放样，随时检查、校核，以确保工程质量和施工的顺利进行。

6.1.3 放样精度的确定方法

一般在工程的施工规范中仅对建筑限差有明确的规定，而不直接给出测量精度。测量精度可按下述方法确定。

若建筑限差(设计允许的总误差)为Δ，允许的测量误差为Δ_1，允许的施工误差为Δ_2；允许的加工制造误差为Δ_3(如果还有其他显著的影响因素，可再增加)，假定各误差相互独立，则有

$$\Delta^2 = \Delta_1^2 + \Delta_2^2 + \Delta_3^2 \tag{6-1}$$

式中，Δ建筑限差是已知的；Δ_1、Δ_2、Δ_3是需要确定的量。一般采用"等影响原则"、"按比例分配原则"和"忽略不计原则"进行误差分配。把分配结果与实际能达到的值进行对照，必要时作一些调整，直到比较合理为止。例如，按"等影响原则"，即$\Delta_1 = \Delta_2 = \Delta_3$，则

$$\Delta_1 = \Delta_2 = \Delta_3 = \frac{\Delta}{\sqrt{3}} \tag{6-2}$$

若设总误差由Δ_1和Δ_2两部分组成，即$\Delta^2 = \Delta_1^2 + \Delta_2^2$，令$\Delta_2 = \frac{\Delta_1}{k}$，当$k = 3$时，则有

$$\Delta = \Delta_1 \sqrt{1 + \frac{1}{k^2}} = 1.05\Delta_1 \approx \Delta_1 \tag{6-3}$$

即当Δ_2是Δ_1的三分之一时，它对建筑限差的影响可以忽略不计。

以工程建筑物的轴线位置放样为例，设工程建筑物轴线建筑限差为Δ，则中误差M为

$$M = \pm\frac{\Delta}{2}$$

轴线位置中误差M包括测量中误差$m_{测}$和施工中误差$m_{施}$，而测量中误差$m_{测}$又由施工控制点中误差$m_{控}$和放样中误差$m_{放}$两部分组成，即

$$M^2 = m_{测}^2 + m_{施}^2 = m_{控}^2 + m_{放}^2 + m_{施}^2 \tag{6-4}$$

《建筑施工测量技术规程》规定：测量允许误差宜为工程允许偏差的$1/3 \sim 1/2$，按"等影响原则"即取$\frac{1}{2}$计算，则有

$$m_{测} = \sqrt{m_{控}^2 + m_{放}^2} = m_{施} = \frac{M}{\sqrt{2}} = \frac{\Delta}{2\sqrt{2}} \tag{6-5}$$

建立施工控制网时，测量条件较好，且有足够时间用多余观测来提高测量精度；而在施工放样时，测量条件较差，受施工干扰大，为紧密配合施工，难以用多余观测来提高放样精度，所以，按忽略不计原则，控制点中误差取

$$m_{控} = \frac{1}{3}m_{放} = \frac{\Delta}{4\sqrt{5}} = 0.112\Delta \tag{6-6}$$

这样，由建筑限差便可计算出放样中误差和施工中误差，即

$$m_{放} = 0.335\Delta , m_{施} = 0.354\Delta \tag{6-7}$$

6.2 施工放样的种类和常用方法

6.2.1 施工放样的种类

施工放样的种类可分为角度放样、距离放样、点位放样、直线放样、铅垂线放样和高程放样等，下面予以简单介绍。

(1)角度放样。角度放样的实质是：从某一已知方向为基准，放样出另一方向，使两方向间的夹角等于预定的角度。角度放样可用经纬仪或全站仪，通过盘左、盘右定点取中的方法进行。

(2)距离放样。是将设计图上的已知距离按给定的起点和方向标定出来。可用钢尺放样，也可用电磁波测距放样。

(3)点位放样。是根据图上的被放样点的设计坐标将其标定到实地的测量工作。工程建筑物的形状和大小，是通过一些特征点描述的，如矩形建筑的四个角点、线形建筑的转折点等。点位放样是建筑物放样的基础。

(4)直线放样。将设计图上的直线如建筑物的轴线在实地标定出来。常用经纬仪或全站仪的正倒镜法进行放样。

(5)铅垂线放样。为了保证高层建筑物的垂直度，需要放样铅垂线，其放样方法见后。

(6)高程放样。把设计图上的高程在实地标定出来。

上述所有的放样可归结为点的放样。其放样方法见后。

6.2.2 点和平面直线放样方法

放样点位的常用方法有交会法、归化法、极坐标法、自由设站法和 GPS RTK 法等。

6.2.2.1 交会法

交会法包括距离交会法、角度交会法和轴线交会法等。

(1)距离交会法。特别适用于待放样点到已知点的距离不超过测尺长度并便于量距的情况。如图 6-1 所示，需要先根据放样点和已知点的坐标计算放样距离 S_1、S_2，然后在现场分别以两已知点为圆心，用钢尺以相应的距离为半径作圆弧，两弧线的交点即为待放样点的位置。

(2)角度交会法(又称方向交会法)。在量距不方便的情况下常用角度交会法放样。如图 6-2 所示，放样元素(两个交会角 β_1、β_2)可根据放样点和已知点的坐标计算得到。在两个已知点上分别架设经纬仪(或全站仪)放样相应的角度，两视线的交点即为待放样点的位置。

(3)轴线交会法。采用侧方交会原理得到被放样点的位置，一般用于不便于钢尺量距又缺乏电磁波测距仪的情况。

如图 6-3 所示，A、B、C、D 为已知点。P_0 为 AB 轴线上的待放样点。先建立施工坐标系，y 轴平行于 AB，x 轴垂直于 AB，AB 轴线的 x 坐标为 x_0。在 AB 轴线上 P_0 附近放样任意

图 6-1　距离交会法　　　　　　　　　图 6-2　角度交会法

一点 P 点；将经纬仪或全站仪安置于 P 点，并测出 PC、PD 与 AB 的夹角 α_1、α_2；由 C 点按下式计算 P 点的坐标

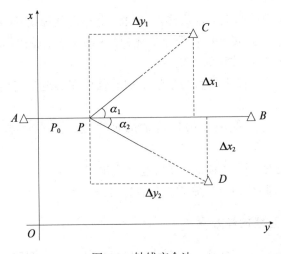

图 6-3　轴线交会法

$$\begin{cases} X'_P = X_0 \\ Y'_P = Y_C + |\Delta X_1| \cdot \cot\alpha_1 \\ |\Delta X_1| = |X_C - X_0| \end{cases} \tag{6-8}$$

再由 D 点计算 P 点的坐标

$$\begin{cases} X''_P = X_0 \\ Y''_P = Y_D + |\Delta X_2| \cdot \cot\alpha_2 \\ |\Delta X_2| = |X_D - X_0| \end{cases} \tag{6-9}$$

取两组坐标的均值

$$\begin{cases} X_P = X_0 \\ Y_P = \dfrac{Y'_P + Y''_P}{2} \end{cases} \tag{6-10}$$

根据 P、P_0 点的坐标，将 P 移动到 P_0 点即完成放样。

6.2.2.2 归化法

归化法是将放样和测量相结合的一种放样方法。先初步放样出一点，再通过多测回观测获取该点的精确位置，与待放样量比较，获得改正量(归化量)，通过(归化)改正，得到待放样点。

(1)归化法放样角度。如图6-4所示，在 A 点安置经纬仪或全站仪，先直接放样出 β 角，定一点 P'，再盘左盘右多测回地精密测出 β'，并测出 AP' 的距离 S，按下式计算归化量

$$PP' = \frac{\beta - \beta'}{\rho''}S \tag{6-11}$$

从 P' 点出发，在 AP' 的垂直方向上归化 PP'，即可求得待放样点 P。

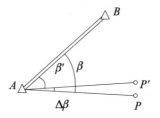

图6-4　归化法放样角度

(2)归化法放样点位。下面以角度交会归化法为例说明。如图6-5所示，A、B 为已知点，待定点 P 的设计坐标也已知。在放样时，计算放样元素 β_a、β_b 及辅助量 S_a、S_b。如图6-5所示，先放样点 P'，精确测量 $\angle P'AB = \beta'_a$ 和 $\angle ABP' = \beta'_b$，并计算角差 $\Delta\beta_a = \beta_a - \beta'_a$，$\Delta\beta_b = \beta_b - \beta'_b$。当 $\Delta\beta$ 较小时，可用图解法由 P' 点求 P 点位置。图解法的步骤为：在白纸上刺出 P'，画夹角为 α 的两条直线，用箭头指明 P'A 及 P'B 方向，按下式计算位移量 ε_a 及 ε_b

$$\varepsilon_a = \frac{\Delta\beta_a}{\rho}S_a，\quad \varepsilon_b = \frac{\Delta\beta_b}{\rho}S_b \tag{6-12}$$

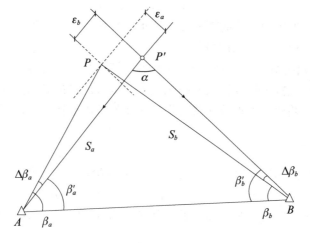

图6-5　角度交会归化法

作 $P'A$、$P'B$ 的平行线，间距为 ε_a 与 ε_b，符号由 $\Delta\beta_a$ 与 $\Delta\beta_b$ 决定，平行线的交点即为 P 点的位置。将图纸上的 P' 点与实地的 P' 点重合，并使图纸上 $P'A$ 方向与实地方向一致，$P'B$ 方向也应与实地方向一致，作为校核，图纸上 P 点的位置就是实地 P 的位置。距离交会归化法与角度交会归化法相类似，在此从略。

(3)归化法放样直线。分测小角归化法和测大角归化法。如图 6-6 所示，先初步放样出点 P'，并测定距离 $AP' = S_1$，然后把仪器(全站仪或经纬仪)架在 A 点，精确测量 $\angle BAP' = \Delta\beta$，计算归化值 $\varepsilon = \dfrac{\Delta\beta}{\rho}S_1$，在实地归化得到 P 点。设测角误差为 m_β，由此引起的 P 点偏离 AB 线的误差为 m_p，则有

$$m_P = \frac{m_\beta}{\rho}S_1 \tag{6-13}$$

图 6-6　测小角归化法

测大角归化法的仪器不架设在 A 点上测小角，而架在点 P' 上测量大角 $\angle AP'B = \gamma$，设 $\Delta\gamma = 180° - \gamma$，归化值为

$$\varepsilon = \frac{s_1 s_2}{s_1 + s_2} \cdot \frac{\Delta\gamma}{\rho} \tag{6-14}$$

在实地归化得到 P 点。由测角误差 m_γ 引起归化值的误差为

$$m_{p'} = \frac{s_1 s_2}{s_1 + s_2} \cdot \frac{m_\gamma}{\rho} \tag{6-15}$$

设测角误差相等，比较(6-13)式、(6-15)式，则有

$$\frac{m_{P'}}{m_P} = \frac{s_2}{s_1 + s_2} \tag{6-16}$$

由上式可见，测大角归化法的精度高于测小角归化法。

(4)构网联测归化法放样。在高精度的施工放样中，控制点通常建在带有强制对中装置的观测墩上，通过构网联测，可将一些控制点归算到某一特定方向或几个特定位置，在这些点上架仪器，可直接进行放样点的归化改正；也可以将控制网点与初步放样的点放在一起构网联测，经平差后，可求得这些初步放样点的精确坐标，从而得到归化量，再将点归化到设计的放样位置。

6.2.2.3　极坐标法

极坐标法是按极坐标原理进行放样的一种点放样方法，随着全站仪的普遍应用，它和下面的自由设站法成为主要的放样方法。如图 6-7 所示，A、B 为已知点，P 为待放样点，其坐标为已知。极坐标法的两个放样元素 β 和 S 可由 A、B、P 三点的坐标反算得到

$$\beta = \alpha_{AP} - \alpha_{AB} = \arctan\left(\frac{y_P - y_A}{x_P - x_A}\right) - \arctan\frac{y_B - y_A}{x_B - x_A} \tag{6-17}$$

$$S = \sqrt{(x_P - x_A)^2 + (y_P - y_A)^2}$$

在 A 上架设仪器，放样一个角 β，在放样出的方向上标定一个 P' 点，再从 A 出发沿 AP' 方向放样距离 S，即得待定点 P 的位置。

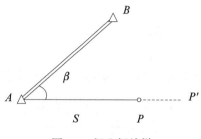

图 6-7　极坐标放样

6.2.2.4　自由设站法

自由设站法是测量和放样的一种方法。它包括了极坐标法，但比极坐标法更方便灵活。若有两个（或两个以上）的已知点，全站仪可以架设在一个合适的地方，通过测量到已知点的边长和角度，可按最小二乘平差求得测站点的坐标，同时完成测站定向。即可进行测量和放样。放样是根据测站点和待放样点的坐标，计算出放样元素，采用极坐标法放样出各点。由于测站位置可自由选取，故称自由设站法。它特别适用于已知点上不便于安置仪器的情况，在大部分情况下，都可以代替交会法、归化法和其他放样方法。下面简述其原理和步骤。

1. 自由设站法原理

如图 6-8 所示，xOy 为施工坐标系，N 为控制点，P 为自由设站，$x'py'$ 是以 P 为坐标原点，以仪器度盘零方向为 x' 轴的局部坐标，α_0 为 x 和 x' 方向间的夹角，当在 P 点观测 P 点到 N 点的水平距离 S_N 和水平方向 α_N 后，即可在 $x'py'$ 坐标系中求出 N 点的局部坐标：

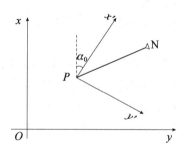

图 6-8　自由设站法原理

$$\begin{cases} X'_N = S_N \cos\alpha_N \\ Y'_N = S_N \sin\alpha_N \end{cases} \tag{6-17}$$

由坐标转换原理可得

$$\begin{cases} X_N = X_P + K\cos\alpha_0 X'_N - K\sin\alpha_0 Y'_N \\ Y_N = Y_P + K\sin\alpha_0 X'_N - K\cos\alpha_0 Y'_N \end{cases} \qquad (6\text{-}18)$$

式中，K 为局部坐标系与施工坐标系长度比例系数。

令

$$c = K\cos\alpha_0 , \quad d = K\sin\alpha_0 \qquad (6\text{-}19)$$

则有

$$\begin{cases} X_N = X_P + cX'_N - dY'_N \\ Y_N = Y_P + d_0 X'_N - cY'_N \end{cases} \qquad (6\text{-}20)$$

若观测了 n 个已知点，当 $n \geq 2$ 时，则可按间接平差原理求得四个未知参数

$$\begin{cases} c = \dfrac{[YY'] + [XX'] - \dfrac{1}{n}([X][X'] + [Y][Y'])}{[Y'Y'] + [X'X'] - \dfrac{1}{n}([X'][X'] + [Y'][Y'])} \\[4mm] d = \dfrac{[YX'] + [XY'] - \dfrac{1}{n}([Y][X'] + [X][Y']}{[Y'Y'] + [X'X'] - \dfrac{1}{n}([X'][X'] + [Y'][Y'])} \end{cases}$$

$$\begin{cases} X_P = \dfrac{[X]}{n} - c\dfrac{[X']}{n} + d\dfrac{[Y']}{n} \\[3mm] Y_P = \dfrac{[Y]}{n} - c\dfrac{Y}{n} - d\dfrac{[X']}{n} \end{cases} \qquad (6\text{-}21)$$

即得到测站点的坐标，进而得 α_0，相当于完成了测站定向。

2. 放样步骤

在任意点设站测，对各已知点进行边角观测，求出点 P 的 X、Y 坐标，并完成测站定向，根据 P 点和放样点坐标，计算放样元素，采用极坐标法放样的放样点。

按以上原理和公式可以设计自由设站法的程序，在全站仪中大多有自由设站的机载程序，自由设站法放样也易于程序实现。

从原理和作业来看。自由设站法放样属于直接坐标法的点放样。

6.2.2.5　GPS RTK 法

全球定位系统实时动态定位技术 GPS RTK（Real Time Kinematic）是一种全天候、全方位的新型测量系统，是目前实时、准确地确定待测点位置的最佳方式。该技术是将基准站的相位观测数据及坐标等信息通过数据链方式实时传送给动态用户，动态用户将收到的数据链连同自身采集的相位观测数据进行差分处理，从而获得动态用户的坐标，与设计坐标相比较，可以进行放样。

GPS RTK 又可分为两种：一种通过无线电技术接受单基准站广播改正数的常规 RTK（单基站 RTK），一种是基于 Internet 数据通信链获取虚拟参考站（VRS）技术播发改正数的网络 RTK。下面说明单基站 GPS RTK 的作业方法和流程如下：

（1）收集测区的控制点资料。包括控制点的坐标、等级、中央子午线、坐标系等。

（2）求测区的坐标转换参数。GPS RTK 测量是在 WGS-84 坐标系中进行的，而测区的测量资料是在施工坐标系或国家坐标系（如北京 54 坐标系）下的，存在坐标转换的问题。GPS RTK 用于实时测量和放样，要求给出施工坐标系（或国家坐标系）的坐标，因此，坐标转换很重要。

坐标转换的必要条件是：至少有 3 个或 3 个以上的大地点有 WGS-84 坐标和施工坐标系或国家坐标系的坐标，利用布尔莎（Bursa）模型解求 7 个转换参数，即 X_0，Y_0，Z_0（两个坐标系的平移参数）和 ε_X，ε_Y，ε_Z（两个坐标系的旋转参数）以及 δ_U（两个坐标系的尺度参数）：

$$\begin{bmatrix} X_i \\ Y_i \\ Z_i \end{bmatrix}_{\text{地方}} = \begin{bmatrix} X_0 \\ Y_0 \\ Z_0 \end{bmatrix} + (1 + \delta_\mu) \begin{bmatrix} X_i \\ Y_i \\ Z_i \end{bmatrix}_{\text{WGS-84}} + \begin{pmatrix} 0 & \varepsilon_Z & -\varepsilon_Y \\ -\varepsilon_Z & 0 & \varepsilon_X \\ \varepsilon_Y & -\varepsilon_X & 0 \end{pmatrix} \begin{bmatrix} X_i \\ Y_i \\ Z_i \end{bmatrix}_{\text{WGS-84}} \quad (6\text{-}22)$$

在计算转换参数时，已知的大地点最好选在四周及中央，分布较均匀，能有效地控制测区。若已知的大地点较多，可以选几个点计算转换参数，用另一些点作检验，经过检验满足要求的转换参数则认为是可靠的。

（3）工程项目参数设置。根据 GPS 实时动态差分软件的要求，输入下列参数：施工坐标系或国家坐标系的椭球参数（长轴和偏心率）、中央子午线、测区西南角和东北角的经纬度、坐标转换参数以及放样点的设计坐标。

（4）野外作业。将基准站 GPS 接收机安置在参考点上，打开接收机，将设置的参数读入 GPS 接收机，输入参考点施工坐标系（或国家坐标系）的坐标和天线高，基准站接收机通过转换参数将参考点的施工坐标系坐标转化为 WGS-84 坐标，同时连续接收所有可视 GPS 卫星信号，并通过数据发射电台将其测站坐标、观测值、卫星跟踪状态及接收机工作状态发送出去。流动站接收机在跟踪 GPS 卫星信号的同时，接收来自基准站的数据，进行处理后获得流动站的三维 WGS-84 坐标，再通过与基准站相同的坐标转换参数将 WGS-84 坐标转换为施工坐标系坐标，并在流动站的控制器上实时显示。接收机将实时位置与设计值相比较，得到改正（归化）值以指导放样。

据试验，用一台流动站进行公路中线放样，一天可完成 3km，包括主点放样和曲线细部点测设，用 2 台流动站交叉前进放样，一天可放样 6~7km。

GPS RTK 特别适宜顶空障碍较小地区的放样，并且不会产生误差累积，属于直接坐标法的点放样。

6.2.3 铅垂线放样方法

沿重力方向的直线称铅垂线。下端系一重物的悬吊细绳，静止时细绳所在直线就是铅垂线。为了保证高层建筑物的垂直度，需要放样铅垂线。目前主要采用下面两种方法放样铅垂线。

（1）经纬仪（或全站仪）+弯管目镜投点法。将经纬仪（或全站仪）架设在需要放样铅垂线的点上，卸下仪器望远镜上的目镜，装上弯管目镜，使望远镜的视线指向天顶，在需要放样的高程上，设置投点面，照准部每旋转 90°向上投一点，可得到四个对称点，取中点（可提高精度）作为最终投点，即完成铅垂线放样。这种方法在高层建筑的施工中用得较多。

（2）铅垂仪法。光学铅垂仪是专门用于放样铅垂线的仪器，它有两个相互垂直的水准管用于整平仪器，仪器可以向上或向下作垂直投影，因此有上下两个目镜和两个物镜。日本索佳公司的 PD3 型铅垂仪，垂直精度为 1/40000，徕卡公司的 WILD NZL，WILD ZL 型铅垂仪，垂直精度为 1/30000～1/200000。激光铅垂仪，如日本索佳公司的 LV1 型激光铅垂仪，可以向上和向下发射垂直激光，便于直观地得到投点，其垂直精度为 1/30000。

6.2.4 高程放样方法

高程放样是把设计图上的高程在实地标定出来。如开挖基坑时要求放样坑底高程，平整场地需按设计要求放样一系列点的高程，建筑施工中要放样房屋基础面的标高、各层楼板的高度等。高程放样有几何水准法和全站仪法，下面进行详细说明。

1. 几何水准法

高程放样时，地面水准点 A 的高程已知，设为 H_A，待定点 B 的设计高程为 H_B，需要在实地定出与设计高程相应的水平线或待定点顶面。如图 6-9 所示，将水准仪架设在 A、B 中间，a 为水准点上水准尺的读数，则待放样点上水准尺的读数 b 为

$$b = (H_A + a) - H_B \tag{6-23}$$

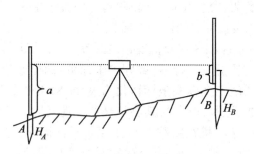

图 6-9 水准仪法放样高程

当待放样的高程 H_B 高于仪器视线时（如放样地铁隧道管顶标高），可用"倒尺"法放样，如图 6-10 所示，这时，$b = H_b - (H_A + a)$。当放样的高程点 B 与水准点之间的高差很大时（如向深基坑或高楼传递高程时），可以用悬挂钢尺代替水准尺放样设计高程。悬挂钢尺时，零刻画端朝下，并在下端挂一个重量相当于钢尺鉴定时拉力的重锤，在地面上和坑内各放一次水准仪，如图 6-11 所示。设地面放仪器时对 A 点尺上的读数为 a_1，对钢尺的读数为 b_1，在坑内放仪器时对钢尺读数为 a_2，则对 B 点尺上的应有读数为 b_2，由

$$H_B - H_A = h_{AB} = (a_1 - b_1) + (a_2 - b_2) \tag{6-24}$$

得

$$b_2 = a_2 + (a_1 - b_1) - h_{AB} \tag{6-25}$$

用逐渐打入木桩或在木桩上画线的方法，使立在 B 点水准尺上的读数为 b_2，这样，就可以使 B 点的高程符合设计要求。

当对高程放样精度要求较高时，宜在待放样高程处埋设如图 6-12 所示高度可调整的标志。放样时调节螺杆可使标志顶端精确地升降，一直到标志顶面高程达到设计标高时为止，然后旋紧螺母以限制螺杆的升降。为了更加牢固，往往还需采用点焊等方法使螺杆不

图 6-10 倒尺法放样

能再升降。

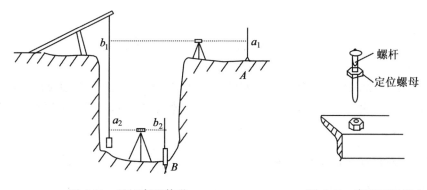

图 6-11 基坑高程传递   图 6-12 高程可调标志

2. 测距三角高程法(又称无仪器高全站仪法)

对一些高低起伏较大的高程放样,如大型体育馆的网架、桥梁构件、厂房及机场屋架等,用水准仪放样比较困难,可用无仪器高全站仪法放样高程。

如图 6-13 所示,为了放样 B 点的高程,在 O 处架设全站仪,后视已知点 A,设目标高为 l(当目标采用反射片时,$l=0$),测出 OA 的斜距 S_1 和垂直角 α_1,可计算得 O 点全站仪中心的高程为

$$H_O = H_A + l - \Delta h_1 \tag{6-26}$$

然后测 OB 的斜距离 S_2 和垂直角 α_2,并顾及上式,可得 B 点的高程为

$$H_B = H_O + \Delta h_2 - l = H_A - \Delta h_1 + \Delta h_2 \tag{6-27}$$

将测得的 H_B 与设计值比较,指挥并放样出 B 点。从上式可见,此方法不需要量测仪器高,故称无仪器高全站仪法。

必须指出:当测站与目标点之间的距离超过 150m 时,以上高差应该考虑大气折光和地球曲率的影响,即

$$\Delta h = D \cdot \tan\alpha + (1 - k)\frac{D^2}{2R} \tag{6-28}$$

式中,D 为水平距离;α 为垂直角;k 为大气垂直折光系数,一般取 0.14;R 为地球曲率半径,取 6370km。

107

图 6-13　全站仪无仪器高作业法

6.3　特殊的施工放样方法

对于一些特殊的工程，需要采取一些特殊的放样方法，如对超长型大桥工程，须采用网络 RTK 法放样；而对不规则建筑，常采用三维坐标法放样。下面结合一些实例加以阐述。

6.3.1　大跨度桥梁的放样方法

某跨海大桥工程连接岸上深水港航运中心与 30km 外的近海小岛，为满足航运的要求，中部主跨宽 430m，设大型双塔双索斜拉桥。为确保施工速度与施工质量，采用了变水上施工为陆上施工的方案，在两个主桥墩位置各沉放一个预制钢施工平台，每个预制钢施工平台由 12 个导管架组成，如图 6-14 所示，导管架为 Φ1000 钢管桁架，通过测量指挥导管架沉放到位后，在导管中打入钢管固定导管架，拼装作业平台。导管架沉放位置与主桥墩设计灌注桩位空间纵横交错，其沉放位置直接影响到灌注桩的施工。设计方对导管架沉放定位提出了平面及高程<10cm 的精度要求。

图 6-14　导管架定位示意图

该工程在岸上与小岛上已设施工控制点各 3 个，并已提供 WGS-84 坐标、北京 54 坐标及其转换 7 参数，工程位置离控制点距离分别约 14km 及 16km。常规测量手段无法进行坐标定位，网络 RTK 实时动态定位技术成了导管架沉放定位的唯一手段。

6.3.1.1 网络 RTK 基本工作原理

网络 RTK，又称多基准 RTK。一般有 2 个或 2 个以上基准站来覆盖整个测区，利用多个基准站观测数据对电离层、对流层以及观测误差的误差模型进行优化，从而降低载波相位测量改正后的残余误差及接收机钟差和卫星钟差改正后的残余误差等因素的影响，使流动站的精度控制在厘米级。

实时动态测量的基本思想是，在多个基准站上安置 GPS 接收机，对所有可见 GPS 卫星进行连续观测，并将其观测数据，通过无线电传输设备，实时地发送给用户观测站。在流动站上，GPS 接收机在接收 GPS 卫星信号的同时，通过无线电接收设备接收基准站传输的观测数据和转换参数，然后根据 GPS 相对定位的原理，即时解算出相对基准站的基线向量和流动站的 WGS-84 坐标。然后通过预设的 WGS-84 坐标系与地方坐标系的转换参数，实时地计算并显示用户需要的三维坐标及精度。该工程使用了多台双频 GPS 接收机，其标称精度为 $10mm+1×10^{-6}×D$。

随着连续运行基准站（CORS）的建立和应用，网络 RTK 将广泛应用于控制、碎部测量和施工放样。

6.3.1.2 导管架定位

由 12 个导管架组成的海上施工平台，提供有设计坐标（北京 54 坐标系、黄海 85 高程系），利用 RTK 随机软件可方便求出 WGS-84 坐标系与设计坐标系的转换参数，从而设置 GPS 接收机，实测出沉放过程中所需的设计坐标。

因排水需要，施工平台面有一定倾角，且平台轴线与设计坐标间存在夹角。为了方便操作，如图 6-15 所示建立施工平台坐标系，平台面内 X 轴、Y 轴分别平行、垂直于平台轴线，定义垂直于 OXY 平面向上为 Z 轴正向，这样，每个导管架的空间位置在平台坐标系中被唯一确定。

每个导管架在制造厂加工完成后，均用全站仪进行公差要求检测，公差符合要求方可沉放。加工时在如图 6-15 所示的 CR1、CR2、CR3 三个位置处设置仪器基座，作为沉放时安置 GPS 天线用。加工完后用全站仪标定出 3 个仪器基座与加工轴线的关系，换算出其在施工平台坐标系中的空间坐标，作为沉放的理论坐标。

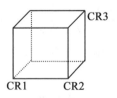

图 6-15　仪器基座与加工轴线的关系

导管架沉放时，在 CR1、CR2、CR3 各安置 1 台 RTK 流动站，实时测定其设计坐标。由于沉放过程中的导管架倾斜、旋转，海上又无法实地标定出施工平台轴线的位置，因此很难直观地计算沉放过程中的调整量。将测得的北京 54 坐标系转换到平台坐标系后，可方便计算导管架纵向（CR1-CR2 向）、横向（CR2-CR3 向）方位的旋转量及整个导管架与设计位置的较差，指挥沉放作业，直至符合精度要求。操作中，由编程进行坐标转换和偏差计算，采用 PDA 现场指挥作业。

6.3.1.3　放样结果

为了验证 RTK 作业精度，在作业过程中，采取了两种检验方法：

（1）由 CR1、CR2、CR3 三点实测坐标来计算其空间距离，与全站仪标定的空间距离进行比较。通过对 200 多组实测数据的统计，空间距离较差超过 10cm 的仅有两组，具体较差分布如表 6-1 所示。

表 6-1　　　　　　　　　　　　　较差统计情况

较差范围/cm	< 5	5 ~ 7	7 ~ 10	>10
百分比/%	58.4	33.0	7.9	0.7

（2）由 GPS 静态相对定位对沉放的导管架进行三点检测，其平面坐标较差 4cm，高程坐标较差不超过 7cm。

操作中，为了消除流动站接收信号强弱的影响，对空间距离较差超过 7cm 的观测数据进行重测。实践证明：对跨海大桥这样的特殊工程采用网络 RTK 技术进行施工平台定位，可满足定位要求。

6.3.2　异形建筑的放样方法

异形建筑系指造型新颖，结构复杂、由圆形、球状和不规则曲面构成的大型建筑工程，如鸟巢、水立方、国家歌剧院、国内外奥林匹克场馆等。异形建筑的施工放样，难度要远高于一般建筑物。下面以上海国际会议中心为例说明之。

上海国际会议中心位于浦东的黄浦江畔，它是由两个大型球体与建筑连成一体，造型十分新颖、别致，如图 6-16 所示。球体网架材料采用特殊的矩形钢管，球体网架下部支撑于 3 层平台、上部支撑于 6 层平台并设置水平支座，球体内部有四层，球体与主建筑不规则相交，3~6 层间约有 3/4 个球面镶嵌在建筑物上，6 层以上为完整球面。球体边部与剪力墙相交处设置垂直支座；在 4、5、6 层钢筋混凝土楼板上设有与球体相连的水平梁。球体为双向正交肋环单层网壳，由 9 根主经杆和 63 根次经杆，以及 22 圈纬杆构成，钢结构呈穹窿型，并镶嵌玻璃幕墙。

按设计要求，所有杆件节点位置误差不得超过 ±5mm。为确保球形网架满足设计要求，把此项误差作为极限误差，即要求所有杆件节点位置的中误差控制在 ±2.5mm 以内。由于工程工期紧，测量工作必须与快速施工要求相一致；又由于球体中心位置需建钢筋混凝土立柱而无法架设仪器等特点，并考虑精度要求以及现场脚手架遮挡等施工干扰因素，采用以三维坐标法为主的施工放样方案，由袖珍计算机配合全站仪组成实时三维放样测量系统。

图 6-16　上海国际会议中心

6.3.2.1　施工控制网的布设

施工控制分平面控制和高程控制两部分。

平面控制网建立在球体内部。考虑到本工程是网架安装与建筑土建同时施工，建筑楼板又是分期浇筑，因此，控制网只能分期布设。当土建施工到 17.3m 平台，根据土建平台与球体网架基座的关系，测设十字控制线和圆心点。并在 17.3m 平台上的十字控制线从圆心向两边各量 9.5m(因为最上面一层平台半径仅有 11.5m)，定出 1~4 号四个基准控制点(如图 6-17 所示)。通过传递，这四个控制点也是上面 4、5、6 层控制网的基准控制点。

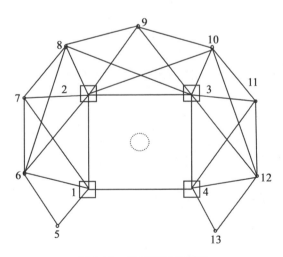

图 6-17　各层施工控制网

高程传递采用悬挂钢尺法，由精密水准仪将高程传递到各层，以形成各层的高程控制。

在17.3m平台以上的三层平台土建施工时，要求土建施工单位配合，在1~4号四个控制点的正上方预留0.3m×0.3m的矩形孔，在1~4号基准控制点上用铅垂投点仪将平面点位传递到上层，为使各期控制网坐标系的统一，将向上传递后的四个点作为上一层施工控制网的基本控制点，并与上一层9个主经杆方向上的安装控制点构成边角网。经平差后，最终算得各控制点的实测值，通过采用归化法将其精确归化到各自的轴线上。

为保证各期控制网点位的相对精度，使各期控制网实现最佳吻合，在17.3m平台以上的各期控制网采用了拟稳平差模型。在各期控制网的平差中将各控制点的设计坐标作为近似坐标输入，平差后得各点坐标的改正数，各点的归化量即为各点改正数的反号。

6.3.2.2 三维坐标法放样

1. 点位放样精度分析

如图6-18所示，O为测站点，P为放样点，S为斜距，Z为天顶距，α为水平方位角，则P点相对测站点的三维坐标为

$$\begin{cases} X = S\sin Z\cos\alpha \\ Y = S\sin Z\sin\alpha \\ H = S\cos Z \end{cases} \tag{6-29}$$

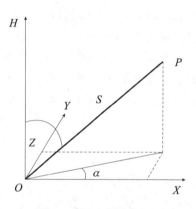

图6-18 坐标测量原理

按照测量误差理论，由上式可求得三维坐标法放样的精度为

$$\begin{cases} m_X^2 = m_S^2\sin^2 Z\cos^2\alpha + \dfrac{S^2\cos^2 Z\cos^2\alpha \cdot m_Z^2}{\rho^2} + \dfrac{S^2\sin^2 Z\sin^2\alpha \cdot m_\alpha^2}{\rho^2} \\ m_Y^2 = m_S^2\sin^2 Z\sin^2\alpha + \dfrac{S^2\cos^2 Z\sin^2\alpha \cdot m_Z^2}{\rho^2} + \dfrac{S^2\sin^2 Z\cos^2\alpha \cdot m_\alpha^2}{\rho^2} \\ m_H^2 = m_S^2\cos^2 Z + \dfrac{S^2\sin^2 Z \cdot m_Z^2}{\rho^2}; \ \rho = 206265 \end{cases} \tag{6-30}$$

采用精度为$m_Z = m_\alpha = 2''$、$m_S = \pm 1\text{mm} + 2\times 10^{-6}S$的全站仪，当测站至放样点的距离为10~30m时，$m_X$、$m_Y$、$m_H$的精度均高于±1mm。

为验证上述的理论分析，对实际放样点的精度进行检测。采用经检验后的钢尺，丈量放样点间的相对距离，与理论值比较，其放样点的平面位置精度 $m_P \le \pm 2\text{mm}$；同样，对放样点的高程与等级水准测量的结果进行比较，均小于 $\pm 2\text{mm}$。

2. 临时控制点的放样

以上建立的用于放样 9 根主经杆的控制点，可方便于控制 9 根主经杆沿球的切线方向和法线方向安装就位。然而对于 63 根次经杆的安装，同样需要控制点来指挥安装就位。为了作业方便，采用了一种简便方法来建立相应的 63 个临时控制点。其方法是利用已建立的 9 个主经杆方向上的控制点，如图 6-20 所示，每两个主经杆控制点（ A，B ）之间有 7 个次经杆控制点，并且各点之间与球心间隔角度为 5°。在两个主经杆控制点之间连接一长条钢板，并用膨胀螺丝将其固定在楼板上，然后计算出各临时控制点沿 AB 方向与 A 点的距离，从而在钢板上将临时控制点进行标记。其临时控制点坐标及距离的计算如下：

AB 的直线方程为

$$\frac{Y_i - Y_A}{X_i - X_A} = \frac{Y_B - Y_A}{X_B - X_A}, \quad i = 1, 2, 3, \cdots, 7 \tag{6-31}$$

过球心 O、方向为 α_i 的第 i 个临时控制点直线方程为

$$Y_i - Y_O = \tan\alpha_i(X_i - X_O) \tag{6-32}$$

式（6-31）、式（6-32）联立求得第 i 个临时控制点的坐标为

$$\begin{cases} X_i = \dfrac{(Y_O - Y_A - X_O\tan\alpha_i)(X_B - X_A) + (Y_B - Y_A)X_A}{(Y_B - Y_A) - (X_B - X_A)\tan\alpha_i} \\[4mm] Y_i = \dfrac{(Y_B - Y_A)(Y_O + X_A - X_O) - Y_A(X_B - X_A)\tan\alpha_i}{(Y_B - Y_A) - (X_B - X_A)\tan\alpha_i} \end{cases} \tag{6-33}$$

第 i 个临时控制点到 A 点的距离为

$$S_{Ai} = \sqrt{(X_A - X_i)^2 + (Y_A - Y_i)^2}, \quad i = 1, 2, 3, \cdots, 7 \tag{6-34}$$

3. 经、纬杆节点坐标的计算

球钢结构主要由经杆和纬杆组成，其材料采用特殊的矩形钢管，测量时无法直接观测到矩形钢管节点的中心，因此只能通过观测其经、纬杆表面位置来计算中心点的坐标；或以设计图纸上经、纬杆中心位置坐标来推算其表面位置的放样坐标。安装放样时，将平面反射片标志粘贴在钢杆表面位置，如图 6-19 所示。

图 6-19　临时控制点内插放样原理

图 6-20　经杆位置放样情形

113

设 X_i'，Y_i'，H_i' 为钢管几何中心的坐标；X_i，Y_i，H_i 为钢管表面放样点的坐标；b 为钢管的厚度；由图 6-20 得

$$\sin\theta = \frac{H_i' - H_O}{\sqrt{(X_i' - X_O)^2 + (Y_i' - Y_O)^2 + (H_i' - H_O)^2}} \tag{6-35}$$

$$\cos\theta = \sqrt{1 - \sin^2\theta} \tag{6-36}$$

$$\begin{cases} X_i = \left(R - \dfrac{b}{2}\right)\cos\theta\cos\alpha + X_O \\[2mm] Y_i = \left(R - \dfrac{b}{2}\right)\cos\theta\sin\alpha + Y_O \\[2mm] H_i = \left(R - \dfrac{b}{2}\right)\sin\theta + H_O \end{cases} \tag{6-37}$$

4. 球与钢筋混凝土墙面不规则相交放样坐标计算

如图 6-21 所示，钢球与土建垂直墙面在 3~6 层有两处相交，并在该两处墙面各设置 11 只垂直支座，从而与各纬圈相连接。

图 6-21　球与竖直墙面相交

在竖直平面 1 处相交，得交线方程如下：

$$\begin{cases} (X - X_0)^2 + (Y - Y_0)^2 + (H - H_0)^2 = R^2 \\ X - X_0 = 0.45 \end{cases} \tag{6-38}$$

式中，$X_0 = Y_0 = 0$，$H_0 = 22.600\mathrm{m}$，R 为球半径。

由于式（6-38）为 Y-H 平面曲线，故只要设定 H 就可求出相应的 Y 值。

同样，在竖直平面 2 处相交，得交线方程如下：

$$\begin{cases} (X - X_0)^2 + (Y - Y_0)^2 + (H - H_0)^2 = R^2 \\ Y - Y_0 = -8.55 \end{cases} \tag{6-39}$$

式中，X_0，Y_0，H_0 为球心坐标，R 为球半径。

由于式（6-39）为 X-H 平面曲线，放样分两步：第一步在混凝土墙面浇筑前，放样 22 只预埋件；第二步是混凝土浇筑后，在预埋件上精确放样出 22 只垂直支座，以使其能与各纬圈精密相连接。

6.3.2.3　钢结构球体网架安装步骤

（1）先在地面将径向杆件在胎模上预拼装成 6.5m 左右长的构件。球体径向构件分成 5~6 段。自支座起向上逐条安装。安装时，在 6 层以下部位以外脚手架为主支撑，用手拉葫芦将预拼的径向杆件吊起、就位。

（2）安装第一根径向杆时，须待 4 层(+23.90m)砼浇筑完成，在该层砼板侧向设置预埋铁，以便径杆安装时作固定支撑点。用脚手管，扣件组成空间桁架固定径杆上部(见图 6-22 所示)。

图 6-22　第一节主经杆放样安装

（3）通过测量仪器及样棒确定系统径杆端点的空间位置后，固定径杆，依次烧焊端顶之纬杆。端顶纬杆焊完围成圈后，复测第一层径杆及端顶纬杆之空间位置，合格后可进行端顶至支座之纬杆并开始安装第二根径杆，依次逐层向上安装。

（4）球体构架安装至 6 层时，需搭设满堂脚手架来临时固定径杆及焊接安装。因 6 层至球体构架距离较远，及脚手管固定径杆强度及稳定性不够，故采用 10#~20#槽钢双拼组成临时支撑杆进行径杆固定。

（5）第三段径杆用槽钢固定在 5 层钢筋混凝土楼板外沿，第四、五段用槽钢固定在 6 层钢筋混凝土楼板及外沿处。

（6）球体顶部第一节之径纬杆在地面进行预拼成形。第六段径杆安装时，与第五段径杆连接采用点焊固定，然后利用塔吊将预拼的球体顶部第一节吊装就位，以球体顶部构件及第五段径杆对第六段径杆进行校正，校正完毕后满焊固定。

（7）每段径向组装构件安装时采用专用夹具初步就位，在测量、复查合格后，用刚性连接零件点焊固定构件。

（8）网壳由下而上逐段安装，内、外钢管脚手架、顶撑及斜撑、拉杆等配合工作同步跟上施工进度。

6.3.2.4　采用袖珍计算机配合全站仪放样的特点

（1）实现全站仪与袖珍计算机的连接通信，实测数据可直接传输给计算机，避免了数据抄记、输入错误。

（2）所有计算及平差全由袖珍计算机程序完成，大大减轻了人工计算的复杂性。

（3）本项目每层所有的控制点(每层 72 点，共 4 层)成果均存入袖珍计算机，使用时只要输入点号就能调出三维坐标。

（4）所有经、纬杆节点的放样坐标均存入袖珍计算机中，放样时，只要输入测站号、后视方向号及放样点号，就能调出相应的放样坐标及放样元素，以供直接放样，大大简化了外业步骤。

6.4　道路曲线及其放样数据计算

　　道路的走向和线形，要受到地形、地物、水文、地质等因素的影响和制约，线路在平面上不可能是一条直线，而是由许多直线段和曲线段组合而成，这种曲线称为平曲线。在铁路、公路常用的平曲线有圆曲线、缓和曲线、回头曲线和复曲线(即由两个不同半径的圆曲线组成)等。另外，受地形起伏的影响，线路在里程上的坡度也要发生变化。当两相邻的坡度的代数差超过一定数值时，在变坡处要用曲线连接，这种曲线称为竖曲线。道路曲线的典型形式见图6-23。将铁路、公路的曲线按设计坐标标定在实地上的测量工作称为曲线测设(也称曲线放样)。曲线测设涉及曲线类型、曲线参数、曲线方程、曲线坐标以及放样数据计算。本节将进行详细讲述。

(a)道路平面

(b)道路剖面

图 6-23　常见的道路曲线

6.4.1　圆曲线

　　圆曲线分为单圆曲线和复曲线两种。具有单一半径的曲线称为单圆曲线；具有两个或两个以上不同半径的曲线称为复曲线。因此，复曲线是由两个或两个以上的单圆曲线构成，可以分段进行分析。

6.4.1.1　圆曲线及其构成

　　如图6-24所示，线路在交点JD处改变方向，线路方向(线路转向角 α)确定后，圆曲线半径 R 的大小由设计人员根据地形及地物分布状况按设计规范加以选择。这样，圆

116

曲线和两直线段的切点位置 ZY 点、YZ 点便被确定下来，对圆曲线相对位置起控制作用的直圆点 ZY、圆直点 YZ 和曲中点 QZ 称圆曲线的主点。

图 6-24　圆曲线构成

线路转向角 α 、圆曲线半径 R 、切线长 T（交点至直圆点或圆直点的长度）、曲线长 L（由直圆点经中点至圆直点的弧长）、外矢距 E（交点至圆曲线中点 QZ 的距离）和切曲差 q（切线长和曲线之差）称圆曲线的曲线要素。所谓曲线要素，是指确定曲线形状、计算曲线坐标必需的元素，只要知道了圆曲线的上述 6 个曲线要素，便可进行曲线计算和实地放样了。

复曲线由主圆和副圆构成，如图 6-25 所示。

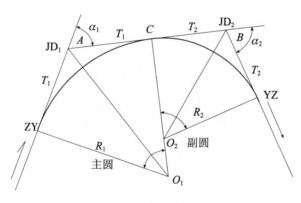

图 6-25　复曲线构成

6.4.1.2　曲线要素及主点里程计算

曲线偏角 α 是在线路详测时测放出的，圆曲线半径 R 是在设计中根据线路的等级以及现场地形条件等因素选定的，其余要素可根据以下公式计算：

$$\begin{cases} T = R\tan\dfrac{\alpha}{2} \\[2mm] L = R\alpha\,\dfrac{\pi}{180°} \\[2mm] E = R(\sec\dfrac{\alpha}{2} - 1) \\[2mm] q = 2T - l \end{cases} \tag{6-40}$$

圆曲线的主点应标注里程。计算方法如下：

$$\begin{cases} K_{ZY} = K_{JD} - T \\[2mm] K_{QZ} = K_{ZY} + \dfrac{L}{2} \\[2mm] K_{YZ} = K_{ZY} + L \\[2mm] 检核：K_{JD} = K_{QZ} + \dfrac{q}{2} = K_{ZY} + T \end{cases} \tag{6-41}$$

6.4.1.3　圆曲线中线点独立坐标计算

以 ZY 点(或 YZ 点)为坐标原点 O'(或 O'')，通过 ZY 点(或 YZ 点)并指向交点 JD 的切线方向为 x' 轴(或 x'' 轴)正向，过 ZY 点(或 YZ 点)且指向圆心方向为 y' 轴(或 y'' 轴)正向，分别建立两个独立的直角坐标系 $x'O'y'$(或 $x''O''y''$ 轴)，如图 6-26 所示。其中坐标系 $x'O'y'$ 对应于圆曲线 ZY~QZ 段；坐标系 $x''O''y''$ 对应于圆曲线 ZY~QZ 段。对于 ZY~QZ 段上任意一点 i，若要计算其在 $x'O'y'$ 中的坐标，设其在线路中的里程桩号为 K_i，则 ZY 点至 i 点的弧长 L_i 为

$$L_i = K_i - K_{ZY} \tag{6-42}$$

其对应的圆心角为 ϕ_i。

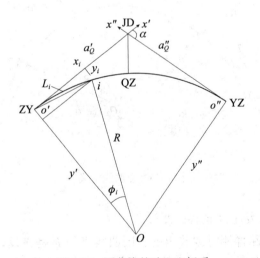

图 6-26　圆曲线的独立坐标系

由圆曲线性质，可得测设元素：

$$\begin{cases} \phi_i = \dfrac{L_i 180°}{\pi R} \\ x_i = R\sin\phi_i \\ y_i = R(1 - \cos\phi_i) \end{cases} \tag{6-43}$$

$x''O''y''$ 坐标系中，圆曲线 YZ~QZ 段上任意一点的独立坐标计算公式同式（6-43），但需要注意的是弧长 L_i 的计算公式不能用式（6-42），而应该用下式计算

$$L_i = K_{YZ} - K_i \tag{6-44}$$

6.4.1.4 圆曲线中线点线路坐标计算

设 JD 的线路坐标为（X_{JD}，Y_{JD}），ZY 点到 JD 点的线路坐标方位角为 α'_Q，YZ 点到 JD 点的线路坐标方位角为 α''_Q。则可以分别求得 ZY 点、YZ 点的线路坐标为

$$\begin{cases} X_{ZY} = X_{JD} - T \cdot \cos\alpha'_Q \\ Y_{ZY} = X_{JD} - T \cdot \sin\alpha'_Q \\ X_{YZ} = X_{JD} - T \cdot \cos\alpha''_Q \\ Y_{YZ} = X_{JD} - T \cdot \sin\alpha''_Q \end{cases} \tag{6-45}$$

利用坐标换算公式，即可把 ZY~QZ 段线路上 $x'O'y'$ 坐标系中任意一点 i 的独立坐标（x_i，y_i）转换为线路坐标（X_i，Y_i），即

$$\begin{cases} X_i = X_{ZY} + x_i \cdot \cos\alpha'_Q - y_i \cdot \sin\alpha'_Q \\ Y_i = Y_{ZY} + x_i \cdot \sin\alpha'_Q + y_i \cdot \cos\alpha'_Q \end{cases} \tag{6-46}$$

同样，利用坐标换算公式，也可把 YZ~QZ 段线路上 $x''O''y''$ 坐标系中任意一点 j 的独立坐标（x_j，y_j）转换为线路坐标（X_j，Y_j），即

$$\begin{cases} X_j = X_{YZ} + x_j \cdot \cos\alpha''_Q + y_j \cdot \sin\alpha''_Q \\ Y_j = Y_{YZ} + x_j \cdot \sin\alpha''_Q - y_j \cdot \cos\alpha''_Q \end{cases} \tag{6-47}$$

需要说明的是，式（6-46）和式（6-47）均是以线路偏角 α 为右折角的情况推导出来的。当线路偏角 α 为左折角时，只需要用"$-y_i$ 或 $-y_j$"代替"y_i 或 y_j"即可。

6.4.2 带缓和曲线的圆曲线

缓和曲线是直线与圆曲线之间或半径相差较大的两个转向相同的圆曲线之间介入的一段曲率半径由 ∞ 渐变至圆曲线半径 R 的一种线型，它起缓和及过渡的作用。

6.4.2.1 缓和曲线常数的确定

如图 6-27 所示，在圆曲线两端加设等长的缓和曲线 L_s 以后，曲线主点包括：直缓点 ZH、缓圆点 HY、曲中点 QZ、圆缓点 YH、缓直点 HZ。

β_0 为缓和曲线的切线角，即缓和曲线所对的中心角。自圆心向直缓点 ZH 或缓直点 HZ 的切线作垂线 OC 和 OD，并将圆曲线两端延长至垂线，则：m 为直缓点 ZH（或缓直点 HZ）至垂足的距离，称为切垂距（也称切线增量）；P 为垂线长 OC 或 OD 与圆曲线半径 R 之差，称为圆曲线内移量。

m、P 和 β_0 称为缓和曲线参数，可分别由下式求得

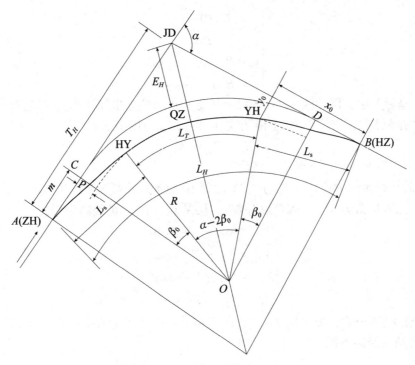

图 6-27   缓和曲线构成及曲线要素

$$
\begin{cases}
m = \dfrac{L_S}{2} - \dfrac{L_S^3}{240R^2} \\[3mm]
P = \dfrac{L_S^2}{24R} \\[3mm]
\beta_0 = \dfrac{L_S}{2R}\dfrac{180°}{\pi}
\end{cases}
\tag{6-48}
$$

6.4.2.2   曲线综合要素的计算

带缓和曲线的圆曲线的综合曲线要素是:线路转向角 α 、圆曲线半径 R 、缓和曲线长 L_s 、切线长 T_H 、曲线长 L_H 、外矢距 E_H 和切曲差 q 。即在圆曲线的曲线要素基础上加缓和曲线长 L_s 。

当确定线路转角 α 、圆曲线半径 R 和缓和曲线长 L_s 之后,先由式(6-46)计算缓和曲线参数,然后计算下述各综合要素:

$$
\begin{cases}
T_H = m + (R + P)\tan\dfrac{\alpha}{2} \\[3mm]
L_H = \dfrac{\pi R}{180}(\alpha - 2\beta_0) + 2l_s \\[3mm]
E_H = (R + P)\sec\dfrac{\alpha}{2} - R \\[3mm]
q = 2T_H - L_H
\end{cases}
\tag{6-49}
$$

6.4.2.3 曲线主点里程的计算

带缓和曲线的圆曲线主点由原来的三个增加到五个，分别为：ZH（直缓点）、HY（缓圆点）、QZ（曲中点）、YH（圆缓点）、HZ（缓直点）。

交点 JD 的里程是由设计提供的，为设计值。若用 K_{JD} 来表示交点 JD 的里程，则曲线主点里程计算如下：

$$
\begin{cases}
K_{ZH} = K_{JD} - T_H \\
K_{HY} = K_{ZH} + L_S \\
K_{QZ} = H_{ZH} + \dfrac{L_H}{2} \\
K_{YH} = K_{HY} + L_H \\
K_{HZ} = K_{YH} + L_S \\
\text{检核：} K_{JD} = K_{QZ} + \dfrac{q}{2}
\end{cases}
\tag{6-50}
$$

6.4.2.4 曲线独立坐标计算

以 ZH 点（或 HZ 点）为坐标原点 o'（或 o''），通过 ZH 点（或 HZ 点）并指向交点 JD 的切线方向为 x' 轴（或 x'' 轴）正向，过 ZH 点（或 HZ 点）且指向曲线弯曲方向为 y' 轴（或 y'' 轴）正向，分别建立两个独立的直角坐标系 $x'O'y'$（或 $x''O''y''$ 轴），如图 6-28 所示。其中，坐标系 $x'O'y'$ 对应于缓和曲线 ZH～HY 段；坐标系 $x''O''y''$ 对应于缓和曲线 HZ～YH 段。而圆曲线部分既可以在 $x'O'y'$ 坐标系中计算，也可以在 $x''O''y''$ 坐标系中计算。

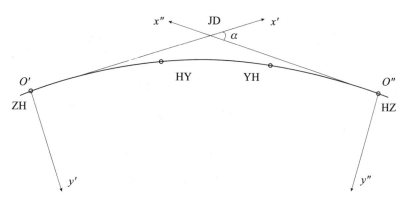

图 6-28 带缓和曲线的圆曲线的独立坐标系

1. 缓和曲线段独立坐标计算

在 $x'O'y'$ 中，若要计算 ZH～HY 段上任意一点 i 的坐标，设其在线路中的里程桩号为 K_i，则 ZH 点至 i 点的弧长 L_i 为

$$L_i = K_i - K_{ZH} \tag{6-51}$$

这里不加推导地直接给出缓和曲线段独立坐标的简化计算公式为

$$\begin{cases} x_i = L_i - \dfrac{L_i^5}{40R^2 l_s^2} \\ y_i = \dfrac{L_i^3}{6RL_s} \end{cases} \tag{6-52}$$

式中，L_i 为自 ZH 点起的曲线长，L_s 为缓和曲线长，R 为曲线半径。

$x''O''y''$ 坐标系中，缓和曲线 HZ~YH 段上任意一点的独立坐标计算公式同式（6-52），但 HZ 点至 i 点的弧长 L_i 的计算公式为

$$L_i = K_{HZ} - K_i \tag{6-53}$$

2. 圆曲线段独立坐标计算

在 $x'O'y'$ 中，若要计算圆曲线段（HY~YH 段）上任意一点 i 的坐标，由图 6-29 可以看出：

图 6-29　缓和曲线点独立坐标计算

$$\begin{cases} x_i = m + R\sin\phi_i \\ y_i = p + R(1 - \cos\phi_i) \end{cases} \tag{6-54}$$

其中，

$$\begin{cases} \phi_i = \beta_0 + \dfrac{L_i - L_s}{R} \cdot \dfrac{180}{\pi} = \dfrac{L_i - 0.5L_s}{R} \cdot \dfrac{180}{\pi} \\ L_i = K_i - K_{ZH} \end{cases} \tag{6-55}$$

若要在 $x''O''y''$ 坐标系中来计算圆曲线段上任意一点 i 的坐标，仍可以用公式（6-54）和（6-55），但弧长 L_i 应采用式（6-53）计算。

6.4.2.5 曲线线路坐标计算

设 JD 的线路坐标为(X_JD，Y_JD)，ZH 点到 JD 点的线路坐标方位角为 α_ZH，HZ 点到 JD 点的线路坐标方位角为 α_HZ。则可以分别求得 ZH 点、HZ 点的线路坐标为

$$\begin{cases} X_\text{ZH} = X_\text{JD} - T \cdot \cos\alpha_\text{ZH} \\ Y_\text{ZH} = X_\text{JD} - T \cdot \sin\alpha_\text{ZH} \\ X_\text{HZ} = X_\text{JD} - T \cdot \cos\alpha_\text{HZ} \\ Y_\text{HZ} = X_\text{JD} - T \cdot \sin\alpha_\text{HZ} \end{cases} \tag{6-56}$$

利用坐标换算公式，即可把 ZH ~ YH 曲线段上 $x'O'y'$ 坐标系中任意一点 i 的独立坐标(x_i，y_i)转换为线路坐标(X_i，Y_i)，即

$$\begin{cases} X_i = X_\text{ZH} + x_i \cdot \cos\alpha_\text{ZH} - y_i \cdot \sin\alpha_\text{ZH} \\ Y_i = Y_\text{ZH} + x_i \cdot \sin\alpha_\text{ZH} + y_i \cdot \cos\alpha_\text{ZH} \end{cases} \tag{6-57}$$

同样，利用坐标换算公式，也可把 HY ~ HZ 曲线段上 $x''O''y''$ 坐标系中任意一点 j 的独立坐标(x_j，y_j)转换为线路坐标(X_j，Y_j)，即

$$\begin{cases} X_j = X_\text{HZ} + x_j \cdot \cos\alpha_\text{HZ} + y_j \cdot \sin\alpha_\text{HZ} \\ Y_j = Y_\text{HZ} + x_j \cdot \sin\alpha_\text{HZ} - y_j \cdot \cos\alpha_\text{HZ} \end{cases} \tag{6-58}$$

需要说明的是，式(6-57)和式(6-58)均是以线路偏角 α 为右折角的情况推导出来的。当线路偏角 α 为左折角时，只需要用"$-y_i$ 或 $-y_j$"代替"y_i 或 y_j"即可。

6.4.3 回头曲线

为克服地形障碍，线路一次改变方向 180°以上，所设置的由直线、缓和曲线和圆曲线组成的曲线称回头曲线(亦称套线)，如图 6-30 所示。回头曲线的曲线要素计算公式如下：

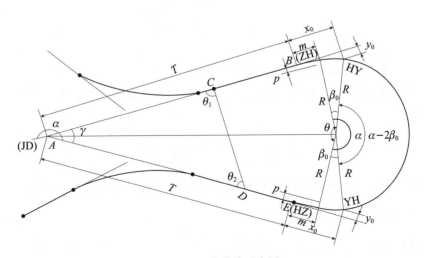

图 6-30　回头曲线示意图

$$\begin{cases} \alpha = 360° - (\theta_1 + \theta_2) \\ T = (R + P)\tan(\dfrac{\theta_1 + \theta_2}{2}) - m \\ L = \dfrac{\pi \cdot R}{180°} \cdot (\alpha - 2\beta_0) + 2l_0 \end{cases} \qquad (6\text{-}59)$$

6.4.4 竖曲线

纵断面上相邻两条纵坡线相交的转折处，为了行车平顺用一段曲线来缓和，这条连接两纵坡线的曲线叫竖曲线。竖曲线的形状，一般采用二次抛物线形式。

纵断面上相邻两条纵坡线相交形成转坡点，其相交角用转坡角表示。如图 6-31 所示，设相邻两纵坡坡度分别为 i_1 和 i_2，则相邻两坡度的代数差即转坡角为 $\omega = i_1 - i_2$，其中 i_1、i_2 为本身之值，当上坡时取正值，下坡时取负值。当 $i_1 - i_2$ 为正值时，竖曲线转坡点在曲线上方，则为凸形竖曲线。当 $i_1 - i_2$ 为负值时，为凹形竖曲线。

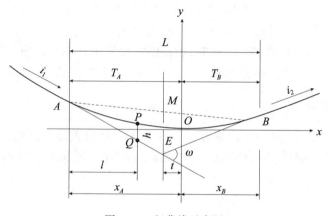

图 6-31　竖曲线示意图

6.4.4.1　竖曲线基本方程和曲线要素计算

采用二次抛物线作为竖曲线的基本方程为 $x^2 = 2Py$，若取抛物线参数 P 为竖曲线的半径 R，则有

$$x^2 = 2Ry, \quad y = \frac{x^2}{2R} \qquad (6\text{-}60)$$

（1）切线上任意点与竖曲线间的竖距 h 通过推导可得：$h = PQ = y_p - y_q = \dfrac{l^2}{2R}$

（2）竖曲线曲线长：$L = R\omega$

（3）竖曲线切线长：$T = T_A = T_B \approx \dfrac{L}{2} = \dfrac{R\omega}{2}$

（4）竖曲线的外距：$E = \dfrac{T^2}{2R}$

(5)竖曲线上任意点至相应切线的距离：$y=\dfrac{x^2}{2R}$

式中，x 为竖曲任意点至竖曲线起点(终点)的距离；R 为竖曲线的半径。

6.4.4.2 竖曲线计算

竖曲线计算的目的是确定设计纵坡上指定桩号的路基设计标高，其计算步骤如下：

(1)计算竖曲线的基本要素：竖曲线长 L，切线长 T，外距 E。

(2)计算竖曲线起终点的桩号：竖曲线起点的桩号 = 变坡点的桩号 − T；竖曲线终点的桩号 = 变坡点的桩号 + T

(3)计算竖曲线上任意点切线标高及改正值：

切线标高 = 变坡点的标高 $\pm(T-x)\times i$

改正值：$y=\dfrac{x^2}{2R}$

(4)计算竖曲线上任意点设计标高：

某桩号在凸形竖曲线的设计标高 = 该桩号在切线上的设计标高 − y；某桩号在凹形竖曲线的设计标高 = 该桩号在切线上的设计标高 + y。

6.4.5 曲线测设方法

曲线测设(或曲线放样)包括曲线主点测设和曲线点放样，平面和高程放样，曲线中线和边线放样。曲线放样的方法较多，过去主要有偏角法和切线支距法。其实偏角法实质上是一种交会法，即方向线(偏角方向)和距离的交会，由于该法适合用经纬仪拨角和钢尺量距，所以广为应用。随着全站仪的出现，尽管拨角和量距可由仪器一体地完成，但需要在曲线主点或曲线点上设站，所以应用越来越少了。切线支距法实质上也是一种交会法，即沿着切线方向和与切线垂直方向量取距离确定点位，属于距离交会的直角坐标法。用钢尺量距已不愿为人们所采用，所以将淡出。极坐标法、自由设法和 GPS RTK 法是曲线测设的好方法，根据情况选用，这三种方法请参见本章6.2.2节的详细讲述。

6.5 典型工程施工放样举例

6.5.1 三峡工程的特殊施工放样简述

长江三峡水利枢纽工程位于长江西陵峡中段，距下游葛洲坝水利枢纽约 40km。是一个防洪、发电、航运效益都非常显著的世界上最大的综合水利枢纽工程。水库正常蓄水位175m，可将荆江河段的防洪标准从 10 年一遇提高到 100 年一遇；三峡电站安装 32 台700MW 水轮发电机组，总装机容量 22400MW，多年平均发电 900 亿千瓦时；水库形成后，从四川宜宾至长江入海口 2800km 都可通航。下面简述该工程的若干施工项目的放样。

6.5.1.1 截流与围堰工程放样

(1)采用激光指向仪用于围堰的填筑施工。在位于围堰轴线的延长线上安置激光指向仪，为夜间施工填筑提供一条清晰可见的红色轴线，指导施工。

（2）采用全站仪自由测站法进行轴线标定及桩号测量。围堰施工的轴线标定包括戗堤轴线、同堰体轴线、石渣堤轴线等，为标出某结构轴线，只需在该轴线附近置放棱镜，测定该镜点坐标，计算该镜点偏离轴线的距离和方位，移动棱镜精确标定出轴线点并测定该轴线点坐标；根据测定的轴线点坐标计算该点的桩号（里程），为正确反映施工进度提供依据；特别是在围堰戗堤龙口段即将合拢的施工过程中，迅速、高频率、可靠地测定出龙口两端的进占桩号（里程），对现场施工、指挥、决策、确保截流成功起着重要作用。

6.5.1.2　深基坑与高边坡开挖放样

三峡工程各建筑物基础均为深基坑和高边坡开挖形成，如永久船闸、临时船闸、导流明渠、二期工程、三期工程的基础均属于深基坑开挖，茅坪溪防护土石坝、三期工程右岸的边坡开挖属于高边坡开挖。

三峡工程的深基坑和高边坡开挖的形体一般为直线或曲线型，并且其开挖结构边线均有或可以找出其数学模型，因此采用全站仪自由测站法放样较为简便。

如图 6-32 所示，A、B 为直线型开挖结构边线上的任意两点，其三维坐标分别为 $A（X_A，Y_A，H_A）$、$B（X_B，Y_B，H_B）$，相应桩号为 S_A、S_B，现用自由测点法测得 P 点坐标为 $P（X_P，Y_P，H_P）$，则 P 点到的开挖结构边线距离为

$$L = D_{AP} \times \sin(\alpha_{AP} - \alpha_{AB}) \tag{6-61}$$

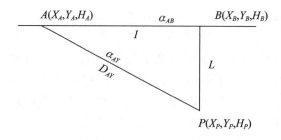

图 6-32　直线型开挖图

如图 6-33 所示为一曲线型开挖结构边线，$A（X_A，Y_A，H_A）$ 为其上任意一点，其平面曲线的圆心坐标为 $O（X_o，Y_o）$。现用自由测点法测得一点 $P（X_P，Y_P，H_P）$，则 P 点到开挖结构边线的距离

$$L = D_{OP} - D_{OA} \tag{6-62}$$

式中，D_{OA}，D_{OP} 可由两点间距离公式计算。然后根据 L 值将放样的点移至结构边线上。

6.5.1.3　混凝土坝块的立模放样

三峡工程挡水建筑物为直线型混凝土坝，其坝块均为矩形，每层浇筑混凝土的厚度为 1.5~2.0m，该放样属日常性工作。由于大坝的每层坝块均由矩形构成，因此放样方法比较简单，一般先采用全站仪边角后方交会法测设测站点，然后用极坐标法或直角坐标法放样出细部立模轮廓点。

随着坝体的升高，在仓面上测站会与上、下游围堰上的控制点通视困难，且高差很大，为此，必须视坝体周围情况，在高坝块建造混凝土标墩或钢架标，或根据坝块上升情

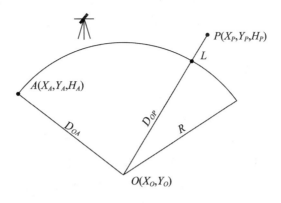

图 6-33　曲线型开挖

况在高坝块的墙面建造墙面标点，作为后续放样的控制点。

6.5.1.4　特殊形体的放样

三峡工程混凝土纵向围堰上纵堰外椭圆段平面布置由两条椭圆曲线，即 E_1、E_2 及与 E_1 偏离 8m 的平行曲线组成，如图 6-34 所示。其中 E_1 曲线为混凝土纵堰轴线，E_2 曲线为混凝土纵堰明渠侧边线。该特殊形体的放样关键是曲线细部放样点坐标的计算，涉及以下三项内容：

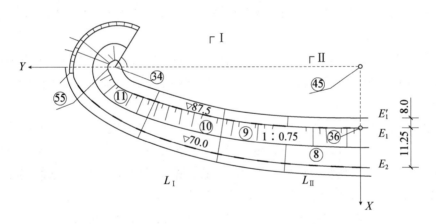

图 6-34　纵向围堰上纵堰外椭圆段平面布置

（1）与 E_1 椭圆曲线偏离 8m 的平行曲线的细部放样点坐标计算；

（2）E_2 椭圆曲线的细部放样点坐标计算；

（3）高程 ▽70.0m～▽85.0m 的堰坡部分（坡比 1∶0.75）细部放样点坐标计算。

以上计算均在椭圆中心坐标系中进行，为满足施工测量放样的需要，需作坐标变换。

6.5.2　苏通大桥的特殊施工放样简述

苏通大桥位于长江河口地区，连接苏州、南通两市，全长 32.4km，由南、北接线、跨江大桥三部分组成,苏通大桥创造了四项世界之最,主跨为 1088m 的斜拉桥,为世界最大跨径,桥塔高 300.4m,为世界最高桥塔;每个桥塔基础有 131 根桩,每根桩直径 2.85m,长约 120m,为世界最大桥塔基础;共 272 根拉索,最长拉索长达 577m,为世界最长拉索。下面介绍苏通大桥主要结构的施工测量和放样。

6.5.2.1 主塔施工放样

主塔施工测量重点是:保证塔柱、下横梁、钢锚箱、索导管等各部分结构的倾斜度、外形几何尺寸、平面位置、高程满足规范及设计要求。主塔施工测量难点是:在有风振、温差、日照等情况下,确保高塔柱测量控制的精度。其主要控制定位有:劲性骨架定位、钢筋定位、塔柱模板定位、下横梁定位、钢锚箱定位、索导管安装定位校核、预埋件安装定位等。

1. 主塔施工放样的主要限差、偏差要求

塔柱倾斜度误差不大于塔高的 1/3000,且不大于 30mm;钢锚箱安装倾斜度误差不大于塔高的 1/5000;钢锚箱安装预埋底座顶面、底面高程相对偏差 ±1~2mm;塔柱轴线偏差 ±10mm,断面尺寸偏差 ±20mm;塔顶高程偏差 ±10mm;斜拉索锚固点高程偏差 ±10mm,斜拉索锚具轴线偏差 ±5mm;下横梁高程偏差 ±10mm。

2. 塔柱施工放样

各种放样以 TCA2003 全站仪三维坐标法为主,辅以 GPS 卫星定位测量方法校核。根据仰角选择测站,测站仰角大,则配弯管目镜。测站布设于南北主墩、辅助墩、过渡墩。

3. 下横梁施工测量

下横梁支架体系由分配梁、钢立柱、横梁、贝雷架、柱间横撑、扶墙横撑和预埋件等组成。钢管立柱安装:钢管分段加工制作,现场逐根吊安,测量控制其平面位置、倾斜度和顶高程。

根据设计及施工要求,设置下横梁施工预拱度,铺设横梁底模板,在底模板上放样出横梁特征点,并标示桥轴线与塔中心线。待横梁侧模支立后,同样进行横梁顶面特征点及轴线点模板检查定位,调整横梁模板至设计位置,控制横梁模板竖直度或倾斜度。采用蔡司 DiNi12 电子精密水准仪标示横梁顶面高程控制线。

在浇筑下横梁混凝土过程中,进行横梁位移观测及支架变形观测。

4. 钢锚箱安装及索导管定位校核

主塔钢锚箱及索导管安装定位是测量控制难度最大、精度要求最高的部分。钢锚箱、索导管安装定位采取以 TCA2003 全站仪三维坐标法为主,以 GPS 卫星定位校核;钢锚箱及预埋钢锚箱底座底面高程、顶面高程、平整度测量采用蔡司 DiNi12 电子精密水准仪电子测量,以 TCA2003 全站仪三角高程测量校核。主塔钢锚箱安装主要控制的测点平面示意图如图 6-35 所示。预埋底座安装直接影响第一节钢锚箱的安装精度,索导管安装定位精度取决于钢锚箱安装定位精度,因此预埋底座的精确安装是第一节钢锚箱精确安装的前提。按设计数据控制,进行主塔锚固点与主梁锚固点中心线的投线复算与几何点的归算检验。

说明："●"为桥轴线、塔中心线控制测点，"○"为四角高差控制测点及角点控制测点。

图6-35　主塔钢锚箱安装主要控制的测点示意图

5. 主塔及钢锚箱倾斜度控制测量

主塔及钢锚箱倾斜度控制采用 TCA2003 全站仪三维坐标截面中心法，以激光经纬仪和传统线坠测量法校核。主塔中心偏离，表现于主塔混凝土浇筑定型模板中心偏离，主塔倾斜度测量通过测量混凝土浇筑定型模板截面中心来实现，调整定型模板就是调整主塔倾斜度。主塔为节段施工，通过定型模板顶截面与底截面的中心坐标调整，就可得出主塔倾斜率，从而将主塔倾斜度控制在设计及规范要求的范围内。

6.5.2.2　钢箱梁安装测量

1. 标准节段钢箱梁安装测量

待 0#块钢箱梁固定后，测设墩中心加密控制点，以便进行标准节段钢箱梁安装桥轴线控制。在均匀温度下，精确测量拉索锚固点与桥面参考点的相对位置和梁段参考点间的距离，即拉索锚固点的位置，误差要求在±10mm 以内。

因采用架桥机安装钢箱梁，其标准节段钢箱梁安装与 0#块钢箱梁安装测量方法基本相同。

2. 大块件钢箱梁安装测量

大块件钢箱梁安装测量采用 TCA2003 全站仪三维坐标法，以 GPS-RTK 定位技术校核；高程控制采用精密水准仪，控制大块件钢箱梁四角高差，保证大块件钢箱梁平面位置、高程满足设计及规范要求。其大块件基准钢箱梁安装前，首先在过渡墩及临时墩上放样标示桥轴线、墩中心线及大块件基准钢箱梁边线，以便于大块件基准钢箱梁安装初步定位。

为便于观测，采用两台 TCA2003 全站仪，测站布设于过渡墩、辅助墩及引桥墩施工加密控制点。

6.5.2.3　边跨、中跨合拢及桥面系施工测量

为保证钢箱梁合拢段安装精度，应贯通测量桥轴线及各墩高程基准。

边跨、中跨合拢之前，采用 GPS 动态监测技术对梁端位移进行观测，同时，采用 TCA2003 全站仪三维坐标法进行检校，并采用三维激光扫描技术进行建模分析。边跨、

中跨合拢段钢箱梁安装，应根据制造精度、施工、风力、温度影响等实际情况，对梁端位移进行 48 小时或监理工程师要求的更长时间测量，测量内容主要包括：合拢段尺寸，线形，顶、底板高程，上下游外腹板处高程，桥轴线偏移以及主塔偏移。测量合拢口间距，绘制温度和风力间距曲线，以便准确掌握温度、风力与合龙口间距关系，然后根据测量资料分析研究，经设计、监理以及控制部门确认，最终确定合龙段最佳长度、驳船就位以及连接时间，实现合龙。

钢箱梁顶面及桥面设置的竖曲线采用分段计算，精密控制钢箱梁顶面以及桥面纵、横坡度。

6.5.3 国家游泳中心的特殊施工放样简述

国家游泳中心又称"水立方"（Water Cube），位于北京奥林匹克公园内，是 2008 年北京奥运会标志性建筑物之一。与国家体育场（鸟巢）分列于北京城市中轴线北端的两侧。长宽高分别为 177m × 177m × 30m。"水立方"从水分子和水泡的微观结构，演绎出一种新型的刚性结构体系，建筑形体"方"同我国文化传统的空间观、宇宙观、建筑观和体育场圆形的轮廓相呼应，又非常协调。

下面主要介绍该工程的施工测量和放样及其特点。

6.5.3.1 施工测量难点

国家游泳中心结构杆件围合形状很不规则，杆件长度变化较多，且中间杆件的球节点都是三维立体结构，空间位置多样，内表面和外表面结构分别为箱型截面构件纵横交错而成，内表面和外表面之间为三维钢管杆件与中间层的球节点以及外侧的节点连接。安装工序交叉多，控制点使用频率高，必须建立长期稳定、统一的测量控制体系；结构空间变化多，组合形式极不规则，对放样精度要求高；安装时间紧，层间标高变化多，跳跃大，没有规律，9803 个球形节点、20870 根钢质杆件要求高质高效，安装测量难度大。

表 6-2 所示为国家游泳中心钢结构安装的精度要求。

表 6-2   **钢结构安装精度要求**

	项目	允许偏差
建筑物定位轴线、基础上柱的定位轴线和标高的允许偏差（mm）	建筑物定位轴线	$L/20000$，且不应大于 3.0
	基础上柱的定位轴线	1.0
	基础上柱底标高	±2.0
柱子安装的允许偏差（mm）	底层柱柱底轴线对定位轴线偏移	3.0
	柱子定位轴线	1.0

	项 目	允许偏差
整体垂直度和整体平面弯曲的允许偏差(mm)	主体结构的整体垂直度	(H/2500+10.0),且不应大于 50.0
	主体结构的整体平面弯曲	L/1500,且不应大于 25.0
小拼单元的允许偏差(mm)	节点中心偏移	2.0
	焊接球节点与钢管中心的偏移	1.0
	杆件轴线的弯曲矢高	L_1/1000,且不应大于 5.0

注:L_1 为杆件长度

6.5.3.2 钢结构吊装测量

钢结构吊装测量分初放、检核两个步骤,即首先精确放样球节点,且依据球节点来定位杆件,然后进行检核测量。并采用全站仪三维坐标跟踪测量、极坐标、三角高程、交会等多种方法进行放样和检核,确保工程施工精度。

1. 数据计算

本工程结构形式复杂,计算工作量非常大,为更好地解决这个问题,复杂部位测量放样数据的计算采用计算机自动查询的方法:首先依照设计图纸及设计说明的要求,把施工图纸按 1∶1 的比例,直接画在 AutoCAD 成图软件上,点击查询命令便可得到相应的数据尺寸,此方法不仅精度高,还大大提高了工作效率,也保证了数据计算的正确性。

2. 墙体钢结构吊装测量放样方法和步骤

(1)初放。

①地面放线:首先在地面上放样出墙体钢结构相关球节点的控制线(即实体结构的正投影线),当标高过高无法在地面上放样时,在球节点标高相对应的下方,固定的标高面上,搭设临时放样平台,把正投影线放样在操作平台上,或在固定的标高面上,绷十字交叉的钢丝,并在钢丝上刻画上球的半径,控制球体位置。

②定位:利用解析计算出各球节点和轴线的平面尺寸关系,架设经纬仪标示出球节点控制线在放样平台上的方向,指导水平位置安装。安装时沿球节点外轮廓吊线坠,和放样平台上的控制线进行比较或平面解析出各球节点和十字交叉的钢丝的平面尺寸关系,沿球节点外轮廓吊线坠,和钢丝控制线进行比较,确保线坠吊的线和控制线完全重合。同时用小钢卷尺丈量球节点到钢丝或放样平台的垂直距离,确定其高程位置。

③竖向垂直度控制:利用垂直角测量方法,把经纬仪架设在墙体控制线上,后视同方向控制点,观测球节点的标志,算出倾斜值,指导工人安装。

上述测量环节反复操作直至满足要求为止。

(2)检核和定测。

检核和定测采用全站仪三维坐标跟踪法进行，步骤如下：

①精确测定仪器高：将全站仪架设在控制点 KZ1 上，后视控制点 KZ2，首先把全站仪竖盘调成 90°00′00″，精确读出 KZ2 水准标尺读数，用 KZ2 的标高减去 KZ1 的标高加上水准标尺读数，便精确得到仪器高。

②放样点三维坐标计算：经过立体三维解析得到球节点剖面中心交点三维坐标，也可在 CAD 图上直接点击量取。

③利用仪器功能，输入 KZ1 的三维坐标、仪器高和输入放样点（通过数据推算得到求表面点）的三维坐标，按仪器相关步骤操作，进行检核和定测。

3. 屋盖钢框架吊装测量

屋盖钢框架吊装工艺顺序为：下表面—中间层—上表面，施工测量中结合工程的实际情况，选用多种方法，相互穿插进行放样，确保工程施工精度。

(1)屋盖钢框架下表面安装测量放样。

利用平面控制点，将屋盖下表面实体结构投影在满堂脚手架安装平台上，并标示清楚，作为钢结构平面就位依据。也可在已焊接好的钢结构墙体内表面，用红油漆标示出每条轴线，架设全站仪将球节点控制线投测在脚手架安装平台上。然后解析出各球节点和轴线的平面尺寸关系，安装时沿球节点外轮廓吊线坠，按其关系确定各球节点位置。接着抄测脚手架安装平台的标高，并依据球节点半径计算出球心到脚手架安装平台的高差，作为钢结构竖向就位的依据。

检核和定测方法同上。

(2)屋盖钢框架中间层和上表面安装测量放样。

放样方法同(1)，如个别球节点因屋盖钢框架下表面已安装好的结构阻挡，无法放样时，在球节点标高相对应的下方，固定的标高面上，搭设临时放样平台，把正投影线放样在操作平台上，或在固定的标高面上，绷十字交叉的钢丝进行控制。

检核和定测方法同上。

6.5.3.3 连接杆件放样数据计算与放样测量

由于国家游泳中心结构杆件围合形状的不规则、连接球节点的杆件长度变化多、构件纵横交错，杆件连接位置很难确定，经过摸索与实践依据立体几何及三角函数原理，根据球节点与连接杆件位置的不同，将网状结构进行立体分解，形成两种计算、放样和安装模式，大大简化计算、放样程序，提高了工作效率，保证了工程进度。

1. 两球一杆放样数据计算和放样测量

如图 6-36 所示，两球一杆拼装测量数据计算：

(1)球顶点到待定点 1 的距离 ΔL_1 及相关放样数据计算

$$
\begin{cases}
\Delta L_1 = \dfrac{2\pi r}{360} \cdot (90 - \alpha) \\[2mm]
\tan\alpha = \dfrac{\Delta z}{\Delta c} \\[2mm]
\Delta c = \sqrt{\Delta x^2 + \Delta y^2} \\[2mm]
\Delta z = z_2 - z_1, \quad \Delta x = x_2 - x_1, \quad \Delta y = y_2 - y_1
\end{cases}
\qquad (6\text{-}61)
$$

(2)球顶点到待定点 2 的距离 ΔL_2 及相关放样数据计算

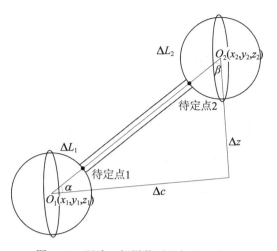

图 6-36　两球一杆拼装测量解析示意图

$$
\begin{cases}
\Delta L_2 = \dfrac{2\pi r}{360} \cdot (180 - \beta) \\[2mm]
\tan\beta = \dfrac{\Delta c}{\Delta z} \\[2mm]
\Delta c = \sqrt{\Delta x^2 + \Delta y^2} \\[2mm]
\Delta z = z_2 - z_1, \quad \Delta x = x_2 - x_1, \quad \Delta y = y_2 - y_1
\end{cases}
\tag{6-62}
$$

2. 三球两杆放样数据计算和放样测量

如图 6-37 所示，三球两杆拼装测量数据计算：

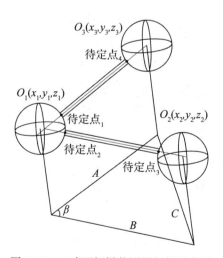

图 6-37　三球两杆拼装测量解析示意图

（1）球顶点到待定点 1 的距离 ΔL_1 及相关放样数据计算：

$$\begin{cases} \Delta L_1 = \dfrac{2\pi r}{360} \cdot (90 - \alpha) \\[2mm] \tan\alpha = \dfrac{\Delta z}{\Delta c} \\[2mm] \Delta c = \sqrt{\Delta x^2 + \Delta y^2} \\[2mm] \Delta z = z_3 - z_1, \ \Delta x = x_3 - x_1, \ \Delta y = y_3 - y_1 \end{cases} \tag{6-63}$$

（2）球顶点到待定点 2 的距离 ΔL_2 及相关放样数据计算：

$$\begin{cases} \Delta L_2 = \dfrac{2\pi r}{360} \cdot (90 - \alpha) \\[2mm] \tan\alpha = \dfrac{\Delta z}{\Delta c} \\[2mm] \Delta c = \sqrt{\Delta x^2 + \Delta y^2} \\[2mm] \Delta z = z_2 - z_1, \ \Delta x = x_2 - x_1, \ \Delta y = y_2 - y_1 \\[2mm] \cos\beta = \dfrac{A^2 + B^2 - C^2}{2AB} \\[2mm] A = \sqrt{(x_1 - x_3)^2 + (y_1 - y_3)^2} \\[2mm] B = \sqrt{(x_2 - x_1)^2 + (y_2 - y_1)^2} \\[2mm] C = \sqrt{(x_2 - x_3)^2 + (y_2 - y_3)^2} \end{cases} \tag{6-64}$$

其他待定点放样数据同样依以上计算方法得到。

有了上述数据，利用自制的"分规夹角器"（图 6-38），并参照出厂前钢球上刻画的经线和纬线位置，即可在球体上确定杆件与球体的连接位置。

图 6-38 分规夹角器

◎ 本章重点和难点

重点：工程建筑物施工放样的种类和方法，铁路的曲线计算和测设。自由设站加极坐标法放样和 GPS RTK 放样。

难点：特殊的施工放样方法，复杂和异构建筑物的放样。

◎ 思考题

（1）工程测量中的测量、测设和放样有哪些相同和不同之处？

（2）何谓建筑限差？它的大小与什么有关？

（3）什么叫"等影响原则"？什么叫"忽略不计原则"？各适用于什么场合？

（4）在工程施工放样中，要放样哪些种元素？

（5）工程施工放样中，有哪些放样方法？各适用于什么场合？

（6）施工放样中点的平面位置放样有哪些方法？

（7）自由设站法原理是什么？为什么叫自由设站？

（8）如何用单基站 GPS RTK 进行放样？其作业流程如何？

（9）何谓铅垂线？如何放样铅垂线？

（10）何谓高程放样？有哪些放样方法？

（11）什么叫异形建筑？其放样有何特点？

（12）什么叫平曲线？什么叫竖曲线？什么叫回头曲线？

（13）什么叫圆曲线，什么叫缓和曲线？为什么要设计缓和曲线？

（14）何谓曲线要素？圆曲线和带缓和曲线的圆曲线有哪些曲线要素？

（15）什么叫缓和曲线？为什么要设计缓和曲线？

（16）什么叫曲线测设？有哪些方法？

（17）有哪些特殊的放样方法？

第7章　工程建筑物的变形监测

工程建筑物的变形监测是工程测量学的重要内容之一。本章主要讲述变形监测的基本知识，变形监测方案设计，常用的和一些新的变形监测技术与方法，变形监测数据处理初步，变形监测的资料整理和成果表达等内容。

7.1　变形监测的基础知识

7.1.1　变形监测的定义和分类

7.1.1.1　变形监测的定义

变形监测是对监视对象或物体(简称变形体)进行定期测量以确定其空间位置随时间的变化特征。变形监测又称变形测量或变形观测。它包括全球性的变形监测、区域性的变形监测和工程建筑物的变形监测。全球性的变形监测是对地球自身的的动态变化如自转速率变化、极移、潮汐、全球板块运动和地壳形变的监测；区域性的变形监测是对区域性地壳形变和地面沉降的监测；工程建筑物的变形监测是对工程建筑物、构筑物(简称工程建筑物)、机器设备以及其他与工程建设有关的自然或人工对象进行定期测量以确定其空间位置随时间的变化特征。工程建筑物有大坝、厂房、船闸、桥梁、隧道、高层建筑物、地下建筑物和古建筑等，机器设备有大型科学实验设备、飞机、船舶、运载工具、火箭、天线和油罐等，与工程建设有关的自然或人工对象有滑坡、岩崩、高边坡和开采沉降区等，都是被监测的变形体。定期测量则是时间上的离散观测，分静态变形和动态变形监测，静态变形通过周期测量得到，而动态变形需通过持续监测得到，持续监测也按周期时段性设计，几乎没有长期的、永久性的持续监测。变形体用有代表性的位于变形体空间上离散的监测点来代表，监测点的空间位置随时间的变化可以描述变形体的变形。

对于工程的安全来说，变形监测为变形分析提供基础数据，变形分析又是为变形预报服务的。根据变形预报来修改监测方案，指导工程管理、整治和灾害预防。因此，变形监测是基础，变形分析是手段，变形预报是目的。

工程建筑物的变形监测分析与预报是20世纪70年代发展起来的新兴学科方向，工程建筑物以及与工程建设有关的对象发生灾害，关系到人民生命和财产的安全，受到国际社会的广泛关注。许多国际学术组织，如国际测量师联合会(FIG)、国际大地测量协会(IAG)、国际岩石力学协会(ISRM)、国际大坝委员会(ICOLD)和国际矿山测量协会(ISM)等，都非常重视该领域的研究，定期举行学术会议，交流研究对策。

7.1.1.2　变形监测的分类

工程建筑物的变形可又分为两类：变形体的刚体位移和变形体的自身形变。刚体位移包括变形体的整体平移、转动、升降和倾斜四种变形；自身形变包括变形体的伸缩、错动、弯曲和扭转四种形变。

工程建筑物的变形监测(简称变形监测)主要分水平位移监测、垂直位移监测两大类，还包括倾斜、扰度、偏距、震动、裂缝和伸缩、错动、弯曲、扭转等的监测。水平位移是监测点在平面上的变动，它可分解到某一特定方向；垂直位移是监测点在铅直面或大地水准面法线方向上的变动。水平位移和垂直位移监既可描述变形体的刚体位移，也可描述变形体自身的形变。倾斜可用测倾仪测得，可用水准测量得到，也可以通过水平位移(或垂直位移)测量和距离测量得到；偏距可视为某一特定方向的水平位移，扰度可视为在不同高度的水平位移或不同跨度上的垂直位移。扭转可通过对监测点的持续观测得到，震动也需要对监测点作持续观测，弯曲可通过多点的水平位移、垂直位移监测得到，伸缩、错动、裂缝测量则可视为特殊的位移监测。

除了上述变形监测，在变形监测中还要对与变形有关的物理量进行监测，如温度、气压测量，应力、应变测量、水位、水压测量，渗流、渗压、扬压测量，静荷载、动荷载以及时间的测量等。本章主要讲述工程建筑物的变形监测。

7.1.2 工程变形监测的意义和特点

7.1.2.1 变形监测的意义

变形监测的意义(作用或目的)主要表现在以下两个方面：

(1)实用上的意义。保障工程安全，监测各种工程建筑物、机器设备以及与工程建设有关的地质构造的变形，及时发现异常变化，对其稳定性、安全性做出判断，以便采取措施处理，防止事故发生。对于大型特种精密工程如大型水利枢纽工程、核电站、粒子加速器和火箭导弹发射场等更具有特殊的意义。

(2)科学上的意义。积累监测资料，能更好地解释变形的机理，验证变形的假说，为研究灾害预报理论和方法服务，检验工程设计的理论是否正确，设计是否合理，为以后修改设计、制定设计规范提供依据。如改善建筑的物理参数、地基强度参数，以防止工程破坏事故，提高抗灾能力等。

例如：通过对工程建筑物的变形监测，可以检验设计的尺寸、断面、坡度是否合理；隧道开挖时是否会造成垮塌和地面建筑的破坏；对于机器设备，则可保证设备安全、可靠、高效地运行，为改善产品质量和新产品的设计提供技术数据；对于滑坡，通过监测其随时间的变化过程，可进一步研究引起滑坡的成因，改进预报模型，同时也可以检验滑坡治理的效果；通过对矿山由于矿藏开挖所引起的实际变形的观测，可以采用控制开挖量和加固等方法，避免危险性变形的发生。

7.1.2.2 变形监测的特点

变形监测的特点可以归纳为以下三个方面：

(1)变形监测贯穿于工程建设和运营的始终，需要进行长期的重复观测。在变形监测中称周期观测或按时段的持续观测。所谓周期观测就是许多次的重复观测，每次称一个周期，第一次称初始周期或零周期。每一周期的观测方案如变形监测网的图形、使用仪器、作业方法乃至观测人员都应尽可能一致。许多变形监测项目如偏距、倾斜和扰度等几何量，以及与变形有关的物理量，可采用传感器技术按设计自动化地获取监测数据。持续观测又称为动态观测，对扭转、震动等变形需要进行长时段的动态观测；对于急剧变化期（如大坝洪水期、滑坡邻滑期等）也应作持续动态监测。

（2）精度差别很大，有极高精度要求。不同工程建筑物、不同阶段、不同的变形监测项目，要求的精度不同，相差非常大。对于一般工程进行的常规监测，为积累资料而进行的变形观测，精度可以低一些；而对大型特种精密工程，对人民生命和财产相关的变形监测项目，则要求精度很高。但具体要多高的精度，是很难确定的，设计人员也很难回答各种不同的监视对象能承受多大的允许变形值，总希望把精度提得更高一些，甚至能得到真值最好。由于变形监测的重要性和测量技术的快速发展，监测费用在整个工程费和运营费中用所占的比例较小，故对变形监测常采用一种极高精度要求，即"以当时能达到的最高精度为标准进行变形观测"。

（3）对遥控、遥测和自动化要求更高。现代工程建筑物的规模大、建造快、结构复杂、造型丰富，变形信息获取的空间分辨率和时间分辨率要求提高，许多变形监测仪器都实现了自动化，要求能在恶劣环境下长期稳定地工作，遥控、遥测和自动化成为现代工程建筑物变形监测的又一特色。

7.1.3　变形影响因子和变形模型

7.1.3.1　变形影响因子

引起工程建筑物变形的原因有多种多样，如地壳运动、基础形变、地下开采、地下水位变化、作用在工程建筑物上的各种荷载（包括风、日光、雪、冰、暴雨、水压、地震、滑坡、泥石流、自重、桥上的车辆等）以及机械设备安装偏离设计值等。变形原因的时间特征又表现为急剧变化、随机变化、近似线性变化、周期变化等多种情况。我们将引起变形的原因称为变形影响因子。变形影响因子中，有的是可测量的，有的是难于定量描述的，应对引起工程建筑物变形的影响因子进行定期测量或与变形监测同步同时测量，如前所述，对与变形有关的物理量如温度、气压、应力、应变、水位、水压、渗流、渗压、扬压、静荷载、动荷载以及时间等进行测量。在后面变形监测数据处理中，回归分析发就要用到各种有关的物理量。

7.1.3.2　变形体的几何模型

变形监测是通过对变形体进行空间上的离散化和数据获取在时间上的离散化实施的。空间上的离散化表现为将变形体用一定数量的有代表性的位于变形体上离散的监测点（亦称目标点）来代表；数据获取在时间上的离散化表现为对这些离散的点进行周期性或分时段连续性的监测。为了得到变形体的刚体位移（即绝对变形）和自身的形变（相对变形），除了在变形体上布设目标点外，应在变形体之外布设作为变形监测基准的点，即基准点（或称参考点，为了便于对目标点进行观测，在变形体附近或变形体上布设的测站点称工作基点。参考点、工作基点和目标点之间可通过距离、角度、高差或 GPS 基线（称为连接元素）等几何量相互连接。由 4.2.3 节可知，变形监测网是由参考点、工作基点和目标点构成。需要指出的是：不是所有的目标点都能构成到变形监测网中去，监测网点都在地表，相互需通视或通过 GPS 基线连接。但目标点可以而且有时需要布设在地下，如大坝的坝体内、厂房内、船闸内或边坡内。变形体的相对运动即自身的形变可通过对目标点之间的连接元素进行周期性或连续性测量（称相对定位）得到。变形体的绝对运动则是通过

138

对位于变形体之外的参考点、工作基点与位于变形体之上的目标点之间的连接元素进行周期性或连续性的测量(称绝对定位)得到。参考点的坐标可看成是不变的(不变量),目标点坐标是变化的(可变量),根据目标点坐标随时间的变化可导出变形体的变形。变形监测的目的就是确定目标点之间的相对运动以及目标点相对于变形体周围的绝对运动。

参考点、工作基点和目标点定义在一个统一的坐标系中,我们将参考点、工作基点和目标点及它们之间的连接称为变形体的几何模型(参见图7-1),变形体及其随时间的变化可根据它的几何模型得到和描述。本章7.2节包括变形体几何模型的设计内容。

图 7-1 变形体的几何模型

7.1.3.3 变形模型的一般表达式

一个变形影响因子(或称影响因子)引起变形体在 t 时刻的变形量 $y(t)$,不仅与该时刻的变形影响因子大小有关,而且与该时刻以前各时刻的变形影响因子大小有关。变形模型的一般表达式可以表示如下:

$$y(t) = \int_0^\infty g(\tau) x(t - \tau) \mathrm{d}\tau \tag{7-1}$$

式中,$x(t-\tau)$ 为 $(t-\tau)$ 时刻变形影响因子的大小,为观测量,$g(\tau)$ 为它的权函数,相当于对变形量 $y(t)$ 的贡献,τ 为回返时间间隔。

$g(\tau)$ 与变形影响因子及变形体有关,难于建模。要根据实际情况进行估计。如矿山开挖引起地表沉陷,建筑自重荷载增加引起基础沉陷,温度变化引起混凝土变形等,这些变形观测量的权函数可根据传递常数和时间常数进行估计。

7.1.3.4 几种典型的变形模型

变形模型与变形影响因子有关。最典型的变形模型当数周期型变形模型,非周期型变形模型中典型的变形模型是突变模型和渐变模型,对于变形影响因子呈跳跃变化(突变)、线性变化(渐变)和周期变化(周变)所引起变形体的三种典型变形模型可用图7-2(a)、(b)、(c)表示。图中 x_0、x_E 为始末时刻变形因子的值,y_0、y_E 为始末时刻的变形量,H_∞、T 为传递常数和时间常数,T_p 为周期,T_v 为时间延迟。变形影响因子呈随机变化时,一般用运动型变形模型来描述,现分述于后。

图 7-2　三种典型的变形模型

1. 突变模型。

变形体受一突加荷载作用，发生如图 7-2(a)所示的变形，模型可表达为

$$y(t) = H_\infty \left[1 - \exp\left(-\frac{t - t_0}{T} \right) \right] \tag{7-2}$$

最大变形速度在 t_0 时刻，有

$$\left(\frac{\mathrm{d}y}{\mathrm{d}t} \right)_{t_0} = \frac{H_\infty}{T} \Delta x \tag{7-3}$$

最大变形量为：

$$y_E = y_0 + H_\infty (x_E - x_0) = y_0 + H_\infty \cdot \Delta x \tag{7-4}$$

2. 渐变模型

变形体在一渐变荷载作用下，发生如图 7-2(b)所示的变形，模型可表达为

$$y(t) = y_0 + H_\infty \frac{\Delta x}{\Delta t} \left\{ (t - t_0) - T \left[1 - \exp\left(-\frac{t - t_0}{T} \right) \right] \right\} \qquad t_0 \leqslant t \leqslant (t_0 + \Delta t)$$

或

$$y(t) = y_0 + H_\infty \frac{\Delta x}{\Delta t} \left\{ \left(1 - \exp\frac{\Delta t}{T} \right) \left[\Delta t + T \cdot \exp\left(-\frac{t - t_0}{T} \right) \right] \right\} \qquad t > (t_0 + \Delta t)$$

$$\tag{7-5}$$

变形在 t_0 时刻有延迟，在 $t_0 + \Delta t$ 时刻的变形速度达到最大：

$$\left(\frac{dy}{dt} \right)_{t_0 + \Delta t} = H_\infty \frac{\Delta x}{\Delta t} \left[1 - \exp\left(-\frac{\Delta t}{T} \right) \right] \tag{7-6}$$

3. 周期变形模型

在呈周期变化的变形影响因子作用下，发生如图 7-2(c)所示的变形，随时间变化的变形影响因子 $x(t)$ 及相应变形 $y(t)$ 可表示为

$$x(t) = \hat{x} \sin\left(2\pi \frac{t}{T_p} + \varphi_x \right) \tag{7-7}$$

140

$$y(t) = \hat{y}\sin\left(2\pi \frac{t}{T_p} + \varphi_y\right) \tag{7-8}$$

式中，$\hat{x}$、φ_x 为变形影响因子的振幅和初相，$\hat{y}$、φ_y 为变形的振幅和初相。传递因子 H 定义为

$$H = \frac{\hat{y}}{\hat{x}} = \frac{H_\infty}{\sqrt{1 + \left(2\pi \dfrac{T}{T_p}\right)^2}} \tag{7-9}$$

由上式可知，传递因子与传递常数 H_∞、周期 T_p 和时间常数 T 有关，当 T_p 显著大于 T 时，$H \to H_\infty$；当 T_p 显著小于 T 时，$H \to 0$。变形的时间延迟 T_v 为

$$T_v = T_p \frac{\varphi_y - \varphi_x}{2\pi} = \frac{1}{2\pi} T_p \arctan\left(2\pi \frac{t}{T_p}\right) \tag{7-10}$$

传递因子 H、变形的时间延迟 T_v 与 $\dfrac{t}{T_p}$ 的关系如图 7-3 所示。

图 7-3　传递因子、时间延迟与 $\dfrac{t}{T_p}$ 的关系

4. 运动型变形模型

在许多情况下，变形影响因子的大小是随机变化的，且不可量测，有时虽然可以量测，但是难于建立影响因子与变形量的函数模型。例如滑坡，外部变形影响因子是间接且长时间地作用，使稳定性参数发生变化。如果不能采用一般的动态变形模型来描述变形体的变形，或者只是为了证实有无变形发生，则可采用运动变形模型来描述，把变形视为时间的函数：

$$y(t) = y(t_0) + \dot{y}(t_0)(t - t_0) + \ddot{y}(t_0)\frac{(t - t_0)^2}{2} \tag{7-11}$$

上述模型如图7-4所示，在任一起始时刻 t_0 附近的变形与变形的速度 $\dot{y}(t_0)$ 和加速度 $\ddot{y}(t_0)$ 有关，特别是在 $\ddot{y}>0$ 的情况下，滑坡不稳定；只有当 $\ddot{y}<0$ 时，才趋近于稳定和安全。

图 7-4　运动型变形模型

7.1.4　变形监测的技术和方法

7.1.4.1　常规的大地测量方法

即用常规大地测量仪器测量方向、角度、边长、基线和高差等量所采用方法，有布设成地面网或 GPS 监测网通过周期观测确定点位变动的网观测法，还有视准线法、交会法、极坐标法、几何水准法、精密测距三角高程法等。常规的大地测量仪器主要是电子和光学水准仪、电子全站仪、GPS 接收机等。

（1）网观测法。是将基准点、工作基点、监测点用水准测量、地面边角测量或 GPS 技术构成网型，通过周期观测和平差确定监测点的高程、坐标及其变化，参见本书第 4 章变形监测网。

（2）视准线法。即基准线法测量的光学法，参见本书 3.4.1.1 节。

（3）交会法。用前方交会原理在两个（或两个以上）基准点上观测监测点，求取监测点的平面坐标的方法。过去多为测角前方交会、测边前方交会，只能得到监测点的平面坐标，且点位精度与交会图形有关。现在大多采用边角前方交会，可得到监测点的平面坐标和高程，点位和高程精度受交会图形的影响减小，如果是多点前方交会，精度可进一步提高。

（4）其他方法。有极坐标法、几何水准法和精密测距三角高程法等，参见本书第 3 章。

7.1.4.2　特殊的大地测量方法

包括微距离及其变化的测量方法、液体静力水准测量、基准线法、倾斜测量、挠度测量和传感器测量等方法，见本书第 3 章 3.4 节。

7.1.4.3　现代高新测量方法

有三维激光扫瞄测量法、合成孔径雷达测量方法、远程微形变雷达测量方法以及摄影测量方法等，见本书第 3 章有关部分。

上述方法可监测水平位移、垂直位移、倾斜和挠度等变形值，下面对裂缝和振动变形的观测方法作简单说明。

7.1.4.4 裂缝和振动观测方法

1. 裂缝观测法

工程建筑物的裂缝观测内容包括对裂缝编号，观测裂缝的位置、走向、长度、宽度等，对于重要的裂缝，要埋设如图 7-5 所示的观测标志，用游标卡尺定期地测定两个标志头之间距离的变化，确定裂缝的发展情况。混凝土大坝和土坝的裂缝观测十分重要，观测次数与裂缝的部位、长度、宽度、形状和发展变化情况有关，应与温度、水位和其他监测项目相结合。对于建筑预留缝和岩石裂缝这种更小距离的测量，一般通过预埋内部测微计和外部测微计进行。测微计通常由金属丝或铟瓦丝与测表构成，其精度可优于 0.01mm。

单位：毫米

1—钻孔后回填的混凝土，2—观测标志，3—裂缝，4—游标卡尺的标志头

图 7-5　裂缝观测标志

2. 振动观测法

而对于塔式建筑物，在温度和风力荷载作用下，其挠曲会来回摆动，从而就需要对建筑物进行动态观测——振动（摆动）观测。有的桥梁也需进行振动观测，对于特高的房屋建筑，也存在振动现象，（例如美国的帝国大厦，高 102 层，观测结果表明，风荷载下，最大摆动达 7.6cm）。为了观测建筑物的振动，可采用专门的光电观测系统，其原理与激光铅直相似。采用全球定位系统（GPS）技术可作持续动态的振动观测。

7.2　变形监测方案设计

变形监测方案设计的内容主要包括：监测方法选择、变形监测网和变形监测点布设、测量精度、观测周期数、周期之间的时间间隔和一周期所允许的观测时间的确定等。

变形监测网和变形监测点布设参见本书4.2.3节；需要确定描述变形状态所要求的精度 σ_y，对于变形监测网来说，要根据目标点坐标的要求精度来确定测量精度。下面主要讨论对于几种典型变形模型，如何确定测量精度、周期数、周期之间的时间间隔和一周期所允许的观测时间。最后讨论选择测量方法和设计测量方案时应考虑的问题。

7.2.1 典型变形的监测设计

7.2.1.1 非周期变形的监测设计

为了获取非周期变形的时空变化，所需要测量精度 σ_y 与预计的最大变形量有关。一般来说，测量精度 σ_y 应满足

$$\sigma_y \leqslant \frac{1}{50}\Delta y = \frac{1}{50}(y_E - y_A) \tag{7-12}$$

式中，Δy 为预计的最大变形量，其准确性较差，假设只有百分之十或更小的准确度；δ_y 表示两周期之间能以一定概率如 $p = 95\%$ 区分的最小变形量（也称变形监测分辨率），一般取 $\Delta y = 10\delta_y$，则有

$$\sigma_y \leqslant \frac{1}{5}\delta_y \tag{7-13}$$

参见图 7-6。对于最简单的情况，即变形体在突变荷载下（图 7-2(a)）发生变形，在初始状态即 t_A 时刻施加荷载，随即在 t_0 时刻进行初始观测，得到初始变形值 y_A，在变形趋于平缓的时刻 t_E 进行末期观测，一般要求

$$t_E > t_0 + 3T \tag{7-14}$$

式中，T 为与变形体有关的时间常数，可根据试验和经验数据确定。

图 7-6　非周期变形的获取

为了获取变形随时间的变化情况，在 t_0 和 t_E 之间要进行多周期观测。设第 t_{i+1} 与 t_i 周期之间的时间间隔为 Δt，它与观测时刻的变形速率 $\dot{y}$ 和变形监测分辨率 δ_y 有关，一般按下式计算，即

$$\Delta t \geqslant \frac{\delta_y}{|\dot{y}|} \tag{7-15}$$

即两周期间发生的变形量（$\Delta t \cdot |\dot{y}|$）不能小于最小变形量 δ_y（变形监测分辨率）。由 δ_y 与 σ_y 的关系式(7-14)，可得两周期之间时间间隔的设计值为

$$\Delta t = 5 \cdot \frac{\sigma_y}{|\dot{y}|} \tag{7-16}$$

在初期，由于 $\dot{y}$ 较大且不精确，故 Δt 较小；到后期，随着 $\dot{y}$ 值越来越精确且愈来愈小，两周期之间的时间间隔会愈来愈大。设观测周期内的最大变形速度为 $\dot{y}_{max}$，则一周期

所允许的观测时间 δ_t 应满足

$$\delta_t \leqslant \frac{\delta_y}{|\dot{y}_{\max}|} \qquad (7\text{-}17)$$

显然有

$$\delta_t \leqslant \frac{\Delta t}{5} \qquad (7\text{-}18)$$

即一周期所允许的观测时间 δ_t 不能大于周期间时间间隔的五分之一。δ_t 的大小对监测方案设计中测量方法的选择很有意义。

7.2.1.2 周期变形的监测设计

在周期变化的荷载作用下，变形近似呈正弦函数变化，这种假设对制定测量方案是足够的。这时，测量精度仍应满足(7-12)式，其中的 Δy 称为振荡间距(见图 7-7)，即

$$\Delta y = y_{\max} - y_{\min} \qquad (7\text{-}19)$$

观测周期间的时间间隔按等间隔设计，与周期时间 T_p 有关，有

$$\Delta t = \frac{T_p}{m} \qquad 2 \leqslant m \leqslant 20 \qquad (7\text{-}20)$$

图 7-7　周期变形的监测

m 的取值应考虑在 Δt 内所推估出的变形值应不小于变形监测分辨率 δ_y，即满足(7-15)式。当取 $m=2$，表示只对两个极值有兴趣且准确地知道所发生的时间，如在大坝的最高水位和最低水位时观测。当 $m=20$ 时，由上式和(7-18)式不难得出一次测量的时间 δ_t 应满足

$$\delta_t \leqslant \frac{T_p}{100} \qquad (7\text{-}21)$$

对于周期变形来说，我们假设(7-16)式中的平均变形速率 $\dot{y}$ 由 Δy 和 T_p 导出。

7.2.1.3 运动式变形的监测设计

测量精度应根据要求监测的最小变形量 δ_y 来确定，即要求满足(7-13)式，而 δ_y 需要根据具体情况与相邻学科如工程地质共同确定。两观测周期之间的时间间隔 Δt 亦应满足(7-15)式，由于在监测初期 $\dot{y}$ 难以精确得到，故 Δt 也不会很精确，在监测过程中要随时估计 $\dot{y}$ 和 Δt，将其作为变量看待。每一次的观测时间 δ_t 由(7-18)式估算。

对于不同的监测对象，按动态变形模型所估计的最大变形量 Δy 和表示两周期之间能以一定概率(如 $p=95\%$)区分的最小变形量 δ_y，对同一变形体来说，不同位置、不同方

向上的变形量都不相同，因此，各目标点所允许的坐标或坐标差的精度也不相同，一般目标点的平面位置精度还常采用置信椭圆描述。由于同一变形体上各目标点处的变形速率 $\dot{y}$ 不相同，观测周期间隔 Δt 和每一周期的观测时间 δ_t 将不同，在测量方案设计中都应加以考虑。例如通过在两周期之间进行一次加密观测或放弃一个周期的方法缩短或延长 Δt。对于 δ_t 的确定，同一周期中不同目标点上的观测时间若相同，一种方法是根据最短的 δ_t 选择最快的测量方法，另一种方法是根据不同的 δ_t 选择不同测量方法，在方案设计时要权衡考虑。

7.2.2 测量方案设计需考虑的问题

7.2.2.1 确定测量精度时需考虑的问题

在制定变形观测方案时，首先要确定精度要求。变形监测的精度与变形体的性质、结构和重要性有关，与变形测量的等级、要求监测的最小变形量和预计的最大变形量等有关。如何确定精度是一个不易回答的问题，国内外学者对此作过多次讨论。在 1971 年国际测量工作者联合会（FIG）第十三届会议上工程测量组提出："如果观测的目的是为了使变形值不超过某一允许的数值而确保建筑物的安全，则其观测的中误差应小于允许变形值的 $1/10 \sim 1/20$；如果观测的目的是为了研究其变形的过程，则其中误差应比这个数小得多。"对于特种精密工程和重要科研项目，普遍的观点是：应采用当时所能获得的最好测量仪器和技术，达到其最高精度。变形测量的精度愈高愈好。表 7-1 给出了变形测量等级及精度要求。

表 7-1 　　　　　　　　　　　建筑物变形测量等级及精度

变形测量等级	沉降观测 观测点测站高差中误差（mm）	位移观测 观测点坐标中误差（mm）	适用范围
特级	≤0.05	≤0.3	特高精度要求的特种精密工程和重要科研项目变形观测
一级	≤0.15	≤1.0	高精度要求的大型建筑物和科研项目变形观测
二级	≤0.50	≤3.0	中等精度要求的建筑物和科研项目变形观测；重要建筑物主体倾斜观测、场地滑坡观测
三级	≤1.50	≤10.0	低精度要求的建筑物变形观测；一般建筑物主体倾斜观测、场地滑坡观测

注：（1）观测点测站高差中误差，系指几何水准测量测站高差中误差或静力水准测量相邻观测点相对高差中误差。

（2）观测点坐标中误差，系指观测点相对于测站点（如工作基点等）的坐标中误差、坐标差中误差以及等价的观测点相对于基准线的偏差值中误差、建筑物（或构件）相对于底部定点的水平位移分量中误差。

对于大坝变形观测，混凝土坝的水平位移和沉陷观测精度为 $1 \sim 2$mm，土坝为 $3 \sim 5$mm；滑坡变形的观测精度为几毫米至 50mm。不同类型的工程建筑物，其变形观测的精度要求差别较大，同一建筑物，不同部位不同时间对观测精度的要求也不相同。对于基准线的偏差值中误差、建筑物（或构件）相对于底部定点的水平位移分量中误差。

对于监测网而言，各目标点坐标或坐标差的要求精度可用准则矩阵来描述，要将坐标精度转化为观测值的精度。一般做法是：先设计网的观测方案，根据仪器的标称精度或经验值模拟观测值，按模拟优化设计方法进行设计计算，看哪种仪器精度下所计算的坐标精度符合要求，确定观测元素（如方向、距离、高差、GPS 基线边长等）的测量精度。要考虑外界影响，留有余地，确定测量精度应适当偏高一点有一定富余。直到按设计的测量方案和精度计算出各目标点坐标的精度完全满足要求为止。

7.2.2.2 确定周期方面需考虑的问题

观测周期数取决于变形的大小、速度及观测的目的，且与工程的规模、监测点的数量、位置以及观测一次所需时间的长短有关。在工程建筑物建成初期，变形速度较快，观测周期应多一些，随着建筑物趋向稳定，可以减少观测次数，但仍应坚持长期观测，以便能发现异常变化。

及时进行第一周期的观测有重要的意义。因为延误初始测量就可能失去已经发生的变形，以后各周期的测量成果是与第一期相比较的，应特别重视第一次观测的质量。例如，大坝第一周期的水平位移是在建筑物承受水压力之前进行的。对于混凝土坝，还须估计温度变化对水平位移的影响，因此，在水库蓄水前要另外进行若干周期水平位移观测。对于大坝安全监测特别重要的是：是否存在向下游方向的水平位移的趋势性变化。在施工期和水库蓄水时，建筑物的变形发展较快，所以观测周期间的时间间隔不宜过大。它与预期的变形值及水库蓄水阶段有关。在施工期间，若遇特殊情况（暴雨、洪水、地震等），应进行加测。在施工结束、水库开始蓄水、库水位下降以及水库放空等代表性阶段，也要进行加测。

在大坝运行期间，观测时刻的选择也很重要，特别是为了确定是否存在水平位移的有向下游方向的趋势性变化，参数 α 是否显著（参见图 7-8），一般需要每月进行一次相对水平位移观测。当大坝及其基础变形过程已经变得缓慢，这时观测周期数可以减少，各观测周期应尽量在每年相同的时间进行。在时效变形基本停止以后（这一过程一般需十年以上），监测工作仍不能停止。混凝土大坝变形观测的周期确定可参见表 7-2。

图 7-8　大坝水平位移与观测时刻选择

表 7-2　　　　　　　　　　　　混凝土大坝变形观测周期表

变形种类	水库蓄水前	蓄水期间	蓄水后的 3 年	正常运营期间
沉陷	1 个月	1 个月	3~6 个月	半年
相对水平位移	半个月	1 周	半个月	1 个月
绝对水平位移	0.5~1 个月	1 季度	1 季度	6~12 个月

土石坝的变形观测周期为：水库蓄水前：1 季度，蓄水期间：1 个月，蓄水后的 3 年：1 季度，正常运营期间：半年。

对于周期性的变形，在一个变形周期内至少应观测两次。如果观测周期的时刻选择不当，将导致错误的结论。图 7-9 给出了四种不同的一维变形过程，如果都用三个离散的时刻来获取，则会出现完全不同的结果，有的正确，有的比较正确，有的则完全错了。

图 7-9　观测时刻选择的重要性

一周期内观测时间的确定方面。一周期所有的测量工作需在所允许的时间间隔 δ_t 内完成，否则观测周期内的变形将歪曲目标点的坐标值。对于长周期(如年周期)变形，δ_t 可达几天甚至数周，故可选用各种大地测量仪器和技术。对于短周期变形，δ_t 仅为数分甚至数秒，对于日周期，δ_t 为 10 多分钟。这时用大地测量仪器和方法将无能为力，需要考虑采用摄影测量方法或自动化测量方法。

7.2.2.3　确定费用时需考虑的问题

监测方案设计和测量方法的选择必须要有经济的观点，总费用可分成以下几方面。

(1)建立监测系统的一次性花费。监测网和持续性自动化测量装置所需费用。包括踏勘、埋设永久性标石、标志、观测墩的费用，仪器设备的购置费、安装费，数据处理软硬件费等。

(2)每一个观测周期的花费。包括人员费、仪器使用费、观测费、数据处理费、临时标志费以及交通费等。

(3)维护和管理费。主要包括标石标志的维护费、仪器设备折旧费以及管理人员费用等。

当变形监测所要求的观测周期较少时，可将上述一、三项放到每周期进行预算，这种情况采用常规大地测量方法较好；对于观测周期很多且要求周期中测量持续时间短的情况，应考虑研制特殊的测量方法和仪器，特别是要建立测量和数据处理全自动化的监测系统。

7.2.2.4　其他方面需考虑的问题

(1)在监测时，变形体不能被触及，更不准人在上面行走，否则将影响其变形形态。

这种情况下，许多测量方法都不能采用。

（2）只有在一定的时候才能到达变形体，而在大多数时间在变形体上工作都有特别的危险性，这时，许多测量方法也不能采用。

（3）有的变形监测任务仅在于将变形体的原始状态保存下来，一旦该监测对象发生了变化，则通过测量来比较和证明所发生变化的情况，这时宜采用摄影测量方法，其优点是初始测量的费用少，在需要时可对丰富的摄影信息进行详细处理乃至空间分析。

（4）基于下述原因，应采用自动化监测方法。需要作持续动态监测，或变形的速度太快；监测点太多，人工观测工作量很大，或需要同一时刻获得许多个监测点的变形；要求监测的时间间隔太短。变形过程需要短时间间隔的观测数据描述；监测环境太恶劣，如噪声、高压、高热、高磁场等对人体有危害，或人无法到达；要求变形监测作业不影响日常生产和运行管理；当变形量达到一定的值时，对变形体(被监测的工程建筑物或技术设备)本身或环境将造成巨大危害，但这种危害可通过事先报警而避免或减小时，宜采用自动化的持续监测系统，用计算机进行实时监控检核，需要时报警。

7.3 变形观测数据处理

7.3.1 概述

变形观测数据可分为两种：一种是监测网的周期观测数据，要进行参考点稳定性检验和监测网平差，作两周期间的叠合分析，计算目标点的位移；另一种是对监测点的监测数据序列，如该点的沉降值、某一方向上的位移值以及其他与变形监测有关的量如气温、体温、水温、水位、渗流、应力、应变等，进行变形分析，如回归分析、相关分析、时序分析等，描述变形的过程及发展趋势；必要时，还应进一步做变形体的变形模型分析，进行变形模型参数如刚体变形及相对形变参数估计和统计检验等，进行变形的几何分析、物理解释和变形预报。

7.3.2 监测网参考点的稳定性分析

变形体的位移由其上离散的目标点相对于参考点的变化来描述，参考点和目标点之间通过边角或高差观测值连接。由参考点组成的网称参考网。对参考网进行周期观测的目的在于检查参考点是否都是稳定的。通过检验，选出真正的稳定点作为监测网的固定基准，从而可确定监测体上目标点的变形，以及其他特征监测点如正、倒垂点，引张线端点，坝内导线端点以及扰度观测基准点等的时空变形特性。下面介绍参考点稳定性分析的两种方法即平均间隙法-最大间隙法和组合后验方差检验法。

7.3.2.1 平均间隙-最大间隙法

设变形监测网为平面边角网，各周期的观测方案、使用仪器、观测方法以及观测精度相同，对每一周期按全自由网平差，将参考点都当做等权的非固定点，对整个网做平移或绕网的重心旋转，都不会改变网的角度和边长观测值。对于第 i 周期观测值，由高斯-马尔可夫模型

$$\begin{cases} E\{l\} = A_i x_i \\ \sum_{LL,\ i} = \sigma_0^2 Q_{LL,\ i} = \sigma_0^2 P_i^{-1} \end{cases} \qquad (7\text{-}22)$$

可得参考点坐标向量估值及其协因数矩阵

$$\hat{x}_i = (A_i^T P_i A_i) A_i^T P_i l_i \qquad (7\text{-}23)$$

$$Q_{xx,\ i} = (A_i^T P_i A_i)^+ \qquad (7\text{-}24)$$

式中，$Q_{xx,\ i}$ 是法方程矩阵的伪逆。若对两个周期观测值都按上述模型平差，可计算出两周期坐标向量的差向量（或称位移向量）

$$d = \hat{x}_{i+1} - \hat{x}_i \qquad (7\text{-}25)$$

及差向量的协因数矩阵

$$Q_{dd} = Q_{xx,\ i+1} + Q_{xx,\ i} = 2Q_{xx,\ i} \qquad (7\text{-}26)$$

由 d 及 Q_{dd} 构成的二次型

$$\theta^2 = \frac{d^T Q_{dd}^+ d}{h} \qquad (7\text{-}27)$$

称为平均间隙，h 为 Q_{dd} 的秩，即独立坐标的个数。若所有参考点都是稳定的，则以下假设成立

$$\text{零假设}(H_0): \begin{cases} E(X_{i+1}) = E(X_i) \\ E(d) = 0 \end{cases} \qquad (7\text{-}28)$$

否则，备选假设 H_A 成立，即

$$E(X_{i+1}) \neq E(X_i),\ \text{或}\ E(d) \neq 0 \qquad (7\text{-}29)$$

在零假设成立的情况下，差向量纯粹由测量误差引起，平均间隙 θ^2 可以视为单位权方差 σ^2 的无偏估值。由两个周期观测的平差也可得单位权方差的验后估值 S_0^2，于是可构成下述统计量

$$T = \frac{\theta^2}{S_0^2} \sim F_{h,\ f} \qquad (7\text{-}30)$$

式中，h 为 Q_{dd} 的秩，f 是计算 S_0^2 时的自由度（多余观测数）。称 $F_{h,\ f,\ 1-\alpha}$ 为 F 分布的分位值，α 为显著水平（亦称错误概率），一般取 0.05。当 $T \leqslant F_{h,\ f,\ 1-\alpha}$ 成立时，说明不存在显著性变形的参考点，参考点所构成的网是叠合的。

上述检验称为整体检验或参考网的叠合分析。当 $T > F_{h,\ f,\ 1-\alpha}$ 时，整体检验未通过，说明两个周期间存在显著性变形的参考点，需进一步做变形点的局部定位。为此对 d 和 Q_{dd}^+ 做如下分解

$$d = \begin{pmatrix} d_M \\ d_F \end{pmatrix},\ Q_{dd}^+ = \begin{pmatrix} p_{MM} & p_{MF} \\ p_{FM} & p_{FF} \end{pmatrix} \qquad (7\text{-}31)$$

式中，下标 M 表示假设某一个参考点（如点 j）是动点的坐标差向量，下标 F 表示其他为不动的点的坐标差向量，以及相应的矩阵分解。对 d_M 和 p_{FF} 做以下变换：

$$\left. \begin{array}{l} \bar{d}_M = d_M + p_{MM}^{-1} p_{MF} d_F \\ \bar{p}_{FF} = p_{FF} - p_{FM} p_{MM}^{-1} p_{MF} \end{array} \right\} \qquad (7\text{-}32)$$

并构造二次型

$$\begin{cases} \theta^2_{(j)} = \dfrac{\boldsymbol{d}_F^{\mathrm{T}} \bar{\boldsymbol{P}}_{FF} \boldsymbol{d}_F}{h - 2} \\ \\ \omega_j = \dfrac{\bar{\boldsymbol{d}}_M^{\mathrm{T}} \boldsymbol{p}_{MM} \bar{\boldsymbol{d}}_M}{2} \end{cases} \tag{7-33}$$

我们称 ω_j 为动点间隙，$\theta^2_{(j)}$ 为其余点的平均间隙，对所有的参考点，均轮换做上述分解并计算 ω_j，其中最大的一个称为最大间隙，它所对应的点为显著性变形点。对剩下的平均间隙 $\theta^2_{(j)}$ 再重复上述的整体检验，直至整体检验通过。

若经过上述检验，参考网存在至少两个稳定点，则可将稳定点作为固定基准进行经典的约束平差。如果少于两个稳定点，则应进行拟稳平差，即把参考网点当做拟稳点，拟稳点的权根据其上的位移向量大小按一定的规则确定，如

$$\boldsymbol{P}_d = \mathrm{diag}\{(\mid \boldsymbol{d}_j \mid + c)^{-1}\} \tag{7-34}$$

式中，$\boldsymbol{d}_j$ 表示第 j 点的位移向量，c 是一个小的正数。在确定出固定基准或拟稳基准后，所计算出动点以及目标点的位移向量则是相对于基准的真实位移，利用所求的位移及其精度就可以进行变形体变形模型鉴别和变形参数的估计。

7.3.2.2 组合后验方差检验法

就是通过基准点的各种组合，用后验单位权方差构成统计量，进行 χ^2 检验，当统计量大于给定的分位值时，零假设(基准点未显著变动)不成立，可得到显著变动的基准点。进行迭代计算，直到检验通过。基准点发生显著性变动可以采用以下量度指标：设基准网的最弱点中误差为 m_p，当基准点的坐标变动量大于 $k \cdot m_p$ 时，可认为该点发生了显著性变动，k 根据网的精度等级可定位 2、2.5 或 3，网的精度等级越高，取值越小。m_p 的计算分两种情况：当基准网的多余观测数较多，如大于等于 10 时，用后验单位权中误差计算，否则用先验单位权中误差计算。有了上述指标，即可采用"组合后验方差检验法法"判断显著变动的基准点，确定稳定的基准点，以稳定的基准点为已知点(基准)，计算工作基点和变形监测点的坐标。组合后验方差检验法的计算步骤如下：根据基准点数进行基准点组合，如有 m 个基准点，则可取 m，$m-1$，$m-2$，$\cdots$，$m-k$ 个基准点的组合，但 $m-k$ 不能小于 2，当 $m-k$ 等于 2 时，所选的点不能相距太近。按组合计算公式

$$C_n^r = \frac{n!}{r! \ (n-r)!} \tag{7-35}$$

得基准点为定值时的组合个数，对每一组合作后验方差检验，若零假设不成立，可得到显著变动的基准点，剔除统计量最大即变动最大的那个基准点，对余下的基准点再作与前述相同的迭代计算，直到检验通过或只有两个基准点为止。

χ^2 检验的原假设和备选假设为

$$\begin{aligned} H_0 &: E(\hat{\sigma}_0^2) = \sigma_0^2 \\ H_1 &: E(\hat{\sigma}_0^2) \geqslant \sigma_0^2 \end{aligned} \tag{7-36}$$

构成统计量

$$T = f \frac{\hat{\sigma}^2}{\sigma_0^2} \sim \chi^2_{f, \ 1-\alpha} \tag{7-37}$$

式中，$\hat{\sigma}^2$ 为后验单位权方差，σ_0^2 为先验单位权方差，f 为多余观测数（自由度），采用单尾检验，α 为显著水平，一般取 0.05，当

$$T \geqslant \chi^2_{f,\ 1-\alpha} \tag{7-38}$$

时，备选假设成立，说明有基准点发生了显著变动，$\chi^2_{f,\ 1-\alpha}$ 为分位值。

当基准点数小于 2 时，说明无足够的已知点，"组合后验方差检验法"无效。此时可采用自由网平差或拟稳平差，即以网的重心为基准。但也有缺陷，因为拟稳点或自由网点并不一定满足随机微小变动的假设。所以在网设计时，除考虑到通视、使用方便外，应将足够的基准点布设于稳定且不易被破坏的区域。当稳定的基准点小于 2 个时，建议建立新的基准，进行新基准下的首期观测和基准网平差。

组合后验方差检验法是一种简单而行之有效的方法，使用通用平差程序如"科傻"软件系列的"地面测量工程控制测量数据处理通用软件包"（COSA_ CODAPS），参见本书4.7节。

实例验证：某地铁隧道变形基准网有 XJ1、XJ2、XJ3、XJ4 四个基准点，则有以下几种组合，即 $m=4$ 时，有一种组合：XJ1、XJ2、XJ3、XJ4；$m=3$ 时，有 $C_4^3=4$ 种组合：XJ1、XJ2、XJ3，XJ1、XJ2、XJ4，XJ2、XJ3、XJ4 和 XJ1、XJ3、XJ4；$m=2$ 时，有 $C_4^2=6$ 种组合，即 XJ1、XJ2，XJ1、XJ3，XJ1、XJ4，XJ2、XJ3，XJ2、XJ4 和 XJ3、XJ4，其中 XJ1、XJ2 和 XJ3、XJ4 相距太近，应去掉，故有 4 种组合。基准网平差时，根据仪器的标称精度和以前的经验，确定先验单位权中误差取 0.50″，对每期监测要进行基准网平差，先以 4 个基准点作为已知点，若计算的后验单位权中误差大于先验单位权中误差，则构成统计量进行 χ^2 检验。各期的后验单位权中误差依次为 0.47，0.74，0.29，0.72，0.60，…，2.36，即在第 101 期时，后验单位权中误差达到 2.36，采用"组合后验方差检验法"，可检验在哪一期、哪一个基准点发生了显著变动。在第 101 期前的各期，检验都通过，第 101 期时，

$$\hat{\sigma}_0^2 = 2.36^2 = 5.5696，\sigma_0^2 = 0.5^2，f=5$$
$$T = 111.392 \geqslant \chi^2_{f,\ 1-\alpha} = \chi^2_{5,\ 1-0.05} = 11.071$$

拒绝 H_0，说明 4 个基准点中有发生显著变动的点。再对 $m=3$ 的 4 种组合分别进行平差，XJ2，XJ3，XJ4 和 XJ1，XJ3，XJ4 和 XJ1，XJ2，XJ4 的后验单位权中误差为 3.30，3.30，0.92，统计量都大于分位值，拒绝 H_0，这三个组合都包括了 XJ4，可怀疑该点发生了显著变动，而不包括 XJ4 的组合 XJ1，XJ2，XJ3，通过了 H_0 假设，说明这三点是稳定的，XJ4 点发生了显著变动。该期应以 XJ1、XJ2、XJ3 为基准点进行平差，作为该期变形监测的结果，同时计算得 XJ4 在 X 方向有 1mm，Y 方向有 3mm 左右的变动量。

7.3.3 变形分析

变形分析包括静态、似静态点场分析（拟在划分稳定点和变形点）。对变形点的变形可用综合变形模型（计算刚体变形及相对形变参数）、运动模型（计算速度、加速度）和动力学模型描述（根据受力与变形的函数关系确定变形）。按几何学和物理学观点，变形分析又可分为变形的几何分析和物理解释。几何分析在于确定变形量的大小、方向及其变化，即变形体形态的动态变化。物理解释在于确定引起变形的原因（例如是由某种荷载为主引起的周期性变形），和确定变形的模式（属于弹性变形还是塑性变形，是自身内部形

变还是整体变形等)。一般来说,几何分析是基础,主要是确定相对和绝对位移量,物理解释则是在于从本质上认识变形。变形的物理解释和变形预报可根据确定函数法如动力学方程进行,也可根据大量的监测资料用统计分析法进行,同时还可将两种方法结合起来进行综合分析预报。

总的来说,变形监测是基础,变形分析是手段,变形预报是目的,变形观测数据处理的过程就是进行变形分析和预报的过程。

7.3.3.1 回归分析法

回归分析是处理变量之间相关关系的一种数理统计方法。将变形体当做一个系统,按系统论分析方法,将各目标点上所获取的变形值(称效应量,如位移、沉陷、挠度、倾斜等)称为系统的输出,将影响变形体的各种因子(称环境量,如库水位、气温、气压、坝体混凝土温度、渗流、渗压以及时间等)称为系统的输入。在数值分析中,将输入称为自变量,输出称为因变量。若进行长期、大量的观测,则可以用回归分析方法近似地估计出因变量与自变量,即变形与变形影响因子之间的函数关系。根据这种函数关系可以解释变形产生的主要原因,即受哪些因子的影响最大;同时也可以进行预报,自变量取预计值时因变量即变形的预报值。回归分析同时也给出估计精度。因此,可以说回归分析既是一种统计计算方法,又是一种变形的物理解释方法,同时,它还可作变形预报。

1. 线性回归模型及解

若只是两个变量之间的问题,即一个自变量的情况,称一元回归。时间也可作为自变量,变形值和时间之间的回归可称为自回归。若两个变量之间存在线性函数关系,则为直线回归。若两个变量是一种非线性关系,则有两种处理方法:一是根据散点图和常见的函数曲线(如双曲线、幂函数曲线、指数曲线、对数曲线)进行匹配,通过变量变换把曲线问题化为直线问题,一是用多项式拟合任一种非线性函数,通过变量变换把这种一元非线性回归问题化为多元线性回归问题。

直线回归方程的标准式为

$$y = a + bx \tag{7-39}$$

常用函数曲线的方程如双曲线方程

$$\frac{1}{y} = a + \frac{b}{x} \tag{7-40}$$

做变换

$$y' = \frac{1}{y}, \ x' = \frac{1}{x} \tag{7-41}$$

可化为一元直线回归问题

$$y' = a + bx' \tag{7-42}$$

对于指数函数

$$y = de^{\frac{b}{x}} \tag{7-43}$$

做如下变换

$$y' = \ln y, \ x' = \frac{1}{x}, \ a = \ln d \tag{7-44}$$

则变为标准式回归方程

$$y' = a + bx' \qquad (7\text{-}45)$$

对于二次多项式（抛物线）

$$y = a + bx + cx^2 \qquad (7\text{-}46)$$

做变换

$$x_1 = x, \ x_2 = x^2 \qquad (7\text{-}47)$$

则变为二元线性回归方程

$$y = a + bx_1 + cx_2 \qquad (7\text{-}48)$$

对于大多数情况，影响变形的因素是多方面的，而且不是线性的。一般首先应依据专业知识确定可选因子，对于多元非线性回归问题，通过变量变换化为多元线性回归问题。采用逐步回归算法，获得最佳回归方程，藉以预报或控制因变量的值。

一元和多元线性回归计算完全是按最小二乘原理解算线性方程组，其函数模型的矩阵表示为

$$y = x\beta + \varepsilon \quad \text{或} y + v = x\hat{\beta} \qquad (7\text{-}49)$$

式中，y 为因变量即变形观测值向量 $\boldsymbol{y}^{\mathrm{T}} = (y_1, \ y_2, \ \cdots, \ y_n)$，$n$ 为观测值个数，ε 为观测值误差向量，其协方差阵 $\sum_{\varepsilon\varepsilon} = \sigma_0^2 \boldsymbol{Q}_{\varepsilon\varepsilon} = \sigma_0^2 \boldsymbol{I}$，$\boldsymbol{I}$ 为单位矩阵。

x 是一个 $n \cdot (m + 1)$ 阶矩阵，其形式为

$$X = \begin{bmatrix} 1 & x_{11} & x_{12} & \cdots & x_{1m} \\ 1 & x_{21} & x_{22} & \cdots & x_{2m} \\ \vdots & \vdots & \vdots & & \vdots \\ 1 & x_{n1} & x_{n2} & \cdots & x_{nm} \end{bmatrix} \qquad (7\text{-}50)$$

表示有 m 个变形影响因子，每个变形影响因子表示一种自变量的观测值或其函数（如其不同次幂），它们构成 X 矩阵的元素，与因变量相对应，共有 n 组；

β 是回归系数向量，$\boldsymbol{\beta}^{\mathrm{T}} = (\beta_0, \ \beta_1, \ \cdots, \ \beta_m)$，即共有 $m + 1$ 个回归系数（当 $m = 1$ 时，为一元线性回归模型）。在 $n > m + 1$ 时，按最小二乘原理可得法方程组、解向量与精度

$$\left. \begin{aligned} & (\boldsymbol{X}^{\mathrm{T}}\boldsymbol{X})\hat{\beta} = \boldsymbol{X}^{\mathrm{T}}\boldsymbol{Y} \\ & \hat{\beta} = (\boldsymbol{X}^{\mathrm{T}}\boldsymbol{X})^{-1}\boldsymbol{X}^{\mathrm{T}}\boldsymbol{Y} \\ & \sum_{\hat{\beta}\hat{\beta}} = \sigma_0^2 \boldsymbol{Q}_{\hat{\beta}\hat{\beta}} = \sigma_0^2 (\boldsymbol{X}^{\mathrm{T}}\boldsymbol{X})^{-1} \\ & \hat{\boldsymbol{Y}} = \boldsymbol{Y} + \boldsymbol{V} = \boldsymbol{X}\hat{\beta} \end{aligned} \right\} \qquad (7\text{-}51)$$

因变量估值的精度即单位权方差 σ_0^2 的验后估值为

$$S_0^2 = \frac{\boldsymbol{V}^{\mathrm{T}}\boldsymbol{V}}{n - (m + 1)} \qquad (7\text{-}52)$$

在一元线性回归中，自变量与因变量之间的相关系数 ρ 描述它们的线性相关程度，其估值为

$$\hat{\rho} = \frac{\sum (x_i - \bar{x})(y_i - \bar{y})}{\sqrt{\sum (x_i - \bar{x})^2} \sqrt{\sum (y_i - \bar{y})^2}} = \frac{S_{xy}}{S_x S_y} \qquad (7\text{-}53)$$

154

其值在$(-1, 1)$之间，相关系数估值$\hat{\rho}$的符号与回归系数$\hat{\beta}_1$的符号是一致的，其大小是自由度和置信水平α的函数。相关系数的分位值可查表得到。若相关系数的估值大于相关系数ρ的分位值，则表示自变量与因变量之间的线性关系密切，回归直线是有效的。这就是一元线性回归直线性的相关系数检验法。

　　上述多元线性回归模型及解与测量中的间接观测平差模型及解的原理是一致的，但不同之处在于：多元线性回归模型中的变形影响因子个数事先是不确定的，需要采取一定的算法通过回归计算确定，使回归模型最优。在线性回归分析中，引入以下概念：残差平方和Q、回归平方和U以及总离差平方和S，由

$$Y - \overline{Y} = (Y - \hat{Y}) + (\hat{Y} - \overline{Y}) \tag{7-54}$$

$$S = (Y - \overline{Y})^{\mathrm{T}}(Y - \overline{Y}) = \sum_{i=1}^{n}(y_i - \overline{y})^2$$

定义

$$Q = (Y - \hat{Y})^{\mathrm{T}}(Y - \hat{Y}) = \sum_{i=1}^{n}(y_i - \hat{y}_i)^2 = V^{\mathrm{T}}V$$

$$U = (\hat{Y} - \overline{Y})^{\mathrm{T}}(\hat{Y} - \overline{Y}) = \sum_{i=1}^{n}(\hat{y}_i - \overline{y})^2 \tag{7-55}$$

式中

$$\overline{y} = \frac{1}{n}\sum_{i=1}^{n}y_i \qquad \overline{Y} = \overline{y}I \tag{7-56}$$

$\overline{y}$为因变量的平均值，I为单位向量。$\hat{y}_i$为因变量的回归值。可以证明下式成立：

$$S = Q + U \tag{7-57}$$

用文字表达即：总离差平方和S等于残差平方和Q加上回归平方和U。它们的几何意义如图7-10所示。总离差平方和为变形观测值与变形观测值的平均值之差的平方和，残差平方和为变形观测值与变形观测值的回归值之差的平方和，回归平方和为变形观测值的回归值与变形观测值的平均值之差的平方和。

图7-10　总离差平方和、残差平方和与回归平方和

回归平方和 U 为经过回归之后使总离差平方和 S 减少的那一部分，U 愈大，表示回归效果愈好；残差平方和 Q 表示经过回归之后自变量对因变量的非线性影响及它们的测量误差影响部分，回归计算公式是以 Q 等于最小的原理推导的。显然，在 S 一定的情况下，Q 愈小，则 U 愈大。由(7-55)式和(7-52)式可见，Q 愈小，S_0^2 愈小，另外，变形影响因子的个数 m 愈少，S_0^2 也愈小。因此，在用回归模型进行预报或控制时，应选用尽可能少的变形影响因子，达到尽可能高的拟合度，即 Q、m 都尽可能地小。

对于多元线性回归，定义复相关系数为

$$R = \sqrt{\frac{U}{S}} = \sqrt{1 - \frac{Q}{S}} \tag{7-58}$$

它表示因变量与自变量的线性关系程度。

在多元线性回归中，任意两个变量之间的相关系数不能用如式(7-53)所述的方法计算，因为其他因子也在变化并产生影响。除去其他因子的影响后所计算的相关系数称为偏相关系数。偏相关系数的计算方法如下：设有三个变量 x_1，x_2，x_3，在除去 x_3 影响后，x_1，x_2 之间的相关系数 $r_{12,3}$ 称为 x_1，x_2 对 x_3 的偏相关系数，有

$$r_{12,3} = \frac{\rho_{12} - \rho_{13} \cdot \rho_{23}}{\sqrt{1 - \rho_{13}^2} \cdot \sqrt{1 - \rho_{23}^2}} \tag{7-59}$$

式中，ρ_{12}，ρ_{13}，ρ_{23} 为按(7-58)式计算的相关系数。在多元线性回归中，偏相关系数反映了两个变量之间的相关程度。变形影响因子和因变量之间的偏相关系数的符号与该因子对应的回归系数 $\hat{\beta}_i$ 的符号是一致的，表示在多元线性回归中，回归系数 $\hat{\beta}_i$ 表示在除去其他变形影响因子之后，x_i 对 y 的影响。

利用多元线性回归方程

$$\hat{y}_k = x_k^{\mathrm{T}} \hat{\beta} = \hat{\beta}_0 + x_{k1}\hat{\beta}_1 + \cdots + x_{km}\hat{\beta}_m \tag{7-60}$$

可进行变形预报时，预报时实际值与预报值之差一般不应超过 $2S$（概率为 0.95）。

由上可见，多元线性回归中变形影响因子的取舍十分重要，除专业知识外，主要采用逐步回归算法得到最佳回归方程。现对此法简述如下。

2. 逐步回归算法

所谓逐步回归算法是根据专业知识和监测资料，先在一元线性回归模型基础上，通过对回归系数的显著性检验，逐步地接纳和舍去变形影响因子，最后得到最佳回归方程。逐步回归算法建立在 F 检验的基础上。

首先，如何对线性回归模型中的回归系数 $\hat{\beta}_i$ 进行显著性检验，即回归方程中变形影响因子对因变量是否有显著作用的检验(亦称变形影响因子的显著性检验)：

零假设 H_0：$E(\hat{\beta}_i) = 0$ \hfill (7-61)

备选假设 H_A：$E(\hat{\beta}_i) = \hat{\beta}_i \neq 0$ \hfill (7-62)

构成以下服从 F 分布的统计量

$$T = \frac{\hat{\beta}_i^2 / q_{\hat{\beta}\hat{\beta},i}}{Q/n - (m+1)} \sim F_{1,\,n-(m+1)} \tag{7-63}$$

式中，$q_{\hat{\beta}\hat{\beta},i}$ 为 $Q_{\hat{\beta}\hat{\beta}}$ 矩阵中第 i 个对角元素，Q 为残差平方和。当 $T > F_{1,\,n-(m+1),\,1-\alpha}$（$\alpha$ 为显

著水平，通常取 0.05），表示 $\hat{\beta}_i$ 是显著的，相应的变形影响因子 x_i 应接纳到回归方程，否则，零假设成立，表明相应的变形影响因子 x_i 对 y 的影响甚微，应舍去。

其次，需要进行增添变形影响因子的显著性检验。设某多元线性回归方程为

$$\hat{y} = \hat{\beta}_0 + \hat{\beta}_1 x_1 + \cdots + \hat{\beta}_m x_m \tag{7-64}$$

相应的残差平方和为 Q_m，回归平方和为 U_m。若增添一个变形影响因子 x_{m+1} 后，其回归方程为

$$\hat{y}'_x = \hat{\beta}'_0 + \hat{\beta}'_1 x_1 + \cdots + \hat{\beta}'_m x_m + \hat{\beta}'_{m+1} x_{m+1} \tag{7-65}$$

相应的残差平方和及回归平方和分别为 Q_{m+1}，U_{m+1}，有：

$$\Delta Q = Q_m - Q_{m+1} \tag{7-66}$$

$$\Delta U = U_{m+1} - U_m \tag{7-67}$$

$$\Delta Q = \Delta U \tag{7-68}$$

我们称 ΔQ 为 y 对 x_{m+1} 的偏回归平方和，它等于增添变形影响因子 x_{m+1} 后残差平方和的减小量，也反映 x_{m+1} 对回归效果的贡献。增添变形影响因子显著性检验的零假设和备选假设为

零假设 H_0：$E(\hat{\beta}'_{m+1}) = 0$ $\tag{7-69}$

备选假设 H_A：$E(\hat{\beta}'_{m+1}) = \hat{\beta}'_{m+1} \neq 0$ $\tag{7-70}$

构成统计量

$$T = \frac{\Delta Q}{Q_{m+1}/(n-m+2)} = \frac{\Delta Q(n-m+2)}{Q_{m+1}} \sim F_{1,\ n-m+2} \tag{7-71}$$

当 $T > F_{1,\ n-m-2,\ 1-\alpha}$ 时，拒绝零假设，说明增添变形影响因子对 y 的作用显著，应归入回归方程，否则不应增添该新变形影响因子。

由于回归方程中各变形影响因子之间具有相关性，接纳或舍去某一个因子后将对其他因子产生影响，因此需按一定步骤进行。基于上述检验的逐步回归算法步骤可归纳如下：

（1）初选变形影响因子。初选因子应根据专业知识筛选，应包括所有的可选因子。如大坝的某一坝段监测点上的挠度值（因变量）与库水位、气温以及坝内与之相关的部位的混凝土温度（变形影响因子）有密切关系。有些因子（如库水位的二次幂、三次幂、观测的前 10 天平均水位，前 30 天的平均气温等）为变形影响因子观测值的函数，也应作为变形影响因子。

（2）确定首选的一元线性回归方程。设共选了 m 个变形影响因子，首先对每一个因子建一个一元线性回归方程，共建 m 个，分别计算每一个回归方程的残差平方和 Q_i，做第 k 个变形影响因子对应的残差平方和最小，即

$$Q_k = \min(Q_i) \qquad i = 1, 2, \cdots, m \tag{7-72}$$

则第 k 个因子可作为候选因子，对它再做显著性检验，若是显著的，则接纳该因子的回归方程。

（3）确定最佳二元线性回归方程。基于上面的一元回归方程，对其他 m - 1 个候选因子依次增添一个进来，共建 m - 1 个二元线性回归方程，可计算 m - 1 个偏回归平方和 ΔQ_i，若

$$\Delta Q_j = \max(\Delta Q_i) \qquad i = 1, 2, \cdots, m-1 \tag{7-73}$$

则添加第 j 个因子为候选因子，并进行显著性检验，若其回归系数是显著的，则接纳该因子，这时的二元回归方程为最佳二元线性回归方程；否则，逐步回归到一元为止。

(4)确定最佳三元线性回归方程。对于挑选第三个因子，其过程同步骤(3)。这时可建立 $m-2$ 个三元线性回归方程，计算 $m-2$ 个偏回归平方和。值得注意的是，当选入第三个变形影响因子后，还要对原已选进的两个因子做显著性检验。若都是显著的，则得到最佳三元线性回归方程。若因选入第三个因子后，原来的因子变得不显著时，则应将其剔除，并重复上述步骤。若第三个因子的显著性检验未通过，则逐步回归到前一步骤的二元线性回归方程为止。

(5)若三个因子都是显著回归因子，则按前述方法继续挑选第四个变形影响因子。反复进行因子的增添和剔除，直到既不能增添新的因子也不能剔除已选入的因子为止，最后所得到的结果为最佳回归方程。

3. 算例

某混凝土大坝进行了各种监测，其中一个坝段上某一挠度监测点的挠度值有长达数年每月多次的资料，此外，还监测了库水位、气温及坝内相关部位的混凝土温度，根据专业知识，选库水位、库水位的二次幂、三次幂，观测前 10 天平均库水位，前 30 天、60 天、90 天的平均气温以及该坝段所有 33 个监测点的混凝土温度为初选变形影响因子，通过上述逐步回归计算，得到一个与观测前 10 天平均库水位、前 90 天的平均气温和 13 个监测点的混凝土温度有关的 15 元最佳线性回归方程。由该最佳线性回归方程可作挠度回归值与挠度观测值的吻合性检验(吻合很好)，可作挠度与显著回归因子(库水位、气温和混凝土温度)之间的定量分析，还可作挠度的预报(根据显著回归因子的值计算挠度值)和挠度的控制(限制显著回归因子的值，使挠度值不超过某一阈值)。

因为回归分析法是一种统计分析方法，需要效应量和环境量具有较长且一致性较好的观测值序列。在回归分析法中，当环境量之间相关性较大，可采用岭回归分析；如果考虑测点上有多个效应量，如三向垂线坐标仪，双向引线仪，二向、三向测缝计的观测值序列，则可采用偏回归模型，该模型具有多元线性回归分析、相关分析和主成分分析的功能，在某些情况下优于一般的逐步线性回归模型。

7.3.3.2 其他方法

(1)时间序列分析法。在变形观测中，在测点上用垂线坐标仪、引张线仪、真空激光准直系统、液体静力水准测量等技术方法获取的观测量组成离散的时间序列，可采用时间序列分析方法如建立 p 阶自回归 q 阶滑动平均模型 ARMA(p, q) 来进行变形分析。一般认为采用动态数据系统(Dynamic Data System)法或趋势函数模型加上 ARMA 模型的组合建模法较好，前者是把建模作为寻求随机动态系统表达式的过程来处理，而后者则是将非平稳相关时序转化为平稳时序，两者的模型参数都聚集了系统输出的特征和状态，因此可以对变形进行解释和预报。若顾及粗差的影响，可引入稳健时间序列分析法建模。在时序分析中，一般是针对单测点，若顾及各测点间的相关性进行多点的关联变形分析，则可能取得更好的效果。

(2)频谱分析法。对于具有周期性变化的变形时间序列(大坝的水平位移一般都具有周期性)，可采用傅立叶(Fourier)变换将时域信息转到频域进行分析，通过计算各谐波频率的振幅，找出最大振幅所对应的主频，可揭示变形的变化周期。若将测点的变形作为输出，与测点有关的环境量作为输入，通过对相干函数、频率响应函数和响应谱函数进行估计，可以分析输入输出之间的相关性，进行变形的物理解释，确定输入的贡献和影响变形的主要因子。

（3）模糊人工神经网络法。变形与影响因子之间是一种非线性、非确定性的复杂关系，模糊人工神经网络法将生物特征用到工程中，用计算机解决大数据量情况下的学习、识别、控制和预报等问题，是一种模仿和延伸人类功能的新型信息处理方法。在应用中，当数以影响因子为输入层，以变形量为输出层，中间为隐含层的三层反传（Back Propagation）模型(称 BP 网络模型)最为成熟，网络拓扑结构(每层特别是隐含层的节点数确定)、反传训练算法、初始权选取和权值调整、步长和动量系数选择、训练样本质量、训练收敛标准等是重要的研究内容。此外，将小波分析与人工神经网络相结合的小波神经网络组合预报方法，将人工神经网络与专家系统相结合建立工程的变形分析与预报的神经网络专家系统也极具前景。

（4）小波分析法。小波理论作为多学科交叉的结晶在科研和工程中被广为研究和应用。小波变换被誉为"数学显微镜"，它能从时频域的局部信号中有效地提取信息。利用离散小波变换对变形观测数据进行分解和重构，可有效地分离误差，能更好地反映局部变形特征和整体变形趋势。与傅立叶变换相似，小波变换能探测周期性的变形。将小波用于动态变形分析，可构造基于小波多分辨卡尔曼滤波模型。将小波的多分辨分析和人工神经网络的学习逼近能力相结合，建立小波神经网络组合预报模型，可用于线性和非线性系统的变形预报。

7.4 变形监测资料整理、成果表达和解释

7.4.1 变形监测资料整理

变形观测资料包括自动采集或人工采集的各种原始观测数据。对原始观测资料进行汇集、审核、整理、编排，使之集中、系统化、规格化和图表化，并刊印成册称为观测资料整理，其目的是便于应用分析，向需要单位提供资料和归档保存。观测资料整理，通常是在平时对资料已有计算、校核甚至分析的基础上，按规定及时对整理年份内的所有观测资料进行整理。近年来，对观测资料的整理已逐渐趋向自动化，20 世纪 70 年代以来，美国、意大利、日本等一些国家均已应用自动化技术，采集和整理观测数据，并存入数据库，供随时调用。我国在 20 世纪 80 年代已制成自动化检测装置，可以对内部观测仪器的观测值自动采集并按整理格式显示打印，并在许多工程上得到应用。资料整理的主要内容包括：

（1）收集资料，如工程或观测对象的资料、考证资料、观测资料及有关文件等。

（2）审核资料，如检查收集的资料是否齐全、审查数据是否有误或精度是否符合要求、对间接资料进行转换计算、对各种需要修正的资料进行计算修正、审查平时分析的结论意见是否合理等。

（3）填表和绘图，将审核过的数据资料分类填入成果统计表；绘制各种过程线、相关线、等值线图等；按一定顺序进行编排。

（4）编写整理成果说明，如工程或其他观测对象情况、观测情况、观测成果说明等。

观测资料分析是体现观测工作效果的重要环节，分为定性分析、定量分析、定期分析、不定期分析和综合性分析。观测资料分析工作必须以准确可靠的观测资料为基础，在计算分析之前，必须对实测资料进行校核检验，对观测系统和原始资料进行考证。这样才能得到正确的分析成果，发挥应有的作用。以水利工程为例，观测资料包括水工建筑物本身及有关河道、库区的水流、泥沙、冰情、水质等各项观测资料，都要随时分析，以便发现问题，及时处理。观测资料分析是根据水工建筑物设计理论、施工经验和有关的基本理论和专业知识进行的。观测资料分析成果可指导施工和运行，同时也是进行科学研究、验证和提高水工设计理论和施工技术的基本资料。观测资料分析可分为以下阶段：

（1）施工期的资料分析。计算分析建筑物在施工期取得的观测资料，可为施工决策提供必要的依据。

（2）初期蓄水期的资料分析。从开始蓄水运用起，各项观测都需加强，并应及时计算分析观测资料，以查明水工建筑物承受实际水荷载作用时的工作状态，保证水工建筑物蓄水期的安全。观测资料的分析成果，除作为蓄水期安全控制依据外，还为工程验收及长期运用提供重要资料。

（3）运行期的资料分析。应定期进行（例如 5 年一次），分析成果作为长期安全运行的科学依据，用以判断大坝等水工建筑物性态是否正常，评估其安全程度，制定维修加固方案，更新改造安全监测系统。运行期资料分析是定期进行大坝安全鉴定的必要资料。不定期分析是指在有特殊需要时才专门进行的分析称不定期分析，如遭遇洪水、地震后，大坝等建筑物发生了异常变化，甚至局部遭受破坏，就要进行不定期分析，据以判断建筑物的安全程度，并为制定修复加固方案提供科学依据。

资料分析的常用方法有：

（1）作图分析。将观测资料绘制成各种曲线，常用的是将观测资料按时间顺序绘制成过程线。通过观测物理量的过程线，分析其变化规律，并将其与水位、温度等过程线对比，研究相互影响关系。也可以绘制不同观测物理量的相关曲线，研究其相互关系。这种方法简便、直观，特别适用于初步分析阶段。

（2）统计分析。用数理统计方法分析计算各种观测物理量的变化规律和变化特征，分析观测物理量的周期性、相关性和发展趋势。这种方法具有定量的概念，使分析成果更具实用性。

（3）对比分析。将各种观测物理量的实测值与设计计算值或模型试验值进行比较，相互验证，寻找异常原因，探讨改进运行和设计、施工方法的途径。由于水工建筑物实际工作条件的复杂性，必须用其他分析方法处理实测资料，分离各种因素的影响，才能对比分析。

（4）建模分析。采用系统识别方法处理观测资料，建立数学模型，用以分离影响因素，研究观测物理量变化规律，进行实测值预报和实现安全控制。

常用数学模型有三种：一是统计模型，主要以逐步回归计算方法处理实测资料建立的模型；二是确定性模型，主要以有限元计算和最小二乘法处理实测资料建立的模型；三是混合模型，一部分观测物理量（如温度）用统计模型，一部分观测物理量（如变形）用确定性模型。这种方法能够定量分析，是长期观测资料进行系统分析的主要方法。

原始观测值绝大多数以数字形式提供，少部分是以模拟的方式输出，如持续记录仪器所绘出的曲线。对于变形监测网的周期观测数据需进行观测值的质量检查，如完整性、一致性检查，进行粗差和系统误差检验，方差分量估计，保证变形观测数据处理结果正确可靠。对于各监测点上的时间序列实测资料，通过插值方法或拟合方法整理成等间隔时间的观测序列以便供变形分析使用。观测成果计算和分析中的数字取位应符合规范规定，如取至0.1mm或0.01mm。原始记录成果应整洁、清晰，不得涂改，严禁作伪；计算成果应完整、正确，图表应整齐、美观。

每一项变形测量工程应提交下述综合成果资料：技术设计书和测量方案；监测网和监测点布置平面图；标石、标志规格及埋设图；仪器的检校资料；原始观测记录（手簿和/或电子文件）；平差计算、成果质量评定资料；变形观测数据处理分析和预报成果资料；变形过程和变形分布图表；变形监测、分析和预报的技术报告。

为了获得很高的精度和可靠性，变形观测的数据量通常很大，这使数据处理和成果解释变得复杂。因此，需要从大量数据中提取有用信息，使提交的成果既概括直观，又能反映本质的东西。在技术设计阶段就必须明确，成果中哪些参数、哪些变形需要提交；提交成果最简单清晰的图表形式及格式；所有的成果都须附上精度说明，最好给出置信域。

7.4.2 成果表达

变形监测的成果表达主要包括用文字、表格和图形等形式进行表达，也可采用现代科技如多媒体技术、仿真技术、虚拟现实技术进行表达。这里讲述传统的表达方法。变形监测、分析和预报的技术总结和报告是最重要的成果。成果表达最重要的是正确性和可靠性，其次才是表达的逻辑性和艺术性。在正确、可靠的前提下，结构的严谨、文字描述的流畅。

图表结合的恰当则显得十分重要。表格是一种最简单的表达形式，用它直接列出观测成果或由之导出变形。表格的设计编排应清楚明了，如按建筑阶段或观测周期编排。变形值与同时获取的其他影响量如温度、水位等数据可一起表达。图形表达最直观，形式也最丰富多彩。表达的形式取决于变形的种类和研究的目的，还要满足业主的要求，应结合实际情况设计具有特色的最好表达形式。下面结合一些例子予以说明。

图7-11所示为某建筑的荷载变化及监测点沉降过程曲线图，图中包括时间（年月）、荷载、施工情况及沉降过程曲线，并绘出了曲线的置信区间。

图7-12所示是某大楼的沉降变形监测示意图，在主楼南边新修建一幢大楼和地下停车场。沉降变形监测方案为：布设了23个高程监测点，采用精密水准测量，监测点的高程精度为0.5mm；按建筑阶段划分成基础开挖处理、基础完成、地下水位下降、框架完成和全部建成五个阶段；共进行八期观测，其中基础开挖处理阶段观测三个周期，基础完成阶段一个周期，地下水位下降阶段两个周期，框架完成和全部建成阶段各一个周期。沉降变形监测贯穿于整个建筑过程。沉降变形监测的作用是：通过监测的沉降值与预先设计的沉降值进行比较来控制施工进程，如果偏差过大，则要缩短观测周期之间的时间间隔，并快速提交处理成果；通过监测，还可分析沉降变形的主要原因，如本例的沉降主要与基础开挖加固方式和地下水位下降有关，但对各点的影响也大不相同，1～14点的影响甚微，16、17、20点的影响较大，但未超过限值。带状基础的结构有100cm×50cm和50cm×30cm两种，不同的结构对沉降有不同的影响。

荷载(吨)	5 000																								
	10 000																								
	15 000																								
	20 000																								
	25 000																								

图 7-11　某建筑的荷载变化及测点沉降过程曲线(99%的置信域)

图 7-12　某大楼沉降变形监测示意图

　　配合某大楼的沉降变形监测示意图，还设计了一个信息非常丰富直观的表，表 7-2 列出了该大楼从零周期到八周期各监测点的高程值，各监测点的各周期相对于零周期和上一周期的绝对沉降值，有各周期的监测时间(年月日)，所在建筑阶段。由某一监测点两相邻周期之间的相对沉降值，通过内插可以得到任一时间的相对于零周期的沉降量，称为监测点的绝对变形值，由此，可以绘出该点变形过程曲线(参见图 7-11)，对变形过程曲线做曲线拟合，可进行变形预报，即根据拟合曲线得到某一未来时刻的变形值(预报值)。当实测值与预报值相差过大时，则需分析原因并缩短观测周期间隔。表 7-2 中的绝对变形量不能反映大楼的内部变形，大楼的内部变形可从表 7-3 得到。表 7-4 列出了该大楼从零周期到八周期，两相邻监测点的之间的高差，以及该高差相对于零周期和上一周期的变化，同时也标出了各周期的监测时间(年月日)，所在建筑阶段。两相邻监测点之间的高差相对于零周期的变化量，可称为相对沉降值，由这种相对沉降值可以得到两点间的倾斜量及其变化，倾斜量是根据两点之间的相对沉降值，按建筑物侧边或对边用每米的相对沉降值来描述，倾斜量的测定是沉降监测的重要目的之一。

在基坑变形沉降监测中，对于基坑的回弹可绘制如图 7-13 所示的基坑回弹纵横断面图，图中，T_1，T_2，T_3，T_4，T_5 为基坑纵断面监测点，T_6，T_7，T_8，T_9 为基坑横断面监测点，由图可见，并不完全是基坑的中部的回弹最大。

图 7-14 所示为荷载-土层深度-沉降量曲线图，图中分 I_1、II_1、II_2、II_3 和 III_4 共 5 种土层，标出了各土层的深度，在不同深度埋设了标 1 到标 5 共 5 个监测标点，从 1979 年 10 月 30 日至 1981 年 3 月 6 日共进行了 9 期观测，土层上的荷载与观测周期相对应，各周期监测标点的沉降量(S)、荷载(P)和土层深度(Z)的关系十分直观、清晰。随着荷载的增加，沉降量不断增大，土层越深，沉降量越小，地面的沉降量最大。

沉降量还经常采用绘制平面等值线图的方式描述。图 7-15 所示是某大楼的沉降等值线图，图中标有监测点点号，其后括弧内的值为沉降量。

图 7-16 所示是某大坝断面的铅直观测布置图及在不同坝高的水平位移时间过程线图。图分为三部分，第一部分为大坝某一断面上监测点布设示意图，采用铅直基准线法，注出了每一监测点的高程，如从底部的 2020.0 到顶部的 2153.0，共有 9 个监测点；第二部分为水位和温度曲线，从 1981 年 9 月开始，还观测上、下游坝面两种温度；第三部分表示采用连续自动观测方法，9 个监测点的水平位移变形曲线，拱冠的外部观测采用大地测量方法进行周期观测。上述三个部分特别是二、三部分可以对照，非常直观。图 7-17 绘出了该大坝断面从 1982 年 6 月、1982 年 7 月、1982 年 8 月(两次)、1982 年 9 月、1982 年 10 月、1982 年 11 月、1982 年 12 月、1983 年 2 月、1983 年 3 月、1983 年 6 月共 11 个周期用测倾仪测得的挠度曲线图，同时绘出了水位过程曲线，说明中给出了置信范围。

当监测点点数不多时，可将几期的位移成果绘在一张图上，并与影响量相联系。图 7-18 所示是某拱坝坝顶多期观测的位移矢量图，除平面图、剖面图与比例尺说明外，还列表说明了各周期的观测时间和库水位图。图 7-19 所示将滑坡体上几个断面监测点的水平位移和沉降位移绘在一起，并绘出了滑坡周界。图 7-20 则是对大坝变形的立体表达，很生动直观，但没有精确的变形值信息，需与其他图表配合使用。

在图形表达中，比例尺的选择十分重要，变形体的比例尺与变形的比例尺要选配得当。若有多种图在一起，其比例尺应统一。对于多周期观测，要考虑图形的增绘。使用的颜色和符号要有助于加强表达效果，注记要吸引人，图中的信息应完备。要将测量与制图知识结合起来，绘出的图让非专业技术人员也能看懂。上述各种图形表达，应实现用计算机辅助制图完成。

表 7-3

某大楼高程监测点的绝对沉降值

周期与时间、建筑阶段：
- 1（零周期）1982.2.2
- 2 1982.2.12 基础开挖处理
- 3 1982.2.25
- 4 1982.3.1~4 基础完成
- 5 1982.3.23 地下水位下降
- 6 1982.4.7 最低地下水位
- 7 1982.6.7 框架完成
- 8 1983.9.30 全部建成

监测点点号	1 高程(m)	2 高程(m)	2 沉降上周期(mm)	3 高程(m)	3 沉降上周期(mm)	4 高程(m)	4 上周期(mm)	4 零周期(mm)	5 高程(m)	5 上周期(mm)	5 零周期(mm)	6 高程(m)	6 上周期(mm)	6 零周期(mm)	7 高程(m)	7 上周期(mm)	7 零周期(mm)	8 高程(m)	8 上周期(mm)	8 零周期(mm)
1	9.568					9.568						9.568			9.568			9.567	-1	-1
2	9.058					9.059	+1	+1				9.059		+1	9.059		+1	9.058	-1	
3	8.611					8.612	+1	+1				8.611	-1		8.612	+1	+1	8.611	-1	-1
4	7.769	7.769				7.770	+1	+1	7.770		+1	7.770		+1	7.770		+1	7.768	-2	-1
5	7.632	7.629	-3			7.629		-3	7.630	+1	-2	7.629	-1	-3	7.628	-1	-4	7.626	-2	-6
6	7.632	7.628	-4			7.628		-4	7.628		-4	7.628		-4	7.627	-1	-5	遮挡		
7	7.525	7.520	-5			7.520		-5	7.521	+1	-4	7.520	-1	-5	7.520		-5			
8	7.368	7.365	-3			7.364	-1	-4	7.365	+1	-3	7.364	-1	-4	7.364		-4	7.360	-4	-8
9	7.360	7.358	-2	7.357	-1	7.357		-3	7.358	+1	-2	7.357	-1	-3	7.357		-3	遮挡		
10	7.384	7.382	-2			7.382		-2	7.382		-2	7.382		-2	7.382		-2	·		
11	7.388	7.387	-1			7.387		-1	7.387		-1	7.387		-1	7.387		-1	·		
12	7.391	7.390	-1			7.390		-1	7.390		-1	7.390		-1	7.391	+1				
14	7.713	7.712	-1	7.713	+1	7.712	-1	-1	7.712		-1	7.713	+1		7.714	+1	+1	7.711	-3	-2
15	7.768	7.767	-1	7.767		7.767		-1	7.768	+1		7.768			7.768			7.766	-2	-2
16	7.444	7.442	-2	7.432	-10	7.431	-1	-13	7.432	+1	-12	7.432		-12	7.432		-12	7.429	-3	-15
17	7.909			7.901	-8				7.900	-1	-9	7.900		-9	7.900		-9	7.896	-4	-13
18	7.794			7.794					7.795	+1	+1	7.794	-1		7.796	+2	+2	7.795	-1	+1
19	7.953	7.954	+1	7.950	-4	7.950		-3	7.951	+1	-2	7.951		-2	7.951		-2	7.948	-3	-5
20	7.803			7.793	-10	7.793		-10	7.793		-10	7.793		-10	7.794	+1	-9	7.791	-3	-12
21	7.956			7.954	-2	7.953	-1	-3	7.953		-3	7.953		-3	7.953		-3	7.951	-2	-5
22	7.716	7.716		7.716		7.716			7.716			7.716			7.716			7.712	-4	-4
23	7.700	7.699	-1			7.699	-1	-1	7.700	+1		7.700			7.699	-1	-1	7.695	-4	-5

164

表7-4

某大楼相邻高程监测点相对沉降值

周期	零周期		复测周期																				
	1	2			3			4			5			6			7			8			
日期	1982.2.2	1982.2.12			1982.2.25			1982.3.1~4			1982.3.22			1982.4.7			1982.6.7			1983.9.30			
建筑阶段	零周期	基础开挖处理						基础完成			地下水位下降			最低地下水位			框架完成			全部建成			
监测点编号	高差Δh (mm)	高差Δh (mm)	相对沉降上周期 (mm)	相对沉降零周期 (mm)	高差Δh (mm)	相对沉降上周期 (mm)	相对沉降零周期 (mm)	高差Δh (mm)	相对沉降上周期 (mm)	相对沉降零周期 (mm)	高差Δh (mm)	相对沉降上周期 (mm)	相对沉降零周期 (mm)	高差Δh (mm)	相对沉降上周期 (mm)	相对沉降零周期 (mm)	高差Δh (mm)	相对沉降上周期 (mm)	相对沉降零周期 (mm)	高差Δh (mm)	相对沉降上周期 (mm)	相对沉降零周期 (mm)	
1																							
2	-510							-509		+1				-509	-1	+1	-509	+1	+1	-509		+1	
3	-447							-477									-447	-1	-2	-447			
4																							
5	-138	-140	-2					-140		-2	-140	-2	-2	-141	-1	-3	-141	-3	-3	142		-4	
6	+1	-1	-2					-1		-2	-2	-2	-3	-2	-1	-3	-1	+1	-2				
7	-107	-108	-1					-108		-1	-107	-1	-1	-108	-1	-1	-108		-1				
8	-157	-155	+2					-156	-1	+1	-156	+1	+1	-156	-1	+1	-156	+1	+1		-1		
9	-8	-7	+1					-7		+1	-7	-1	+1	-8			-7	+1					
10	+23	+24	+1					+24		+1	+25	+1	+2	+25	+2	+2	+25	+2	+2				
11	+4	+5	+1					+5		+1	+5	+1	+1	+5	+1	+1	+6	+1	+2				
12	+3	+3						+3		+1	+3			+4	+1	+1	+4	+1	+1				
14	+322	+322						+323	+1	+1	+322	-1		+323	+1	+1	+323	+1					
15																							
16	-325	-325			-334	-9		-336	-2	-11	-336	-11	-11	-366	-11	-11	-366	-11	-11	-338	-2	-13	
17																							
18	-115				-106	+9		-106		+9	-105	+1	+10	-106	-1	+9	-104	+2	+11	-101	+3	+14	
19																							
20	-150				-157	-7		-157		-7	-158	-1	-8	-157	+1	-7	-157	-1	-7	-158	-1	-8	
21	+152				+160	+8		+160		+8	+160	+1	+8	+160	-1	+8	+159	-1	+7	+160	+1	+8	
22																							
23	-17	-18	-1					-17	+1	+1	-16	+1	+1	-17	-1		-17			-17			

165

图 7-13　基坑回弹的纵横断面图

图 7-14　土层的荷载沉降量深度(*P-S-Z*)曲线图

图 7-15　某大楼的沉降等值图

7.4.3　成果解释

对由测量获得的变形的解释需要多学科专业知识，因此，在变形监测的整个过程中，测量人员与建筑设计人员、工程地质人员以及其他有关专业人员的合作是非常重要的。对变形的解释与变形体的性质和监测目的有关，需要解答以下的问题：

（1）是变形体及其环境的状态安全监测还是交通安全监测或运行安全监测；

（2）需在不同荷载情况下，对变形体的变形模型做检验验证；

（3）根据岩土力学性质建立物理力学模型；

（4）工程整治的效果怎样；

（5）对地球物理或物理假设进行验证；

（6）对工程建筑物进行监测和检验；

（7）采取建筑措施后做建筑物的安全证明。

在安全证明方面，需要快速地得到结果，例如通过获取倾斜位置及倾斜量，来说明采取加固措施后的效果。一般要选取一些监测点，将测量得到的变形值与事先给出的一个界限值进行比较，用统计检验的方法检验变形是否显著。如果出现不安全现象，如超出设计预估的趋势性变形，则需要做详细的变形分析。例如，对所能得到的全部资料进行处理，以便找出变形产生的原因并提出整治方案。这时，对成果仅做概括性地表达或一般的整理就不能达到目的了。

如果变形分析的目的是为了检验所建立的变形模型，则要将按模型预测的变形量与测量获得的量进行比较，若结果相差很大，一般要对模型做修改：改变模型参数或对模型进

图 7-16　某大坝垂线测线上不同高程面上的水平位移曲线

行扩展。这种修改要在证实有附加的变形影响因子情况下进行。对于物理力学模型也是类似的，往往偏差更大，这是因为材料的物理力学参数选取近似性很大。对于地球物理或物理假说，更难给出一个先验值，因此，测量所获得的变形量是各种建模的基础。然而，若能找到确定性的数学公式，它既能进行有意义的解释，又能支持某种假说或能导出新的认

图 7-17　某大坝用测倾仪测得的挠度曲线图

图 7-18　多期位移矢量

识，这无疑是最好的解答。

169

图 7-19 某滑坡体上的位移和沉降矢量图

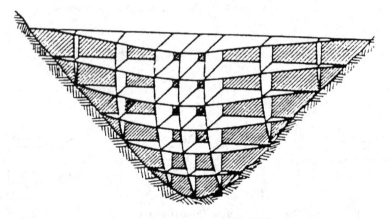

图 7-20 大坝水平位移的立体表

◎ 本章重点和难点

重点：工程建筑物变形监测的目的及意义，变形体的几何模型和几种典型的变形模型，变形监测方案设计，监测网参考点的稳定性分析，变形监测数据处理的回归分析法，变形观测资料整理的成果表达和解释。

难点：变形监测方案设计，变形的几何分析和物理解释。

◎ **思考题**

（1）工程建筑物变形监测的意义何在？其目的和作用主要表现在什么方面？

（2）工程建筑物的变形监测有哪些特点？

（3）什么叫变形影响因子？

（4）什么叫变形体的几何模型？

（5）工程变形监测有哪些常规的、现代的和特殊的技术与方法？发展趋势如何？

（6）变形监测方案设计包括哪些内容？

（7）在确定变形监测精度时需考虑哪些问题？

（8）在监测方案设计中确定变形监测费用时需考虑哪些问题？

（9）什么叫绝对变形？什么叫相对变形？

（10）什么叫参考网？参考点稳定性分析有哪些方法？

（11）什么叫组合后验方差检验法？

（12）什么叫平均间隙？什么叫最大间隙？什么叫平均间隙加最大间隙法？

（13）变形观测数据处理有何特点？

（14）什么是回归分析？

（15）什么叫回归平方和？什么叫残差平方和？什么叫总离差平方和？它们有何关系？

（16）什么是相关系数？什么是复相关系数？什么是偏相关系数？

（17）什么叫逐步回归？

（18）什么叫变形的几何分析和物理解释？

（19）除回归分析法外，还有哪些变形分析方法？

（20）变形观测资料整理的内容和方法包括哪些？

（21）变形监测成果表达的手段有哪些？

第8章 设备安装检校测量和工业测量

设备安装检校测量是许多工程建设的基础性测量工作，涉及特殊的仪器、技术和方法，工业测量已逐渐发展成为一门课程，在工业制造、国防和科学实验领域得到应用。本章主要介绍大型设备安装检校测量的仪器、技术和方法，三维工业测量系统及大型天线安装检校测量实例。

8.1 概述

大型设备安装检校测量和工业测量称为微型大地测量和大型计量测量，主要还是采用大地测量和工程测量的原理与方法，在大结构、大构件和大尺寸上达到计量级的精度，如0.01~0.05mm。在工程测量中，涉及大型设备的安装检校测量工作很多，涉及的领域也很广，对精度的要求也很高，所使用的测量仪器、技术和方法也很多，常常需要研制和使用专用的测量仪器和工具，所需要的时间很长，有的要贯穿一个工程建设的整个过程，长达数年。如高速铁路的轨道板和轨道的精密调校、大型天线的安装检测、大型升船机的建设和机电设备安装检测以及高能粒子加速器工程中四级磁铁的安装调校测量等；在航天器、飞机、船舶和汽车制造业的产品组装检测中，大型水轮发电机组的安装中，大地测量和工程测量技术方法特别是工业测量系统的应用越来越多，逐渐弱化了过去的一些机电测量和计量方法。

我们知道，过去许多设备如中小型工业设备的安装检测并不是采用大地测量和工程测量方法，而是采用一些机电测量和计量方法，如使用较多的三坐标量测机，是将被测的产品或工件搬到测量机的工作台上，采用精密丝杆、刻线尺、光栅、感应同步器、磁尺和码尺等组成的机械式、光学式和电气式测量系统，多为接触测量方式，测量精度用测量不确定度描述；在水轮发电机组的安装中，应用的测量工具是平尺、塞尺、卡尺、千分尺和千分表等，制作的专用工具有中心架、求心器、水平梁、测圆架等，但需要与精度较高的测量仪器如水准仪、全站仪配合使用，来完成安装调校测量工作。

随着航天航空工业、国防工业和科学研究实验的发展和需要，大型设备安装与检校的测量工作将越来越多，要求也越来越高，大地测量和工程测量技术方法将在工业测量中占主导地位。

8.2 设备安装检校的控制测量

大型特种设备的安装、检校，要求的精度很高，甚至达到了计量级，如0.001~0.01mm。须建立安装测量控制网。为大型设备构件的安装定位而布设的控制网主要是平面网。安装测量控制网一般在土建工程施工后期布设，多在室内，也是设备运营期间变形监测和检修调校的依据。安装测量控制网通常是一种微型边角网，边长较短，从几米至一百多米，整个网由形状相同、大小相等的规则图形组成，其特点可参见本书4.2.4节。对于一般小型设备的安装，只需要建立少数参考点，通过自由设站法建立测量坐标系，不需要建立专门的安装测量控制网。设备安装的高程控制，需建立高程控制点，大多采用精密水准测量，因范围小，比较简单，在此从略。下面介绍几种特殊的控制网形式。

（1）直伸三角形。用于线状设备的安装、检校，如直线型粒子加速器，多采用边角全测的三角形网。由于激光跟踪仪的测距精度显著高于电子全站仪，若用激光跟踪仪来测量网中的边长，一般是按间接测量方法得到，网形会复杂一些。

（2）环形控制网。多用于大型正负电子对撞机或高能物理粒子加速器工程，布设在地下环形隧道内，整个网由形状相同、大小相等的基本图形（大地四边形、三角形）组成，参见本书4.8.4节，高速运动的粒子束在大型四极磁铁所形成的真空腔中飞行，要求相邻磁铁的相对径向精度达0.1~0.15mm，为了磁铁的安装、检校和运行期间的变形监测，要沿环形隧道布设控制网。基本图形为三角形的网一般为测高环形三角形网，测高三角形如图8-1(a)所示。对每一狭长三角形中，除边角全测之外，还要用专用工具测量三角形长边上的高，可以显著提高网点的精度。如采用专用钢瓦测距仪 Distinvar 测距，精度可达0.03~0.05mm，采用0.5″级仪器测角，尽管也可达到很高的精度，但因视线靠近隧道壁，受旁折光影响，会降低测角精度，测高是提高角度精度的一种间接测角方法。如图8-1(a)所示，在三角形 $\triangle ABC$ 中，设测角中误差 $m''_\beta = 1.0''$，测边中误差为 $m_S = 40\mu m$，测三条边和三个角，通过平差，平差后转角 α_A 的精度为 $0.99m''_\beta$，几乎没有改变。如果加测长边上的高 h，三角形内角的计算公式为：

$$m''_{\alpha_B} = m''_{\alpha_C} = \rho'' m_S \cdot \tan\alpha_B \sqrt{\frac{1}{h^2} + \frac{1}{s_1^2}} \qquad (8\text{-}1)$$

$$m''_{\alpha_A} \approx 2m''_{\alpha_B} \qquad (8\text{-}2)$$

某实例中，环的半径 $R = 233.45m$，布设60个控制点，$\alpha_B = \alpha_C = 3°$，$S_1 = 24.4m$，$h = 1.28m$，代入上面公式，可得：$m''_{\alpha_A} = 0.68''$，$m''_{\alpha_B} = m''_{\alpha_C} = 0.34''$。通过测高，显著地提高了角度的精度。

图 8-1　环形控制网

大地四边形环锁的图形结构比较坚强，可测全部边不测角度，但需要四种不同长度的钢瓦尺，工作量较大（见图8-1(b)）。

(3)三维控制网。指采用全站仪或激光跟踪仪,获取斜距、水平角、天顶距等观测元素,进行三维平差得到网中待定点三维坐标的网。为了消除外界条件影响,垂直角也进行对向观测。三维网在理论上是完善的,可避免二次布网、观测和平差,有应用前景。

8.3 设备安装检校中的若干测量

在设备的安装检校中,常设及精密定线、短边精密测角和短边方位传递,本节将予以详细讲述,此外对设备安装检校的传统的、现代的方法进行扼要说明。

8.3.1 精密定线

设备安装检校和调试中精密定线方法主要有外插定线法、内插定线法和归化法,与建筑物施工放样中的直线放样和归化法放样的原理相同,参见本书第 6 章 6.2.1 节和 6.2.2.2 节。

(1)外插定线法。已知 A 、B 两点,要在延长线上定出一系列待定点,称为外插定线法。外插定线使用全站仪或经纬仪,如图 8-2 所示,将仪器架在 B 点,盘左照准 A 点,固定照准部,然后把望远镜绕横轴旋转转 180°定出待定点 $1'$;盘右重复上述步骤,定出 $1''$;取 $1'$ 、$1''$ 的中点即为 1 号点的最终位置。可以仿此放样出 2 号点,当 B 、2 两点相距较远时,可将经纬仪设在 1 号点上,用 A 、1 两点来放样出 2 号点。若要放样一批点,可一站一站地往前搬,称逐点向前搬站外插定线。

图 8-2 外插定线

(2)内插定线法。在地面 A 、B 两点构成的直线上放样出 P 点,称为内插定线法。如图 8-3 所示,在 A 或 B 点设置仪器,照准 B 或 A 点,固定经纬仪照准部,即可放样出 P 点。

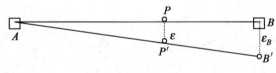

图 8-3 内插定线

(3)归化法。若 A 、B 两点不能设置经纬仪(如为设备上的两点),在概略点 P' 架设经纬仪,P' 基本位于 AB 直线上,用外插定线法在 B 点附近放出点 B',量 BB' 的距离 ε_B,则可得 PP' 的距离为 ε:

$$\varepsilon = \frac{S_a}{S_a + S_b} \cdot \varepsilon_B \tag{8-3}$$

将 P' 点往 P 点方向改正 ε（称为归化）即可得到 P 点。实际中，不是一次就可将 P 点改正到 AB 直线上，需逐步归化。可在 P' 点上'测量$\angle AP'B = \gamma$，利用 γ 角来计算归化值

$$\varepsilon = \frac{S_a S_b \sin\gamma}{L} \tag{8-4}$$

式中，S_a、S_b、L 采用概略距离即可（参见图 8-4）。由于 γ 角接近 $180°$，故 $\Delta\gamma = 180° - \gamma$ 为小角度，上式可化为

$$\varepsilon = \frac{S_a S_b}{S_a + S_b} \cdot \frac{\Delta\gamma''}{\rho''} \tag{8-5}$$

根据归化值将 P' 点调整到 P 点，再测 γ，直到 $\Delta\gamma$ 满足给定的限差。

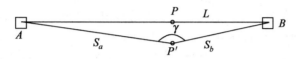

图 8-4　归化法定线

8.3.2　短边精密测角

一些特殊的安装项目，如将方位角传递到平面镜或立方镜上，指导设备的姿态调整，由于两点间只有几米至十几米，要确保证角度和方位传递精度，需要采取特殊的测量方法，进行短边角度和方位测量。

短边测角的主要误差有：仪器和目标对中和照准偏心误差、望远镜调焦误差和经纬仪垂直轴倾斜误差等。

8.3.2.1　对中误差的影响

如图 8-5 所示，设对中误差 $e_1 = e_2 = e_3 = e$，边长 $s_1 = s_2 = s$，$\beta \approx 180°$，那么由仪器对中误差（此时不考虑目标偏心误差）产生的测角中误差为

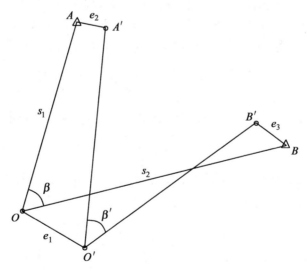

图 8-5　偏心误差对角度测量的影响

175

$$m_{\beta_y} = \frac{\sqrt{2}e}{s} \cdot \rho'' \tag{8-6}$$

同样,由目标的偏心误差(不考虑仪器对中误差)产生的测角中误差为

$$m_{\beta_b} = \frac{e}{s} \cdot \rho'' \tag{8-7}$$

目标偏心误差和仪器对中误差可认为相互独立,这两项误差产生的测角误差为

$$m_{\beta} = \frac{\sqrt{3}e}{s} \cdot \rho'' \tag{8-8}$$

对中方法有垂球对中、光学对点器对中、激光对点器对中、对中杆对中和强制对中等方法,垂球对中误差一般为 2~3mm,对中杆对中误差在 1mm 左右,经过严格检校的光学对点器的对中精度可达 0.5mm,强制对中装置的对中精度一般小于 0.1mm。表 8-1 给出了不同对中误差 e 和边长 s 时的测角精度 m_β (秒)情况。由表可见,当边长小于 10m 时,即使采用强制对中装置,对中误差所引起的测角误差都显著大于仪器的测角精度。

表 8-1   **对中误差所引起的测角误差 m_β**

s ＼ e	3mm	2mm	1mm	0.5mm	0.1mm
2m	535.9	357.3	178.6	89.3	17.9
5m	214.2	142.9	71.4	35.7	7.2
10m	107.2	71.5	35.7	17.9	3.6
20m	53.6	35.7	17.9	8.9	1.8

8.3.2.2 望远镜调焦误差的影响

望远镜调焦误差,是指在观测过程中,因调节望远镜物镜焦距使望远镜照准轴变动引起的测角误差。在短边情况下观测目标,望远镜调焦透镜的变动量较大,不同方向的调焦不可避免。望远镜调焦误差的光路如图 8-6 所示,O_1 为物镜光心,c_2 为分划板十字丝中心,x 为调焦镜光心(O)偏离理论照准轴 $O_1 c_2$ 的距离。如果将 c_2 看成物点,根据凹透镜的成像原理有:c_2 点可被调焦透镜成一虚像点 c_2',此时 $O_1 c_2'$ 就成了望远镜实际的照准轴。

设 c_2' 到 $O_1 c_2$ 的距离为 x',到物镜光心的距离为 l_1',那么调焦误差 α 的公式为:

$$\alpha'' = \frac{x'}{l_1'} \cdot \rho'' \tag{8-9}$$

设望远镜物镜焦距为 f_1',调焦透镜的像方焦距为 f_2',d 为调焦镜至物镜的距离,那么调焦误差的计算公式还可化为:

$$\alpha'' = \frac{d - f_1'}{f_1' \cdot f_2'} \cdot x \cdot \rho'' \tag{8-10}$$

望远镜的调焦误差有如下性质:

(1)调焦误差(照准轴偏角)与调焦物镜光心偏离物镜光心和分划板十字丝中心连线的

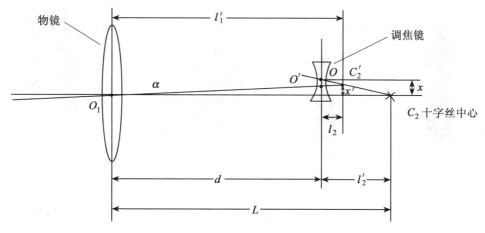

图 8-6　望远镜调焦误差示意图

距离 x 成正比。

（2）望远镜对同一目标观测调焦，如果盘左、盘右调焦透镜的光心能处于同一位置，保持调焦镜至物镜的距离 d 和 x 不变，那么盘左、盘右调焦误差的绝对值相等，符号相反，取中数可消除调焦误差的影响。

（3）对远近不同距离的目标调焦观测，调焦透镜沿望远镜套筒内壁滑行，因存在隙动差，即使对同一目标两次调焦，调焦轨迹也会发生微小的变化，这种晃动属于偶然误差，不能通过盘左、盘右取中数的方法来消除，但多次观测取中数可以减弱。

由上述分析知：短边测角时，调焦一定要用力均匀，作业前应检查望远镜调焦运行的正确性。观测时，宜采用盘左、盘右对一个目标测完后再测下一个目标。

望远镜调焦误差影响，垂直轴倾斜误差。由于边长较短，仪器与目标点之间的垂直角可能很大，因此，垂直轴倾斜误差的影响将不可忽略，由垂直轴倾斜误差的公式有：

$$\Delta v = i_v \cdot \tan\alpha \qquad\qquad (8-11)$$

式中，i_v 为垂直轴在水平轴方向（横向）上的倾斜量，α 为观测目标点的垂直角。可见 Δv 不能通过盘左、盘右取中数来消除，因此在观测中应加入垂直轴倾斜改正，或在各测回之间，重新调整仪器汽泡居中，使 i_v 呈现偶然性。

最新的电子经纬仪，在仪器设计上增加了一个液面传感器以测定垂直轴在两个方向上的倾斜量（纵向和横向），可以对垂直轴倾斜误差进行自动改正，一般称为双轴补偿功能。如徕卡公司的 T2002、T3000 的补偿范围在 ±3′ 以内，精度可达 ±0.1″。但在使用前应对补偿器性能和指标进行检测。

8.3.2.3　照准标志的影响

短边下的照准标志和照明条件非常重要，好的照准目标和照明条件可减轻观测者的疲劳程度，可提高照准精度和加快速度。好的照准目标其形状和大小应便于精确瞄准，没有测量相位差，反差大，亮度好，目标中心应与机械轴重合。觇标分条形、楔形和圆形，如图 8-7 所示。当目标与十字丝同宽，同样明亮、具有相同反差时，照准精度最高。

双丝夹目标系用目标两侧空隙是否对称来判断是否照准目标。设十字丝双丝间隔的宽度为 t，目标像两侧空隙宽为 b，如图 8-8 所示，则目标宽为

(a)   (b)   (c)

图 8-7　觇标图案   图 8-8　双丝目标

$$d'' = t'' - 2b'' \tag{8-12}$$

大多数仪器, t 在 $30'' \sim 40''$ 之间, 如果取 b 为 $5''$, 则目标宽 d 在 $20'' \sim 30''$ 之间。

8.3.3　短边方位传递

运载火箭的惯性制导系统, 舰船和飞机上的定位定向惯导平台, 都是以陀螺为核心的装置, 这些装置在使用前均应对陀螺进行测试和方位标定, 作为设备校准的基准。

由于这些设备一般都是在实验室内, 不能直接测定天文方位角。通常是在室外选一天文观测点, 测定某一方向的天文方位角, 再将其传递到室内。传递中, 由于边长很短, 故称为短边方位传递。短边方位传递的方法有互瞄十字丝法和互瞄内觇标法。

(1)互瞄十字丝法。一般用三台精密经纬仪作业, 旨在克服对中和调焦误差影响, 称为角导线互瞄法(图 8-9), 先将两台经纬仪望远镜的焦距调整到"无穷远"位置, 由于经纬仪的十字丝是处在物镜的焦平面上, 互瞄十字丝时, 望远镜实际上是一个平行光管, 互瞄十字丝后, 可实现两经纬仪视准轴互相平行, 而不是重合, 如图 8-10 所示。

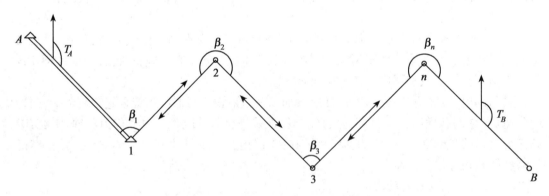

图 8-9　角导线互瞄十字丝法方位传递

由于望远镜的视准轴相互平行, 因此不会影响方位角计算, 其公式仍为

$$T_B = T_A + \sum_{i=1}^{n} \beta_i + n \times 180° \tag{8-13}$$

经纬仪互瞄法需三台仪器, 仅在 A、B 上设置观测目标, 在 1 到 n 各点架设经纬仪采

用互瞄十字丝法观测。先用盘左互瞄，从 1 测到 n 点，然后用盘右，从 n 测到 1 点，为一个测回，一般要观测 9~12 个测回。每次互瞄的方向是变化的，因此每个角的半测回互差（2C）和测回互差都不作比较，仅检查最后一条边方位角 T_B 的测回互差。用徕卡公司的 T3000A 电子经纬仪进行互瞄十字丝法，方位角传递的精度很高，可达到优于 0.5 ″的精度。

图 8-10　互瞄十字丝法的视准轴关系

（2）互瞄内觇标法。徕卡公司的电子经纬仪 T3000 和 TM5100 的望远镜内可安装内觇标，与视准轴的偏差小于 4″，内觇标偏差可通过经纬仪的两个度盘位置观测取中数消除。互瞄内觇标法，测量的是仪器的中心，需要调焦，在测站设计时应尽量使各站间的距离相等，以减弱调焦误差影响，如果测站是稳定的，测站间的角度值则是固定的，因此内觇标互瞄法可以检查角值的测回互差。

8.4　设备安装检校测量的方法

8.4.1　传统测量方法

传统的测量方法主要是机械法和光学法。如水轮机发电机组安装中所使用的平尺、塞尺、卡尺、千分尺、千分表和专用工具中心架、求心器、水平梁和测圆架，测量三维构件尺寸的高度尺和量规属于机械法，对大型天线进行检测的样板法和数控机床法也是机械法；光学法有双五棱镜法、经纬仪交会法和经纬仪带尺法。

8.4.2　现代测量方法

1. 射电全息法

全息现象由匈牙利物理学家 D. Gabor 于 1947 年发现，1968 年在前苏联用于天线测量。射电全息法是基于天线远场复方向图与天线口面上场分布间的傅立叶变换关系，通过测量远场复方向图反推天线口面上的场分布（振幅和相位分布），再根据场相位分布，获取天线实际表面与设计抛物面的偏差。该法是提高毫米、亚毫米波射电望远镜大型天线表面精度的一种精调方法和变形监测方法。大型抛物面天线受重力、温度和风荷载作用引起变形，导致抛物面天线表面偏离设计曲面，使系统的性能下降。所以天线的安装检测至关重要。传统测量方法费时费力，要求天线指向天顶，测量结果不能全面反映天线的实际工作状况。我国紫金山天文台对 13.7 m 射电望远镜进行射电全息测量，结果推得天线实际表面与设计抛物面偏差的均方根值为 0.248 mm，与经纬仪带尺法结果基本相符。美国的 GBT 天线，射电全息法表面精度从 1.1 mm（用经纬仪）提高到 0.53 mm；日本 45 m 的 Nobeyama 天线，表面精度从 0.2 mm 提高到 0.065 mm，已接近单块面板的精度（0.051 mm）。

2. 准直测量方法

大型机器设备的轴线常常在一条直线或规则曲线上，准直测量实质是测量一点到基准线的垂直距离或到基准线所构成的垂直平面的距离（称偏距），偏距的测量称为准直测量。基准测量即基准线测量，可参见本书的 3.4.1 节基准线法测量。在设备的安装检校中，有引张线准直法、尼龙丝准直法、激光准直法和波带板激光准直法等，下面简单介绍引张线准直法。

在北京正负电子对撞机中，加速器直线段的准直测量精度要求为 0.2mm，采用了一种机械准直法，在两个基准点间吊挂一条引张线，用垂直投影仪测量中间点到引张线的偏距。引张线采用直径为 0.2~0.4mm 的高强度弹性钢丝，受气流影响，钢丝有残余变形误差，需要进行修正。为减少气流影响，可把引张线布置在防风筒内，采用浮托装置可修正大跨度引张线产生的垂曲，采用电感位移传感器，也可实现引张线测量的自动化（图 8-11）。

图 8-11　引张线测量自动化装置

3. 工业测量系统

大型设备的安装检校测量可采用工业测量系统，详见本章 8.3 节。

4. 三坐标测量机

三坐标测量机是工业部门特别在中小型工业设备的安装检测中应用很多，下面仅作简单介绍。三坐标测量机由主机、测头和电气系统三部分组成（图 8-12），主机由框架结构、标尺系统、导轨、驱动装置、平衡部件、转台与附件组成（图 8-13），其中标尺系统是坐标测量机的重要部分，也称测量系统，大多使用光栅、感应同步器和光学编码器测量，也有采用激光干涉仪进行高精度测量。测头的基本功能是测微和瞄准，分接触式和非接触式，多采用接触式自动测量，如以电触、电感、电容、应变片、压电晶体等为传感器来接收测量信号。电气系统由电气控制系统、计算机硬件、测量机软件和打印绘图装置等组成，起采集、处理数据及输出等作用。

原理：将被测物件置于三坐标测量机的测量空间，根据互相垂直的三个导轨和一个工作平台，获取物件上各点在"正交坐标系"的坐标，经数学运算，得到被测物件的尺寸和形状。三坐标测量机得益于精密机械、电子和计算机技术的发展，解决了精密导轨设计加工和大位移测量(采用感应同步器、光栅和激光干涉仪等)等问题,加上计算机和软件,到 20 世纪 60 年代才得到迅速发展,由于它通用性强、测量范围较大、精度高、性能好,能与柔性制造系统连接,有"测量中心"的美誉。三坐标测量机的自动化程度高、操作简单,一般不需要多少测量知识,所以操作者鲜有测量人员。但随着测绘科技的进步,测量人员将会越来越多地进入工业测量领域,即使用三坐标测量机进行中小型工业设备的安装检测,测量人员比其他专业的人员在误差和数据处理知识方面要更好。

图 8-12　三坐标测量机的组成

图 8-13　三坐标测量机主机结构

8.5　三维工业测量系统

三维工业测量系统是用于工业部门的各种测量系统的总称。对于大型机器、设备的精密定位和准直测量,对于大型工业设备和结构的检查、调整、装配、安装以及维护等,不可能将所有的机器设备搬到三坐标机上进行测量,而只能在施工现场通过角度、距离测量相结合的办法,构建一个"非正交坐标系"测量系统即三维工业测量系统进行坐标测量。它比属于"正交坐标系"的三坐标机的测量空间开阔,具有可移动,测量方便灵活的优点,甚至可采用非接触测量方式,在设备安装检校和工业部门得到广泛应用。

三维工业测量系统按硬件分为:全站仪测量系统、激光跟踪测量系统、工业摄影测量系统、距离交会测量和室内 GPS 系统。下面只作简单介绍。

8.5.1　全站仪测量系统

全站仪测量系统就是电子全站仪构成的测量系统,包括由电子经纬仪构成的测量系统,由于电子经纬仪将逐渐被电子全站仪所替代,可以认为经纬仪测量系只是一个过渡性系统,所以这里只讲述全站仪测量系统。

全站仪测量系统由带有马达驱动和自动目标识别的全站仪(如 TCA 2003、TDA5005等)、脚架、计算机、通信和供电装置、目标反射器以及与目标配合的附件构成。全站仪测量系统的原理为极坐标测量和前方边、角交会测量。

8.5.1.1 极坐标测量系统

由一台高精度全站仪构成，通过测量水平角α、垂直角β和斜距 S 来计算出待测点 P 的三维坐标(参见图8-14)。精确整平对中全站仪，以全站仪的三轴中心为原点，水平面为 XOY 平面，水平度盘零方向为 Y 轴，铅垂线反方向为 Z 轴，就可确定待测点在该坐标系下的三维坐标。

1995 年前，Leica 公司推出了 PCMSplus 系统，它采用 TC2002 全站仪，测角精度为 0.5″，测距标称精度为 1mm+1ppm，软件为 DOS 软件；1996 年推出了 Axyz-STM 系统，全站仪采用 TDM5005 、TDA5005 全站仪，测角精度为 0.5″，使用球棱镜在 120m 内的测距精度优于 0.3mm，使用反射片，也能达到 0.5~1mm 的精度。在几十米的范围内，点位精度可达到亚毫米级，能满足工业设备安装的精度要求。

图 8-14　极坐标测量原理图

测距精度与目标和测程有关(见图 8-15 和表 8-2)。因圆棱镜和小棱镜无法放到待测点上，故很少使用。球棱镜中心和球心始终重合，在对被测表面测量时，不管如何放置，测量点均位于测量面的法线方向，且偏距始终等于球的半径，数据归算和处理简单。厚度已知的反射片可粘贴到被测点上，数据处理也较简单。为提高精度，可作多测回观测。

图 8-15　全站仪的各种测距目标

182

表 8-2　　　　　　　　　Leica 全站仪测距目标的规格和参数

类　型	测　程(m)	加常数(mm)	测距精度(mm)
反射片	2~40 20~100 60~180	34.4	±(0.5~1.0)
球棱镜 CCR1.5″	2~600	34.9	±0.2

电子全站仪可以增加目标自动识别功能(automatic target recognition ART)，这种智能型的全站仪称为测量机器人。同时，采用自由设站方法，可以大大提高测量的精度、速度和灵活性，在工程放样中有很多应用，参见本书第 6 章 6.2.2.4 节，也适合设备的安装检校测量和工业测量。

全站仪的系统误差主要有：轴系误差、双轴补偿器误差、ATR 误差、调焦误差及测距误差等。需要对全站仪的测距系统误差进行改正和补偿，其中又以加常数、乘常数的测定和改正最重要。加常数是由于测距零点与仪器三轴交点不重合及棱镜中心和目标中心不重合造成，需对所用仪器和棱镜精确测定；乘常数主要由测距频率、大气条件和投影改正所引起。对于球棱镜和反射片而言，不宜直接用三段法测定加常数。对球棱镜，可参照激光跟踪仪基距测量方法进行，如图 8-16 所示，将全站仪分别设在测站 1、2，对两固定目标 A、B(其间距离未知)测量水平角、垂直角及斜距，从而计算出加常数 C。为提高测定精度，全站仪与目标应尽量同高，α_1 角应接近 180°，α_2 应接近 0°。若 A、B 两点的距离为已知(可用双频激光干涉仪测出)，则全站仪仅需在测站 1 设站即可测出加常数 C。

图 8-16　球棱镜加常数测定方法

在双频激光干涉仪上也可测定全站仪和球棱镜的加常数，在此从略。

全站仪的乘常数改正有两种：一是大气温度 t，气压 P 和相对湿度 H 引起的折射率改正所带来的；二是距离的投影改正所引起的。在设备安装检校和工业测量中，由于距离很短，第二种改正可以忽略。对于第一种改正，温度 t 变化 1℃，或气压 P 变化 4mbr，距离将引起 1ppm 的变化。当 t = 22 ℃，P = 997.6mbr，H = 60%时，上述变化引起的乘常数改正为 14.2ppm，对于 10m 的测量距离，也有 0.14ppm 的改正，精密测距中，是不能忽略的。

工业测量所用全站仪的近距离测距精度的检测尚无规程可循，实践中主要采用与双频激光干涉仪测量结果进行比对，或通过内符合精度采用统计方法获取全站仪的近距离测距精度。例如，对于 TCA2003 在精密测距模式下与双频激光干涉仪每隔 1m 进行比较，得到的测距精度列于表8-3。从表中可以看出，TCA2003全站仪对CCR1.5″球棱镜及反射片的测距精度都比较高，而且10 m以上的测距精度明显优于10 m以内的测距精度。上述试验中，全站仪设在双频激光干涉仪导轨的延长线上，因此棱镜常数及测角精度对测距精度几乎无影响，坐标差精度即测距精度。

表8-3 测距精度检测结果

反射器类型	测距精度（mm）		备　　注
	3~26m 范围内	10~26m 范围内	
CCR1.5″	±0.141	±0.078	ATR 单面测量
反射片	±0.229	±0.142	手工单面测量，加 GDV3 近距镜，测距光轴与反射片垂直

为考察全站仪的综合坐标测量精度，将全站仪设在与双频激光导轨相垂直的位置上，距离导轨2.3 m，角度α达到95°，小车从A点到B每隔30 cm停下，使用双频干涉仪和全站仪同时测量，AB距离为5 m，对全站仪用坐标计算得到的两点间距离和双频激光干涉仪结果进行比较，结果见表8-4。从表可见，全站仪测量系统所测得的空间坐标精度和测距精度相当，主要是因为近距离的测角误差所引起的点位误差较小，全站仪系统得到的直线度与双频激光导轨的实际直线度是一致的，说明全站仪测量系统的坐标精度也较高。

表8-4 坐标测量精度检测结果　　　　　　　　　　　　单位：mm

反射器类型	测距精度	导轨直线度	备　　注
CCR1.5″	±0.11mm	±0.12mm	手工双面测量
反射片	±0.14mm	±0.08mm	手工双面测量，加 GDV3 近距镜，测距光轴与反射片垂直

与全站仪测量系统配套的软件分为数据管理/处理模块以及全站仪控制/测量模块。商业化的软件有 Leica 公司的 Axyz CDM/STM 及 SOKKIA 公司的 MONMOS 软件。数据管理/处理模块包括数据分析和处理软件，如点、线、面拟合计算、形位误差计算和坐标转换等；全站仪控制/测量模块一般要针对不同全站仪进行设计，主要包括仪器的初始化参数设置、现场检校、联机数据采集和数据改正等。

8.5.1.2　边角交会测量系统

由两台以上高精度电子全站仪或经纬仪构成空间角度前方交会测量系统，电子经纬仪前方交会测量系统是在工业测量领域应用最早和最多的系统。从20世纪80年代开始，有 Leica 的 RMS2000、ManCAT、ECDS3 和 Axyz-MTM 等，采用 T2000/T3000/TM5000 系列的工业测量电子经纬仪，测角精度高，一测回的标称精度可达 0.5″，室内可达 0.3″，装有内觇标，有自准直功能，有精密的轴系改正系统和倾斜补偿系统，望远镜的焦距较长。今后，电子经纬仪将逐渐被电子全站仪所取代，电子全站仪可具有电子经纬仪的一切功能，同时，还具备精密测距功能，还可发展为智能型图像全站仪，可同时得到多点的坐标。由于电子全站仪通过精确对中、整平, 测量结果可以和水平面、铅垂线相联系, 适宜用于大型设备安装的指导、检测和调整。

以两台仪器为例, 其测量原理如图 8-17 所示。首先, 对 A、B 两台仪器进行系统定向, 即确定在空间的相对位置和姿态。A、B 仪器同时观测待定点 P, 可获得 4 个角度观测量和两个距离观测量(电子全站仪系统), 经数据处理可得 P 点的三维坐标。系统定向有基于大地测量控制网平差的互瞄法和基于摄影测量的光束法平差法。互瞄法可以互瞄内觇标或外觇标, 光束法则是模拟相机的姿态, 故不需整平仪器。对于电子经纬仪测量系统, 尺度可通过对已知长度尺子(约 1m 的碳纤维标准尺)测量来获得。

图 8-17　全站仪坐标测量原理图

坐标精度与系统定向、待定点位置和角度距离的测量精度有关, 与仪器的稳定性、观测标志及外界环境有关。在室外, 外界环境的影响较大, 需要选择最佳观测时间, 采用多测回自动化, 有条件时应设置高稳定性的观测墩。对于电子经纬仪系统, 目标一般选择同心圆纸质标志或空间对称的球形标志(图 8-18)。对于电子全站仪系统, 宜采用球棱镜, 或者测距只作为辅助观测。

图 8-18　经纬仪测量系统所用标志

8.5.2　激光跟踪测量系统

激光跟踪测量系统(Laser Tracker System)是由单台激光跟踪仪构成的球坐标系测量系统, 是一种大范围、大尺寸设备的、实时动态跟踪的高精度新型测量仪器。它集成了激光干涉测距、光电探测术、精密机械、计算机和现代控制技术以及数值计算理论等, 能对空间运动目标跟踪并实时测量目标的三维坐标。激光跟踪仪是一种精密的三维坐标测量仪器，它具有精度高、速度快、便于移动等优点。图 8-19 所示为徕卡公司生产的激光跟踪仪 LTD500，该跟踪仪主要由角度测量、距离测量、跟踪和控制四大部分组成（图 8-20）。和全站仪一样，激光跟踪仪采用极坐标测量原理，是和全站仪类似的测角测距仪器，在被测目标点上安置反射器，仪器的跟踪头发出激光，射到反射器又返回跟踪头，当目标移动时，跟踪头调整光束方向，对准目标，返回光束为检测系统所接收，可通过测角测距装置确定目标的空间位置。

图 8-19　激光跟踪仪 LTD500　　　　图 8-20　激光跟踪仪的结构

　　激光跟踪仪的结构设计、测距和跟踪方式与全站仪不同，测程仅到 35m，重达 30 多公斤，只适合作室内工业测量。激光跟踪测量系统在大型工件测量、定位、校准、安装及在线加工等方面，都是最有效、性价比最高的测量设备。

　　(1) 角度测量部分。有类似智能型全站仪的水平度盘，垂直度盘，步进马达及读数系统，测角精度优于±2.5″，动态性能好，采样速度可达 1000 次/秒。测量静态目标时，取多次测量均值可减弱许多误差影响。

　　(2) 距离测量部分。包括干涉法距离测量装置 (IFM)、鸟巢 (Birdbath)、绝对距离测量装置 (ADM) 和反射器。激光干涉测量装置由 He-Ne 激光器、分光镜、固定反射镜、移动棱镜、干涉条纹检测和记数器组成。干涉法测距是利用光干涉原理，通过测量干涉条纹变化来测量距离的变化。但只能测量相对距离，若要测量跟踪头中心到被测点的绝对距离，需根据跟踪头中心到鸟巢基点 (Home Point) 的已知基准距离，加上反射器从鸟巢开始移动所得的相对距离，获得到被测点的绝对距离。如果激光束被打断，则须重新回到基点重新初始化 (go home)。LTD500 增加了一个绝对距离测量 (ADM) 功能，可自动重新初始化，但只能用于静态测量，不能用于跟踪测量。激光干涉法距离测量的分辨率为 2 倍波长 (1.26 μm)，测距精度高、速度快，整体性能和精度要优于全站仪，测量范围一般为 25m 和 40m 两种。若选取两点间的观测距离来评价，当两点间的距离为 4m 时，精度达 0.057mm，当两点间的距离为 18m 时，精度达 0.095mm。

　　(3) 跟踪部分。对反射器进行跟踪，由位置检测器 (PSD) 实现，反射器反射回的光经过分光镜，一部分光进入位置检测器，反射器移动时，这一部分光将会在位置检测器上产生一个偏移值，位置检测器控制马达转动，直到偏移值为零，达到跟踪的目的。

(4)控制部分。包括控制器和电缆,用于与计算机之间进行数据交换。此外,还有由外壳、适配器和底座组成的支撑部分。

仪器本身没有精确整平装置,可选择外接的电子气泡如 Nivel 20 整平仪器。

激光跟踪仪的仪器坐标系定义为:跟踪头中心为原点,水平度盘上的 0 读数方向为 X 轴,度盘平面法线的向上方向为 Z 轴,按右手定则确定 Y 轴。测量员从鸟巢拿出反射器 P,移动到被测点,仪器自动跟踪反射器,记录干涉测距值 D 及角值 Hz、V,按极坐标原理得点的在仪器坐标系下的三维坐标 (x, y, z):

$$\begin{cases} x = D \cdot \sin V \cdot \cos Hz \\ y = D \cdot \sin V \cdot \sin Hz \\ z = D \cdot \cos V \end{cases} \tag{8-14}$$

坐标重复测量精度可达 5 ppm(5 μm/m),坐标精度可达 10 ppm(10 μm/m)。但动态测角精度比全站仪的静态测角精度低。激光跟踪仪的测量精度主要决定于角度、距离测量精度及环境的影响,如大气条件均匀性,温度和气压变化及测量精度;干涉法距离测量精度受基准距离校准精度的影响,基准距离校准的剩余量对干涉法测距的影响具有系统性。

激光跟踪仪跟踪头的激光束、旋转镜和旋转轴构成激光跟踪仪的三个轴,三轴中心是测量坐标系的原点。轴的结构关系非常复杂,在理想状态下,应保持相互正交,但由于加工、安装、调整误差和电子零点误差等影响,轴系间不完全满足理想的设计要求,存在着系统误差。根据其物理意义,可将激光跟踪仪角度测量的系统误差分为 15 类,有 15 个校准参数,加上测距系统误差(基距误差 C,测距零点误差),共计 16 个误差,这 16 个误差均有准确的数学模型,可对其进行改正。类似于电子经纬仪和电子全站仪的检验,可通过双面测量、球形杆测量和基距测量程序计算这 16 个系统误差参数。

在现场大空间工业测量中可用激光跟踪仪建立三维测量控制网,如图 8-21 所示,控制网由 $P_1 \sim P_8$ 组成,这 8 个控制点上放置以跟踪仪移动鸟巢为依托的目标反射镜,在 8 个控制点之间设置激光跟踪仪测站,每个测站至少能对 3 个以上控制点进行测量,图中设了 8 个测站,每个控制点都有 6 个以上的测站观测。以激光跟踪仪第一个测站位为坐标系,建立控制点和测站点组成的三维控制网,通过一定的算法(在此从略),可以得到控制网点在定义坐标系下的精确坐标,两点间的空间距离精度可达到 0.02mm。为许多工业测量提供了精确的全局控制。

激光跟踪仪测量系统的软件有数据管理/处理模块及控制/测量模块,商业化软件有 Leica 公司的 Axyz CDM/LTM。控制/测量模块可作静态的单点平均测量、球面拟合测量,还可对动态目标进行连续跟踪测量,进行连续采样、格网采样和表面测量等,还具有搬站功能。

8.5.3　工业摄影测量系统

工业摄影测量系统是指采用近景摄影测量、非地形摄影测量技术的工业测量系统。摄影测量经历了从模拟、解析摄影测量到数字摄影测量的变革,从胶片/干板相机发展到数字相机,工业摄影测量系统的生产厂家和产品较多,有美国的 GSI 公司、挪威的 Metronor 公司、德国的 Aicon 和 Gom 公司等,产品分为单相机的脱机摄影测量系统、多相机的联机摄影测量系统以及固定基线摄影测量系统。

图 8-21　激光跟踪三维测量控制网

8.5.3.1　原理

近景摄影测量的原理如图 8-22 所示，两台高分辨率相机对被测物同时拍摄，得到物体的二维影像，经计算机图像匹配处理可得精确的三维坐标。

图 8-22　摄影测量的坐标系

二维影像在像平面坐标系中的二维坐标可利用摄影焦距参数转换成目标点的两个角度观测值，与电子经纬仪、电子全站仪测量系统一致。由于相机间无法像经纬仪一样精确互瞄，系采用光束法平差进行定向，通过不同位置相机对多个目标同时测量产生的多余观测量，可以解算出各相机的位置和姿态。

8.5.3.2　构成

对于静态目标言，可采用单相机脱机测量系统(图 8-23)，在两个或多个位置对被测物进行拍摄，将图像输入计算机进行图像处理即可。为了提高图像匹配的精度和速度，可在物体上贴如图 8-24 所示的特制回光反射标志，以便于标志点的自动识别和提取；也可采用投点器进行投点，投点器的投点无厚度，是很好的辅助工具。

图 8-23　脱机测量系统　　　　　　　　图 8-24　回光反射标志

多相机联机摄影测量系统可实时得到待测点的三维坐标，如图 8-25 所示，可以采用投点器投点，也可以采用特制的探棒(也称光笔，见图 8-26)作为测量标志，探棒的探头和三坐标机的测头类似，探棒上有发光的标志，发光标志点到探头的几何关系是确定的，通过对发光点的测量即可求得探头点的坐标。探棒上有测量按钮，可启动标志点发光和数码相机拍摄，实现测量的自动化。

图 8-25　联机测量系统　　　　　　　　图 8-26　探棒

为了保证定向的精度，公司推出了固定基线摄影测量系统，如图 8-27 所示，将相机固定在一个水平或垂直装置上，保证它们的相对位置关系不发生变化，这种系统就相当于一台摄影坐标测量机，可省去定向时间，但测量范围会受到固定基线的限制。

8.5.3.3 精度

工业摄影测量系统的精度主要取决于相机的精度。相机一般分为格网量测相机、量测相机、半量测相机和非量测相机四类，其精度依次递减。要想获得高精度，可以选择价格昂贵的高分辨率、高精度的专业型量测相机，如 CRC2（图 8-28）和 INCA 相机（图 8-29）；对于非量测相机，可以通过误差补偿来减弱或消除相机的系统误差，以及优化相机的设站位置，增加基准尺个数等措施来提高系统的测量精度。

图 8-27 固定基线摄影测量系统　　　图 8-28 CRC2 相机　　　图 8-29 INCA 相机

8.5.3.4 精度应用

工业摄影测量系统的相对精度一般在 1/10 万左右，适合动态物体的快速测量，它不需要建造观测墩，操作方便，节省时间，对现场环境要求较低。

美国 GSI 公司从 20 世纪 60 年代开始将工业摄影测量系统用于天线测量，迄今已完成几百套天线的测量。如口径为 300m 的 Arecibo 望远镜，其工作频率由 600 MHz 提高到 10 GHz，全站仪测量系统的精度不能满足要求，GSI 采用 CRC1 相机构成的摄影测量系统，坐标分量精度达 ±0.25 mm，天线调整后的表面精度优于 ±2 mm。

8.5.4 距离交会测量和室内 GPS 系统

在极坐标测量系统中，角度误差影响随距离的增大而急剧增大，距离测量特别是激光干涉测距的精度很高，且随距离增加的变化很小，纯测距的仪器其结构设计也较简单。基于距离测量在中、长距离上有优越性，通过距离交会得到被测点的三维坐标，称为距离交会测量系统。用红外激光发射器代替 GPS 卫星，光电接收器接受其信号，在工业厂房内应用时，称室内 GPS 系统（Indoor GPS）。

8.5.4.1 距离交会测量系统

我们知道，两台仪器的距离前方交会，可得到交会点的平面坐标。多台仪器的空间距离交会，则可得到交会点的空间三维坐标。如图 8-30 所示，设 1 点为坐标原点，1、2 连

线为 X 轴，123 平面的法线为 Z 轴，构成一个独立坐标系。4 号点(X_4, Y_4, Z_4)不在 1、2、3 点构成的平面上，i 为观测点，j(= 1~4)为测站点，坐标系的标定问题即为求 X_3, Y_3, Z_3, X_4, Y_4, Z_4 等 6 个参数。在 1、2、3、4 这四个已知点上进行空间距离前方交会，每观测一个点可以得到如下的 4 个观测方程：

$$(x_i - X_j)^2 + (y_i - Y_j)^2 + (z_i - Z_j)^2 = S_{ij}^2 \qquad (8-15)$$

观测 n 个点，可得 $4n$ 个观测方程数，未知数个数为 $3n+6$，因此，测点数超过 6 个，就可以按最小二乘法求解。距离交会测量系统的精度取决于测距精度和测点的图形因子系数(GDOP 值)，在定位时对 GDOP 值有一定的要求。

距离交会测量系统分为整体式和组合式两种，整体式有多杆式或超声式坐标测量机，多杆式是通过杆的伸长或缩短来测量距离，超声式则是通过发射和接收超声波来测量距离。这两种整体式结构测量系统的测量范围都有限。组合式系统是用三台以上距离传感器(测距仪、全站仪或激光干涉仪)组成距离交会测量系统，通过系统定向方法确定每台仪器的三维坐标。图 8-30 所示是 4 台激光干涉仪组成的距离交会测量系统。

图 8-30　激光干涉仪距离交会测量系统

8.5.4.2　室内 GPS 系统

美国 Arcsecond 公司推出的室内 GPS 系统采用的传感器如图 8-31 所示，该传感器发射沿水平旋转和垂直扫描的激光束，可测量到目标点的水平角和垂直角，系通过空间角度交会的方法来确定目标点的坐标。目标点则是采用手持式测头传感器(如图 8-32 所示)，只要将测头放置到被测点上就可以得到测点的三维坐标。

图 8-31　室内 GPS 传感器

图 8-32　手持式测头

美国的 GBT 天线主面安装就是采用的距离交会测量系统，如图 8-33 所示，3 台测距仪(2 台 TC2002 和 1 台 TDM5005)安置在馈源支撑结构上，馈源支撑结构与天线主面是独立的，仪器站点位置通过观测地面上一系列已知点距离后方交会(距离后方交会)获得。3 台仪器对主面上的目标进行距离交会测量，可得到待测点的三维坐标，测量距离在 100 m 左右，点位精度优于 ±1 mm。

天线运营期间，天线主面变形观测也通过距离交会系统进行，在天线基础地面上设置 12 个观测墩，用 12 台特制的测距仪对天线背架上的测距标志进行距离交会，测距精度为 ±0.05 mm，测点精度可达 ±0.24 mm。对大范围长距离的工业测量而言，所达到的精度是其他方法不能相比的。

图 8-33　GBT 天线距离交会测量系统

8.5.5　工业测量系统软件

工业测量系统软件是工业测量系统的重要组成部分和系统应用的关键，针对不同的测量系统，国际上已有多个商业化的系统软件，如 Leica Axyz、SMX Insight 等，国内也开发了一些类似的系统软件。虽然各系统硬件不同，应用领域有所区别，但软件的基本功能大部分是相同的，下面简要介绍工业测量系统软件的基本特点。

工业测量系统软件包括数据管理与分析模块、全站仪/经纬仪模块、图形模块、测量应用模块、摄影测量模块、激光跟踪仪模块和计算模块等。

软件基于 Win95/98/2000/XP 等平台开发，用数据库技术组织与管理各种数据，直接对数据库操作，简单方便。具有多窗口、数据采集与测量结果实时显示功能，可设置误差提示，对数据可进行各种计算、各种规则图形拟合和形状误差检测。系统的主要功能如下：

(1)设备联机与控制。包括与全站仪/经纬仪的联接和仪器初始化。计算机控制仪器完成参数设置，测量时提供相应的提示信息等。

（2）系统定向。定向测量，查看定向精度。

（3）坐标测量。可多台仪器同时开展测量，也可单台全站仪独立采集数据。

（4）近距加常数修正。通过全站仪测距值与两台仪器交会值比较，求出近距加常数，自动加以改正。

（5）数据管理及编辑。数据管理器窗口界面类似于 Win95 的资源管理器，可编辑、添加、删除记录，对记录排序。但原始观测值只可读，不可更改。

（6）坐标系的生成与转换。可通过平移、旋转、缩放等生成新坐标系。

（7）测量数据计算与分析。可进行各种点、线、面的计算与分析，拟合的各种几何形状以坐标形式存入坐标库中。

（8）数据的输入和输出。可输入外部数据，观测值及坐标可输出到相应格式文件中。

（9）测量数据的可视化。可将测量数据及计算数据进行三维显示。

8.6 大型天线的安装检校测量实例

随着现代天文学的发展需要，射电天文望远镜天线面的口径波长比越来越大，大型天线的精密测量已成为天线设计、制造和安装的技术支撑。本节以某大型多波束抛物环面天线为例作简单介绍。

8.6.1 概述

抛物环面天线的基本设计参数包括抛物母线及其焦点、旋转半径、偏转角、天线的有效口径和净空高等。为描述天线的工作姿态，需要确定焦轴的大地方位角、焦轴与水平面的夹角和姿态倾斜角。根据抛物母线的方程描述曲面方程。

天线在测量中涉及的坐标系较多，关系较复杂，有天线设计坐标系和结构坐标系，天线设计坐标系是抛物母线所在的坐标系，描述天线的辐射特性；天线结构坐标系是天线结构设计的坐标系，其数学模型和几何特征比较简单，与设计坐标系的关系仅是一个旋转变换。此外，还有服务于天线施工的天线施工坐标系和测量坐标系，测量坐标系是建立天线施工控制网而采用的坐标系，需定义各坐标系及相互转换关系。测量坐标系与施工坐标系的关系为：

$$\begin{bmatrix} X_C \\ Y_C \\ Z_C \end{bmatrix} = \begin{bmatrix} \cos A & \sin A & 0 \\ \sin A & -\cos A & 0 \\ 0 & 0 & 1 \end{bmatrix} \begin{bmatrix} X_S \\ Y_S \\ Z_S \end{bmatrix} + \begin{bmatrix} X_0 \\ Y_0 \\ Z_0 \end{bmatrix} \qquad (8-16)$$

式中，X_0、Y_0 为施工坐标系原点 O_S 在测量坐标系中的平面坐标，Z_0 为土建施工零点的高程值，A 为天线的天文方位角。

8.6.2 控制网测量

控制网是天线安装的基础，其作用主要有三个：提供天线原点的大地坐标和天线的方位基准；保障天线工程及配套工程的土建施工；保证天线的表面精度和指向最优，保证天线各部件按设计要求统一起来。控制网分大地基准控制网、施工测量控制网和安装测量控制网，三者之间的关系是测量基准的传递而不是精度的约束，这也是工程测量控制网的重要特色。

大地基准控制网主要为精确获取天线原点的大地坐标和天线方位基准，用于计算到卫星的方位和俯仰角。首先需在现场确定天线原点和控制网。整个网由 6 个设有强制对中观测墩的点组成，0 点为天线原点，如图 8-34 所示，采用 GPS 技术建立，该网提供了天线原点的大地坐标和方位边的大地方位角，方位角的精度达到 5″。

大地基准控制网点位相对坐标精度尚不能满足天线安装的要求，须建立亚毫米级高精度施工控制网。施工测量控制网主要是为座架地脚螺栓的放样、馈源楼放样及天线安装测量控制网的建立服务，分平面网和高程网。施工平面控制网为边角全测网（图 8-35），采用 TC2003 观测，按固定一点一方位（0 点和 0~101 的方位）进行严密平差，最大点位误差为 0.4mm（103 点）。

图 8-34　GPS 大地基准控制网

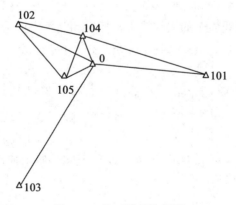

图 8-35　施工测量控制网

高程控制网由 4 个水准点组成，与国家大地水准网点联测，按二等水准施测，用自由网平差确定 4 个点间的高差，以 BM1 为起算点，各点高程中误差为 0.1 mm 左右。

194

安装测量控制网是为天线安装工作服务，包括背架组装、面板水平拼装、座架定位、天线工作姿态测量以及馈源轨道安装等。

根据安装测量方案，确定用 3 台仪器交会，建造了 6 个测量墩组成的安装测量控制网（见图 8-36），墩的高度不同，为天线水平拼装服务的三个墩，高度约 8 m，用于天线工作姿态测量下的三个墩，高度为 9~16 m，主要考虑天线的实际姿态对垂直角的要求。由于墩很高，对其稳定性的要求也很高。墩为成内外两层，内层为钢筋混凝土结构，外层为砖砌结构，中间填充隔热材料，墩建于基岩上，顶部预埋强制对中装置。墩建成后经过半年以上的稳定后才施测。安装测量控制网基本是双大地四边形组成，边长和方向观测都是近似垂直交会。

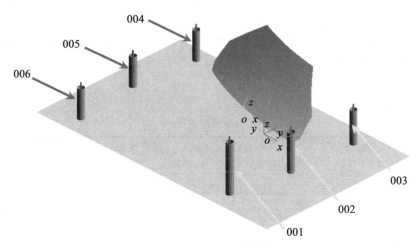

图 8-36　安装测量控制网

8.6.3　天线面板水平拼装

水平拼装是将天线面板在背架大致水平状态下铺装成理论曲面，减少面板在工作姿态下的调整工作量，将单块面板按其理论曲面铺装平面上和法向上都到位，即面板在 Y、Z 方向的偏差小，在法向上的偏差也小，同时获取背架上四个连接点在结构坐标系下的坐标，补偿背架连接点的制造误差。

为了尽可能提高坐标系的复现精度，精确获得背架上四个连接点在结构坐标系下的坐标，指导座架调整，水平拼装的面型精度要求达到 1 mm，接近天线的工作精度。

面板调整有三维直接放样法和调整法向偏差法两种，后者顾及了天线调整点的制造误差，较前者效率更高，在此从略。

水平拼装分两步走：首先保证面板平面到位，其次是调法向偏差。安装时采用"中间定位、四向发展"的办法。先利用背架的制造信息，将中间两列面板和第五排的面板先定位，铺成十字形，然后精测其位置并与理论值比较，将其精确调整到位，在后续的面板铺装中，以已有的面板数据和背架检测数据为参考，逐渐增加面板，待全部面板安装完后，对整个天线进行测量，主要调整法向偏差，平面位置仅作微调。仅经过一次调整，表面精度从 5.7 mm 提高到 1.2 mm，达到了设计要求，为高精度恢复结构坐标系创造了条件。

8.6.4 工作姿态下的测量及调整

与水平拼装基本一致，首先调整姿态，其次是优化主面精度。将天线从水平姿态吊装到垂直姿态(工作状态)后，由于姿态变化，受自重影响，会导致表面精度变差，在天线的结构设计时已对该变化做了理论估计，实际变形值可通过测量得到，将二者比较，可验证理论估计的正确性，并提供反馈信息。

天线安置在工作姿态下后，需要做工作姿态下的调整测量，首先调整天线指向，其次是进行面型精度优化。采用如下调整方案：对获取的天线施工坐标用六参数法进行坐标转换，看天线的姿态参数是否超出允许值，固定天线的姿态参数，放开平移参数，作三参数公共点转换，求取坐标转换参数，在设计坐标系下计算调整量并进行调整，如此反复进行，直到姿态参数满足要求，然后进行 CAD 面型转换，求出最优调整量和面型。表 8-5 为整个调整过程中的表面精度情况，表 8-6 是天线姿态变化情况，图 8-37 是天线表面精度的等值线图。

表 8-5 　　　　　　　　　　　　　　　表面精度统计　　　　　　　　　　　　　　单位：mm

测量序号	测点精度	表面精度	正向最大偏差	负向最大偏差	偏差范围
第 1 次	0.25	2.31	12.6	−4.1	16.7
第 2 次	0.21	1.37	10.1	−6.6	16.7
第 3 次	0.20	0.77	4.0	−5.8	9.8
第 4 次	0.23	0.66	3.9	−1.8	5.7
第 5 次	0.24	0.44	2.4	−1.3	3.7

表 8-6 　　　　　　　　　　　　　　　天线位置和姿态变化趋势

测量序号	坐标转换方法	平移参数（mm）			旋转参数（°）		
		X_0	Y_0	Z_0	R_x	R_y	R_z
1	三参数转换	11.199	−1.363	−17.655	0	0	0
	六参数转换	−10.612	−8.734	−16.301	359.9663	0.0824	359.9047
	CAD 面型转换	−16.614	9.978	3.159	0.0359	0.0925	359.9178
2	三参数转换	10.903	−0.056	−20.45	0	0	0
	六参数转换	4.091	−16.13	−21.233	359.9436	0.0251	359.9753
	CAD 面型转换	−3.292	1.317	1.419	0.0085	0.0367	359.9921
3	三参数转换	9.775	0.031	−22.157	0	0	0
	六参数转换	6.54	−17.081	−23.316	359.9411	0.0119	359.9891
	CAD 面型转换	−1.303	0.118	1.179	0.0035	0.0253	0.0060

测量序号	坐标转换方法	平移参数（mm）			旋转参数（°）		
		X_0	Y_0	Z_0	R_x	R_y	R_z
4	六参数转换	6.477	−17.008	−23.795	359.9432	0.0137	359.9901
	CAD 面型转换	−1.567	0.759	1.304	0.0060	0.0275	0.0067
5	六参数转换	6.505	−16.557	−23.594	359.9417	0.0133	359.9878
	CAD 面型转换	−1.709	0.269	1.184	0.0039	0.0270	0.0053

图 8-37　天线表面精度等值线图

由表 8-6 可以看出，随着调整的进行，CAD 面型转换所得的姿态逐渐好转。在工作状态下，经过几次调整，表面精度已优于 0.5 mm，且天线的姿态也满足设计提出的整体精度要求。

◎ **本章重点和难点**

重点：设备安装检校的控制测量，设备安装检校的传统和现代测量方法，三维工业测量系统，大型天线的安装检校测量。

难点：短边精密测角的误差分析，激光跟踪测量系统及其应用。

◎ **思考题**

（1）什么是工业测量？它与工程测量有何异同之处？

（2）安装测量控制网有哪些布网形式？

（3）安装测量控制网有什么特点？为什么要测直伸三角形底边的高？

（4）在设备的安装检校中，常有哪些典型测量涉及精密定线、短边测角和短边方位传递？

（5）什么是互瞄内觇标法？要注意些什么？

(6)望远镜的调焦误差有哪些性质？

(7)什么叫射电全息法？有什么方面的应用？

(8)何谓三坐标测量机？由哪些部分组成？

(9)有哪些三维工业测量系统？

(10)三维工业测量系统中的全站仪测量系统由哪些部件组成？采用什么测量原理？

(11)何谓激光跟踪测量系统？有何特点和优点？由哪些部件组成？

(12)激光跟踪仪的测距原理和特点是什么？

(13)什么是距离交会测量系统？

(14)工业测量系统软件包括哪些模块？有些什么功能？

(15)大型天线安装检校中的天线控制网的作用是什么？

第9章 工业与民用建筑测量

工业与民用建筑包括工业厂区建筑、城市公共建筑和居民住宅建筑等，以高层建筑、高耸建筑和异构建筑为主要特点。测量的目的是把图纸上设计好的各种工业与民用建（构）筑物，按一定精度，测设到地面上。测量工作贯穿各个阶段。在规划设计阶段，需作测图控制和测绘大比例尺地形图；在施工建设阶段，需布设施工控制网，进行场地平整测量，建筑主轴线和细部放样，施工期间的变形监测等，建筑完工时，应作竣工测量；在运营管理期间，要进行建筑物的变形和安全监测。

本章重点讲述大型工业厂区测量、高层及高耸建筑物测量、异构建筑物测量以及古建筑的测量等。

9.1 大型工业厂区测量

许多工业建设的规模很大，如大型钢铁联合企业和石化企业，建筑占地面积可达几十平方公里，且建（构）筑物种类繁多。规划设计阶段要布设勘测控制网，主要应考虑与国家或城市坐标系的联系问题，在布点和测量精度方面满足测绘大比例尺地形图的需要。工业建筑的主要特点是建筑物比较规则，设计坐标系与建筑物的轴线平行，设计坐标通常都是整数。施工之前，需要在原有勘测控制网的基础上建立施工控制网，以方便施工测量。

对于大型工业建设来说，建筑场地上的工程建筑物种类繁多，施工的精度要求也各不相同，有的要求很低，有的则很高。例如，连续生产设备中心线的横向偏差要求不超过1mm；钢结构工业厂房立柱中心线间的距离偏差要求不超过2mm；管线、道路的施工精度要求则较低。施工控制网的精度究竟应该如何确定呢？如果按照工程建筑物的局部精度来确定施工控制网的精度，势必将整个施工控制网的精度提得很高，这就会给测量工作带来很大困难，需要花费大量的人力和物力。施工控制网的主要任务是用来放样各系统工程的主轴线，以及各系统工程之间的连接建筑物。例如放样厂房的中心线，高炉和烟囱的中心线、皮带通廊、道路和管道等。通过对主轴线的放样，就将这些工程进行整体布局和定位。施工控制网的精度应能保证这些工程之间相对位置误差不超过连接建筑物的允许限差，至于各系统工程内部精度要求较高的大量中心线的放样工作，需要建立各系统工程的内部控制网，如厂房控制网、高炉控制网和烟囱控制网、设备安装专用控制网等，以挂靠的方式与施工控制网联系。内部控制网是根据其主轴线或主要特征点而设计的局部网。为了提高精度、方便测量，内部控制网通常要经过精密测量，将主轴线或主要特征点改化到设计位置。

施工控制网的精度主要取决于各系统工程间连接建筑物施工的精度要求，施工控制网和内部控制网之间，不存在一般测量控制网的精度梯度关系。在布设工业厂区施工控制网时，采用分级布网的方案是比较合适的，也即首先建立布满整个工业厂区的厂区控制网，目的是放样各个建筑物的主要轴线。为了进行厂房或主要生产设备的细部放样，再在厂区控制网所定出的各主轴线的基础上，建立厂房矩形控制网或设备安装控制网。

9.1.1 大型厂区施工控制测量

在大型工业厂区建筑工程中，通常采用的厂区控制网的形式有：建筑方格网、导线网、三角形边角网和 GNSS 网等。建筑方格网、导线网和三角形网都是地面边角网。建筑方格网是以矩形为基本图形、导线网是以多边形为基本图形、三角形网是以三角形为基本图形的地面边角网。对于大型工业厂区，由于建筑物比较规则，轴线相互平行和正交，而建筑方格网的轴线与建筑物轴线平行或垂直，图形规则，可采用直角坐标法进行测量和放样，简单方便，精度较高，且不易出错，故乐于为人们所采用。下面分别予以介绍。

1. 建筑方格网

建筑方格网是在 20 世纪 50 年代，作为先进经验从苏联引进我国的。首先应根据总平面图上已建和待建的建筑物、道路及各种管线的布置情况，结合现场地形条件来布设，坐标系统应与工程设计所采用的坐标系统一致，方格为正方形或矩形，坐标轴与生产系统主轴线、厂区主干道、主要建筑物主轴线平行(或垂直)，方格网边长多为 100~300m，格网坐标宜为 10m 的整倍数，避免小于 1m 的零数。常分两级布设。首级网有"十"字形、"口"字形或"田"字形。在首级网基础上加密次级网，相对精度较高。网点数与生产流程有关，且分布不均匀；网点使用频繁，易受施工干扰。图 9-1 为某工业厂区建筑方格网布置图。其中，建筑方格网的坐标系与设计坐标系一致，其主轴 B1-B2 沿厂区主干道中心线布置，纵向主轴 A1-A2 与之垂直，首级格网点坐标均为 100m 的整倍数。

图 9-1　某工业厂区建筑方格网

建筑方格网所用控制桩的桩顶宜埋设金属平板，便于在其上调整点位，在桩顶钢板一角多设置半球形高程标志。

一般来说，勘测控制网坐标系与厂区设计坐标系往往不一致，需进行坐标换算。如图 9-2 所示，设点 i 的设计坐标为 (x_i, y_i)，勘测坐标为 (X_i, Y_i)，则其转换关系如下：

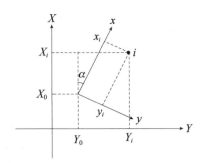

图 9-2　设计坐标与勘测坐标的转换关系

$$\begin{pmatrix} X_i \\ Y_i \end{pmatrix} = \begin{pmatrix} X_0 \\ Y_0 \end{pmatrix} + \begin{pmatrix} \cos\alpha & -\sin\alpha \\ \sin\alpha & \cos\alpha \end{pmatrix} \begin{pmatrix} x_i \\ y_i \end{pmatrix} \tag{9-1}$$

或

$$\begin{pmatrix} x_i \\ y_i \end{pmatrix} = \begin{pmatrix} \cos\alpha & \sin\alpha \\ -\sin\alpha & \cos\alpha \end{pmatrix} \begin{pmatrix} X_i - X_0 \\ Y_i - Y_0 \end{pmatrix} \tag{9-2}$$

其中，(X_0, Y_0) 和 α 可根据设计图求得。建筑方格网通常采用中心轴线法测设，如图 9-3 所示，首先利用勘测坐标放样出主轴线点 A、O、B；然后在 A 点架设仪器，照准 B 点，将 O 点调整到 A、B 的连线上。

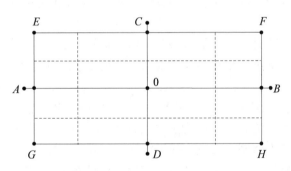

图 9-3　建筑方格网示意图

由于存在测量误差，A、O、B 三点的实际位置 A'、O'、B' 并不一定共线（见图 9-4），需要在 O' 点架设全站仪，测出 $\angle A'O'B'$（为 β），按下式计算改化值 ε，将三点调整到一条直线上。

$$\varepsilon = \frac{s_1 s_2}{2(s_1 + s_2)} \frac{(180 - \beta)}{\rho} \tag{9-3}$$

主轴线 AOB 确定后，将全站仪架设于 O 点，拨角 90°，即可定出 C、D 两点。其他网点可根据主轴线点，通过拨角和量距确定。

如果建筑方格网的精度要求较高，则必须用归化法来建立方格网。具体做法是：首先按中心轴线法初步确定方格点的位置，然后用 GNSS 技术、地面边角测量技术，对初步确

图 9-4　主轴线改化

定的建筑方格网进行精确测量和严密的网平差，求得各个网点的精确坐标，并利用实测坐标和设计坐标求得各方格点的归化改正量，把各方格点归化改正到设计位置。

用归化法建立方格网的步骤：第一步，对格网点进行初步放样，并埋桩；第二步，精确测量网点的坐标；第三步，根据实测坐标与设计坐标计算改化量；第四步，将网点精确改化到设计位置；第五步，将网点固定在测量桩上。

随着 GNSS 技术和地面边角测量技术的发展和应用，建筑方格网已较少应用，几乎被 GNSS 网和地面三角形网所代替，钢尺量距也为电磁波测距所代替。

2. GNSS 网

用 GNSS 技术建立施工控制网最为灵活方便，主要应考虑网点的位置、顶空障碍情况，根据精度要求，确定 GNSS 网的等级，按相应规范进行测量设计和施测即可。

3. 地面三角形网

采用电子全站仪边角测量技术布设的地面三角形网，宜边角全测，或全测边而部分测角；可以不考虑网中三角形的图形条件；网点不需要精确地布设在建筑物主轴线上，主要应考虑网点间的地面通视情况和位置。根据精度要求，确定网的等级，按相应规范进行测量设计和施测即可。

GNSS 网和地面三角形网宜与勘测控制网的坐标系一致，如挂靠在勘测控制网下，按前述方法与厂区设计坐标进行坐标换算，根据厂区设计坐标进行施工放样。

4. 高程控制网

大型工业厂区高程控制网一般分两级布设。首级水准网应整体建立，按三等水准施测，与国家二等水准点联测。次级网为加密的四等水准网。四等水准点可与 GNSS 网点、地面三角形网点或建筑方格网点共点，并根据施工需要分区加密。

为监测结构物基础沉降，工业厂区内还应建立深埋水准点组，其点数不应少于 3 个，点间距为 100~200m，其间的高差应以二等水准测定，并定期进行复测和稳定性检验。

工业厂房施工中，由于待放样的高程点很多，为方便使用，通常在工业厂房内建立专用水准零点。水准零点的高程就是厂房地坪的设计高度，即 ±00。由于厂房内设备高程和厂房建筑高程都是以 ±00 为起始基准，故应用水准零点进行高程放样十分方便。

9.1.2　大型厂区施工测量

大型厂区测量项目繁多，精度要求各异。若首级采用建筑方格网，则可使用钢尺、经纬仪、水准仪、激光扫平仪、激光投点仪和电子全站仪等仪器进行各种施工测量；对于首级采用 GNSS 网或地面三角形网，则主要采 GNSS RTK 和电子全站仪进行施工测量和放样。这些都属于普通测量，在本书有关章节都有讲述。在此着重介绍两种精密内部控制网的建立技术和施测方法。

大型工业厂区的设备安装多为栓基础和预制构件的安装，一般要根据工程实际和精度要求，在施工控制网的基础上，建立精密安装控制网，作为设备定位和安装测量的控制基准。

1. 正交型安装控制网

控制点应按照测设对象的几何特性设计，控制点和放样点间存在明确的几何关系，可以在正交的位置上进行放样定位。

下面以某大型地震模拟振动台基础预埋件的放样为例，介绍建立正交型安装控制网的方法。如图9-5所示，振动台的基础中，有七个主要预埋部件：1#~4#位于基础坑底，与垂直方向的加震器固连，控制上下振动；5#~7#位于基坑内的侧面，与水平方向上的3个加震器固连，用来控制侧向振动。这七个预埋部件的定位精度要求很高，要求面板轴线及面板中心在 X、Y、Z 三个轴向上的误差小于1mm，设备将固定在上述预埋件上。由于预埋件是由底板、面板和螺杆组成，在空间有六个自由度，因此，还必须控制预埋件在空间的三个旋转自由度。

图9-5 振动台基础和预埋件

考虑到分期施工，振动台基础混凝土浇筑与控制点的建立互相干扰，加之预埋件位于基坑的不同层面，安装控制网的建立和预埋件定位工作需分两期进行。

（1）第一期安装控制网布设及1#~4#预埋件安装测量。

为放样1#~4#预埋件，要以厂房轴线为准，建立如图9-6所示的第一期安装控制网。

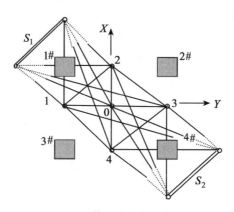

图9-6 第一期内部控制网

控制点的设计平面坐标为：$x_0 = y_0 = 0$，$x_1 = x_3 = 0$，$y_2 = y_4 = 0$，$x_2 = y_3 = 1750\text{mm}$，$x_4 = y_1 = -1750\text{mm}$。控制点布设为带可微调的强制对中装置，采用归化法，用高精度全站仪测设。先初步放样控制点，然后在每一站上进行方向观测，S_1 和 S_2 用精度很高的方法测量并作为起算边(可以是固定长度的杆尺)，进行严密平差，并由平差坐标和设计坐标求得改化值，将控制点调整到设计位置。经检测，精度优于 0.2mm。

安装控制网建立后，即可在控制点上架设仪器放样 1#~4# 预埋件。预埋件的放样是分步进行的：先粗放框架并焊固，然后再将预埋件相对其框架进行微调精放。精放时要确定预埋件六个自由度。高程方向的自由度用 Ni002 精密水准仪放样，该水准仪盲区小，i 角小，调焦误差极小。其他五个自由度，利用架设在控制点上的两台仪器交会确定。以放样 1# 预埋件为例，首先将仪器分别架设在控制点 1、2 上，后视控制点 0，照准部旋转 90°，即可交会出 1# 预埋件上表面的中心点和上板轴线，使用方框水准器将预埋件调平；预埋件在其框架里可以微调，通过高程和平面位置的逐步趋近，直至六个自由度均满足要求。4 个预埋件调整到位后，即可拆除第一期内部控制网，并将第一期混凝土浇筑至 1#~4# 预埋件的上表面。

（2）第二期安装控制网布设及 5#~7# 预埋件安装测量。

为安装三个侧向预埋件(5#~7#)，建立了如图 9-7 所示的二期网。

图 9-7　第二期内部控制网

为实现两期控制网的最佳匹配，将已埋设到位的四个预埋件(1#~4#)上表面几何中心纳入二期网中。做法是：将四个可微调的强制对中装置固定在已安装好的预埋件上，在正交方向用两台仪器将已埋设预埋件的上表面几何中心投影到强制对中装置上。二期网中的控制点 5~8 是为方便测设 5#~7# 预埋件而设。二期网也采用方向观测，各点设计坐标为

$$x_0 = y_0 = x_5 = y_6 = x_7 = 0，x_1 = x_2 = y_2 = y_3 = 1750\text{mm}，x_3 = x_4 = y_1 = y_4 = -1750\text{mm}，$$
$$x_6 = x_8 = 2200\text{ mm}，y_5 = -2800\text{mm}，y_7 = 2800\text{mm}，y_8 = 5000\text{mm}$$

为确保预埋件之间相对位置满足精度要求，二期网的观测数据采用拟稳平差进行处理。图 9-7 中，1#~4# 预埋件已经安装到位且基本位于设计位置，可认为 1~4 点为"拟稳点"，用 δX_0 表示其坐标改正数向量，用 δX_1 表示其余点的坐标改正数向量。列立误差方程

$$V = A\delta X - l = \begin{pmatrix} A_1 & A_0 \end{pmatrix} \begin{pmatrix} \delta X_1 \\ \delta X_0 \end{pmatrix} - l \tag{9-4}$$

对于方向观测网，权阵 P 为单位阵，按照最小二乘准则 $V^{T}PV = \min$ ，构造法方程：

$$\begin{pmatrix} N_{11} & N_{10} \\ N_{01} & N_{00} \end{pmatrix} \begin{pmatrix} \delta X_1 \\ \delta X_0 \end{pmatrix} = \begin{pmatrix} A_1^{T}l \\ A_0^{T}l \end{pmatrix} \qquad (9\text{-}5)$$

式中，$N_{11} = A_1^{T}A_1$，$N_{10} = N_{01}^{T} = A_1^{T}A_0$，$N_{00} = A_0^{T}A_0$，且 N_{11} 为非奇异阵。消去式(9-5)中的未知数 δX_1，得仅含"拟稳点"未知数的约化法方程

$$(N_{00} - N_{01}N_{11}^{-1}N_{10}) \delta X_0 = (A_0^{T} - N_{01}N_{11}^{-1}A_1^{T}) l \qquad (9\text{-}6)$$

令 $N = N_{00} - N_{01}N_{11}^{-1}N_{10}$，$a = A_0^{T} - N_{01}N_{11}^{-1}A_1^{T}$，则有

$$N\delta X_0 = al \qquad (9\text{-}7)$$

但 N 依是奇异阵，为了求得 δX_0 的唯一解，增加最小范数条件 $\delta X_0^{T}\delta X_0 = \min$ ，于是有

$$\delta X_0 = N_m^{-}\alpha l \qquad (9\text{-}8)$$

N_m^{-} 为 N 的最小范数的"减逆"，且 $N_m^{-} = N (NN)^{-}$，将(9-8)代入(9-5)，可得

$$\delta X_1 = N_{11}^{-1}(A_1^{T}l - N_{10}\delta X_0) \qquad (9\text{-}9)$$

将控制点的设计坐标作为近似坐标代入式(9-8)、式(9-9)，可得平差后的坐标改正数(见表9-1)。

表 9-1 坐标改正数

点号	0	1	2	3	4	5	6	7	8
δX(mm)	0.10	0.19	0.02	-0.18	-0.03	-0.83	2.42	1.32	1.31
δY(mm)	-0.30	-0.17	0.01	0.45	-0.29	0.92	1.12	1.01	1.67

将控制点改化到位后，即可进行 5#~7# 侧向预埋件的放样。以放样 5# 预埋件为例，将仪器架设在控制点 5 上，后视点 0，逆转 90°，指挥控制 5# 预埋件侧面中心左右移动和进行 Z 轴线定向；另一台仪器架设在控制点 6 上，后视点 0，顺转 90°，此时仪器的视准轴位于预埋件前方 10cm 处的铅垂面内，利用三角尺控制 5# 预埋件的前后移动。所有预埋件精调到位后，即可浇筑第二期混凝土。

2. 非设站型安装控制网

非设站型安装控制网系指在网点上不设测站观测，仅用于照准，测站位置可以自由设置，而不需在地面上标定，采用自由设站法建立和进行放样的网。

如图 9-8 所示，在工业厂房内稳固的立柱、墙面或专用观测墩上，埋设 1~2 层螺母套筒，安装上精密棱镜，在厂房内合适位置架设测量机器人(如 Leica TCA2003、TM30、Trimble S8 等)，对棱镜进行边、角观测，构成相对位置非常精确的非设站型三维安装控制网。采用严密平差，可得棱镜点的精确坐标和高程。

建网时，将建筑方格网点(如图 9-8 中的 H_1 和 H_2)纳入网中同步观测，通过对公共点 H_1 和 H_2 的坐标转换，可将安装控制网纳入施工坐标系中。在不测量仪器高和目标高的情况下，采用超短视线(30m 以内)精密测距三角高程测量，可达到 0.05~0.1mm 的高程精度，将安装控制网纳入厂房高程系统。

通过上述方法建立的安装控制网精度很高，当控制范围在几百米时，最弱点精度可优

图9-8 非设站型内部控制网示意图

于 0.5mm，相邻点精度可优于 0.3mm。当控制范围较小时，网点的精度更高。

利用非设站型安装控制网进行施工放样时，可以在方便测量和设站的位置架设测量机器人，利用 6~10 个棱镜点作边、角交会自由设站，即可进行各种放样。

9.2 高层建筑物测量

建筑物一般是这样划分的：4 层以下为一般建筑；5~9 层为多层建筑；10~16 层为小高层；17~40 层为高层建筑；40 层以上为超高层建筑。工程测量中称层数为 17 层以上的建筑为高层建筑。高层建筑施工的空间有限，工种交叉，作业难度大，测量须与施工同步，且要与施工协调安排。高层建筑施工重点是控制竖向偏差，要将基础控制网逐层向上传递，《高层建筑混凝土结构技术规程》(JGJ 3-2010) 对高层竖向轴线传递和高程传递的允许偏差规定如表 9-2。此外，还包括楼层细部放样和垂直度计算、深基坑变形监测等问题。本节将一一讲述。

表9-2 高层竖向轴线传递和高程传递的允许偏差

高度 H	每层	竖向轴线传递和高程传递允许偏差				
		$H \leqslant 30m$	$30m < H \leqslant 60m$	$60m < H \leqslant 90m$	$90m < H \leqslant 120m$	$120m < H \leqslant 150m$	$H > 150m$
允许偏差	3mm	5mm	10mm	15mm	20mm	25mm	30mm

9.2.1 内部控制网的建立和传递

为保证高层建筑的几何形状和垂直度达到设计要求，需建立施工测量控制网，常用的控制形式是内控制网。所谓内控制网，就是在建筑物的±00 高程面上建立基础控制网，各层楼板在基础控制网点竖向相应位置预留传递孔(尺寸约为 30cm ×30cm)，使用测量仪器将±00 面的控制点，通过传递孔层层向上传递的网。根据传递至各楼层的内控制网，放样楼层的轴线，指导立模和施工。用内控制网进行施工测量的步骤为：

（1）建筑物基础部分完工后，根据建筑物的形状和特点，在建筑物的±00 高程面上建立基本形状为"矩形"或"+"字形的基础控制网，作为建筑物垂直度控制和施工放样的依据。

（2）使用铅垂仪或激光投点仪或全站仪加弯管目镜，将仪器架设在±00面的基础控制网点上，随施工进度，将控制点传递至相应楼层。

（3）为消除仪器的轴系误差，投测时应采用四个对称位置分别向上投点，取投点的平均位置为最后的投测点。

（4）在施工楼层检测投点的相对位置关系，满足要求后，即可利用传递至该层的内部控制网进行施工放样。对于精度要求高的项目，应对传递至该楼层的内部控制网重新进行测量，以所有投点的重心，及3~4条最长边的平均方位角为基准进行平差，将投点改化至设计位置。

投点时，接收靶采用刻有"+"字线的透明有机玻璃板。这种接收靶对激光铅垂仪和全站仪都适用。在接收位置，可以直接看到激光铅垂仪投射的激光点，可使光学铅垂仪或全站仪的操作人员方便地观测接收靶上的"+"字线。

9.2.2 垂直度计算

为计算层高 h 处的楼层垂直度 k，应选 n 个位于纵、横向轴线上的特征点，测量特征点的实际坐标，计算与设计坐标之差（Δx_i，Δy_i），则楼层垂直度用下式计算：

$$k = \frac{f}{h} \tag{9-10}$$

式中，$f = \sqrt{\Delta x^2 + \Delta y^2}$，$\Delta x = \frac{1}{n}\sum_{i=1}^{n}\Delta x_i$，$\Delta y = \frac{1}{n}\sum_{i=1}^{n}\Delta y_i$。

计算楼顶垂直度 K，应在楼顶建筑外墙选取特征点，利用建筑物外面控制网，测量并计算特征点的坐标差，用式(9-10)计算，层高 h 用特征点相对于±00面的全高 H 来代替即可。楼层垂直度和全高垂直度是评价高层建筑工程质量的重要指标。

9.2.3 高程传递

高层建筑的高程传递通常采用钢尺垂直量距法和全站仪天顶测距法。

钢尺垂直量距法：如图9-9(a)所示，将钢尺零端朝下悬挂于建筑物侧面，将水准仪架设在底层，后视底层1m线上的水准尺读数，前视钢尺并读数；然后将水准仪搬至上一楼层，后视钢尺读数，前视水准尺，根据设计标高放样该楼层的1m线。

全站仪天顶测距法：如图9-9(b)所示，将全站仪架设于底层轴线控制点上，首先在水平盘位(竖直角为0)，利用水准尺配合，测量底层1m线的高度，然后在垂直度盘竖直角为90°的盘位，通过各楼层的轴线传递孔向上测距，并利用水准仪测量施工层的1m线。

9.2.4 深基坑变形监测

在高层建筑物设计施工中，一般需要开挖深基坑，深基坑不仅可提高土地的空间利用率，同时也为高层建筑物的抗震、抗风等提供稳固的基础。随着建筑高度的增加和规模的扩大，基坑深度和防护边坡的高度也不断加大。目前，国内高层建筑的地下深度通常为2~6层，基坑深度通常是8~30m，如国家大剧院工程的基坑深达32.5m，而城市地铁车站的基坑深度甚至超过40m。随着基坑开挖宽度和深度的不断增加，深基坑的变形监测也

(a) 钢尺垂直量距法   (b) 全站仪天顶测距法

图 9-9 高层建筑高程传递示意图

越来越重要。

深基坑的变形监测内容很多，如监测基坑周围土体沉降、坑底隆起、支护结构水平位移、基坑周边收敛、坑壁倾斜和外鼓、深层土体差异沉降和水平位移等，对这些变形直观而有效的监测方法是测量几何量法。

监测基坑周围土体沉降和坑底隆起主要采用几何水准法，变形量通常较大。监测精度要求不高时，也可采用全站仪测距三角高程法与水平位移监测同步进行。

深基坑边坡水平位移，按传统方法通常是先布设变形监测网，然后基于该网，采用交会法、视准线法和全站仪三维极坐标法等监测。下面重点介绍利用全站仪建立非设站型变形监测网及其监测技术（又称非接触测量技术），如何监测基坑三维变形和坑壁收敛。

基坑开挖前，在基坑外围稳固的构筑物上粘贴聚酯反射片（距离较远时可用微型棱镜代替），全站仪在几个适当位置自由设站对反射片进行三维观测，并作三维严密平差，建立如图 9-10(a)所示的非设站型变形监测网。所谓非设站型变形监测网是指监测网点（反射片）上不设站，自由设站点不埋设标石标志，也不属于监测网点，采用自由设站法建立和进行变形监测的网。三维监测网采用独立基准，其坐标轴宜与基坑主轴线平行。进行变形测量时，可以用监测点相邻周期的坐标差计算当期变形量，与零周期的坐标差计算累计变形量。

非设站型变形监测技术主要有三方面应用：

（1）采用自由设站法测量三维监测网点的三维坐标。如图 9-10(b)所示，在需要监测变形的位置粘贴聚酯反射片，选择合适位置架设好全站仪，测量一部分或全部三维监测网点，并同步测量监测点，则可求得网点和监测点在全站仪坐标系中的三维坐标。全站仪坐标系的原点位于仪器三轴交点，坐标轴方向为仪器水平度盘和竖直度盘的"0"方向，是随机的。假定网点在监测网坐标系的坐标为(X_g, Y_g, Z_g)，在全站仪坐标系中的坐标为(x_g, y_g, z_g)，监测点在全站仪坐标系中的坐标为(x_j, y_j, z_j)。(X_g, Y_g, Z_g)与$(x_g,$

(a) 无接触测量三维监测网　　　　　　(b) 三维无接触变形监测

图 9-10　三维监测网及三维非设站型变形监测

y_g，z_g）有如下转换关系：

$$\begin{bmatrix} X_g \\ Y_g \\ Z_g \end{bmatrix} = \begin{bmatrix} X_0 \\ Y_0 \\ Z_0 \end{bmatrix} + \lambda \boldsymbol{R} \begin{bmatrix} x_g \\ y_g \\ z_g \end{bmatrix} \tag{9-11}$$

　　式中，X_0、Y_0、Z_0 为坐标系平移参数，λ 为尺度因子，$\boldsymbol{R}$ 为含三个独立因子的旋转矩阵。因此，求取(9-11)式中的平移参数、尺度因子和旋转矩阵因子，需要同步观测三个或三个以上三维监测网点。监测点在监测网中的三维坐标按下式计算：

$$\begin{bmatrix} X_j \\ Y_j \\ Z_j \end{bmatrix} = \begin{bmatrix} X_0 \\ Y_0 \\ Z_0 \end{bmatrix} + \lambda \boldsymbol{R} \begin{bmatrix} x_j \\ y_j \\ z_j \end{bmatrix} \tag{9-12}$$

　　上述三个平移参数 X_0，Y_0，Z_0 就是全站仪三轴交点在三维监测网中的坐标分量。对不同周期的监测点坐标求差，即可求得监测点的变形量。

　　该方法的优点是可以自由设站，不存在仪器对中、量高误差，用测量机器人可进行全自动测量；无需顾及气温、气压等因素的影响，因为测量结果总是转化到固定的三维网，无论变形监测期间的尺度因子如何变化，其最终结果的尺度总是和建网时的尺度一致。另外，进行变形监测时，仪器位置固定不变，观测点的变动范围也很小，根据差分原理，对两次测量结果求差，仪器的一些系统误差可以抵消。标称精度为±2″和1+2PPm 的全站仪，在短距离(20~50m)变形监测中，精度可达 0.2~0.4mm，在几百米范围内，精度也能达到毫米级。

　　(2) 监测基坑周边和坑壁水平位移。对于基坑坑壁等受施工干扰严重，不便直接观测的位置，可利用全站仪、铅直仪和小钢尺配合，监测其变形，原理如图 9-11 所示。

　　将全站仪安装在基坑周边的测量平台上，观测 4~6 个三维监测网点，利用边、角后方交会原理，或三维坐标转换法，求得全站仪三轴交点的坐标；全站仪基座位置保持不动，卸下全站仪，并在全站仪基座上安置光学铅直仪(大部分仪器的基座是通用的)，则铅直仪轴线通过全站仪的三轴交点。在需要监测变形的位置平放小钢尺，光学铅直仪调焦后，即可直接在小钢尺上读数，依此可间接求得待测点的水平位移。

全站仪
铅直仪
测量平台
钢尺
铅垂线

图 9-11　监测基坑坑壁变形

（3）进行坑壁收敛监测。如图 9-12 所示，当基坑宽度不大时，可以利用收敛计（一种特制的精密线尺）直接测量基坑两边同一高度处 A、D 两点的相对收敛情况。尽管收敛计本身的读数精度很高，但受设备安置等因素影响，重复测量精度只能达到 $0.3 \sim 0.5 \text{mm}$。当基坑较宽时，收敛计无法测量。全站仪无接触测量可以弥补这一缺陷。

测微尺
A
D
收敛计
坑壁

图 9-12　收敛计测量原理

在图 9-12 中 A、D 点处粘贴聚酯反射片，并用自由设站法进行三维测量，测定 A、D 两点的水平方向 α_A、α_D，天顶距 v_A、v_D 及斜距 s_A、s_D，建立如图 9-13 所示的坐标系，原点 O 为全站仪三轴交点，X 轴平行于 AD 连线的水平投影。则 A、D 点在此坐标系中的坐标为

$$\begin{cases} x_A = s_A \cdot \sin v_A \cdot \sin\beta \\ y_A = s_A \cdot \sin v_A \cdot \cos\beta \\ z_A = s_A \cdot \cos v_A \end{cases} \tag{9-13}$$

和

$$\begin{cases} x_D = s_D \cdot \sin v_D \cdot \sin(\beta + r) \\ y_D = s_D \cdot \sin v_D \cdot \cos(\beta + r) \\ z_D = s_D \cdot \cos v_D \end{cases} \tag{9-14}$$

式中，$r = \alpha_D - \alpha_A$，β 为 OA 与 Y 轴的夹角。

顾及 $y_A = y_D$，则有

$$s_A \cdot \sin v_A \cdot \cos\beta = s_D \cdot \sin v_D \cdot \cos(\beta + \gamma)$$

210

图 9-13　无接触法收敛测量原理

于是可得

$$\tan\beta = \cot\gamma - \frac{s_A \cdot \sin v_A}{s_D \cdot \sin v_D \cdot \sin\gamma}$$ (9-15)

AD 长度为

$$s_{AD} = \sqrt{(x_D - x_A)^2 + (z_D - z_A)^2}$$ (9-16)

对上式全微分，可得 AD 的精度

$$m_{AD} = \frac{1}{S_{AD}}\sqrt{(x_D - x_A)^2(m_{x_D}^2 + m_{x_A}^2) + (z_D - z_A)^2(m_{z_D}^2 + m_{z_A}^2)}$$ (9-17)

由式(9-17)知，适当选择测站位置，可使 A、D 点的 X、Z 坐标达到较高的精度。在距监测断面 50m 内，AD 边的精度可达到 0.4~0.7mm。

9.3　高耸建筑物测量

高耸建筑物系指建筑高度与其底面尺寸相差很大的建筑物，如摩天大楼、高烟囱、电视塔、高桥墩等。这类建筑的显著特点是基础底面积小、重心高、柔度大，其竖向轴线的精度要求很高。高耸建筑多为圆柱或椭圆柱形的钢筋混凝土结构，一般采用爬模、滑模或翻板模施工。施工中，受日照引起的温差作用、大气作用、机械振动及偏载等影响，其竖向轴线会发生弯曲，施工平台会发生摆动。电视发射塔或摩天大楼多为异型钢筋混凝土或钢结构，一般采用拼装工艺施工。施工中，除了控制竖向轴线外，还要控制不同层面的纵、横向轴线，测量的难度更大。

在现代城市建设中，摩天大楼的高度不断被刷新。我国第一高楼上海环球金融中心，高度为 492m，很快被高达 632m 的上海中心大厦替代。世界第一高楼为迪拜楼(图 9-14)，共有 160 层，高度达 828m。本节重点介绍电视塔和摩天大楼施工测量。

9.3.1　高耸建筑物竖向轴线控制——分层投点法

竖向轴线测量的复杂性在于：施工时，建筑物受日照引起的温差作用、大风、机械振动及施工偏载等因素的影响，施工平台处于缓慢而无序的变动中。

日照引起的温差对高耸建筑物的影响很大，会导致建筑物的竖向轴线向背阴面弯曲成

图 9-14 世界第一高楼——迪拜楼

一条弧线,且随太阳方位变化而改变。对同一个建筑,这种变形有一定的规律;对不同的建筑,因形状、结构、材料及周围环境各异,日照引起的变形有很大差异。如湖北的一座高 183m 的电视塔,一昼夜之间的变形值可达 130mm,四川某饭店只有 18m 高的现浇混凝土柱,其顶面因日照而引起的位移可达 50mm,而广州一座 100m 高的高层建筑,在日照作用下,其顶部位移只有 20mm。我国冶金系统曾就该问题对百米以上的高烟囱进行了测试,其结果(表 9-3)也说明了日照变形的复杂性。

表 9-3　　　　　　　　　　日照引起的温差对高烟囱的影响情况

高烟囱	建筑高度(m)	测试高度(m)	实测温差(℃)	实测轴线与铅垂线的偏离值(mm)
常德烟厂	100	100	20	60
龙口电厂	210	100	10	28.6
某电厂	210	98.82	6.2	25

风荷载和施工偏载对高耸建筑物的影响也很大。如美国纽约 102 层的帝国大厦,在风荷载作用下,最大摆幅为 76mm;上海环球金融中心,尽管安装了摆动阻尼装置,但在遭遇 6 级以上强风时,建筑物内的人仍会有轻微摇晃感。施工期间没有阻尼装置,在无风的天气,仅由塔吊偏载引起的摆幅就达 100mm;前苏联高度为 536 米的奥斯坦金电视塔,在风荷载作用下,位于 385.5 米处的设备控制室最大摆动幅度达 1500mm。

由上可见,外界条件引起高耸建筑物的弯曲和摆动很大,如果仍用传统的轴线测量定位法,不仅周期长,定位点将落在一个较大的范围,精度低,不能保证建筑物相邻节段的共轴性。

在高耸建筑物施工中,应从两个方面考虑:一是保证建筑物竖向轴线的铅直性;二是保证相邻层面的共轴性。下面详细介绍一种分层投点技术。

1. 分层投点原理

把高层建筑物或高耸建筑物按高度分为若干段，段长一般为 10~100m，在建筑物内部间隔一定高度搭建测量平台，将埋设于±00 面的控制点采用垂准仪逐层向上投递，以提高竖向轴线精度。施工过程中，从最靠近施工层面的测量平台向施工层面投点，这种方法为分层投点法。这样，即使在建筑物弯曲和摆动较大的情况下，由于测量平台和施工层面随建筑物同步运动，二者相对位置变化很小，投点将落在一个较小的范围内，可以加快投点速度，并大大消除因建筑物弯曲和摆动而引起竖向轴线偏位，确保相邻建筑层面的共轴性。

2. 分层方法

分层投点一般在阴天或夜间，风速不大、塔吊不作业的条件下进行。可采用垂准仪，置平范围大的自动安平垂准仪配置激光目镜后即为激光垂准仪。表 9-4 列出了常用垂准仪的型号和性能。

3. 单次投点精度

单次投点(从一层测量平台向另一层测量平台投点)精度与垂准仪相对精度 m_y 和设点精度 m_s 有关，设点误差 m_s 可控制在 1mm 以内。设分层投点距离为 d，则单次投点的精度为

$$m_1 = \sqrt{m_s^2 + (d \times m_y)^2} \tag{9-18}$$

表 9-4   **常用垂准仪的型号和性能**

厂 商	徕 卡				索 佳	拓扑康	用全站仪改制
型 号	ZNL	ZL	NL	PD3	VS-A1		
放大倍率	7×	24×	24×	20×	26×		
垂线相对精度	1/3 万	1/20 万	1/20 万	1/4 万	1/20 万	200~4 万	
自动安平范围		±10′	±10′		±1.5′		
水准器格值	30″/2mm	4′/2mm	4′/2mm	20″/2mm	10′/2mm		

4. 最上层投点精度

设最上层测量平台距地面的高度为 H，高耸建筑摆幅 A，地面到最上层测量平台的投点次数为：$n = H/d$，建筑物竖向轴线相对铅垂线的最大偏角为

$$\alpha = \arcsin \frac{A}{H} \tag{9-19}$$

则最上层测量平台处的投点精度为

$$m_2 = \sqrt{\sum_{i=1}^{n} \left[d \times \sin(\frac{i}{n}\alpha) \right]^2 + n \times m_1^2} \tag{9-20}$$

表 9-5 列出了 $H = 100$m，$A = 15$mm，$m_s = \pm 1.5$mm 时，m_2 与 d 和 m_y 的关系。

d \ m_y	$\dfrac{1}{5000}$	$\dfrac{1}{10000}$	$\dfrac{1}{30000}$	$\dfrac{1}{40000}$	$\dfrac{1}{100000}$	$\dfrac{1}{200000}$	备注
100m	25.0mm	18.1mm	15.4mm	15.3mm	15.1mm	15.0mm	1 次投点
50m	16.6mm	11.2mm	9.0mm	8.8mm	8.7mm	8.6mm	2 次投点
25m	11.6mm	7.8mm	6.2mm	6.1mm	6.0mm	6.0mm	4 次投点
10m	8.4mm	6.4mm	5.7mm	5.6mm	5.6mm	5.6mm	10 次投点

表 9-5 的标题为"分层投点精度分析"（置于表格上方中央）。

从表 9-5 可见，采用分层投点，即便是垂准仪的相对精度不高，也能明显提高投点精度。选择垂准仪应同时考虑仪器的适应性、自动置平范围和其相对精度。

实际作业时，投点距离可由底层向高层逐渐减小。这样既可以保证投点精度，又能减少投点次数。当测量条件很好时，建筑物摆幅很小，可以跨过中间测量平台，直接将地面控制点投射到较高的测量平台或最上层测量平台。当直接投点至最上层测量平台时，其最不利投点精度为

$$m_2' = \sqrt{(d \times \sin\alpha)^2 + m_s^2 + (d \times m_y)^2} \tag{9-21}$$

这时 α 很小，而 $d = H$，投点距离较大，m_y 将成为影响投点精度的主要因素。投点距离大，投点仪的光斑也会变大，设点较困难。

5. 从最上层测量平台向施工平台投点的精度

如图 9-15 所示，在日照、刮风和施工偏载等影响都存在的最不利情况下，投设在最上层测量平台上的控制点，会随高耸建筑物摆动而偏离竖向轴线，因测量平台和施工平台同步摆动，利用测量平台向上投点时，点位会落在较小的范围，可以明显提高精度和可操控性。

图 9-15　利用测量平台投点控制建筑物竖向轴线

214

假定最上层测量平台上的控制点因高耸建筑物摆动而偏离竖向轴线的最大距离为 L，最上层测量平台到施工平台的高度为 h，则向上投点精度为

$$m_3 = \sqrt{\left(h \times \dfrac{L}{H}\right)^2 + m_s^2 + (h \times m_y)^2} \qquad (9\text{-}22)$$

由图 9-15 和式（9-22）可知，即使在最不利的情况下，利用最上层测量平台也能有效保证投点精度，确保相邻建筑节段的共轴性。如果利用常规方法自地面向施工平台投点，不仅精度低，有时甚至无法工作。

9.3.2　烟囱的施工测量

烟囱和水塔是工业场地上的一种特殊建筑物，特点是主体高、柔度大、基础面积小、地基负荷大。施工难点是节段之间的共轴性控制。主体结构为圆筒形，多采用滑模施工，《烟囱工程施工及验收规范》要求，当烟囱高 $H<100$m 时，筒身中心线的垂直偏差不得大于 $0.0015H$；当 $H>100$m 时，中心线的垂直偏差不得大于 $0.001H$。

烟囱施工测量包括以下方面，主要是控制筒身中心和节段的共轴性，确保主体的垂直度。

9.3.2.1　基础定位和施工

施工前，先放样出烟囱中心点 O，过中心点 O，选择两条相互垂直的定位轴线 AB 和 CD。控制桩至 O 的最近距离，视烟囱的高度而定，一般至少为烟囱高度的 1.5 倍，见图 9-16。

图 9-16　烟囱施工测量示意图

基坑开挖通常为以烟囱中心点为圆心，底部半径 r 加上基坑放坡宽度为半径，浇灌混凝土基础时，应在基础面上埋设金属板，由控制桩恢复中心点 O 并刻制在金属板上，用以指导施工、控制烟囱的半径和垂直度以及沉降和倾斜观测。

9.3.2.2　筒身施工测量

可采用轴线外控法或轴线内控法。轴线外控法是用全站仪，分别安置在轴线桩 A、B、C、D 点上，瞄准基础面上的轴线点，将轴线向上投测到筒身施工面的边缘并做标记，按标记拉两根弦线，弦线交点即为烟囱中心点。轴线内控法是采用激光铅垂仪，当烟囱采用

滑升模板工艺进行施工时，将激光铅垂仪安置在烟囱底部的中心点上，在工作平台中央安置接收靶，烟囱每滑升25~30cm，就浇筑一层混凝土，在每次滑升前后各进行一次垂直度观测，参见图9-16。操作时，打开激光电源，使激光光束向上射出，调节望远镜调焦螺旋，在工作平台接收靶上可得到明显的红色光斑，整平仪器，使竖轴垂直。施工人员藉此调整滑模位置，施工中，要经常检验和校正垂直度，以保证施工质量。

9.3.3 电视塔的施工测量

以上海东方明珠电视塔(图9-17)为例进行说明。上海东方明珠电视塔高468m，是亚洲第一、世界第三的广播电视塔，犹如从天而降的明珠，落在上海浦东这块玉盘上，也是上海的标志性建筑。它由地下室、塔座、塔身、下球体、上球体、太空舱及天线七部分组成。地下二层深为-12m，局部达-19.5m。从地面至286m，是三个直径为9m的直筒体组合而成，构成三筒框架主塔体。三筒结构从285m处过渡为单筒体至350m，单筒体从310m以上由8m收至7m，350m至486m为钢桅杆天线。直径为50m、45m和16m的三个钢结构球体，分别设置在塔体的68~118m、250~295m和334~350m之间。全长118m的钢桅杆天线嵌固在单筒顶面的空洞中。主塔三个直筒体呈正三角形布置，全高286m间有七道6m高、1.6m宽的混凝土连梁。上、下球体中各有一个高为40m和50m的中心筒体。下球体和地面间，有三个直径为7m的斜筒体，下端支承于基础，与地面呈60°交角，上端交汇于中心筒体。

图9-17 上海东方明珠电视塔

东方明珠电视塔的垂直度要求为：偏差小于50mm，施工测量难度不仅在于其造型特殊及超高，还在于在三个直筒体间不能互相通视的情况下，各期施工平面控制网须精确耦合，并进行垂直度控制。东方明珠电视塔的施工平面控制网分地面外控制网、塔体内控制网和地面内控制网。

(1)地面外控制网。布设如图9-18所示的"米"字形地面外控制网，网的三条轴线交于塔心，轴线5—11与正北方向夹角为96°36′15″，以点5及轴线5—11为起算数据，以挂靠方式纳入上海市统一坐标系中。建网时，选取2~3个与塔心可通视的远方目标作定向点，测出定向点与轴线5—11的平面夹角。施工地下室时，需在基坑周边加密控制点，以控制地下室施工。

图9-18 东方明珠电视塔地面外控制网

（2）塔体内控制网。塔体基础完工后，在其顶面-6.05m平台上建立如图9-19所示的塔体内控制网，控制点为塔心、直筒心及斜筒心的设计位置。

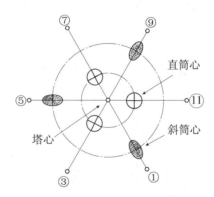

图9-19 东方明珠电视塔内控制网

塔体内控制网要控制三个斜筒体施工，三个斜筒体中心、直筒体中心和塔心的相对位置必须精确测设。其过程是：利用外控制网先放样出塔体中心和5—11轴线，并以此为基准，放样三个直筒中心和三个斜筒中心，用全站仪精确测量由7个点组成的塔体内部控制网，并进行严密平差，用归化法将直筒和斜筒中心精确改化至设计位置。

（3）地面内控制网。在三个直筒体出土后，要按以下过程建立如图9-20所示的地面内控制网，主要用于塔体施工控制，测设塔筒周边线、裙房7.5°轴线，以及监测筒体的偏扭。将塔体内控制网的塔体中心和三个直筒体中心投测至-1.450m和-0.050m平台，记为O和T_1、T_2、T_3，以这四点为基础，建立地面内部控制网。

在-0.050m结构平台上，利用5—11、1—7和3—9三条轴线，布设一个相邻点可通视的正六边形ABCDEF，轴线上的网点可通过直筒体门洞互相通视，其直线交点即为塔体

图 9-20　东方明珠电视塔地面内控制网

中心点，解决了塔筒四个中心点互不通视的问题。精确测量地面内部控制网，并以 O、T_1、T_2 和 T_3 四个点为"拟稳点"进行平差，并将各网点精确改化至设计位置。施测地面内控制网时，在 O 点需精确测量远处定向点的角度，以确定控制网点的方位。

(4)内控制网点分层投点。塔体中心和直筒体中心点分别向上投点，其中，塔体中心分 4 层投点，测量平台的高度分别为+98m、+118m、+263m、+285m。直筒体中心分 3 层投点，测量平台的高度分别为+98m、+161m、+285m。采用 Leica 天顶仪(见表 9-4)。对于较低的施工节段，四点可分别投测。施工节段较高时，为克服施工震动等因素的影响，四点宜同步投点，参见图 9-21。

图 9-21　东方明珠电视塔 0~98m 段垂直投点示意图

投点采用两种方法检核，一是在塔心投点安置全站仪，测量其他三点的距离和三点间的夹角。二是利用远处定向点测量三个直筒投点与设计方位的偏差，满足要求后即可固定投点位置。

(5)单筒体测量。三筒主塔施工至+286m 后，原来的钢平台将停留在+285.081m 处，并用混凝土与筒体浇在一起，不再提升。电视塔自+286m 至+350m 为变为单筒塔体结构。投测至+285m 的塔体中心点，即为单筒体竖向轴线控制的唯一投点。

单筒体测量的重点是控制筒体竖向轴线和防止筒体偏扭。施工时，在+285m 至+310m 段不设施工平台，需搭建临时测量平台(见图 9-22)。自+310m 以上，可以利用施工平台投点。

图 9-22　临时测量平台

塔体中心点投测完成后，利用投点和远处定向点恢复塔体的三条轴线，以控制塔体偏扭。对于 118m 高，450t 重的钢桅杆天线，采用"液压提升"技术施工。位于+350m 的锚固段完成后，通过单塔筒，在传感器和计算机的控制下，利用液压同步提升技术，将天线从单塔筒中整体提升至 468m。因此，塔体中心投测至+350m 高度后，不再继续向上投点。

（6）上、下球体和太空舱安装测量。上、下球体工程钢构件安装之前，以塔心和远处定向点为基准，建立含三个直筒中心投点的球体内部控制网。太空舱安装也是以塔心投点和远处定向点为基准，在此不再赘述。

（7）斜筒体测量。斜筒采用劲性骨架形式，测量重点是控制骨架中心即测设斜筒体的中心轴线。下面以大斜筒测量为例说明之。

大斜筒中心点即塔体内控制网点，位于地下室-6.050m 层面，且在 5—11、1—7 和 3—9 三条轴线上，距塔心 56.234m。大斜筒轴线测量方法如图 9-23 所示，在塔心和大斜筒中心连线上，距离大斜筒中心 1.65m 处，建 1.29m 高的观测墩，埋设强制对中装置，并要考虑利用基座的调平螺丝能将仪器的三轴交点精确调整到 1.65m 高处。在观测墩上安置全站仪，用精密水准尺配合，将仪器三轴交点精确设置到-4.40m（仪器高 1.65m）处，则仪器的三轴交点刚好位于大斜筒的轴线上。测量时，用全站仪照准塔心控制点，然后将竖直角设置为 60°，则视准轴即为大斜筒的轴线，用以指导劲性骨架安装，完毕后，即可立模施工钢筋混凝土大斜筒体。

图 9-23　大斜筒轴线设置

小斜筒测量方法与大斜筒类似，参见图9-24。小斜筒底端起始于三个直筒体的第一道连系梁 K—1 上，其底端中心点位于三条轴线中的一条轴线上，标高为+21.000m，距塔中心长度为 5.419m，需在连系梁外建立测量平台，并设置观测墩。具体测量过程是：在 5—11、1—7 和 3—9 三条轴线上，利用地面内部控制网，精确测设小斜筒底端中心外侧 1.65m 处的轴线点 A；利用铅锤仪将轴线点 A 投测至测量平台；受大斜筒和主塔体影响，在测量平台上无法恢复 5—11、1—7 和 3—9 三条轴线，因此，需要在大斜筒靠近主塔一侧，精确设置后视照准点 B；在测量平台上，利用可升降支架，根据短视线三角高程测量原理，将全站仪三轴交点设置在小斜筒轴线上；全站仪照准轴线点 B，将竖直角设置为 45°，则视准轴即为小斜筒的中轴线。

图 9-24　小斜筒轴线设置

9.3.4　摩天大楼的施工测量

以阿联酋迪拜楼（图 9-25）为例说明。迪拜楼高 828m，是当今世界第一高楼，建筑设计采用了一种具有挑战性的单式结构，由连为一体的管状多塔组成，外形具有太空时代风格，基座周围采用了具有伊斯兰建筑风格的沙漠之花几何图形。总建筑面积 48 万 m^2。为提高各楼层的观光效果和结构抗侧向荷载的能力，建筑平面呈"Y"形。B2~F156 层采用钢筋混凝土束筒结构体系，F157 层以上则采用钢结构桁架筒体结构体系。钢筋混凝土束筒结构体系随建筑高度逐步呈螺旋式收缩，以提高建筑的抗风性能。

测量上的难点：因主楼很高，施工中变形显著，温度每变化 10℃，塔楼混凝土顶部将偏移 150mm；塔吊、风和日照等引起的结构变形大，产生严重的倾斜和晃动，测量控制网的稳定性差；施工测量工作量巨大。为加快施工速度，楼的结构分核心筒、三个翼缘，采用液压自动爬升模板系统施工，需设置 240 多个参照点，无法采用内控法等传统测量方法，还需考虑施工中的楼层压缩和底板沉降等变形及对策。

迪拜楼的测量方案：周边场地开阔，通视良好，在 20 层以下，采用外控法进行平面控制网的垂直传递。20 层以上，采用 GNSS 技术、高精度倾斜仪配合测量机器人组成实时自动测量系统，进行爬升模板的三维精密定位。系统由空间定位、倾斜测量和施工测量三

图 9-25　迪拜楼

个子系统组成，其原理如图 9-26 所示。

　　　GPS接收机

　　　倾斜仪

　　　测量机器人

　　　控制中心

　　　数据链

图 9-26　迪拜楼施工控制测量示意图

　　利用 GNSS 技术确定空间点位的三维坐标，由于楼体是变动的，楼体在竖向上不共轴，用倾斜仪测定楼的倾斜，对 GNSS 结果实施修正，确保楼体在竖向的共轴性，故可作为施工楼层的控制基准，通过数据链传递给测量机器人，控制测量机器人的测量。

　　空间定位子系统由基准站、流动站及 360°棱镜系统组成。系统至少由 3 个 GNSS 接收机组成，流动站一般安置在模板顶层的固定支架上，流动站天线的下面安置用于全站仪照准的 360°棱镜。流动站接收基准站发射的差分改正信号，可实时确定 360°棱镜中心的三维坐标，实现控制点的空间定位。

倾斜测量子系统由 NIVEL200 双轴倾斜仪、电脑网络和 GeoMoS 软件组成，用于精确测定楼体在垂直轴方向的偏差。设置强制归心装置，每 20 层安置一台倾斜仪，共计 8 台连成网络，通过连续测量，测出楼体在不同高度处垂直轴的倾斜，获取结构倾斜的非线性改正，对 GNSS 测量结果进行改正。

施工测量子系统中的全站仪可自由架设在施工平台的合适位置，能看到两个或两个以上的 GNSS 流动站棱镜，如图 9-27 所示。采用多点后方边、角交会，根据控制中心发来的棱镜中心坐标，可得测量机器人设站坐标，并测量设置在新浇混凝土上的用于控制模板安装定位的参照点。实际施工中，有多台测量机器人同时作业，可在短时间内测量大量参照点，各台测量机器人间还可以相互检核，从而克服施工环境不稳定影响，提高模板的安装精度。所有测量数据均实时反馈到控制中心进行统一处理，以判定施工情况和测量精度。

图 9-27 施工测量子系统测量原理图

9.4 异型异构建筑物测量

9.4.1 国家体育场——"鸟巢"的测量

国家体育场"鸟巢"是北京 2008 年奥运会的主体育场，为特级体育建筑，主体结构设计使用年限 100 年，采用钢结构(外壳)和混凝土结构(看台、基座)两大部分组成。主体建筑为南北长 333m、东西宽 296m 的椭圆型，高 69m，建筑顶面呈马鞍型，外观清晰、纯粹、完整。屋盖中间开洞长度 185m，宽度 128m，建筑面积 25.8 万 m²，可容纳观众 9 万余人。由于"鸟巢"的外壳由多种空间箱体组成，施工和安装测量非常复杂。下面主要介绍"鸟巢"型钢结构的安装测量。

(1)"鸟巢"的结构。"鸟巢"的主体建筑平面布局呈椭圆形，"鸟巢"钢结构由 24 榀门式桁架围绕体育场内部碗状看台旋转而成，包括主桁架、桁架柱、顶面次结构、立面次结构、楼梯和马道等部分(参见图 9-28)。主桁架围绕屋盖中间的开口呈放射型布置，与屋面及立面的次结构一起形成了"鸟巢"建筑造型。大跨度屋盖支撑在周边的 24 根桁架柱上，主桁架直通或接近直通，并在中部形成由分段直线构成的内环洞口。为避免出现过于复杂的节点，4 榀主桁架在内环附近截断(参见图 9-29)。用分段直线代替主桁架空间弯扭曲线弦杆，减少了构件的加工难度。

图 9-28 "鸟巢"外壳钢结构

主桁架

菱形内柱

外柱

桁架柱

图 9-29 四榀主桁架交叉段安装单元

腹杆倾斜角度控制在 60°左右，网格大小均匀，上下弦节点对齐，具对称性。桁架柱、弦杆与腹杆形成完整的桁架，腹杆连接于外柱与立面次结构的交点，腹杆轴线与内外柱轴线共面，腹杆宽度为 1200mm，与菱形内柱同宽。屋盖上弦采用膜结构作为屋面围护，屋盖下弦采用声学吊顶。主场看台部分采用钢筋混凝土框架，与大跨度钢结构完全脱开。

屋盖主结构的杆件均为箱型构件，主桁架断面高度为 12m，含上弦杆、下弦杆和腹杆，主桁架沿洞口斜角交叉布置。桁架柱为三角形格构柱，每根由两根箱型外柱和一根菱形内柱组成，桁架柱上端大、下端小，上端与主桁架相连，下端埋入钢筋混凝土承台内，将屋盖荷载传至基础。

(2)"鸟巢"的测量难点。"鸟巢"钢构件的定位点均为三维坐标，主结构构件均为巨型构件，且形状怪异，节点密集，曲线、曲面造型多，定位精度要求高，测量难度大。

对于如此庞大的异型结构，按常规方法测量和拼装，其难度和工作量无法想象。施工中，主要采用模块化拼装。主要测量工作是模块制造时的精密测量，以及模块拼装时的定位测量。拼装的关键是桁架柱柱脚的精密定位和菱形柱的垂直度控制。

（3）整体控制网布设。如图9-30所示，平面控制网和高程控制网为两级，第一级由场馆的主轴线控制点 KO、KN、KS、KW 和 KE 组成，平面和高程共点，埋设永久性控制桩。

图 9-30 "鸟巢"测量控制网

第二级控制网分别加密于场馆的内部和四周,按三维网布置。场馆外围布设为规则的建筑方格网,内部控制点为80个临时支撑柱的中心。

(4)钢构件拼装测量。"鸟巢"的钢结构施工采用的方法为:在工厂加工成较小的钢构件,在施工现场拼装单元构件,然后再进行吊装。分为桁架柱、桁架梁、次结构和楼梯的拼装测量等。

拼装测量坐标系的转换:如果按设计坐标系进行拼装,则需要建立复杂的胎架,故先在地面坐标系上建立胎架和进行拼装,需要作坐标转换,再依据转换后的坐标建立胎架和进行拼装。这项工作在电脑上用转换构件模型的方法来实现。

建立安装胎架:每个安装构件需要在不同的胎架上进行拼装,首先要根据不同构件的大小、形状和结构做胎架测量,建立起不同形状的胎架,然后才能在胎架上用高空定位测量的方法进行安装单元构件拼装(参见图9-31)。

(a)单元杆件拼装测量

(b)长桁架柱分段及拼装

(c)短桁架柱整体拼装

(d)四楂主桁架梁交叉节段整体拼装

图9-31　建立胎架及拼装测量

拼装测量:传统的施工测量都是根据结构的轴线来进行加工、拼装、放样和安装定位,"鸟巢"钢结构构件的表面都是扭曲面,无法根据轴线进行对接拼装,需要根据图纸上给出的构件端口四个角点的坐标来进行拼装。拼装时依据端口角点坐标在胎架上进行三维定位,反复调整,直至所有端口角点实测三维坐标符合设计要求。

拼装前先要依据安装构件的设计坐标建立拼装控制网。选择3~4个相距较远且分布均匀的角点,按其设计坐标或转换后的坐标精确地测设在地面上,建立胎架和拼装控制网。建立胎架时，应先根据安装构件的大小、形状，选取在胎架上的支撑点，在三维模型图上捕捉各支撑点的三维坐标，用全站仪三维定位方法将支撑点测设到胎架的框架上，建成适合于拼装某个安装构件的胎架。

柱脚定位测量：柱脚是整个钢结构的基础部位，定位精度影响到后续安装工作的顺利进行和后续构件的安装精度，定位前需在整体控制网下布设柱脚控制网，如图 9-32，以菱形柱外角点为基准，先测设出桁架柱的主轴线 A_1—A_2、B_1—B_2，再测设两个外柱和菱形柱的控制轴线。四个主轴线点相对于场馆整体控制网的精度要求在 2mm 以内。根据定位点用墨线将定位线弹在混凝土表面上。吊装柱脚时，将构件上的定位点对准定位轴线即可。

图 9-32　柱脚定位轴线示意图

桁架柱的垂直度控制：桁架柱为组合柱，且内柱垂直于地面，桁架柱的垂直度控制以内柱（菱形柱）控制为准，采用两台全站仪在正交位置按铅垂面法进行控制。

24 个桁架柱的高度在 40~67m 之间，分两段起吊安装，最重的安装构件重达 360 多吨。其特点是高度高，上大下小，牛腿和端口多（参见图 9-33）。由于桁架柱是分两段安装，定位测量也相应分两次进行，采用检查菱形内柱两相邻菱线的垂直度的方法对内柱进行调整。在内柱两对角线方向上架设仪器，瞄准棱线上、下端，调整到其偏差小于千分之一柱高，并小于 35mm。同时转动柱体，调整牛腿的方向与设计方向一致，测量牛腿角点的三维坐标，并调整到符合设计要求的位置。

屋面主桁架梁定位测量：如图 9-34 所示，屋面主桁架梁是在支撑塔架上拼装的。首先拼装交叉段安装单元，然后拼装直节段。布设控制网时，支撑塔架的每个支撑柱中心点已纳入整体控制网，安装主桁架梁的交叉单元时，将地面点垂直投射到支撑塔架的顶面，进行支撑柱垂直度控制，并确定出交叉单元的平面位置。主桁架的标高用千斤顶逐步调整到位。只要交叉单元和桁架柱安装准确，屋面其他部分的安装就相对简单了。

9.4.2　国家大剧院的测量

国家大剧院由法国建筑师保罗主持设计，造型新颖、前卫，构思独特，是传统与现

图 9-33　桁架柱(上节)吊装情况

图 9-34　主桁架梁交叉节段安装情况

代、浪漫与现实结合的典型的异型异构建筑物(参见图 9-35)，是亚洲最大的剧院综合体。外部为钢结构壳体呈半椭球形，平面投影东西方向长轴长度为 212.20m，南北方向短轴长度为 143.64m，建筑物高度为 46.285m，基础最深部分达到-32.5m。壳体由 18000 多块形状不完全一样钛金属板拼接而成，面积超过 30000m² 。建筑设计约 70% 为曲线，且曲线形式多样，有圆曲线、椭圆曲线和 2.2 次方的超级椭圆曲线等。圆曲线半径跨度大，从 0.2m 到 201.35m 不等；竖直面内也有曲面变化，戏剧院、歌剧院和音乐厅看台都为双曲面设计，空间为变参数的圆锥面连接。

9.4.2.1　施工测量特点

国家大剧院施工测量的主要特点是：精度要求高，放样难度大，对测量管理工作要求严。如轴线放线的平面精度为 3mm，高程传递的允许误差 5mm/层；各种曲线、曲面约占 70%，内业计算和现场放样工作量都特别大。工程的复杂程度也为施工测量工作带来了新的挑战。工期紧，要求测量迅捷、高效、准确，不能因测量影响工程进度。

9.4.2.2　控制测量

采用整体控制分期布网原则，先建立首级控制网，在不同施工阶段根据工程进度、施工需要和精度要求分期布设加密网。平面控制网按两级布设建筑方格网，首级网布置成

图 9-35 国家大剧院主体建筑外形

"田"字形，共六条轴线(见图 9-36)，主轴线 *AB* 穿越戏剧院、音乐厅的椭圆中心及歌剧院椭圆的一个焦点。高程控制网与平面控制网共点。

图 9-36 国家大剧院首级平面控制网

次级网约束于首级网上，如图 9-37 所示。

其他控制测量包括土建施工控制测量，钢结构安装的加密控制测量，后者需在首级网下建立专用的安装测量控制网，进行精密施测和严密平差，在此不作详述。

9.4.2.3 曲线放样计算

该工程最显著的特点是建筑设计曲线众多，曲线放样时，放样点密度应根据设计要求确定，曲线墙段以直代曲，即把曲线分成若干个直线段，各段矢高不大于 3mm，根据各曲线的曲率大小和弧长计算曲线放样点。曲线和曲面点三维坐标的准确计算，是空间放样的关键。曲线计算采用平行轴线取值代入法、弧度平分法和微积分法三种方法，下面予以简单介绍。

(1)平行轴线取值代入法。用于 2.2 次方超级椭圆曲线，该方法是采用沿 *x* 或 *y* 方向平分弧段的办法计算放样数据，如图 9-38 所示，已知超级椭圆曲线方程为

图 9-37　国家大剧院工程次级平面控制网

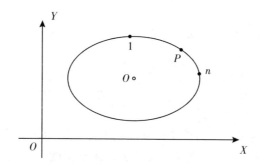

图 9-38　平行轴线取值代入法

$$\left(\frac{x-x_0}{a}\right)^{2.2}+\left(\frac{y-y_0}{b}\right)^{2.2}=1 \tag{9-23}$$

式中，(x_0,y_0) 为椭圆中心 O 的坐标，(x_1,y_1) 为弧段起始点 1 的坐标，(x_n,y_n) 为弧段终点 n 的坐标，求任意点 P 的坐标 (x,y)。

沿 y 方向把弧 n 等分，可得

$$y=y_1+\frac{y_n-y_1}{n}\cdot i,\ i=1,\ 2,\ \cdots,\ n \tag{9-24}$$

$$x=x_0+a\left[1-\left(\frac{y-y_0}{b}\right)^{2.2}\right]^{-2.2} \tag{9-25}$$

沿 x 方向把弧 n 等分，可得

$$x=x_1+\frac{x_n-x_1}{n}\cdot i,\ i=1,\ 2,\ \cdots,\ n \tag{9-26}$$

$$y=y_0+a\left[1-\left(\frac{x-x_0}{b}\right)^{2.2}\right]^{-2.2} \tag{9-27}$$

该方法计算简便，可用于部分结构墙的放样，但不能随着曲率变化控制点位得均匀度。

（2）弧度平分法。已知起点角度 α，终点角度 β，半径 R，圆心坐标（x_0，y_0），求圆弧上任意点 P 的坐标（x，y），如图 9-39 所示。

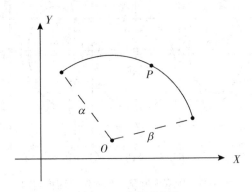

图 9-39　弧度平分法

把圆弧 n 等分，$i=1$，2，$\cdots$，n，可得

$$x = x_0 + R \cdot \cos\left(\alpha + \frac{\beta - \alpha}{n} \cdot i\right) \tag{9-28}$$

$$y = y_0 + R \cdot \sin\left(\alpha + \frac{\beta - \alpha}{n} \cdot i\right) \tag{9-29}$$

该方法只适用于圆曲线点位的放样计算，用于部分结构墙的放样，可均分弧段。

（3）微积分法。该放样方法适用于 2.2 次方超级椭圆曲线，如图 9-40 所示，可求出弧长等于 l 时弧段上点的坐标。已知起算点和待定点的弧长 l，计算步骤如下：

第一步，确定已知起算点的坐标（x_0，y_0）。

第二步，根据设计和计算出的弧长，确定放样点的坐标增量 Δx（要求弧长与 Δx 的差值小于 3mm）。

第三步，计算放样点的坐标：$y_i = b \cdot \sqrt{1 - \left(\dfrac{x_i}{a}\right)^{2.2}}$ 和 $x_i = x_{i-1} + \Delta x$。

第四步，计算放样的边长：$s = s_1 + s_i$。

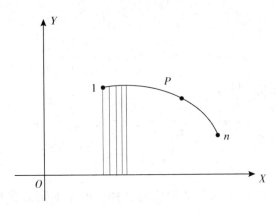

图 9-40　微积分法计算示意图

其中，$s_i = \sqrt{(x_i - x_{i-1})^2 + (y_i - y_{i-1})^2}$，$s_1 = \sqrt{(x_1 - x_0)^2 + (y_1 - y_0)^2}$。

如果 $|s - l|$ 大于取值精度要求，则取 Δ_x，并重新计算，直到满足要求为止。

同理，以此坐标为起算坐标，可计算下一点的坐标。该方法可用于任何曲线放样。

上述三种放样方法各有其适用性，易于编程实现。一般采用弧度平分法和微积分法计算，用平行轴线取值代入法进行校验。

（4）曲面放样计算。国家大剧院的戏剧院、歌剧院和音乐厅看台都为双曲面，其数学模型为

$$z = \pm \sqrt{x^2 + y^2} \cdot \cot\alpha \tag{9-30}$$

为了简化曲面的放样计算，把曲面分解成平面内的圆和竖直面内的多个重叠三角形。曲面的施测则利用微积分的原理，从圆心向外作同心圆，再沿着圆心向外作圆弧的法线，由此组成多个平面。同样，平面和设计曲面的矢高应满足设计要求。实际施工时，以平面代曲面，算出各交点的坐标和高程。也可直接用曲面方程进行计算。

（5）钢结构壳体安装测量。关键在于确保各构件相对位置准确无误。主要包括安装控制网的建立和复测，控制轴线的放线测量和钢构件安装测量，在此不作细述。

9.4.3　大型古建筑和文物的测量

我国是文物古建筑遗址大国，文物和古建筑受国家保护，文物、古建筑的保存、修复和重建等都离不开测量，属于工程测量学的领域。

文物和古建筑测量的主要作用在于为重要的文物和古建筑提供测量信息和资料，并为其管理、修复、重建和研究等提供服务。

大型古建筑和文物测量的主要方法和技术是近景摄影测量和三维激光扫描。近景摄影测量的主要产品是立面图、平面图、等值线图和透视图等。宜采用量测摄影机进行正直摄影，制作立面图时，要使摄影基线平行于所测建筑物的立面。对于平面型建筑物可按像片纠正法绘制正射影像图，当建筑物立面"起伏"较大，通常在立体测图仪上以线划形式绘制建筑物立面图。

摄影测量在文物及古建筑上的应用极其广泛。例如爪哇岛婆罗浮屠佛塔的立面图，法国国家地理院测制的埃及阿布–西姆拜石窟中一个石刻的等值线图，我国的秦始皇兵马俑、敦煌莫高窟、四川乐山大佛和苏州虎丘塔都进行过摄影测量。例如用 UMK10/1318 地面摄影机对释加牟尼佛像进行摄影，利用 Topocart B 型立体测图仪绘制佛像的等值线图。

三维激光扫描技术的优势在于快速扫描被测物体，高效进行三维建模和虚拟重现。对空间信息进行可视化表达即三维建模，有基于图像和基于几何的两种方法。摄影测量是基于影像建模，而三维激光扫描则是基于几何的方法。

◎ 本章重点和难点

重点：大型工业厂区控制和施工测量，高层及高耸建筑物的投点和高程传递测量，深基坑变形监测，异形和异构建筑物测量。

难点：高层建筑物内控制网的建立和传递，异形和异构建筑物测量。

◎思考题

(1)什么是工业与民用建筑？主要建筑特点是什么？

(2)大型工业厂区建设主要有哪些测量？

(3)什么是建筑方格网，它有何特点？为什么现已较少采用？

(4)大型工业厂区地面三角形边角网布设的要点是什么？

(5)何谓高层建筑？其施工测量的重点是什么？

(6)高层建筑物为什么要开挖深基坑？

(7)什么叫楼层垂直度？什么叫全高垂直度？

(8)高层建筑的高程传递通常采用哪些方法？

(9)何谓非接触型安装控制网？

(10)何谓内控制网？

(11)深基坑变形监测内容有哪些？采用什么方法？

(12)何谓高耸建筑物？

(13)何谓分层投点法？

(14)大型古建筑和文物测量主要采用什么方法？

第10章　高速铁路工程测量

本章结合近年来国内高速铁路建设的飞速发展实际，较详细地讲述了高速铁路工程的控制网布设方法和基准问题，轨道系统的精密测量技术和方法，轨枕和轨道板的精调技术，最后介绍了高铁工程的各种强制对中装置和变形监测内容。

10.1　概述

国际上将旅客列车速度大于 200km/h 的铁路称为高速铁路。根据 2004 年的《中长期铁路网规划》，到 2020 年，我国将建成 12000km 高速铁路。目前，已投入运营的京津、武广、郑西、沪杭、京沪等高速铁路，其运营速度已达 300km/h。2010 年 12 月 3 日，京沪高速铁路还创下了 486.1km/h 的铁路运营试验的世界最高速度。

高速铁路可分为线下工程和轨道系统两部分。线下工程测量和轨道系统测量有本质区别。线下工程是指高速铁路的路基、桥梁、隧道和涵洞等。线下工程的施工精度不高，通常为厘米级，施工测量方法与传统铁路并无本质区别。轨道系统是在线下工程完工，且各种变形趋于稳定后，以线下工程为依托，通过特殊精调装置和专用测量设备，将轨道构件如轨道板、轨枕、钢轨等精确测设到设计位置，形成高平顺的轨道系统。

高速铁路实现列车高速行驶的前提条件是轨道系统的高稳定性和高平顺性。与传统铁路的主要区别，是要一次性地建成稳固、可靠的线下工程和高平顺性的轨道系统。线下工程的高稳定性需依靠对变形和沉降的严格控制来实现，轨道系统的高平顺性则要依靠精密测量技术。因此，变形控制和精密测量技术是高速铁路建设中与测量相关的两大关键技术。

在高速铁路工程测量中，属于精密工程测量范畴的测量工作是轨道系统的施工测量。其实质是精密的安装、定位测量，控制基准是轨道控制网。轨道控制网的精度要求是点位绝对精度 2mm，相邻点间的相对精度 1mm。轨道铺设精度(指两根轨枕间的轨道相对精度)为 0.3mm。

高速铁路测量与传统铁路的测量有很大不同，主要体现在如下几个方面：

(1)高速铁路线下工程测量和轨道系统施工测量在不同的坐标基准下进行。在高速铁路勘测和线下工程施工阶段，应采用统一的国家基准。根据轨道结构和施工方法的差异，高速铁路的轨道系统又分为图 10-1 所示的多种类型。不同类型的轨道结构，其测量方法和精度要求也各不相同。在高速铁路轨道系统施工时，需要建立独立的工程坐标基准，如采用任意中央子午线和抵偿高程面的独立坐标系，用高斯分带投影方法建立，长度在轨道面的投影变形不大于 10mm/km；并在此基准下建立具有最佳相对精度网形的精密控制网。

(2)高速铁路控制测量分线下工程控制网和轨道控制网。线下工程控制网主要用于高速铁路的初测、定测以及线下工程施工测量。轨道控制网则用于轨道系统的安装、调试、检查和运营维护，且采用三网合一技术。

图 10-1　高速铁路轨道结构分类

（3）要求的精度高。承轨系统的施工精度要达到毫米至亚毫米级，轨道铺设精度要达到 0.3mm。需要用专用轨道测量设备（如精调标架、轨检仪等）对轨道系统构件进行测设定位，对轨道几何状态进行测量和平顺性评估等。

（4）高精度 GNSS 接收机、智能型全站仪、数字水准仪和轨道检测仪等精密测量仪器在高速铁路建设中得到普遍使用。

本章重点介绍高速铁路控制网的特点、布网方法、精度要求和标志埋设要求，以及精密测量基准的建立方法、精密控制网数据处理技术、轨道系统精密测设、定位和校准等内容。

10.2　高铁控制网的布设和测量基准

10.2.1　控制网布设

1. 平面控制网

高速铁路平面控制网分四级布设，第一级为框架控制网，简称为 CP0 网；第二级为基础控制网，简称 CP Ⅰ 网；第三级为线路控制网，简称 CP Ⅱ 网；第四级为轨道控制网，简称 CP Ⅲ 网。上一级网是下一级网的起算基准。CP0、CP Ⅰ、CP Ⅱ 网采用卫星定位技术建立（在隧道洞内的 CP Ⅱ 网采用导线法建立），CP Ⅲ 网采用自由设站边角交会法建立。各级网的精度要求如表 10-1 所示，本节简要介绍 CP0、CP Ⅰ、CP Ⅱ 和 CP Ⅲ 的测量及其数据处理。

表 10-1　　　　　　　　　　高速铁路各级控制网的精度要求

控制网	测量方法	相邻点的相对中误差（mm）	点 间 距
CP0	GNSS	20	约 50km
CP Ⅰ	GNSS	10	约 4000m
CP Ⅱ	GNSS	8	600~800m
	附合导线	8	400~800m
CP Ⅲ	自由测站边角交会	1	点对间距 50~70m
二等水准	二等水准测量	高差中误差 2mm/km	约 2000m

说明：1. 相邻点的相对中误差指 X、Y 坐标分量中误差。

2. 相邻 CP Ⅲ 点高程的相对中误差为 ±0.5mm。

234

框架控制网在线路初测前建立，在线路起点、终点以及与其他线路衔接处，应布设一个点，沿线路每 50km 左右布设一个点，应与 IGS 参考站或国家 A、B 级 GNSS 点联测，联测点数不少于 2 个，且均匀分布。每个点上的独立基线不小于 3 条，需采用精密星历和要求的软件进行基线解算，要求全线一次性布设、测量和整体平差。

基础控制网（CPⅠ）在线路初测阶段建立，每 4km 左右布设一个点，应设在距线路中线 50~500m、不会被施工破坏、稳定可靠和利于测量的地方，隧道段应在洞口处布设一对 CPⅠ点，两点间距 800~1000m。CPⅠ网应构成由三角形、大地四边形组成的带状网，并附合在 CP0 网上。应按《高速铁路工程测量规范》规定施测。全线应一次布网、测量和整体平差。网的三维约束和无约束平差应在 2000 国家大地坐标系中进行，将网在 2000 坐标系中的空间直角坐标，分别投影到相应的投影带，得控制点在各投影带中的工程独立坐标。

线路控制网（CPⅡ）在线路定测阶段建立，应沿线路每 600~800m 布设一个点，应设在距线路中线 50~200m、不会被施工破坏、稳定可靠和利于测量的地方，应构成由三角形、大地四边形组成的带状网，并附合在 CPⅠ网上。隧道洞内每 300~600m 布设一对点，采用四至六条边的导线环网，并附合在洞口的 CPⅠ控制点上。应按《高速铁路工程测量规范》规定施测。全线应一次布网、测量和整体平差。CPⅡ网的三维约束和无约束平差在 2000 国家大地坐标系中进行，三维约束平差起算点是所联测 CPⅠ点。CPⅡ控制网的二维平面坐标是高速铁路线路工程独立坐标系中的坐标，系将 CPⅡ控制网在 2000 国家大地坐标系中的空间直角坐标，分别投影到相应的平面坐标投影带中。

隧道洞内 CPⅡ控制网是在隧道贯通后采用导线测量按《高速铁路工程测量规范》规定施测，采用严密平差方法进行平差计算。

轨道控制网（CPⅢ）在线下工程施工结束和沉降变形趋于稳定以后建立，是平面和高程共点的三维控制网，平面上是以 CPⅠ或 CPⅡ点为已知点的一种全新的自由设站地面边角交会控制网，其主要作用是为轨道板铺设、钢轨铺设和检校提供基准。CPⅢ网的布设和数据处理方法将在后面详细讨论。

2. 高程控制网

高速铁路的高程控制采用二等水准网，沿设计线路每 2km 左右埋设一点，并联测沿线的国家一、二等水准点；部分二等水准点与 CPⅠ点共用标石；单独埋设的二等水准测量标石到线路中心线的距离不能大于 500m；在平原地区，一般采用精密水准仪施测二等水准。在复杂水网和山区，可采用精密三角高程施测。CPⅢ网是平面和高程共点的三维控制网。

由于高速铁路对线下工程的稳定性要求很高，兼顾线下工程沉降监测的需要，沿线二等水准点常作为沉降监测的基准点。因此，在软土和区域沉降地区，要求每隔 10km 左右设置一个深埋水准点，每隔 100km 左右设置一个基岩水准点。

10.2.2 测量基准及建立方法

高速铁路轨道系统测量精度要求高，应在精密的工程独立基准下进行测量。建立一个精密的测量基准，包括确定最佳区域椭球和选择最佳投影两个方面。由于高速铁路的基础控制网是采用 GNSS 测量，因此，可通过对 WGS84 椭球的改造来确定最佳区域椭球。

（1）同时改变椭球长半轴和偏心率。设工程投影面（平均高程面）的高程为 Δh。选取测区中心附近的 P 点为基准位置，假定 WGS84 椭球长半轴为 a，第一偏心率为 e，基准位置大地经度、纬度为 L_P 和 B_P，大地高为 H_P（参见图 10-2）。

保持椭球定位和定向不变，P 点的三维空间直角坐标、大地经度和纬度都不变，同时改变椭球的长半轴和偏心率，使新的椭球面通过 P 点沿法线方向在测区平均高程面上的投影，则新的椭球面最大限度地接近测区平均高程面（参见图 10-3）。

图 10-2　投影面与椭球面的关系

假设新椭球要素为 a_1 和 e_1。在新椭球坐标系中，P 点大地高由 H_P 变为 H'_P。由图 10-2 可知，P 点大地高的变化量为

$$\delta H_P = H'_P - H_P = -\Delta H_P = -(\zeta_P + \Delta h) \tag{10-1}$$

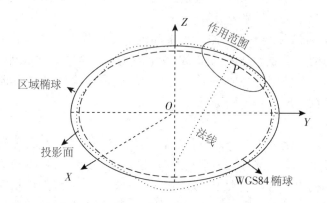

图 10-3　改变长半轴和偏心率后的椭球

式（10-1）的几何意义是：基准点 P 的高程变化，等于工程区域平均高程 Δh 与 P 点的高程异常 ζ_P 之和，但符号相反。

由三维直角坐标与大地坐标的转换关系，可求得

$$N_{1P} = N_P + \Delta H_P \tag{10-2}$$

和
$$N_{1P}(1 - e_1^2) = N_P(1 - e^2) + \Delta H_P \tag{10-3}$$

其中，N_P 和 N_{1P} 分别为 WGS84 椭球和区域性椭球在 P 点处的卯酉圈曲率半径。

由式（10-2）、式（10-3），可得

$$e_1^2 = \frac{N_P}{N_P + \Delta H_P} e^2 \qquad (10\text{-}4)$$

将式(10-2)和式(10-4)代入卯西圈曲率半径表达式，可得

$$a_1 = (N_P + \Delta H_P)\sqrt{1 - \frac{N_P e^2 \sin^2 B_P}{N_P + \Delta H_P}} \qquad (10\text{-}5)$$

（2）垂线偏差改正。上面所建立的区域性椭球面与测区平均高程面很接近，并且在基准位置，区域椭球的法线与 WGS84 的椭球法线是一致的。如图 10-4 所示，在基准位置 P 建立站心大地坐标系 $P\text{-}xyz$。设 P 点的垂线偏差为 u，垂线偏差的子午分量和卯西分量分别为 ξ 和 η，则以 P 为旋转中心，先绕 y 轴旋转 ξ，再绕 x 轴旋转 $-\eta$，即可将 z 轴由法线方向旋转到垂线方向。

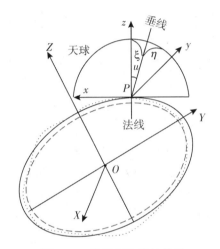

图 10-4　垂线与法线的关系

设 $P\text{-}\overline{XYZ}$ 为 P 点站心赤道坐标系，则其轴系与地心坐标系 $O\text{-}XYZ$ 的轴系平行。假定坐标系 $P\text{-}xyz$ 在旋转时，与之在 P 点固联的站心赤道坐标系 $P\text{-}\overline{XYZ}$ 也同步旋转，并假定它的三轴旋转角为 ε_X、ε_Y 和 ε_Z（图 10-5）。两类旋转角有如下关系

$$\begin{bmatrix} \omega_X \\ \omega_Y \\ \omega_Z \end{bmatrix} = \begin{bmatrix} \cos L_P \sin B_P & \sin L_P \\ \sin L_P \sin B_P & -\cos L_P \\ -\cos B_P & 0 \end{bmatrix} \begin{bmatrix} -\eta \\ \xi \end{bmatrix} \qquad (10\text{-}6)$$

在图 10-5 中，假定 P 点站心赤道坐标系在旋转的同时，地心空间直角坐标系 $O-XYZ$ 也同步旋转，且旋转后的坐标系为 $O' - X'Y'Z'$。假设 O' 在旋转前的地心坐标系中的坐标为 $(\delta_X, \delta_Y, \delta_Z)$，对任意一点 P_i，有如下转换关系：

$$\begin{bmatrix} X_i' \\ Y_i' \\ Z_i' \end{bmatrix} = \begin{bmatrix} X_i + \delta_X \\ Y_i + \delta_Y \\ Z + \delta_Z \end{bmatrix} + \begin{bmatrix} 0 & -Z_i & Y_i \\ Z_i & 0 & -X_i \\ -Y_i & X_i & 0 \end{bmatrix} \begin{bmatrix} \varepsilon_X \\ \varepsilon_Y \\ \varepsilon_Z \end{bmatrix} \qquad (10\text{-}7)$$

对于旋转中心 P，转换前后三维坐标应保持不变，由此可得

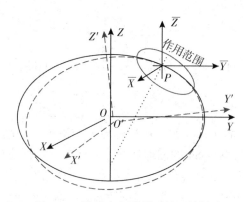

图 10-5　椭球中心平移后的区域椭球

$$\begin{bmatrix} \delta_X \\ \delta_Y \\ \delta_Z \end{bmatrix} = - \begin{bmatrix} 0 & -Z_P & Y_P \\ Z_P & 0 & -X_P \\ -Y_P & X_P & 0 \end{bmatrix} \begin{bmatrix} \varepsilon_X \\ \varepsilon_Y \\ \varepsilon_Z \end{bmatrix} \qquad (10\text{-}8)$$

即

$$\begin{bmatrix} X'_i \\ Y'_i \\ Z'_i \end{bmatrix} = \begin{bmatrix} X_i \\ Y_i \\ Z_i \end{bmatrix} + \begin{bmatrix} 0 & -(Z_i - Z_P) & (Y_i - Y_P) \\ (Z_i - Z_P) & 0 & -(X_i - X_P) \\ -(Y_i - Y_P) & (X_i - X_P) & 0 \end{bmatrix} \begin{bmatrix} \varepsilon_X \\ \varepsilon_Y \\ \varepsilon_Z \end{bmatrix} \qquad (10\text{-}9)$$

至此，通过(10-4)、(10-5)、(10-6)和(10-9)式，可将 WGS84 椭球变换成地方区域椭球。该区域性椭球与 WGS84 椭球的区别是：椭球元素由 a 和 e 变成 a_1 和 e_1，椭球中心由 O 平移到 O'。由图 10-5 可知，在局部区域内，区域性椭球面与测区平均高程的大地水准面实现了最佳拟合。

(3)垂线偏差的确定。式(10-6)中的垂线偏差可以通过以下两种方法求得：

方法一：高速铁路所经地区相对垂线偏差不大，可以直接在高程异常图上量取东西向高程异常 ξ_{WE} 和南北向高程异常 ξ_{NS}，以及量取点到基准位置 P 的水平距离 D_{WE} 和 D_{NS}。ξ_{WE} 和 ξ_{NS}，与 D_{WE} 和 D_{NS} 的关系如图 10-6 所示，根据图可近似求得

$$\xi \approx \frac{\xi_{NS}}{D_{NS}}\rho = 206265\frac{\xi_{NS}}{D_{NS}} \qquad (10\text{-}10)$$

和

$$\eta \approx \frac{\xi_{WE}}{D_{WE}}\rho = 206265\frac{\xi_{WE}}{D_{WE}} \qquad (10\text{-}11)$$

为提高精度，可取多点计算值的平均值。

方法二：高速铁路是狭长的带状区域，沿线每两公里左右就有一个二等水准点，其中，大约有 50% 的水准点与 CP Ⅰ 点重合。利用 GNSS 测量的大地高，很容易求得沿线路走向上的高程异常。对于高速铁路精密工程测量控制网，直接利用线路走向上垂线偏差的子午分量 ξ_1 和卯酉分量 η_1 来代替 ξ 和 η，并且这样做更符合实际。

(4)选择最佳投影。在我国，传统的投影方法是高斯投影。对于地形起伏不大的南北走向工程，建立一个坐标系就可以控制较大区域，甚至是整条铁路。而对于非南北走向工程，就需要划分许多投影带才能满足精度要求。但是，多个投影带不利于成果使用和线路

图 10-6　由高程异常计算垂线偏差示意图

顺接。

高速铁路精密测量控制网是狭长的带状网，可根据以下原则灵活选择投影方式：南北走向的线路，可选择横轴墨卡托投影；非南北走向的线路，可选择斜轴墨卡托投影；东西走向的线路，可选择兰勃特投影。

需要注意的是：无论选择何种投影，都必须注意一个原则，那就是投影变形引起的误差，应不影响精密工程的施工精度。如果做不到这一点，就需要将测区分割成多个区域分别投影，建立多个独立坐标系。

10.3　轨道控制网（CPⅢ）的布设和处理

CPⅢ网是在工程独立坐标系下的精密三维控制网，在路基、桥梁、隧道等线下工程施工完成，并且各种变形趋于稳定，具备轨道工程施工条件后，在线下工程的结构物上布设。在轨道系统施工前，还需要建立 CPⅠ、CPⅡ、CPⅢ 三网合一的精密控制网。工程独立坐标系应确保轨面上的长度投影变形不大于 10mm/km。这一要求的依据是：高速铁路轨道系统是狭长结构，净宽很小（通常小于 10m），施工测量时，现场实测距离因长度投影变形而引起的横向误差（通常小于 0.1mm，轨道平顺性要求是 0.3mm）可以小到忽略不计的程度。

10.3.1　测量基准和精度匹配问题

需要注意的是：对线下工程施工来说，表 10-1 的精度是可行的，而对于轨道系统精密测量而言，表 10-1 所列各级控制网的精度并不满足要求。现说明如下：

若在两个高级控制点之间加密 n 个次级控制点，假定次级控制网相邻点的相对精度要求为 m_c，则相距最远的两个次级控制点的相对精度 m_{c-c} 可近似表示为

$$m_{c-c} = m_c \sqrt{n} \tag{10-12}$$

为保证高级网对低级网的约束不造成低级网的精度损失，相邻的两个高级控制点之间的相对精度 m_g 应优于 m_{c-c}。

在高速铁路控制网中，通常在两个 CPⅠ点之间加密 5~7 个 CPⅡ点，在两个 CPⅡ点之间加密 10~13 个 CPⅢ点对。由式（10-12）可知，相邻 CPⅡ点的相对精度应优于 3mm，

相邻CPⅠ点的相对精度应优于7mm(高于表10-1的精度)。只有这样,才能保证高级控制网对次级控制网实施约束控制时,次级网的精度不受损失,且网形不发生扭曲和畸变。

CPⅠ和CPⅡ网主要使用静态GNSS技术施测。目前,高精度的双频GNSS接收机的静态基线精度可达3+0.5ppm。GNSS基线解算时,起算点误差对基线的影响可达

$$\delta s = 0.6 \times 10^{-4} \times D \times \delta x \qquad (10\text{-}13)$$

式中,δx为起算点误差(单位为mm);δs为起算点误差引起的基线解算误差(单位为mm);D为基线长度(单位为km)。

CPⅠ网GNSS基线解算时,将引入CP0或国家A、B级GNSS点作为固定测站,其基线精度会很高,要达到CPⅠ网的精度指标并不难。CPⅠ网的精度要求满足后,约束于CPⅠ网的CPⅡ网也能满足要求。

为了建立轨道系统的精密测量基准,最好的做法是:轨道工程施工阶段,CPⅠ网应在WGS84坐标系中进行整网三维无约束平差,然后利用CPⅠ点为约束点,对CPⅡ网进行整网三维约束平差,平差成果转换到2000国家大地坐标系中,再根据实际需要,分段投影到相应的投影带中。这样建立的CPⅠ和CPⅡ平面网的相对精度很高,属最佳精度相对网形。

10.3.2　CPⅢ布设

CPⅢ网采用自由设站后方边角交会方式布设,用高精度智能型全站仪(测量机器人,如Leica的TCA2003、TS30等)进行自动化测量。网形如图10-7所示。

图10-7　CPⅢ控制网示意图

CPⅢ控制点成对且对称布置,一对点之间的间距为9~15m,点对之间的间距约60m,网形非常规则。CPⅢ点要永久保存,或需建专用观测墩(路基段,见图10-8),或埋设在桥梁防护墙上(桥梁段,见图10-9),或埋设在隧道边墙上(隧道段,见图10-10)。

CPⅢ点采用图10-11所示的强制对中装置和配套的精密棱镜为测量标志,棱镜的反射中心就是三维CPⅢ控制点。图10-11中,(a)为引进的德国Sinning棱镜系统,其特点是支架具备三个自由度,可将棱镜竖轴调整到铅直状态,预埋件外露端稍微上倾,可将水准测量的高程精确传递至棱镜中心;(b)为国内仿制的两种CPⅢ棱镜组,其特点是预埋件精确埋设后,可确保棱镜铅直。CPⅢ棱镜组的强制对中误差不能大于0.3mm。

CPⅢ网为高速铁路轨道系统施工和线路运营维护带来了极大方便:测量时只需整平仪器,就可通过4~8个CPⅢ点,根据边角后方交会原理,精确设置测站(利用8个CPⅢ

图 10-8　路基段 CPⅢ观测墩

图 10-9　桥梁段 CPⅢ点位布置示意图

图 10-10　隧道段 CPⅢ点位布置示意图

点设站，设站点三维坐标分量的精度通常优于 0.7mm，定向精度优于 2″），随时进行精密三维测量。

10.3.3　CPⅢ网平面测量

如图 10-7 所示，CPⅢ网是一种狭长而规则的控制网，观测条件苛刻，一般要求在夜间或阴天，用边角交会自由设站模式，向前、后各 3 对 CPⅢ点上的棱镜进行全圆法方向和距离的全自动化观测。每测站至少测量三个测回，测站之间重叠 4 对点。测量时，遇到 CPⅡ点应联测，且联测点到测站的距离应小于 200m，联测方法如图 10-12 所示。

(a)德国Sinning棱镜组　　　　　(b)国产CPⅢ棱镜组

图 10-11　CPⅢ测量标志和专用棱镜

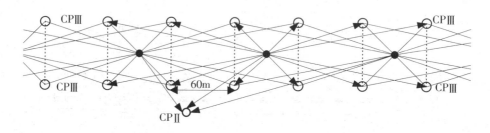

图 10-12　CPⅡ、CPⅢ联接测量示意图

全站仪的测量成果要在工程独立坐标系中，利用联测的 CPⅡ 点作为强制约束点，分段进行约束平差，求得 CPⅢ 点的平面坐标。分段长度不能小于 4km，平差方法为常规平面网平差，要求平差后点位绝对精度优于 2mm，相邻点的相对精度优于 1mm。

10.3.4　CPⅢ网高程测量

CPⅢ高程利用二等几何水准施测，要求相邻 CPⅢ 点高程的相对精度为 0.5mm。就几何水准而言，这一精度要求并不很高，实现起来也比较容易。由于网点密度高，网形规则，CPⅢ水准测量有如下特点：

（1）每个 CPⅢ 点都是水准点，水准测量时没有转点；

（2）仪器很容易架设在前、后两对 CPⅢ 点的中间，测量中无须量距，每站观测四个点；

（3）水准尺立在与 CPⅢ 标志配套的转接杆上，确保测量结果准确转换到 CPⅢ 棱镜中心；

（4）用精密数字水准仪施测，以减小劳动强度，且方便 CPⅢ 点名的自动录入；

（5）测点高于地面 1m 左右且大致等高，测量中宜选用 1m 或 1.5m 长的特制水准尺。

CPⅢ高程测量分为德国中视法和我国矩形法两种。德国中视法源于 Leica 和 Trimble 电子水准仪的自动记录程序，测量原理如图 10-13 所示。

往测时，自一个水准基点沿线路右侧 CPⅢ 点测至另一个水准基点，形成附合水准线路，左侧 CPⅢ 点作为支点同步观测。返测时测量左侧 CPⅢ 点形成附合线路，右侧 CPⅢ 点作为支点。

往测   返测

○ 二等水准点   ● 测站   ⊙ CPⅢ

→ 后视   → 前视   → 联测线

图 10-13 德国中视法 CPⅢ水准测量原理示意图

这里所说的水准基点是指勘测阶段沿线每隔 2km 布设的水准点，或利用精密水准、精密三角高程引测了高程的 CPⅢ点。

在我国，中视法观测没有相应的规范支持，因此提出了矩形法，其原理如图 10-14 所示。矩形法的实质是沿前后两对 CPⅢ点按顺时针施测水准，形成规则的水准环。各个小的水准环环环相连，形成规则的水准环网。

图 10-14 矩形法 CPⅢ水准测量原理示意图

10.3.5 三网合一技术

CPⅠ网在高速铁路的勘测和建设期间起重要作用，并得到较好地保护，但很难在高速铁路的寿命期内完整保存。CPⅡ网点到线下工程完工时，一部分将因施工而被破坏，幸存的大部分 CPⅡ点，也将因通视或不满足联测要求(CPⅡ和 CPⅢ联测时，联测距离不能超过 200 米)等原因而失去作用。鉴于以上原因，在轨道工程施工前，应在高速铁路建筑红线以内，布设一个全新的 CPⅡ网。新布设的 CPⅡ点要求埋设在高速铁路线下工程的结构物上，采用不锈钢标志，以便长期保存。

新布设的 CPⅡ网宜将全部 CPⅠ点纳入网中，形成整体网，并将 CPⅠ网的无约束平差坐标作为约束条件，在 WGS84 系中进行整网三维约束平差。平差成果先转换至 2000 国家大地坐标系中，再根据实际需要，分段转换至工程独立坐标系中，为 CPⅢ网提供平面控制基准。这样，CPⅠ、CPⅡ、CPⅢ就形成一个三网合一的整体网。通过 CPⅠ网的联系作用，整体网具有两套坐标：一套是国家测绘基准下的坐标，另一套是工程独立基准下的精密坐标。为在高速铁路轨道系统精密测量和运营维护期间的测量提供测绘保障。

布设新的 CPⅡ网，以及 CPⅡ和 CPⅢ网联测时，必须考虑仪器的对中精度。CPⅢ测量采用强制对中模式，对中误差可忽略不计，而 CPⅠ和 CPⅡ网用 GNSS 测量，通常采用常规测量对中模式。顾及设备制造误差、对中误差等因素，常规模式的对中误差达 1～

2mm。如果再考虑棱镜误差，CPⅡ和CPⅢ联测时，棱镜中心的设置误差甚至能达到3mm。很显然，对中误差对精密测量的影响极大。根据误差传播中的"忽略不计"原则，施测新布设的CPⅡ网时，需要利用具备精密光学对中器的精密支架来架设GNSS，确保点位对中精度优于1mm。而在CPⅡ和CPⅢ联测时，应该采用精密棱镜、支架和基座，以及配套的优质木脚架，才能使棱镜中心的重复设置精度勉强达到0.5mm。

为解决仪器对中问题，在京沪高速铁路施工期间，中铁十五局设计了一套可以架设多种精密测量设备的通用型强制对中装置（详见本章10.7节），实现了CPⅡ和CPⅢ的无缝联接。具体做法是：CPⅢ标志全部采用通用型强制对中装置，使CPⅢ标志既能安装GNSS天线和精密棱镜，也能架设全站仪和立放水准尺。另外，每隔600~800m，选取一个CPⅢ点作为CPⅡ点，构成如图10-15所示的整体网。CPⅢ网测量之前，先用几何水准或精密三角高程，将沿线的二等水准高程引测到所有的CPⅡ点上，使CPⅡ点具备三维坐标。

⊗ CPⅠ   ○ CPⅡ和CPⅢ共用点   • CPⅢ   ——————— GPS基线

图10-15　CPⅠ、CPⅡ、CPⅢ三网合一示意图

我国高速铁路主要采用桥梁结构，CPⅢ点大多位于桥上，直接由地面水准点向桥上传递高程困难，可采用如图10-16所示的方法来传递高程。首先，在欲传递高程的CPⅢ点对应的桥墩下部埋设通用型强制对中装置（图10-16中2所指位置），先用精密水准仪将高程传递到桥下对中装置上，再用CPⅢ棱镜，根据三角高程原理传递高程。这种方法无需考虑仪器高和棱镜高，传递高程的精度很高。

图10-16　高程上桥技术示意图

10.3.6　CPⅢ网三维严密平差技术

高速铁路的CPⅢ是三维网，理应按照三维数据处理技术来处理观测成果，但引进技术是平面和高程分别测量和处理的，本质上并不是三维平差。为充分发挥全站仪三维观测成果的作用，本节介绍三维严密平差技术。

1. 三维平差函数模型

以全站仪三轴交点（简称测站）为原点，建立如图 10-17 所示的站心天文坐标系 $P\text{-}N'E'U'$，在该坐标系中列立观测方程，全站仪的三维观测值与测点坐标直接相关。

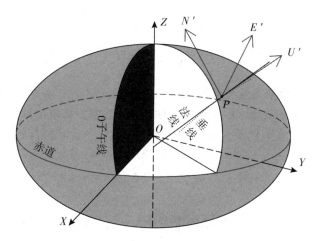

图 10-17　站心天文坐标系

如图 10-18 所示，在测站 P 测量任意一点 j 的距离为 S_{Pj}，水平方向为 r_{Pj}，天顶距为 α_{Pj}，设 j 点三维站心天文坐标为 $(N'_{Pj}, E'_{Pj}, U'_{Pj})$。对空间斜距 S_{Pj}，可列立如下观测方程

$$S_{Pj} = a + \left(1 + \frac{b}{10^3}\right)\sqrt{N'^2_{Pj} + E'^2_{Pj} + U'^2_{Pj}} \tag{10-14}$$

式中，a 是测距加常数（m）；b 是测距乘常数（m/km）。

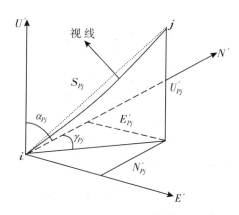

图 10-18　站心天文坐标系中的观测量

将（10-14）式线性化，可得空间斜距的误差方程

$$v_{s_{Pj}} = \begin{bmatrix} a_{Pj} & b_{Pj} & c_{Pj} \end{bmatrix} \begin{bmatrix} \delta N'_{Pj} \\ \delta E'_{Pj} \\ \delta U'_{Pj} \end{bmatrix} + \begin{bmatrix} 1 & \dfrac{S^0_{Pj}}{10^3} \end{bmatrix} \begin{bmatrix} \delta a \\ \delta b \end{bmatrix} - l_{s_{Pj}} \tag{10-15a}$$

式中，

$$\begin{bmatrix} a_{Pj} \\ b_{Pj} \\ c_{Pj} \end{bmatrix} = \frac{1}{S_{Pj}^0}\left(1 + \frac{b^0}{10^3}\right)\begin{bmatrix} N_{Pj}^{'0} \\ E_{Pj}^{'0} \\ U_{Pj}^{'0} \end{bmatrix} \approx \frac{1}{S_{Pj}^0}\begin{bmatrix} N_{Pj}^{'0} \\ E_{Pj}^{'0} \\ U_{Pj}^{'0} \end{bmatrix}$$

$$l_{S_{Pj}} = S_{Pj} - S_{Pj}^0$$

$$S_{Pj}^0 = a^0 + \left(1 + \frac{b^0}{10^3}\right)\sqrt{N_{Pj}^{'0\,2} + E_{Pj}^{'0\,2} + U_{Pj}^{'0\,2}} \approx \sqrt{N_{Pj}^{'0\,2} + E_{Pj}^{'0\,2} + U_{Pj}^{'0\,2}}$$

其中，$(N_{Pj}^{'0}, E_{Pj}^{'0}, U_{Pj}^{'0})$ 为测点近似坐标，$(\delta N_{Pj}', \delta E_{Pj}', \delta U_{Pj}')$ 为近似坐标的改正数，a^0 和 δa 为加常数的近似值和改正数，b^0 和 δb 为乘常数的近似值和改正数。

CPⅢ网边长很短，测距比例误差可不予考虑，于是，上式可简化为

$$v_{s_{Pj}} = \begin{bmatrix} a_{Pj} & b_{Pj} & c_{Pj} \end{bmatrix}\begin{bmatrix} \delta N_{Pj}' \\ \delta E_{Pj}' \\ \delta U_{Pj}' \end{bmatrix} + \delta a - l_{S_{Pj}} \tag{10-15b}$$

对于方向观测值 r_{Pj}，假定 P 测站的定向角为 θ_P，则有如下观测方程

$$r_{Pj} + \theta_P = \arctan\frac{E_{Pj}'}{N_{Pj}'} \tag{10-16}$$

假设定向角的近似值和改正数分别为 θ_P^0 和 $\delta\theta_P$，将(10-16)式线性化，可得方向观测值的误差方程

$$v_{r_{Pj}} = -\delta\theta_P + \begin{bmatrix} d_{Pj} & e_{Pj} & 0 \end{bmatrix}\begin{bmatrix} \delta N_{Pj}' \\ \delta E_{Pj}' \\ \delta U_{Pj}' \end{bmatrix} - l_{r_{Pj}} \tag{10-17}$$

式(10-17)中

$$\begin{bmatrix} d_{Pj} \\ e_{Pj} \end{bmatrix} = \frac{\rho}{d_{Pj}^{0\,2}}\begin{bmatrix} -E_{Pj}^{'0} \\ N_{Pj}^{'0} \end{bmatrix}$$

$$l_{r_{Pj}} = r_{Pj} + \theta_P^0 - \arctan\frac{E_{Pj}^{'0}}{N_{Pj}^{'0}}$$

$$d_{Pj}^0 = \sqrt{E_{Pj}^{'0\,2} + N_{Pj}^{'0\,2}}$$

对于天顶距观测值 α_{Pj}，假设测站 P 的大气折光系数为 K_P，测区地球椭球平均曲率半径为 R，考虑大气折光影响后，可列立天顶距观测方程：

$$\alpha_{Pj} = \text{arccot}\frac{U_{Pj}' + \dfrac{K_P}{2R}(E_{Pj}^{'2} + N_{Pj}^{'2})}{\sqrt{E_{Pj}^{'2} + N_{Pj}^{'2}}} \tag{10-18}$$

设 K_P 的近似值和改正数分别为 K_P^0 和 δK_P，将(10-18)式线性化，可得天顶距观测值的误差方程：

$$v_{\alpha_{Pj}} = \begin{bmatrix} f_{Pj} & g_{Pj} & h_{Pj} \end{bmatrix}\begin{bmatrix} \delta N_{Pj}' \\ \delta E_{Pj}' \\ \delta U_{Pj}' \end{bmatrix} + p_{Pj}\delta K_P - l_{\alpha_{Pj}} \tag{10-19}$$

式(10-19)中

$$f_{Pj} = \frac{\rho N_{Pj}^{\prime\,0}}{(1 + \cot^2\alpha_{Pj}^0)\,d_{Pj}^{0\ 2}}\left(\cot\alpha_{Pj}^0 - \frac{d_{Pj}^0}{R}K_P^0\right)$$

$$g_{Pj} = \frac{\rho E_{Pj}^{\prime\,0}}{(1 + \cot^2\alpha_{Pj}^0)\,d_{Pj}^{0\ 2}}\left(\cot\alpha_{Pj}^0 - \frac{d_{Pj}^0}{R}K_P^0\right) \tag{10-20}$$

$$h_{Pj} = -\frac{\rho}{d_{Pj}^0(1 + \cot^2\alpha_{Pj}^0)}$$

$$p_{Pj} = -\frac{\rho d_{Pj}^0}{2R(1 + \cot^2\alpha_{Pj}^0)}$$

$$l_{\alpha_{Pj}} = \alpha_{Pj} - \alpha_{Pj}^0 \tag{10-21}$$

式(10-20)、式(10-21)中

$$\alpha_{Pj}^0 = \text{arccot}\,\frac{U_{Pj}^{\prime\,0} + \dfrac{K_P^0}{2R}d_{Pj}^{0\ 2}}{d_{Pj}^0} \tag{10-22}$$

CPⅢ测量时，视线很短(小于150m)，且大致水平，α_{Pj}^0 接近90°，大气折光对竖直角测量结果的影响微乎其微，可以忽略不计。因此，式(10-20)和式(10-22)可简化为

$$f_{Pj} = \frac{N_{Pj}^{\prime\,0}U_{Pj}^{\prime\,0}}{d_{Pj}^{0\ 3}}\rho$$

$$g_{Pj} = \frac{E_{Pj}^{\prime\,0}U_{Pj}^{\prime\,0}}{d_{Pj}^{0\ 3}}\rho \tag{10-23a}$$

$$h_{Pj} = -\frac{1}{d_{Pj}^0}\rho$$

$$p_{Pj} = -\frac{d_{Pj}^0}{2R}\rho$$

$$\alpha_{Pj}^0 = \text{arccot}\,\frac{U_{Pj}^0}{s_{Pj}^0} \tag{10-23b}$$

CPⅢ网一般利用夜间或阴天测量，气象条件稳定，全网只解算一个折光参数或不考虑折光影响，都能得到较好的平差结果。

当全网只解算一个折光参数时，式(10-19)可简化为

$$v_{\alpha_{Pj}} = \begin{bmatrix} f_{Pj} & g_{Pj} & h_{Pj} \end{bmatrix}\begin{bmatrix} \delta N_{Pj}' \\ \delta E_{Pj}' \\ \delta U_{Pj}' \end{bmatrix} + p_{Pj}\delta K - l_{\alpha_{Pj}} \tag{10-24a}$$

不考虑折光影响时，式(10-19)可进一步简化为

$$v_{\alpha_{Pj}} = \begin{bmatrix} f_{Pj} & g_{Pj} & h_{Pj} \end{bmatrix}\begin{bmatrix} \delta N_{Pj}' \\ \delta E_{Pj}' \\ \delta U_{Pj}' \end{bmatrix} - l_{\alpha_{Pj}} \tag{10-24b}$$

2. 确定观测量的权

定权时，水平方向按等权处理；距离存在比例误差，不能按等权处理；天顶距受大气折光影响，也不能按等权处理。

设方向 γ 、斜距 S 、天顶距 α 观测值的精度分别为 m_r 、m_S 和 m_α ，并假设

$$m_0 = m_r \tag{10-25}$$

由定权公式

$$p_i = \frac{m_0^2}{m_i^2} \tag{10-26}$$

可得 $p_r = 1$ ，距离测量精度通常表示为

$$m_S = a + \frac{S}{10^3}b \tag{10-27}$$

因此有

$$p_S = \frac{m_r^2}{m_S^2} = \frac{m_r^2}{\left(a + \dfrac{S}{10^3}b\right)^2} \tag{10-28}$$

距离权的单位为：秒²/m²。

如果不考虑垂直折光影响，全站仪水平角和天顶距的精度相同。由于垂直折光存在，天顶距的精度可表示为

$$m_\alpha = m_r + \frac{S\sin\alpha}{2R}\rho K \tag{10-29}$$

因此有

$$p_\alpha = \frac{m_r^2}{\left(m_r + \dfrac{S\sin\alpha}{2R}\rho K\right)^2} \tag{10-30}$$

3. 不同基准下函数模型的转换

由式(10-15)、式(10-17)、式(10-19)所确定的函数模型是基于站心水准面的，而水准面无法用精确的数学模型来描述，因此，需要将函数模型进行必要的转换。

在图 10-17 中，假设存在以法线为基准的站心大地坐标系 $P\text{-}NEU$ ，则 $P\text{-}N'E'U'$ 和 $P\text{-}NEU$ 的关系如图 10-19 所示，图中，ξ_P 和 η_P 为垂线偏差 μ_P 的分量。

$P\text{-}N'E'U'$ 和 $P\text{-}NEU$ 存在如下转换关系：

$$\begin{bmatrix} N'_{Pj} \\ E'_{Pj} \\ U'_{Pj} \end{bmatrix} = \boldsymbol{A}_1(\boldsymbol{\eta}_P) \cdot \boldsymbol{A}_2(\xi_P) \begin{bmatrix} N_{Pj} \\ E_{Pj} \\ U_{Pj} \end{bmatrix} \tag{10-31}$$

式(10-23)中，$\boldsymbol{A}_1$ 和 $\boldsymbol{A}_2$ 为旋转矩阵，且有

$$\boldsymbol{A}_1(\boldsymbol{\eta}_P) = \begin{bmatrix} 1 & 0 & 0 \\ 0 & \cos\eta_P & -\sin\eta_P \\ 0 & \sin\eta_P & \cos\eta_P \end{bmatrix} \tag{10-32}$$

和

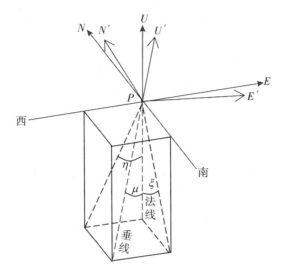

图 10-19　垂线与法线的关系

$$\boldsymbol{A}_2(\xi_P) = \begin{bmatrix} \cos\xi_P & 0 & \sin\xi_P \\ 0 & 1 & 0 \\ -\sin\xi_P & 0 & \cos\xi_P \end{bmatrix} \tag{10-33}$$

设坐标 (N_{Pj}, E_{Pj}, U_{Pj}) 的近似值和改正数为 $(N_{Pj}^0, E_{Pj}^0, U_{Pj}^0)$ 和 $(\delta N_{Pj}, \delta E_{Pj}, \delta U_{Pj})$，垂线偏差的近似值为 η_P^0 和 ξ_P^0，改正数为 $\delta\eta_P$ 和 $\delta\xi_P$。将式(10-31)两边取微分，可得

$$\begin{bmatrix} \delta N'_{Pj} \\ \delta E'_{Pj} \\ \delta U'_{Pj} \end{bmatrix} = \boldsymbol{A}_1(\eta_P^0)\boldsymbol{A}_2(\xi_P^0)\begin{bmatrix} \delta N_{Pj} \\ \delta E_{Pj} \\ \delta U_{Pj} \end{bmatrix}$$

$$+ \frac{\partial \boldsymbol{A}_1(\eta_P)}{\partial \eta_P}\boldsymbol{A}_2(\xi_P^0)\begin{bmatrix} N_{Pj}^0 \\ E_{Pj}^0 \\ U_{Pj}^0 \end{bmatrix}\delta\eta_P + \boldsymbol{A}_1(\eta_P^0)\frac{\partial \boldsymbol{A}_2(\xi_P)}{\partial \xi_P}\begin{bmatrix} N_{Pj}^0 \\ E_{Pj}^0 \\ U_{Pj}^0 \end{bmatrix}\delta\xi_P \tag{10-34}$$

式中，

$$\frac{\partial \boldsymbol{A}_1(\eta_P)}{\partial \eta_P} = \begin{bmatrix} 0 & 0 & 0 \\ 0 & -\sin\eta_P^0 & -\cos\eta_P^0 \\ 0 & \cos\eta_P^0 & -\sin\eta_P^0 \end{bmatrix} \tag{10-35}$$

$$\frac{\partial \boldsymbol{A}_2(\xi_P)}{\partial \xi_P} = \begin{bmatrix} -\sin\xi_P^0 & 0 & \cos\xi_P^0 \\ 0 & 0 & 0 \\ -\cos\xi_P^0 & 0 & -\sin\xi_P^0 \end{bmatrix} \tag{10-36}$$

由于垂线偏差非常小，式(10-34)可简化为

$$\begin{bmatrix} \delta N'_{Pj} \\ \delta E'_{Pj} \\ \delta U'_{Pj} \end{bmatrix} = \begin{bmatrix} \delta N_{Pj} \\ \delta E_{Pj} \\ \delta U_{Pj} \end{bmatrix} + \frac{1}{\rho} \begin{bmatrix} 0 & U^0_{Pj} \\ -U^0_{Pj} & 0 \\ E^0_{Pj} & -N^0_{Pj} \end{bmatrix} \begin{bmatrix} \delta \eta_P \\ \delta \xi_P \end{bmatrix} \qquad (10\text{-}37)$$

CPⅢ网边长很短，数据处理时可以不考虑垂线偏差的影响，上式可近似表达为

$$\begin{bmatrix} \delta N'_{Pj} \\ \delta E'_{Pj} \\ \delta U'_{Pj} \end{bmatrix} = \begin{bmatrix} \delta N_{Pj} \\ \delta E_{Pj} \\ \delta U_{Pj} \end{bmatrix} \qquad (10\text{-}38)$$

通过上述转换，误差方程已经转换至站心大地坐标系。但是，各测站的站心大地坐标系各自独立，无法统一处理测量数据。为此，在测站 P 建立图 10-20 所示的站心赤道坐标系 $P\text{-}X'Y'Z'$，图中，点 P' 为测站 P 沿法线在椭球面上的投影，测站 P 的大地坐标为 (B_P, L_P, h_P)。

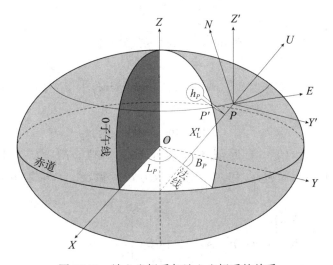

图 10-20　站心坐标系与地心坐标系的关系

对任意测站 P，站心大地坐标与站心赤道坐标有如下转换关系：

$$\begin{bmatrix} N \\ E \\ U \end{bmatrix} = \boldsymbol{R}_P \begin{bmatrix} X' \\ Y' \\ Z' \end{bmatrix} \qquad (10\text{-}39)$$

式(10-25)中，$\boldsymbol{R}$ 为正交阵，且有

$$\boldsymbol{R}_P = \begin{bmatrix} -\sin B_P \cos L_P & -\sin B_P \sin L_P & \cos B_P \\ -\sin L_P & \cos L_P & 0 \\ \cos B_P \cos L_P & \cos B_P \sin L_P & \sin B_P \end{bmatrix} \qquad (10\text{-}40)$$

假设测站 P 和 P 站上任意一点 J 在地心坐标系中的坐标分别为 (X_P, Y_P, Z_P) 和 (X_{Pj}, Y_{Pj}, Z_{Pj})，可得

$$\begin{bmatrix} N_{Pj} \\ E_{Pj} \\ U_{Pj} \end{bmatrix} = R_P \left(\begin{bmatrix} X_{Pj} \\ Y_{Pj} \\ Z_{Pj} \end{bmatrix} - \begin{bmatrix} X_P \\ Y_P \\ Z_P \end{bmatrix} \right) \tag{10-41}$$

考虑到 $(X_P,\ Y_P,\ Z_P)$ 和 $\boldsymbol{R}_P$ 为非变量，对上式两边微分

$$\begin{bmatrix} \delta N_{Pj} \\ \delta E_{Pj} \\ \delta U_{Pj} \end{bmatrix} = \boldsymbol{R}_P \begin{bmatrix} \delta X_{Pj} \\ \delta Y_{Pj} \\ \delta Z_{Pj} \end{bmatrix} \tag{10-42}$$

由上面公式，可将各测站的误差方程统一到地心坐标系进行三维整体平差。

由于计算 $\boldsymbol{R}_P$ 需要测站大地坐标，式（10-42）使用不便，误差方程可进一步转换至大地坐标系。地心坐标与大地坐标之间有如下转换关系

$$\begin{bmatrix} X \\ Y \\ Z \end{bmatrix} = \begin{bmatrix} (N+h)\cos B\cos L \\ (N+h)\cos B\sin L \\ [N(1-e^2)+h]\sin B \end{bmatrix} \tag{10-43}$$

其中，N 为卯酉圈曲率半径，a 为椭球长半轴，e 为第一偏心率，且有

$$N = \frac{a}{W} = \frac{a}{\sqrt{1-e^2\sin^2 B}} \tag{10-44}$$

顾及 N 也是 B 的函数，对（10-28）式两边求微分，可得

$$\begin{bmatrix} \delta X \\ \delta Y \\ \delta Z \end{bmatrix} = \boldsymbol{R}^{\mathrm{T}}\boldsymbol{D} \begin{bmatrix} \delta B \\ \delta L \\ \delta h \end{bmatrix} \tag{10-45}$$

式中，$\boldsymbol{D}$ 为对角阵，且有

$$\boldsymbol{D} = \begin{bmatrix} M+h & 0 & 0 \\ 0 & (N+h)\cos B & 0 \\ 0 & 0 & 1 \end{bmatrix} \tag{10-46}$$

M 为子午圈曲率半径，即

$$M = \frac{a(1-e^2)}{W^3} \tag{10-47}$$

故可得

$$\begin{bmatrix} \delta N_{Pj} \\ \delta E_{Pj} \\ \delta U_{Pj} \end{bmatrix} = \boldsymbol{R}_P\boldsymbol{R}_{Pj}^{\mathrm{T}}\boldsymbol{D}_{Pj} \begin{bmatrix} \delta B_{Pj} \\ \delta L_{Pj} \\ \delta h_{Pj} \end{bmatrix} \tag{10-48}$$

测站 P 与 P 站上任一测点 j 的大地坐标有如下近似关系：

$$B_P \approx B_{Pj} - dB_{Pj} = B_{Pj} - \frac{N_{Pj}^0}{R} \tag{10-49}$$

和

$$L_P \approx L_{Pj} - dL_{Pj} = L_{Pj} - \frac{E_{Pj}^0}{R} \tag{10-50}$$

由于 ΔB_{Pj} 和 ΔL_{Pj} 都很微小，式（10-48）可简化为

$$\begin{bmatrix} \delta N_{Pj} \\ \delta E_{Pj} \\ \delta U_{Pj} \end{bmatrix} = \begin{bmatrix} 1 & \mathrm{d}L_{Pj}\sin B_{Pj} & \mathrm{d}B_{Pj} \\ -\mathrm{d}L_{Pj}\sin B_{Pj} & 1 & \mathrm{d}L_{Pj}\cos B_{Pj} \\ -\mathrm{d}B_{Pj} & -\mathrm{d}L_{Pj}\cos B_{Pj} & 1 \end{bmatrix} \boldsymbol{D}_{Pj} \begin{bmatrix} \delta B_{Pj} \\ \delta L_{Pj} \\ \delta h_{Pj} \end{bmatrix} \qquad (10\text{-}51)$$

对于 CPⅢ控制网，测站和测点相距不超过 150m，(B_{Pj}, L_{Pj}) 与 (B_P, L_P) 几乎相等，因此有

$$\boldsymbol{R}_P \approx \boldsymbol{R}_{Pj} \qquad (10\text{-}52)$$

由于 $\boldsymbol{R}$ 是正交阵，于是又有

$$\boldsymbol{R}_P \boldsymbol{R}_{Pj}^{\mathrm{T}} \approx \boldsymbol{R}_{Pj} \boldsymbol{R}_{Pj}^{\mathrm{T}} = \boldsymbol{E} \qquad (10\text{-}53)$$

因此，式(10-48)可简化为

$$\begin{bmatrix} \delta N_{Pj} \\ \delta E_{Pj} \\ \delta U_{Pj} \end{bmatrix} = \boldsymbol{D}_{Pj} \begin{bmatrix} \delta B_{Pj} \\ \delta L_{Pj} \\ \delta h_{Pj} \end{bmatrix} \qquad (10\text{-}54)$$

即

$$\begin{bmatrix} \delta N_{Pj} \\ \delta E_{Pj} \\ \delta U_{Pj} \end{bmatrix} = \begin{bmatrix} M_{Pj} + h_{Pj} & 0 & 0 \\ 0 & (N_{Pj} + h_{Pj})\cos B_{Pj} & 0 \\ 0 & 0 & 1 \end{bmatrix} \begin{bmatrix} \delta B_{Pj} \\ \delta L_{Pj} \\ \delta h_{Pj} \end{bmatrix} \qquad (10\text{-}55)$$

至此，误差方程全部统一到了椭球系统中。式(10-42)和式(10-54)就是 CPⅢ三维平差的实用函数模型。利用该模型，可以在椭球系统中对 CPⅢ网的原始观测成果进行三维整体平差。平差完成后，通过地图投影，成果仍能表达为平面坐标和高程的形式。

将测量成果放在椭球系统中进行整体平差处理有明显的优势：首先，椭球系统是一个数学上精确定义的曲面坐标系，优点是其表面与地球表面大致吻合，这样就使椭球坐标的地理解释更为直观；另外，椭球模型提供了一个可以把 GNSS 观测值和全站仪观测值统一起来的平台。

采用椭球模型的另一个优点，就是在经度和纬度作为坐标未知数的前提下，平差就与地图投影无关。这一优点非常重要。如果按照常规平差技术在高斯投影面上处理观测成果，就必须考虑投影变形问题，而这些变形通常都很复杂，很难用线性数学模型来表达，因此，常规平差技术只适用于局部的、有限大小的控制网。而在椭球基准下，数学模型对控制网的大小根本没有限制。

另外，对于椭球基准下的三维平差，观测值可以以其原始形式带入数学模型。这样做对统计检验尤为重要，因为只有对原始观测值进行统计检验才是最合理的。

需要说明的是，虽然式(10-30)是近似式，但它同样适用于大边长三维控制网。

4. 近似坐标计算

近似坐标计算问题是测量平差软件设计的难点之一。现有平差软件大多是从已知点出发，利用各种各样的交会算法，根据控制网的拓扑关系来求算未知点的近似坐标。由于 CPⅢ网属于很特殊的网，现有平差软件难以自动解算网点的近似坐标。在此，介绍一种近似坐标计算方法如下：

(1)假设各个测站的三维坐标为 (0, 0, 0)，各测站观测的方向值即为方位角，由此，可利用全站仪原始三维观测值，直接计算各测站所有观测点的三维坐标。

(2)第(1)步求得的三维坐标是各个测站相互独立的。因为相邻测站之间会重复观测8个点,利用这些重复观测点,可以将第二测站的坐标转换到第一测站的坐标系下。依此类推,顺次将所有测站的坐标都转换到第一测站的坐标系下。

(3)利用网中CPⅡ点的已知坐标,将第(2)步求得的基于第一测站坐标系中的坐标,转换至工程独立坐标系中。通过地图投影,上述工程独立坐标还可转换成大地坐标或地心坐标等各种形式。

10.4 轨道系统精密测量

轨道系统的测量工作是高速铁路建设的关键环节,涵盖内容较多,精度要求各异。轨道系统现浇混凝土施工(如路基支承层、桥上底座板等)的测量工作量很大,与常规测量虽有差别,但精度通常为3~5mm,本节不做介绍。本节主要介绍轨道系统精调的基本方法,其中CRTSⅡ型板式无砟轨道精调的精度要求最高,将重点介绍。

10.4.1 轨道工程测量方法及专用仪器

1. 自由设站极坐标法三维测量

轨道系统施工测量都是以轨道控制网CPⅢ为基准,采用全站仪自由设站三维坐标法测量,设站时,相邻测站重叠观测的CPⅢ控制点不宜少于2对。高程精度要求特别高时,采用几何水准施测高程。用全站仪进行测量的三维坐标计算公式为

$$\left.\begin{array}{l} x = x_0 + s \cdot \sin v \cdot \cos\beta \\ y = y_0 + s \cdot \sin v \cdot \sin\beta \\ z = z_0 + s \cdot \cos v \end{array}\right\} \tag{10-56}$$

式中,(x_0, y_0, z_0)为测站坐标,s为斜距,v为天顶距,β为方位角(即设站后仪器显示的水平方向)。自由设站点(仪器三轴交点)的精度通常可优于0.7mm,对于控制点与点之间的相对精度而言,设站误差可以忽略不计。对上式全微分,并转化成误差表达形式,可得

$$\left.\begin{array}{l} m_x^2 = (\sin v \cdot \cos\beta)^2 m_s^2 + \left(\dfrac{s \cdot \cos v \cdot \cos\beta}{\rho''}\right)^2 m_v^2 + \left(-\dfrac{s \cdot \sin v \cdot \sin\beta}{\rho''}\right)^2 m_\beta^2 \\[2mm] m_y^2 = (\sin v \cdot \sin\beta)^2 m_s^2 + \left(\dfrac{s \cdot \cos v \cdot \sin\beta}{\rho''}\right)^2 m_v^2 + \left(\dfrac{s \cdot \sin v \cdot \cos\beta}{\rho''}\right)^2 m_\beta^2 \\[2mm] m_z^2 = \cos^2 v \cdot m_s^2 + \left(-\dfrac{s \cdot \sin v}{\rho''}\right)^2 m_v^2 \end{array}\right\} \tag{10-57}$$

式中,m_s、m_v和m_β分别是斜离、天顶距和水平角的测量精度。上式是用全站仪观测时测点坐标误差的估算公式,在轨道系统精密测量中,通常依据该式编制观测纲要,如设计测距范围、角度测量限制条件等。

2. 搭接测量

在轨道系统精密测量中,由不同测站进行有重复测量点的测量称搭接测量,重复测量的点称搭接点。搭接又分单点搭接和多点搭接,通过搭接测量来平滑不同测站之间出现的测量偏差。单点搭接的原理如图10-21所示。

假设在第一测站、第二测站各测设了一列点,由于设站和测量误差,两列放样点并不

图 10-21　单点搭接测量原理示意图

平顺连接，中间会出现"错台"。为实现两列点的平顺连接，第二站自由设站后，要求再用第一站测量的最后一个点（搭接点）的坐标，重新对第二站的仪器进行定向，然后再进行后续点的测设，确保两站的测设点平顺连接。

多点搭接原理如图 10-22 所示，根据平顺性要求的高低，一般是 5 点或 3 点搭接。

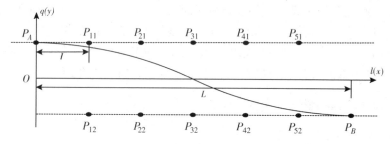

图 10-22　多点搭接测量示意图

以 5 点搭接为例，设 P_{11}、P_{21}、P_{31}、P_{41}、P_{51} 为第一测站最后测量的 5 个点，P_{12}、P_{22}、P_{32}、P_{42}、P_{52} 为第二测站重复测量第一测站的最后 5 个点。由于受误差影响，搭接点通常是分开的。通常采用余弦函数对重复测量的搭接点进行平滑处理，重复点的坐标取两次测量的加权平均值，定权方法如下：

第一站测量的重合点的权为

$$q_{1-i} = 0.5\cos\frac{i}{n+1}\pi + 0.5 \tag{10-58}$$

其中，n 为重合点数，$i = 1,\ 2,\ \cdots,\ n$。

第二站测量的对应重合点的权为

$$q_{2-i} = 1 - q_{1-i} \tag{10-59}$$

对于 5 个重合点，第一站测量的 5 个点的权分别为 0.93、0.75、0.5、0.25、0.07，与之对应的第二站测量点的权为 0.07、0.25、0.5、0.75、0.93。采用 3 点搭接时，搭接点的权分别为 0.85、0.5、0.15 和 0.15、0.5、0.85。

3. 地球曲率的影响

在轨道系统精密测量中，还需要考虑地球曲率的影响。因为大地水准面是曲面，由图 10-23 可知，式（10-56）求得的 z 坐标并非测点的真实高程，它比真实高程大约低

$$dh = \frac{d^2}{2R} \tag{10-60}$$

式中，d 为水平距离；R 为地球平均曲率半径。

为了使高程的精度优于 1mm，全站仪测量范围应限制在 100m 以内。

4. 轨检小车

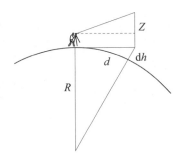

图 10-23　全站仪测量的 Z 坐标与高程的关系

　　轨检小车又称轨检仪，是高速铁路轨道系统精密测量的专用测量设备，内部装有高精度的距离、倾斜传感器，用全站仪测得小车上固定棱镜三维坐标的同时，可精确得到左右钢轨和线路中心的坐标、里程以及轨道的轨距、水平度、超高和各种轨道参数等，对轨道系统的调校维护具有重要意义。其测量原理如图 10-24 所示。

图 10-24　轨检小车测量原理

5. 其他专用设备

　　图 10-25 中，强制对中测钉用于地面点强制对中；磁性尺垫可吸附于水准尺底端，用于测量地面强制对中点的高程；球棱镜用于多种场合的强制对中测量。

图 10-25　强制对中测钉、磁性尺垫、球棱镜

　　图 10-26 所示是三种强制对中型小三角支架，用于精确测设地面点的三维坐标。

图 10-26　精密小三角支架

图 10-27 所示是一种不等高强制对中三脚支架，用于特殊场合架设仪器或棱镜。

图 10-27　不等高小三脚架

10.4.2　轨道精调测量

高速铁路无砟轨道调校分粗调和精调，采用全站仪自由设站法测量，配合轨检小车进行。首先按照图 10-28 所示方法，利用前后各两对 CPⅢ点自由设站，然后测量轨检小车上的棱镜，小车的电脑系统可以实时显示左、右钢轨的调整量(见图 10-29)。

图 10-28　利用 CPⅢ自由设站测量

图 10-29　轨检小车测量过程

设站时仪器尽量架设在所测轨道的中间,且测站前后的 CP Ⅲ 点大致对称,左右线分别设站和测量。粗调时,单站测距范围不超过 100m,每隔 3~5 根轨枕(承轨台)测量一个点,通过多遍调整,将轨道大致调整到设计位置(与设计值偏差控制在 1~2mm)。精调时,单站测距范围不超过 70m,逐枕测量,不同测站搭接 5 个点。通过多次反复调整,将轨道精确调整到设计位置。

有砟轨道可以对轨排进行整体调整,而无砟轨道需要通过更换不同尺寸的扣件来调整轨道。实际作业时,是先将一根钢轨(称基本轨)调整到位,然后利用轨道尺(一种可以精确测量两根钢轨的间距和高差的轨道测量专用仪器,见图 10-30),以基本轨为基准,将另一根钢轨调整到位。

直线地段基本轨可以自由选择。曲线地段,轨道高程以内轨为准,外轨存在超高(见图 10-30),平面和高程的基本轨要分开,且平面选外轨,高程选内轨。

图 10-30　轨道尺及外轨超高示意图

曲线外轨超高 h 通常小于 150mm,轨距计算基长 L 为 1500mm,由图 10-30 可知,平距 d 和 h、L 有如下关系:

$$L = \sqrt{d^2 + h^2}$$ (10-61)

当 L 固定时,d 和 h 有如下微分关系:

$$\delta d = \frac{h}{\sqrt{L^2 - h^2}}\delta h \leqslant \frac{1}{10}\delta h$$ (10-62)

当 d 固定时,L 和 h 有如下微分关系:

$$\delta L = \frac{h}{L}\delta h \leqslant \frac{1}{10}\delta h$$ (10-63)

根据式(10-62)至式(10-63),曲线地段无砟轨道应按如下过程进行精调:

(1)将外轨高程大致调整到位,平面位置精确调整到位。

(2)以外轨为平面基准,利用轨道尺固定轨距,通过高程测量,将内轨精确调整到设计位置。精调内轨时,线路平面位置几乎不受影响。

(3)以内轨为基准,利用轨道尺控制超高,将外轨精确调整到设计位置。外轨高程变化时,轨距几乎不受影响。

10.5　双块轨枕精调

双块式无砟轨道施工技术源于德国,按施工方法不同,分为 CRTS Ⅰ 型双块和 CRTS Ⅱ

型双块，CRTS I 型采用轨排法施工，CRTS II 型采用机械法施工。前者的施工精度低，轨道精调工作量大，后者的施工精度高，精调工作量小。

10.5.1 轨排精调测量

轨排法施工原理如图 10-31 所示。先用工具轨将双块式轨枕组装成轨排，间隔 2~3 根轨枕，利用横梁和螺杆调节器将轨排提升到地面以上 50~70mm，然后立模、扎筋并浇筑混凝土，将轨枕固定在混凝土底座上。

浇筑混凝土前，按照轨道精调测量的方法，通过螺杆调节器和横向调节器，将轨排调整到设计位置。分粗调和精调两个过程。粗调时，轨检小车每隔 1~2 个横梁测量一点，同时对多个横梁进行调整，将轨排调整到距设计位置 5mm 以内。精调时，在每个横梁处逐一测量和精调，将轨排调整到距设计位置 2mm 以内。精调好的轨排如图 10-32 所示。

图 10-31　I 型双块式无砟轨道施工原理示意图

图 10-32　I 型双块式无砟轨道的轨排安装

根据轨排法的施工特点，精调时不必过分提高精度，原因是现场浇筑混凝土对轨排扰动很大，铺轨后，精确的轨道位置通过更换扣件来实现。

10.5.2 机械法施工的支脚精调

机械法施工原理如图 10-33 所示，在钢模板内浇筑混凝土后，用机械将装有 5 根轨枕的轨枕框架和横梁，准确放置到三维可调支脚上，然后通过轨枕压入机械的高频震动，将轨枕压入刚浇筑的混凝土中。图中的三维可调支脚事先被锚固，且通过精密测量技术，将其顶端的支撑球窝精确调整到设计位置。横梁的左端耦合点也是球窝，通过嵌合球使横梁左端与左侧支脚精确对位并三维固定，横梁右端耦合点是"V"形槽，通过嵌合球与右侧支脚精确对位(横向可滑动)。轨枕框架安放到前、后两根横梁上以后,轨枕的设计位置可以通过支脚、横梁、轨枕框架精确确定。

图 10-33　Ⅱ型双块式无砟轨道施工原理示意图

机械法施工时,轨枕位置实际上是由线路左侧的三维可调支脚决定的,因此,精密测量的关键是线路左侧支脚的测设和精调,其步骤为:

(1)支脚粗调。在轨道中间架设仪器,利用球棱镜,配合测量机器人,沿线路左、右两侧逐点测量,将各个支脚顶端的支撑球窝大致调整到设计位置(与设计位置的偏差控制在 2mm 以内)。

(2)支脚精调。支脚精调以左侧支脚为主,用连接装置将测量机器人架设在线路左侧的一个支脚上,利用前、后各 4 个 CPⅢ点自由设站,站间距不超过 70m,按照单向后退法(即第一站精调完成,仪器后退一站)逐点测量,将左侧支脚上的支撑球窝精确调整到设计位置(偏差控制在 0.5mm 以内),前、后两站要搭接一点。左侧支脚精调到位后,利用精密水平尺,将右侧支脚的高程精确调整到设计位置。

10.6　轨道板精调

轨道板分 CRTSⅠ型和 CRTSⅡ型。Ⅰ型板没有承轨台,扣件活动量大,轨道板施工精度低。本节只介绍Ⅱ型板精调技术。

10.6.1　博格精调技术

CRTSⅡ型轨道板的设计理念是:轨道板要经过数控磨床精确打磨,精度很高,假定钢轨和扣件没有误差,将轨道板精确安装到设计位置,铺轨后,不用对轨道进行精调,就能形成高平顺的轨道系统。

CRTSⅡ型板式砟轨道施工过程如图 10-34 所示,首先施工下部基础;然后利用六个精调器，配合测量机器人，将轨道板逐块精确调整到设计位置；最后，通过灌注孔灌注CA砂浆（一种易流、速凝的建筑材料），填充轨道板和下部基础之间的空隙。灌浆对轨道板几乎没有扰动。

图 10-34　CRTS Ⅱ 型板式无砟轨道施工原理示意图

CRTS Ⅱ 型轨道板的安装精度很高，绝对精度是 1mm，板与板之间的相对精度是 0.3mm，利用如图 10-35 所示的德国博格精调标架，配合测量机器人，按照博格技术进行精调。

图 10-35　CRTS Ⅱ 型板专用精调标架

博格精调标架的原理：如图 10-36 所示，将标架放置到轨道板的一对承轨台上，标架上安装触舌 A 及 1、2 号棱镜，使标架的触舌 A 触及大钳口的一外斜面（如图中的 M 点），轨道板大钳口的尺寸以及触舌和棱镜之间的位置是精确固定的，则 1、2 号棱镜中心就是将来铺设钢轨的轨顶中心，也是承轨台的轨道特征点。每块轨道板有 20 个承轨台，其轨道特征点的三维坐标可由设计得到。精调时，将三个标架放置在轨道板的前、中、后三对承轨台上，通过精密测量，将三个标架的 6 个轨道特征点调整到设计位置，则以大钳口为基准的轨道板就被调整到设计位置了。

图 10-36　精调标架原理示意图

博格技术的测量原理：精确测量标架上的某一棱镜，可得到该棱镜代表的轨道特征点的三维实测坐标，与理论坐标求差，就得到该棱镜所在点的纵向调整量 dX 、横向调整量 dY 和竖向调整量 dH 。

上述方法实质是点与点之间的三维调整，通过三个方向的精调，将每个承轨台从实测位置调整到设计位置。然而，轨道板重达 9t，吊装到位后，受定位锥的控制，其横向偏差 dY 可控制在 10mm 以内，但纵向偏差 dX 可达 10~20mm。由图 10-36 可以看出，精调器只能横向和竖向调整（位于轨道板中间的精调器只能进行竖向调整）。因此，轨道板在纵向上无法调整到设计位置。如果按常规方法架设仪器进行测量，由式（10-34）可知，受 dX 的影响，轨道板的横向和竖向也很难调整到位。为此，精调时需要利用图 10-27 所示的特制不等高三脚架，将测量机器人架设在线路中线上，仪器与轨面等高（高出地面约 560mm），目的是最大限度地消除 dX 的影响。为方便仪器的设站和定向，精调之前要利用 CP Ⅲ 网，沿轨道中线布设相对精度优于 0.3mm 的 GRP 网。

GRP 点如图 10-37 所示，需埋设具备强制对中功能的 GRP 测钉。特点是：GRP 点与定位锥一一对应，分别位于线路中线两侧，距线路中线 100mm。铺板时，轨道板铺放在两个 GRP 点之间。精调时，仪器架设在 GRP 点上，并通过两点定向。

图 10-37　GRP 点与定位锥、轨道板的关系

GRP 网按左、右线分别布设（见图 10-38），全站仪自由设站，测站宜尽量靠近轨道中线，距离控制在 100m 以内，GRP 点的平面坐标利用图 10-26 所示的 100mm 高小三角支架

测量。站间搭接3~5个点，用一个盘位按顺时针方向测量。先测量前后各4个CPⅢ点，再由远及近，逐点测量10~15个GRP点，然后再测量CPⅢ点。以上为一个测回，测3至4个测回并取均值。利用CPⅢ点，将GRP点的坐标转换至工程独立坐标系下。

○ GPⅢ   ● GRP   ● 设站点   ●●●┄┄●●● 线路中线

图 10-38　GRP 平面测量网形及测量原理示意图

GRP点的高程利用图10-25所示的磁性尺垫配合精密水准仪，按如下方法测量（见图10-39）。使用一把水准尺，用电子水准仪自带程序沿线路逐点测量，水准路线每隔300m左右，起、闭于CPⅢ点，线路上的其他CPⅢ点为转点。GRP点按支点（也称中视点）测量，每站前后各测量4~6个GRP点，各附合测段间搭接3个点。

←→ 后视　→ 前视　┄┄ 中视　● CPⅢ约束点　● CPⅢ转点　○ 搭接轨道基准点

图 10-39　GRP 高程测量网形及测量原理示意图

博格精调工作宜在夜间或阴天进行，过程如下（参见图10-40）：

（1）用两个强制对中型不等高三脚架将全站仪和后视棱镜分别架设在两个GRP点上，中间间隔三块板；将1、2、3号精调标架放置到1号轨道板的前、中、后三对承轨台上。

（2）利用站点和后视点设站、定向，然后实测各个测量标架上的棱镜，求得调整量。例如测量1号标架上的1、2号棱镜，得到实测坐标与理论坐标的差值（$\delta X_1, \delta Y_1, \delta Z_1$）和（$\delta X_2, \delta Y_2, \delta Z_2$）。其中，$\delta Z_1$和$\delta Z_2$就是轨道板末端（即1号标架对应端）的竖向调整量，$\delta Y_1$和$\delta Y_2$的平均值$\delta Y_{1-2}$，就是该端的中线偏移调整量。首先测量1号和3号标架，将轨道板两端调整到设计位置，然后测量2号标架，将轨道板中间的高程也调整到设计位置。通过逐步趋近，当调整量都小于0.3mm时，测量并保存所有棱镜的坐标。

（3）搭接测量。1号轨道板调整到位后，将3个测量标架放置到2号板的对应位置，4号标架（也称定向标架）放置到1号板末端（该板精调时1号标架的位置），后视棱镜向测站方向移动一个GRP点，重新对仪器进行定向。重新定向时，要利用后视棱镜上的GRP坐标和定向标架上两个棱镜的坐标（精调前一块板时最后保存的数据），利用三点坐标的加权平均值作为虚拟定向点，对设站方位进行改化。定权时，GRP的权为1，定向标架的

图 10-40　CRTS Ⅱ 型板的博格精调图

权为 2，以确保前后两块板的对接精度。

(4)精调第二块轨道板。

(5)仪器后退两块轨道板，重复第(3)、(4)步，精调 3 号及其他后续轨道板。

博格精调技术的精度分析：设测点在平面上投影位置的精度为 m_P，横向调整量精度为 m_L，竖向调整量精度为 m_H，根据(10-57)式，可得

$$\begin{cases} m_p^2 = m_x^2 + m_y^2 \\ m_H^2 = m_z^2 \end{cases} \tag{10-64}$$

短距离测量无需考虑折光影响，全站仪水平角和竖直角精度相当。设测角精度为

$$m_v = m_\beta = m \tag{10-65}$$

则将式(10-57)代入式(10-64)，并简化，可得

$$\begin{cases} m_p^2 = \sin^2 v m_s^2 + \left(\dfrac{s}{\rho}\right)^2 m^2 \\ m_H^2 = \cos^2 v m_s^2 + \left(\dfrac{s\sin v}{\rho}\right)^2 m^2 \end{cases} \tag{10-66}$$

上式中，m_P 有两个分量。第一分量由测距误差引起，方向与视线的平面投影方向一致。第二分量由测角误差引起，方向与视线的平面投影垂直。

假定视线的平面投影与线路平面投影的夹角为 α，则由平面点位精度 m_P，可以求得横向调整精度 m_L，即

$$m_L^2 = \sin^2\alpha \sin^2 v m_s^2 + \cos^2\alpha \left(\dfrac{s}{\rho}\right)^2 m^2 \tag{10-67}$$

采用博格技术，每测站可以精调 1~2 块轨道板(距离长了会出现多棱镜效应，无法测量)，测距范围小于 20m；视线与轨道中线近似平行，天顶距接近 90°，α 接近 0°；测角精度优于 1″；由式(10-66)和式(10-67)，可得

$$\left.\begin{aligned} m_L &\approx \dfrac{s}{\rho} m < 0.1\text{mm} \\ m_H &\approx \dfrac{s}{\rho} m < 0.1\text{mm} \end{aligned}\right\} \tag{10-68}$$

即单纯由测量引起的横向和竖向误差很小，对绝对精度而言，可以忽略不计，对相对精度

而言，满足轨道系统的相对精度要求。

考虑到 GRP 点的精度约为 0.8mm（GRP 测量时，用 8 个 CPⅢ点后方交会自由设站的精度优于 0.7mm，测量误差小于 0.4mm），不等高三脚架传递坐标的精度约为 0.5mm（可推算出由两个 GRP 点定向的精度约为 6″），由此可得

$$\sqrt{0.8^2 + \left(\frac{20000 \times 6}{206265}\right)^2 + 0.1^2} \approx 1(\text{mm})$$

即，在 CPⅢ基准下，不考虑扣件、钢轨等误差时，按照博格技术精调的轨道板，其横向和竖向绝调精度约为 1mm，满足高速铁路高平顺轨道系统的精度要求。

10.6.2　基于轨道的轨道板精调技术

博格精调技术的主要问题有三：一是效率低，GRP 测量严重制约铺板进度；二是贴近板面测量，操作困难且观测条件苛刻；三是精调基准为板轴线，尽管轨道板的铺设精度很高，但轨道精度并不高。为克服上述缺点，中铁十五局研发了基于轨道的轨道板精调技术并用于京沪高速铁路。研制了一个自定心钢轨模拟装置来获取轨道特征点，将钢轨模拟装置放置到承轨槽中，在顶销的顶推作用下，底座中心自动移到承轨槽中轴线上，使模拟装置上的棱镜中心刚好位于钢轨顶的设计位置，即轨道特征点。精调原理：用全站仪测量钢轨模拟装置上轨道特征点的三维坐标，根据实测坐标与设计线路的位置关系，确定轨道特征点的偏移量，从而将三维问题化为点与线之间的两维调整。该技术的特点是：利用了 CPⅢ网，采用全站仪自由设站测量，操作方便，精度高、速度快。

假设线路的数学模型为 $f(X, Y, H)$，现场实测轨道特征点 P 的坐标为 (X_P, Y_P, H_P)，则点 P 到设计线路的垂直距离可唯一确定。这一垂直距离可以表示为垂直分量 dH 和水平分量 dS，则 dH 和 dS 即为测点的垂向和横向调整量。精调步骤如下：

（1）在合适位置架设全站仪，利用测站前后各 4 个 CPⅢ点，按照边角后方交会法设站，获得测站三维坐标和方位。

（2）在仪器前面第四块轨道板的首端、中间、末端三对承轨台上各放置一个钢轨模拟装置，首先测量并精调轨道板首、末两端，通过逐步趋近，将其调整到设计位置（精度控制在 0.3mm 以内）。

（3）测量中间承轨台的三维坐标，将该轨道板中部的高程调整到位。

（4）重复（2）、（3）步，将仪器前面的第 3 块和第 2 块轨道板调整到位。

（5）全站仪后退 3 块轨道板，设站并精调后续轨道板。

重新设站后，首先要进行搭接测量，如图 10-41 所示，在新的测站，首先测量上一站精调的最后一块轨道板的末端承轨台，计算新的调整量 δD 和 δH。从理论上讲，δD 和 δH 都应小于 0.3mm。受设站和测量误差的影响，δD 和 δH 通常会大于 0.3mm。这就是搭接误差，可通过距离线性内插来消除。具体做法是：

假设测站与搭接点的距离为 L，测站到测点的距离为 S，则在计算测点的横向和高程调整量时，需要减去改正数 δd 或 δh，其值为

$$\delta d = \frac{S}{L} \delta D \tag{10-69}$$

和
$$\delta h = \frac{S}{L}\delta H \tag{10-70}$$

图 10-41　消除搭接误差的线性内插原理

通过这种方式进行搭接处理，既保证了设站位置和定向点的绝对精度，又顾及了不同设站位置之间的相对精度，消除了轨道板之间的微量错动。实际工作中，单纯由测量引起的横向和竖向误差很小，可以忽略不计。对于在同一个测站精调的轨道板，其实是不需要进行搭接测量的，只有在重新设站后，才需要进行一次搭接测量，即每精调三块轨道板，才需要进行一次搭接测量。

新技术的精度分析：按常规方法自由设站，仪器高 1.5m，测点高 0.36m（轨面与轨道板面的高差），仪器偏离轨道中线的最大距离不超过 1m，由此求得天顶距为 $93° \sim 100°$，视线与线路的夹角为 $-8° \sim 8°$；每站精调 3 块轨道板（仪器高于轨面，多棱镜效应小），测距范围小于 26m；测角精度优于 $1''$，测距精度优于 1mm；由式（10-66）和式（10-67）可得

$$\left. \begin{array}{l} m_L < \sqrt{(\sin^2 8 \times 1^2 + \left(\dfrac{26000}{\rho''}\right)^2 \times 1^2} \approx 0.2(\mathrm{mm}) \\[4mm] m_H < \sqrt{\cos^2 100 \times 1^2 + \left(\dfrac{26000}{\rho''}\right)^2 \times 1^2} \approx 0.2(\mathrm{mm}) \end{array} \right\}$$

即，单纯由测量引起的横向和竖向误差很小，对绝对精度而言，也可以忽略不计，对相对精度而言，满足轨道系统的相对精度要求。

考虑到 0.7mm 的设站精度，以及 $2''$ 的方位精度，可得

$$\sqrt{0.7^2 + \left(\frac{20000 \times 2}{\rho''}\right)^2 + 0.2^2} \approx 0.75(\mathrm{mm})$$

因为新精调技术以轨道为基准，扣件误差不影响轨道，轨道扣件更换量可大大减少（减少约 50%），即便是每站精调 3 块轨道板，在 CPⅢ 基准下，其横向和竖向精度也优于高速铁路高平顺轨道系统的精度要求。

10.7　通用型强制对中装置

高速铁路精密测量中，CPⅡ 和 CPⅢ 点数量很多，这些控制点都应埋设强制对中装置。常规对中装置是这样使用的：首先将对中装置的下支腿埋入混凝土中，待混凝土凝固后，通过调平螺丝，将仪器台调平，然后将调平后的仪器台，连同上支腿及调平螺丝一起

浇筑在混凝土观测墩中，只露出仪器台面板供精确安装测量设备。常规强制对中装置已经过长期实践检验，对中精度较高，但体积较大且安装复杂，难以大规模采用。高速铁路精密测量中，不仅控制点数量多，而且安装位置有限，采用常规强制对中装置很不现实。而专门为 CPⅢ 特别设计的强制对中装置(见图 10-11)只能用来安装 CPⅢ 棱镜，无法架设测量仪器。本节介绍中铁十五局研发的通用型强制对中装置，其特点是实用、廉价和不额外占用空间。

　　这种通用型强制对中装置由预埋件、转接头、转接盘和转接杆组成(见图 10-42)。其中，预埋件是埋设部分，每个控制点需要埋设一个。转接头、转接盘和转接杆是配套附件，仅随测量仪器少量配备。该对中装置相当于将常规强制对中装置拆分为预埋件，和可以自由拆装的仪器台两部分。其中，预埋件相当于前者的对中螺丝孔，转接盘相当于前者的仪器台。

图 10-42　通用型强制对中装置

　　这种强制对中装置的关键技术是预埋件的垂直埋设技术，即埋设好的预埋件轴线必须垂直(顶面水平)。利用图 10-43 所示方法，可以确保预埋件垂直埋设。

图 10-43　预埋件垂直埋设技术

埋设过程是：在埋设测量标志的地方（如高速铁路桥梁防护墙的顶面）钻孔，利用细线将所要埋设的预埋件悬吊在钻孔内，并使其顶面比孔口高 1~2cm；将桥梁支座砂浆缓缓注入钻孔内，使浆液顶面比钻孔的孔口低 1~2cm；缓缓下放细线至预埋件顶面和孔口平齐，且浆液被稍稍挤出时，固定细线；30 分钟后浆液凝固，可拆除支架。

与吊垂球原理类似，通过细线对预埋件的悬吊作用，可使预埋件顶面自动置平。桥梁支座砂浆是一种特殊的灌浆材料，1.6kg 干料加入 0.1kg 水并充分搅拌后，在 10~15 分钟内属于液态，20 分钟后开始凝固，30 分钟左右初凝，1~2 小时后，强度可达 20 兆帕。通过京沪高速铁路实际应用，该方法可使预埋件顶面的置平精度达到 2′~4′，完全满足强制对中的精度要求。

通用型强制对中装置是这样使用的：

（1）如图 10-44 所示，将圆头且顶端刻有"十"字丝的转接头旋入预埋件后，转接头是垂直的，可以直接安装 GNSS 天线；也可以安装基座，并通过基座安装 GNSS 天线、棱镜或全站仪等；直接利用转接头也能立水准尺或用于普通方式对中。

图 10-44　转接头的使用方法

（2）稳定性要求高时，可以通过转接盘架设仪器。将转接盘旋入预埋件中，使预埋件顶面与转接盘密贴，调整转接盘上的三颗加固螺丝，使其牢固支撑于被测点上，这时的转接盘是水平的（与常规强制对中装置的仪器台一样）；通过转接盘，可以连接 GNSS 卫星定位系统天线、全站仪、经纬仪、测距仪、反射棱镜、测量觇标等测量设备。用这种强制对中方式，可以满足 CPⅠ、CPⅡ、CPⅢ的各种测量需要，也能满足其他精密工程测量的对中需要。

（3）直接作为高速铁路的 CPⅢ标志。将转接杆旋入预埋件的螺孔内，使预埋件的顶面与杆体的下表面密贴，这时的转接杆是垂直的；将反射棱镜或测量觇标装到转接杆上，无需对中和整平，就能直接进行精密测量。

10.8 高速铁路的变形监测

高速铁路轨道系统对变形有严格要求,必须等到线下工程的变形趋于稳定以后,才能施工无砟轨道。线下工程中,隧道建在基岩中,一般不会发生大的变形,路基和桥涵是变形监测的主要对象。变形主要包括沉降和水平位移,高速铁路对路基和桥涵的沉降,以及桥墩倾斜(横向倾斜影响轨道平顺)特别敏感,而倾斜量可以通过差异沉降求得,因此,高速铁路变形控制的重点是沉降监测。线下工程施工期间,要对采用摩擦桩基的桥墩、涵管和路基的沉降进行全程监测,并据此预测线下工程沉降变形趋势,为确定无砟轨道铺设时间提供依据。目前,线下工程沉降监测主要以精密水准测量为主。本节结合高速铁路的特点,重点介绍线下工程沉降监测网的布设原则和路基、桥梁的沉降监测方法。

10.8.1 沉降监测网布设

高速铁路的沉降监测网分基准网和监测网。基准网由基准点和工作基点组成,利用水准环线,将两个相邻的 CPⅠ点之间的 CPⅡ点和工作基点联结成独立的基准网(见图 10-45)。开工时,CPⅠ、CPⅡ点通常都已埋设一年以上,处于稳定状态。工作基点于施工准备阶段提前埋设,通常沿施工便道的水沟外侧 3~5m,间隔约 200m 埋设一点,埋深大于 1m,采用顶端刻"十"字的圆头标志,便于平面和高程共点。等桥梁承台、路基开工时,工作基点已埋设两个多月,基本稳定。

图 10-45 沉降监测基准网示意图

基准网施测之前,通常是先测量导线,求得所有工作基点的平面坐标,以弥补沿线 CPⅠ和 CPⅡ点间距较大的不足,确保施工中有足够的控制点可用。待工作基点基本稳定后,利用二等水准施测基准网。基准网的初始高程以网中所有基准点为拟稳点,通过拟稳平差求得。根据沿线地面稳定情况,每隔 3~6 个月,要对基准网进行复测。复测过后,首先判定基准点的稳定情况,选取较为稳定的基准点为拟稳点,重新对整网进行平差,以评定工作基点的稳定性。对于不稳定的工作基点,复测后应及时修正其高程。

监测网如图 10-46 所示,在相邻的两个工作基点之间(如图 10-46 中的 A 和 B)布设 AB 和 BA 两条符合水准路线,将沉降监测点纳入其中,形成单一水准环 A—B—A。

图 10-46   桥梁沉降监测网示意图

10.8.2   精度要求和数据处理原则

变形监测的精度通常取要求监测变形量的 $1/10 \sim 1/20$。路基工程的变形较大，最大可达几厘米至十几厘米。采用摩擦桩基础的桥墩，要求预测的理论沉降量通常是 $10 \sim 20mm$。因此，高速铁路对沉降监测点的观测精度要求为 $1mm$。

高速铁路施工期间，沉降监测的频率较高，通常是每天或每隔几天就要监测一个周期。处理监测数据时，AB 和 BA 两条附合路线主要用于判定工作基点的变化情况，一旦工作基点变化较大，就要适时对基准网进行复测。

由于工作基点离线路较近，其稳定性难以保证。确定监测点的监测高程时，不能按照附合水准，利用两个工作基点来计算，而要利用某一工作基点(如 A 点)的高程 H_A，加上 A 点与监测点间的高差 δH_{Ai} 来求得，即

$$H_{Ai} = H_A + \delta H_{Ai} \tag{10-71}$$

其中，A 点与监测点间的高差由环线闭合差分配后的实测高差确定。

实际工作中，由于水准环很短(约 400 多米)，利用精密水准仪测量，实测高差的精度优于 $0.3mm$，对监测点的精度要求而言，这一误差可以忽略不计。

对基准网复测后，一旦发现工作基点有较大变化，应对监测点的各期监测高程进行修正，方法如下：

假定工作基点 A 的初测高程为 H_A，T 天后对其进行复测，高程变化量为 ΔH_A，则通过 A 点测量的监测点的各期监测高程，按时间的长短进行线性内插处理。假设由 A 点监测的任意点 i，其修正后的高程为

$$H_{Ai} = H_A + \delta H_{Ai} + \frac{t}{T}\Delta H_A \tag{10-72}$$

式中，t 为自监测网初测至对监测点实施监测时所经过的天数。

10.8.3   桥梁沉降监测

随着桥梁承台、墩柱的施工，变形监测工作陆续展开。对桥墩实施变形监测时，以工作基点为基准，按照图 10-46 所示网形分段进行观测。

桥梁沉降监测点有两种：一种是承台监测标(见图 10-47)，另一种是墩身监测标。在承台的一个对角位置各埋设一个承台监测标，其作用有二，一是作为墩身监测标启用前的过渡点，当墩身监测标正常使用后，承台监测标随基坑回填将不再使用；二是一旦墩身监测标被破坏，可以利用承台标恢复墩身监测标，确保监测数据连续。墩身监测标采用墙上水准标志，一般埋设在墩底高出地面或水面 $1.0m$ 左右处，左、右两侧各埋设 1 个，以便监测桥墩沉降和横向倾斜。

图 10-47 桥梁承台、墩身沉降监测标埋设方式

墩身监测标启用时，要同时对墩身和承台监测标进行测量，并利用两种标志间的高差传递高程，确保各周期监测数据连续。

10.8.4 路基沉降监测

路基的沉降主要包括地基基础沉降和路基本体沉降。路基基础沉降应在施工过程中进行动态连续监测，即边施工边监测，其专用监测设备是沉降板。沉降板的布置和原理如图10-48 所示。

图 10-48 路基沉降板埋设方式

沉降板是方形或圆形钢板，中间垂直焊接一种可以不断接长的钢管，钢管里面可以放入水准尺，在路基填筑期间不间断地对路基基底进行沉降测量。路基填筑到一定高度后，需要对沉降板观测标进行接高，并记录接高长度，以保证沉降观测数据的连续性。实际工作中，每隔 50~100m 设置一个监测断面，每个断面埋设三个监测标，如图中的 L_1、L_2 和 L_3。路基本体填筑完成后，应在轨道板支撑层埋设永久性沉降监测桩，以测量路基本体沉降。监测桩与沉降板对应，如图所示的 G_1、G_2 和 G_3。在路基填筑完毕至无砟轨道铺设期间，需对沉降板和沉降监测桩进行定期监测，以判定地基基础和路基本体的沉降变形情况。无砟轨道开始施工时，沉降板将失去作用。待铺轨完成后，沉降监测桩移交工务部

门，以便运营期间继续对路基实施监测。

◎ 本章重点和难点

重点：高速铁路平面控制网布设和基准建立，轨道系统的精密测量，轨枕和轨道板精调技术，高速铁路施工期线下工程的变形监测。

难点：高速铁路 CPⅢ网的平差数据处理，轨道板的博格精调技术，基于轨道的轨道板精调技术。

◎ 思考题

（1）高速铁路测量与传统铁路的测量有何不同之处？

（2）高速铁路平面控制网有何特点？采用什么方法建立？

（3）高速铁路的轨道控制网有何特点？起何作用？

（4）CPⅢ网的网型、点位以及点的埋设有何特点？

（5）什么叫三网合一？

（6）高速铁路的高程控制网有何特点？

（7）何谓轨检小车？在高速铁路建设中有何作用？

（8）何谓搭接测量？

（9）什么叫博格技术？

（10）CRTSⅡ型板式的设计理念是什么？

（11）何谓 GRP 网？何谓 GRP 点？

（12）博格精调技术存在哪些问题？

（13）何谓基于轨道的轨道板精调技术？特点何在？

（14）高速铁路无砟轨道系统施工安装调校前要做哪些变形监测？

第11章 桥梁工程测量

桥梁工程测量主要包括桥址陆地与水下地形测绘、水文测量、桥梁施工控制网测量、施工放样、竣工测量以及施工与运行期间的变形监测或健康检查。本章主要讲述大型桥梁施工控制网的精度要求和布设方法，悬索桥索股垂度测量、索塔变形监测和连续钢构桥悬臂箱梁的挠度变形监测等典型技术问题。

11.1 概述

为道路跨越天然或人工障碍物而修建的建筑物称为桥梁。按受力体系可分梁式桥、拱式桥、钢构桥、斜拉桥和悬索桥。梁式桥又分钢筋混凝土梁、钢板梁、连续梁和长(短)跨简支钢桁梁。按长度分特大桥、大桥和中小桥。随着交通事业的迅速发展，大跨度或复杂的桥型在不断涌现，现代桥梁技术正朝着造型新颖、结构复杂、桥梁长、跨度大、桥塔高、施工难的斜拉桥、悬索桥、拱桥、连续钢构桥的方向发展。桥梁结构设计方面，采用空间理论来分析桥梁整体受力已成为可能，以概率统计理论为基础的极限状态设计理论，使桥梁设计的安全度得到保证，桥梁美学作为时代、民族文化的反映，愈来愈受重视，桥梁的面貌蔚为壮观。

目前，跨江跨海的特长桥梁长达 30km 以上，我国长江上的桥梁就接近 100 座，高速铁路中的桥梁段可高达百分之五十，城市中的高架桥路比比皆是，桥梁工程已成为工程测量的重要组成部分。

11.2 桥梁施工控制网的精度和布设

11.2.1 桥梁施工控制网的精度

(1)对于简支梁桥和预制梁桥，一般是从保证桥梁精确架设的角度出发，根据具体桥梁的桥式桥型估算桥轴线的中误差，进而确定桥梁施工控制网必须达到的精度。例如，简支梁桥和预制梁桥的架设误差主要包括梁长制造误差(当为钢桁梁时，包括节间拼装误差)和梁体安装误差两大部分。设全桥共由 N 跨组成，桥梁全长为 S，每一跨的梁长制造误差分别为 Δd_1，Δd_2，$\cdots$，Δd_N，固定支座安装误差为 δ，取两倍中误差作为允许误差，则根据误差传播定律，可得桥轴线长度的中误差为

$$m_L = \sqrt{\left(\frac{1}{2}\Delta d_1\right)^2 + \left(\frac{1}{2}\Delta d_2\right)^2 + \cdots + \left(\frac{1}{2}\Delta d_N\right)^2 + \left(\frac{1}{2}\delta\right)^2} \tag{11-1}$$

若全桥为等跨桥梁时，则上式可简化成：

$$m_L = \frac{1}{2}\sqrt{N(\Delta d)^2 + \delta^2} \tag{11-2}$$

上面两式就是现行《新建铁路工程测量规范》中按桥型桥式估算桥轴线长度精度的基本公式。为了使控制测量误差不影响工程质量，可取桥梁架设误差为控制测量误差的 $\sqrt{2}$ 倍，则桥梁平面控制网中桥轴线边的必要精度 m_S 可按下式估算：

$$m_s = \frac{1}{\sqrt{2}}m_L \tag{11-3}$$

（2）按墩台定位精度来确定桥梁施工控制网的精度。对于特大型悬索桥，精度要求最高的是散束鞍和主鞍座中心定位；对于斜拉桥，精度要求最高的是塔上和梁上斜拉索套管的后锚点位置，因此应从放样这些几何中心的容许中误差来确定桥梁控制网的精度。在精度确定中应遵循以下两个原则：一是忽略不计原则，即桥梁施工控制网的误差对放样点精度的影响可忽略不计；二是等影响原则，即控制网边长误差对放样点的影响相等。设容许中误差为 M，桥梁施工控制网最弱点坐标中误差为 m_x、m_y，最弱边中误差为 m_s。按忽略不计原则，有

$$m_x \leq 0.4M \tag{11-4}$$
$$m_y \leq 0.4M$$

按等影响原则，有

$$m_s = M \tag{11-5}$$

可根据上面公式确定的控制网最弱点和最弱边的精度，为桥梁施工控制网设计提供依据。例如，斜拉桥的斜拉索套管后锚点的容许偏差为 5mm，最弱点的坐标中误差不应大于 2mm，其精度要求较高。

（3）按桥长确定桥梁施工控制网的必要精度。根据《公路勘测规范》（JTGC 10—2007）规定，可按照桥梁总长或桥中单跨的最大长度确定桥梁施工平面控制网的必要精度。一般都易于达到，只适合一般的大桥和中小桥梁，在此不作详述。

11.2.2 桥梁施工控制网的布设

在勘测阶段所建立的桥梁控制网，主要是为了测图，且要与线路坐标系一致，常采用以大地水准面为基准面的高斯平面直角坐标系统，如 54 或 80 国家坐标系统，存在高斯投影变形和高程面投影变形。对于桥梁施工阶段，为了放样的方便，需在独立坐标系下建立桥梁施工平面控制网，为保持桥梁与两侧线路的联系，一般以一个稳定的桥位点或勘测控制点作为起始点，以该点的原坐标值和里程作为独立坐标系统的起算坐标和起算里程，以桥轴线设计的坐标方位角作为起算方位角，如桥轴线与 X 轴平行或重合，以桥梁墩、台顶面平均高程面作为基准面。这样建立的桥梁独立坐标系，长度变形可忽略不计，桥梁墩台的设计坐标直接可用于施工放样。

桥梁施工平面控制网网点必须能控制全桥及与之相关的重要附属工程，在桥轴线上和两侧应布设控制点，特大型和大型桥梁应首选卫星定位技术建立 GNSS 网，大型桥梁和中小型桥梁也宜采用地面边角测量技术用全站仪建立全边角网或边全测、方向不全测的不完全边角网。GNSS 网和边角网必须有足够的多余观测，一个点上应有三条边相交，对于网的图形没有图形强度上的要求。桥梁施工平面控制网的主要网点宜建带强制对中装置的混凝土观测墩，并作定期复测。

11.3 悬索桥基准索股的垂度测量

悬索桥(Suspension Bridge)指通过索塔悬挂并锚固于两岸(或桥两端)的缆索(或钢链)作为上部结构主要承重构件的桥梁。缆索的几何形状接近抛物线。从缆索垂下许多吊杆,把桥面吊住,在桥面和吊杆之间常设置加劲梁,同缆索形成组合体系,以减小荷载引起的挠度变形。

悬索桥是目前所有桥梁中单跨跨度最大的桥型,主要由锚碇、索塔、主缆和主梁组成。其中主缆的线形决定着主梁的成桥线形,因此主缆的线形控制是悬索桥上部构造施工中重要的测量工作之一。主缆由众多索股组成,索股又分为基准索股和一般索股,而其中基准索股的线形决定着主缆的线形,因此所谓的主缆线形控制实际上就是基准索股的线形控制。基准索股的线形由悬索桥两端锚碇索股出口点的标高、两索塔上两主鞍座顶的标高以及中跨和两边跨跨中基准索股的垂度决定。两锚碇索股出口点的标高和两索塔上两主鞍座顶的标高,可用常规的水准测量方法确定,而中跨和两边跨跨中基准索股的垂度,由于基准索股的断面面积小(一般基准索股的形状为正六边形,六边形的边长小于30mm)、跨中的高度高(对跨度超过500m的悬索桥而言,中跨和两边跨跨中的高度一般均离地面100m以上)、有风时晃动等特点,导致其垂度测量较为困难。本节将以舟山连岛工程中西堠门大桥为例,介绍悬索桥基准索股垂度测量的方法和实施过程。

西堠门大桥是舟山连岛工程中规模最大的跨海特大桥,为大跨度悬索桥(见图11-1)。其走向由北到南,北连册子岛,南连金塘岛,跨径布置为578m+1650m+485m,是在同类桥型中主跨长度位列中国第一和世界第二的特大型悬索桥。主桥在北锚碇和南塔之间设计为连续钢箱梁,箱梁总长度为2228m。主缆是悬索桥主要承力结构,因此长度达到2880m的主缆架设是大桥建设的重要阶段,是以后钢箱梁桥面线形控制的基础。而作为主缆中最重要的基准索股垂度,是一般索股垂度的调整基准。基准索股的线形,实质上直接决定以后主缆的线形,所以其垂度测量方法应正确可靠。

图 11-1 西堠门大桥桥型示意图

11.3.1 垂度测量的内容、要求和方法

在悬索桥主缆的架设过程中,垂度测量主要包含基准索股的绝对垂度与一般索股的相对垂度测量,而一般索股的架设是通过计算一般索股与基准索股的高差进行垂度调整,因此基准索股的绝对垂度测量是悬索桥上部构造施工主缆架设中最重要的环节。根据西堠门大桥的线形设计要求,基准索股南、北边跨的垂度限差为[−20mm, 20mm],中跨的垂度限差为[−10mm, 20mm],上下游基准索股相对高差的误差应小于10mm,一般索股相对于基准索股的高差误差应小于5mm。

在宽阔的水面上进行长距离大高差的测量工作，可以选用的测量方法主要有水准测量法、悬挂钢尺法与三角高程测量法。由丁基准索股的南北跨和中跨中心与水面的高差较大（大于100m），而且大桥的猫道等附属设施上不稳定而难以架设水准仪，因而水准测量法不适合悬索桥的垂度测量。施工区域在海面上以及猫道的遮挡和风的影响，悬挂钢尺法也不适合悬索桥的垂度测量，因此适用于悬索桥垂度测量的方法就只有三角高程测量法了。又由于基准索股上无法架设全站仪，所以垂度测量时的三角高程测量就只能是单向三角高程测量。

11.3.2 基于单向大气折光系数改正的垂度测量

众所周知，影响三角高程测量精度的最大因素是大气折光。在不同的文献中，都提出了利用对向观测消除折光的影响以提高三角高程测量精度，但是在基准索股的边跨与中跨中心根本不能架设仪器，因此无法采用对向观测消除大气折光的影响，在这种情况下只能采用进行大气折光改正的单向三角高程测量。

桥位区大气折光系数可以根据单向三角高程测量高差与跨河水准测量高差的比较，或同时对向三角高程测量的方法得到。为了进行大气折光改正的单向三角高程测量，必须在西堠门桥位区进行大气折光系数的观测实验。实验的原理可参见相关文献。西堠门大桥在不同的季节进行大气折光实验的结果分别见表11-1和表11-2。

表11-1　　　　　　　　　7月31日大气折光系数实验成果表

时段	9：00	10：00	11：00	12：00	13：00	14：00	15：00	16：00	17：00
A 到 B 方向的单向折光系数 K	0.23	0.23	0.27	0.24	0.25	0.23	0.27	0.34	0.32
B 到 A 方向的单向折光系数 K	0.17	0.13	0.11	0.18	0.23	0.19	0.20	0.25	0.24
折光系数平均值	0.20	0.18	0.19	0.21	0.24	0.21	0.24	0.30	0.28

表11-2　　　　　　　　　11月22日大气折光系数实验成果表

时段	21：00	22：00	23：00	0：00	1：00	2：00	3：00	4：00
A 到 B 方向的单向折光系数 K	0.21	0.25	0.21	0.22	0.20	0.21	0.24	0.25
B 到 A 方向的单向折光系数 K	0.11	0.09	0.10	0.07	0.10	0.08	0.10	0.05
折光系数平均值	0.16	0.17	0.15	0.15	0.15	0.14	0.17	0.15

从以上两个表中可以看出：

（1）白天不同时段的大气折光系数变化较大（如表11-1），晚上不同时段的大气折光系数变化不大（如表11-2）；

（2）大气折光具有明显的方向性，A 到 B 即北到南方向的大气折光系数大，而 B 到 A 即南到北方向的大气折光系数小；

（3）同一时段的单向折光系数与折光系数平均值相差明显。

根据以上西堠门桥位区大气折光系数的观测实验结果，在基准索股垂度测量时，单向三角高程测量应该采用单向折光系数进行大气折光改正，这样可使从北向跨中测量的垂度与从南向跨中同一点测量的垂度吻合得更好。

单向三角高程测量采用单向折光系数进行大气折光改正的公式见下式，设测站为 A、镜站为 B，则 AB 间大气折光改正后的高差为

$$h_{AB} = S_0 \tan\alpha_{AB} + \frac{1-K}{2R}S_0^2 + i - v \tag{11-6}$$

式中，S_0 为 A 到 B 实测平距；α_{AB} 为 A 到 B 实测竖直角；R 为地球曲率半径；K 为单向大气折光系数；i 为仪器高；v 为棱镜高。

11.3.3 西堠门大桥的垂度测量

1. 垂度测量设计

高精度的高程控制网是测量单向折光系数和垂度测量的基础。特大型桥梁高程控制网的选点和布网，通常要受测区实际地形、大桥结构、周围环境和自身测量设备软、硬件配置等综合因素影响，在选点和布网时应遵循如下几个原则：

(1)高程控制点尽量少而精，避免多点完成垂度测量任务或频繁搬动仪器，给观测造成困难，同时增加误差来源。

(2)海边三角高程测量，测站点到观测点的视线尽可能高于水面，以削弱大气折光变化对三角高程测量的影响。

(3)测站点到观测点距离尽可能近，以减小角度和距离的观测误差。

根据上述原则和设计对垂度测量的精度要求，考虑到所用仪器的测量精度，结合施工现场的实际情况，通过对原全桥高程控制网的优化选点，选定在下列控制点 ZLS-12、ZLS-15、ZLS-17、ZLS-18、JMA-4、JMB-2、JMB-10 上进行基准索股的垂度测量，这些高程控制点的分布及其与主缆的位置关系见图 11-2。

图 11-2　西堠门大桥垂度测量控制网示意图

具体实施情况如下：

(1)在 JMA-4 设测站，在 ZLS-17 点设后视，采用单向三角高程法测量北边跨中垂度。

(2)在 ZLS-17 设测站以 JMB-2 为后视，同时在 ZLS-12 设测站以 ZLS-18 为后视，采用双测站单向三角高程法测量中跨跨中垂度，以提高跨中垂度测量的精度和可靠性。

(3)在 JMB-10 设站以 ZLS-15 为后视，采用单向三角高程法测量南边跨中垂度。

276

2. 绝对垂度调整

基准索股的垂度调整应选在气温稳定且风速较小无雨无雾时进行，根据实际垂度测量的结果和监控单位提供的设计垂度数据，进行基准索股绝对垂度的调整。即通过全站仪测量基准索股跨中位置的棱镜高程，然后换算到索股中心垂度，并比较其与设计垂度的差值，从而计算调整量。在基准索股垂度调整的同时，还应测量索塔塔顶偏移、索股表面温度等数据，以便对索股垂度进行修正。

3. 上下游相对垂度调整

在基准索股绝对垂度满足设计要求后，再进行上、下游两根基准索股相对垂度调整。上、下游两根基准索股间相对垂度的测量，是根据水位连通器原理，在中、边跨的跨中各铺设一条$\phi25mm$透明塑料软管，连接上下游的基准索股，在水管内注入一定量带颜色的水(水管里不能有空气)，两端竖管顶面在索股同一位置上，利用钢板尺，测量水管内液面距索股跨中点顶面的高度，以此为依据调整两根基准索股间的相对高差，使其符合设计的要求。

4. 垂度测量的要点

(1)在垂度测量的每一阶段都应测量单向折光系数，以便进行大气折光改正，因为不同气候条件下折光系数相差较大。

(2)由于跨中离两岸较远，基准索股跨中垂度的测量，应从两个不同的方向同时进行，对结果进行比较分析，从两岸向跨中同一点测量的垂度互差应控制在20mm以内。

(3)在测量垂度时，还要测索塔的倾斜量和索股的表面温度等，因为跨径的变化和索股的热胀冷缩对跨中垂度有影响。

(4)在主缆索股的整个架设过程中，需不定期对基准索股的垂度进行监控观测。

(5)为了保证基准索股垂度测量的精度和可靠性，应在基准索股的垂度调整好后，连续进行三个晚上的监测，确认基准索股的线形符合设计要求。

11.3.4 西堠门大桥的垂度控制及精度

西堠门大桥垂度控制的情况及其与设计值的差异情况见表11-3。从表中的统计数据可以看出，西堠门大桥基准索股的绝对垂度与设计值的偏差，均控制在限差范围之内；上、下游基准索股间的相对垂度，也控制在限差范围之内，由此可见基准索股的实际线形已达到设计要求，具体表现在以下几个方面：

表 11-3   基准索股绝对和相对垂度测量结果及其与设计值的对比情况

位置	北跨上游	北跨下游	中跨上游	中跨下游	南跨上游	南跨下游
理论值(m)	119.6355	119.6571	84.8283	84.9257	128.3671	128.3670
实际值(m)	119.6474	119.6667	84.8207	84.9227	128.3869	128.3768
较差(mm)	11.9	9.6	-7.6	-3	19.8	9.8
限差(mm)	[-20, 20]	[-20, 20]	[-10, 20]	[-10, 20]	[-20, 20]	[-20, 20]
上下游互差(mm)	2.3		4.6		10	

（1）经过连续的稳定性监测，证明西堠门大桥基准索股垂度测量的结果完全在其设计允许的限差范围之内，说明本节提出的基于单向折光系数改正基准索股垂度的方法是正确的和可行的；从南、北两岸同时观测基准索股中跨跨中的垂度，在距离 1km 的范围内垂度互差大多小于 15mm，也说明本方法的精度可靠、效果较好。

（2）西堠门大桥桥位区进行的大气折光实验结果表明，该区域的大气折光具有显著的方向性，因此在进行高精度的跨海或跨江三角高程测量前，应进行大气折光的对比观测实验。若单向大气折光系数与平均大气折光系数相差明显，应该采用单向大气折光系数进行单向三角高程测量高差的大气折光改正。

（3）利用基于单向大气折光系数改正的单向三角高程测量高差的方法，不仅方法简单、而且便于实施，精度可达到悬索桥基准索股绝对垂度测量的要求，因此是大跨度悬索桥基准索股垂度测量的主要方法。

11.4 悬索桥的索塔变形监测

20 世纪 90 年代中后期，单跨长度超过 600m 的大跨度悬索桥，成为一种跨越大江大河并满足大江大河通航标准的主要桥型，如已通车的西陵长江大桥（跨径 900m）、虎门大桥（跨径 888m）、厦门海沧大桥（跨径 648m）、江阴长江大桥（跨径 1358m）、重庆鹅公岩大桥（跨径 600m）、广州黄埔大桥（跨径 1108m）和浙江西堠门大桥（跨径 1650m）等。大跨径悬索桥的一个共同特点，是为满足桥下大吨位轮船的通航净空要求和由于长跨所引起的结构方面的考虑，支撑主缆的两索塔距地面垂直高度均在 150m 左右，如此高大的塔状钢筋混凝土建筑物，在外界环境的影响下以及在悬索桥上部结构施工，即猫道施工、索股牵引和钢箱梁吊装过程中，索塔均处在不断的变形之中。引起索塔这些变形的原因是什么？变形量有多大？有什么规律？是否危及索塔和施工安全？应该进行变形的成因分析并进行变形监测，以便配合施工，为施工决策服务。

众所周知，变形监测中的变形量，是指监测点在某一施工状态下的空间三维坐标，相对于该点在某一基准状态下的三维坐标的坐标差值，因此索塔在不同的工况下监测所得的变形量，具有不同的含义，对施工的指导作用也不一样。本节结合虎门大桥、厦门海沧大桥等悬索桥索塔施工变形监测实践，主要讲述大跨度悬索桥日照温差影响引起的索塔静态变形监测、猫道施工阶段、索股牵引阶段和钢箱梁吊装阶段的索塔变形监测，索塔变形的成因分析和变形监测方法。

11.4.1 日照温差影响的索塔静态变形监测

索塔封顶后上部构造施工前，应该对索塔塔顶在日照温差作用下的静态变形进行监测。高度大于 150m 的塔状混凝土建筑物，由于日照方向的影响，阳面的混凝土温度比阴面混凝土温度高，该温差将导致阳面的混凝土膨胀，而阴面的混凝土收缩，使索塔顶部产生无外力作用下的扭转变形，随着一天中时间推移，日照的方向在周期性地变化，因此这种扭转变形在一日 24h 内呈周期性变化。

此阶段索塔变形监测的目的，是掌握索塔静态变形的大小和规律，从而获知索塔在一日中变形最小的时间段，并在此时段内在塔顶放样索塔的几何轴线，测量两锚跨和中跨的跨径，作为主鞍座安装定位和主缆施工线型计算的基准，同时还在此时段内测量索塔顶监测点的基准坐标，作为以后不同工况下索塔变形量计算的依据，因此可以说此阶段索塔的变形监测，是悬索桥上部构造施工测量监控工作的基础。

此阶段的索塔变形具有弹性变形的特征，变形的幅度随高度的增加而增大，在南方地区夏季，塔高 150m 左右最大变形量约为±4cm，索塔的静态变形随日照方向及温度变化而变化，同时具有滞后变形的性质，例如在日落后的晚上 20：00 到凌晨 2：00，环境温度已趋于一致基本没有变化，但索塔的静态变形仍在持续进行中。

11.4.2 猫道施工阶段的索塔变形监测

索塔封顶及主鞍座安装就位后，进入悬索桥猫道施工阶段。在此之前，索塔处于无外力作用的空缆和裸塔状态，一旦索塔被挂上猫道索，塔顶即受到猫道索锚跨和中跨方向的水平力作用，当作用在索塔塔顶两侧水平力不相等时，索塔即会产生顺桥向方向的变形。猫道施工要求作用在索塔上的锚跨方向和中跨方向的水平力应相等，使索塔在猫道施工中不产生顺桥向方向的变形，并保证在设计跨径下的猫道施工垂度。由于锚跨和中跨猫道索荷载不同，以及受猫道索张拉力误差和应力测试误差等因素的影响，作用在索塔两侧水平力很难相等，因此索塔在猫道施工阶段必然会产生变形。如表 11-4 中第二行数据为某悬索桥猫道架设后实测的跨径变化和塔顶变形情况，说明在猫道施工阶段索塔产生了变形，而且东、西两索塔的变形量不一致。

表 11-4　　　　　　　　某悬索桥上部构造各个施工阶段跨径变化和塔柱变形

工 况	跨径值（m）	跨径变化（mm）	东塔变形（mm）	西塔变形（mm）
裸塔	648.009	（基准值）	无	无
猫道架设后	647.990	19	19（向西）	1（向西）
索股牵引后	648.025	35	16（向东）	3（向西）
吊第一片梁后	647.794	231	97（向西）	115（向东）
主鞍顶推后	648.046	252	26（向东）	11（向西）

此阶段索塔变形监测的目的，是监测索塔在猫道施工阶段的变形大小和方向，为猫道索力控制和垂度调整提供依据。此外，作为主缆和索股施工便道的猫道，其垂度控制也较为严格。猫道高度过高影响索股牵引，猫道高度过低，施工又不方便；而猫道垂度是指一定跨径下的垂度，若主塔产生顺桥向方向的变形，则跨径必然随之而变，猫道的垂度也会发生变化。所以此阶段的索塔变形监测，直接为施工控制服务，是悬索桥上部构造施工测量监控的内容之一。此阶段索塔变形监测的特点是作用在索塔上的外力方向已知，不是锚跨方向即为中跨方向，此时的变形量虽然为水平位移，但仅表现为顺桥向方向的水平位移，且变形量随作用在塔顶不平衡力的变化而变化。

11.4.3 索股牵引阶段的索塔变形监测

猫道施工后进入索股牵引和主缆施工阶段。在索股牵引过程中，索塔在卷扬机牵引力和索股荷载的作用下，也会产生顺桥方向的动态水平位移变形。若把某一根索股从西锚牵引到东锚，当锚头还在西边跨时，西塔和东塔均产生向西的位移变形；当锚头牵引到中跨时，西塔逐渐开始向东侧位移变形，而东塔仍向西位移变形；当锚头到东边跨时，西塔仍继续向东位移变形，东塔则开始向东位移变形。当索股牵引到位后，通过调整索力和垂度以及鞍座的预偏，使索股作用在索塔两侧的水平力相等，从而达到在主缆施工阶段索塔尽可能不偏位的要求。

由于索塔高度较高，其上部的柔性较大，受外力作用易产生变形，但每座悬索桥索塔的水平位移变形是有限制的，如虎门大桥索塔允许变形的最大值为 300mm，若变形值超过此值，则可能危及索塔的安全；此外，由于施工误差以及其他难以顾及的因素影响，在主缆施工阶段，同样难以保证索股作用在索塔两侧的水平力相等，因此在索股牵引过程中以及在索股垂度调整阶段，同样应对索塔的变形进行监测，并将监测结果及时反馈给监控部门以指导施工。如根据索股牵引时索塔变形监测结果，决定卷扬机的牵引力和牵引速度，根据索股垂度调整时索塔变形监测结果，决定索股调整的垂度值和索股的张拉力。

此阶段索塔变形监测的特点，是既有索股牵引过程中的索塔动态变形监测，又有索股垂度调整时的静态变形监测，而且变形值是水平位移，但变形方向只能是顺桥向方向。某悬索桥主缆 110 根索股全部牵引结束后，实测的跨径变化和塔顶位移情况，见表 11-4 中第三行数据，此阶段的跨径变化和索塔变形比猫道施工阶段要大，而且方向相反。

11.4.4 钢箱梁吊装阶段的索塔变形监测

主缆竣工及索夹、吊索安装后，进入悬索桥上部构造施工的最后一个施工阶段，即桥面钢箱梁吊装阶段。在钢箱梁吊装过程中，由于悬索桥每一块标准钢箱梁重量均在 250t 左右，所以钢箱梁的荷载通过吊索和主缆最终作用在索塔上，从而使索塔产生变形；此外，由于悬索桥的中跨钢箱梁荷载与边跨钢箱梁荷载不对称，在钢箱梁吊装阶段，必然使索塔产生中跨方向的位移变形，而且这种变形一般很大，若不考虑在吊装过程中逐步减弱这种变形，则索塔变形必然超过其限值而危及索塔安全。为解决这一问题，在施工中采用预偏主鞍座后逐步顶推主鞍座的方法，以削减钢箱梁吊装时索塔的累计变形，使索塔在此施工阶段的变形尽可能地小，以确保施工质量和安全。

预偏主鞍座后逐步顶推主鞍座，以削减索塔累计变形的原理可用图 11-3 予以解释。

图 11-3 主鞍座预偏与顶推及索塔变形方向示意图

图 11-3(a)中，在吊装前预偏主鞍座，向两岸侧方向预偏，使索塔的几何中心与主鞍

座的几何中心不一致，在吊装中跨某一梁段后，东、西索塔将向跨中方向位移变形。

图 11-3(b)中，东、西塔同时向中跨方向顶推主鞍座，使两塔上的主鞍座中心相对塔中心移动一定量，产生的反作用力使两塔向岸侧移动，从而削减由吊装钢箱梁引起的索塔向中跨方向的变形量。

主鞍座顶推一般分多次完成，通常吊装几块钢箱梁后，实测塔的变形值，据此确定是否需要顶推主鞍座以及顶推的位移值。由此可见，钢箱梁吊装阶段的索塔变形监测有两个目的，一是监测钢箱梁吊装过程中的索塔动态变形量，以确定吊装时吊车的起吊速度和确保施工安全；二是监测索塔的累计变形量，以确定顶推主鞍座的时间及顶推量的大小。

某悬索桥钢箱梁吊装第一片后和主鞍座第一次顶推后的跨径变化和塔顶变形情况，见表 11-4。实测数据表明，钢箱梁吊装和主鞍座顶推所引起的跨径变化和塔顶变形明显比猫道架设和索股牵引阶段要大得多，而且顶推主鞍座对调整跨径和控制塔柱变形的作用非常有效。

11.4.5 索塔变形的距离差监测法

日照温差引起的索塔扭转水平位移变形，其变形量为二维，猫道施工、索股牵引和钢箱梁吊装所引起的索塔水平位移变形量实质上为一维，变形方向预先知道。索塔变形监测，既需静态监测，又需实时的动态监测。在选择索塔变形监测方法时，应简洁、快速、可靠、高效且易于实现。

在国内几座悬索桥施工测量实践中，采用了一种"距离差监测法"进行索塔的水平位移变形监测，取得了较好的监测效果，现说明如下。

(1)场地布设：如图 11-4 所示，在东、西锚碇顶面的适当位置各布置一个索塔监测的基准点 A 和 D，在东、西索塔顶面的适当位置各布设一个监测点 B 和 C 点，B 和 C 点最好布设在塔柱的横桥向方向上，这样 S_{BC} 即为两索塔间的跨径。

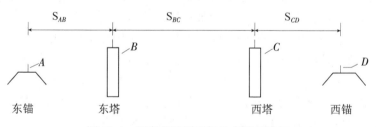

图 11-4 距离差监测法场地布设示意图

(2)观测仪器及观测量：采用施工单位已配备的全站仪两台，测距精度为(2mm+2ppm)，分别架设在 A 点和 C 点；A 测站的全站仪重复测量 AB 间的水平距离，C 测站上的全站仪重复测量 BC 和 CD 间的水平距离，则 AB 间和 CD 间的水平距离变化量即分别是东塔顶和西塔顶的位移变形值。

(3)变形量计算与观测数据的检核：首先在空缆和裸塔状态测定 AB、BC 和 CD 间的距离，作为索塔变形监测的基准值 S_{AB}^o、S_{BC}^o 和 S_{CD}^o，则任一施工状态下东、西索塔的位移值可按下式计算，式中 S_{AB}^i 和 S_{CD}^i 为不同施工阶段 AB 和 CD 的距离观测值。

东塔：$\Delta S_i = S_{AB}^i - S_{AB}^o$

西塔：$\Delta S_i = S_{CD}^i - S_{CD}^o$

当 $\Delta S_i > 0$，索塔向河侧位移，当 $\Delta S_i < 0$，则索塔向岸侧位移。

索塔的位移变形值为同一段距离的两次观测值之差，因此距离观测过程中的系统误差和部分偶然误差，大部分可抵消，故"距离差观测法"具有较高的精度，据理论分析和实践证明，该法可监测 2mm 的索塔变形，是悬索桥索塔变形监测的一种较为有效和易于实施的方法。由于基准点 A 和 D 之间的距离为固定值，所以以每一次监测，观测值应满足以下关系：

$$S = S_{AB}^o + S_{BC}^o + S_{CD}^o = S_{AB}^i + S_{BC}^i + S_{CD}^i \tag{11-7}$$

上式可作为每一次索塔变形监测外业观测数据是否可靠的检核公式。

11.5 连续刚构桥悬臂箱梁的挠度变形监测

连续梁桥(continuous beam bridge)是主梁连续支承在几个桥墩上的一种桥梁结构，中等跨径桥梁中常用预应力混凝土连续梁，具有接缝少、刚度好、行车平顺舒适等优点。

连续刚构桥是墩梁固结的连续梁桥，分主跨为连续梁的多跨刚构桥和多跨连续-刚构桥。采用预应力混凝土结构，有两个以上主墩采用墩梁固结，具有 T 形刚构桥优点。与同类桥(如连续梁桥、T 形刚构桥)相比，多跨刚构桥保持了上部构造连续梁的属性，跨越能力大，施工难度小，行车舒顺，养护简便，造价较低。多跨连续-刚构桥则在主跨跨中设铰，两侧跨径为连续体系，可利用边跨连续梁的重量使 T 构做成不等长悬臂，以加大主跨的跨径。典型的连续刚构体系对称布置，并采用平衡悬臂施工方法修建。

大跨度连续刚构桥主要由主墩、边墩、墩柱、主梁以及盖梁组成，是四种大跨度桥梁中的主要桥型之一。现代大跨度桥梁的施工，常采用悬臂浇筑法(悬浇法)施工，悬臂浇筑法又称挂篮法，就是将主梁分节段进行施工，后一节段梁体的施工，是靠已浇注节段梁体的刚度和挂篮来支撑，所用的主要的设备是挂篮，通过挂篮的前移，对称地向两侧跨中逐段浇筑混凝土，悬浇法施工分三个阶段，即每浇筑一块混凝土箱梁，混凝土达到强度后就进行钢绞线穿束和预应力张拉，然后前移挂篮，浇筑下一块箱梁，周而复始直至合拢。

在大跨度连续刚构桥悬浇法主梁施工中(也适合于斜拉桥)，由于跨度大和悬臂长，悬臂箱梁的挠度变形是显著的，既有重力引起的向下挠度变形，又有张拉力引起的向上的挠度变形，还有温度变化引起的挠度变形，即温度升高悬臂向下、温度降低悬臂向上的挠度变形。这种挠度变形在大跨度连续刚构桥上部构造施工过程中，必须对其进行监测，并在计算箱梁放样标高时进行改正。只有这样才能保证对向施工悬臂的竖向合拢精度，从而确保成桥线型、内力和施工质量，因此悬臂箱梁变形监测在大跨连续刚构桥施工中极为重要。

11.5.1 挠度变形的成因分析

在悬浇法主梁施工过程中，由于悬臂箱梁下部没有竖向支撑，悬臂在合拢前全靠贯通悬臂的预应力钢绞线的强度、箱梁本身的刚度以及零号块两端悬臂对称平衡的作用，而处于一种相对稳定状态。随着箱梁的不断施工，悬臂长度不断增加，悬臂上的荷载愈来愈大，在重力的作用下，悬臂箱梁不可避免地存在下挠变形；而每施工一块箱梁，就要进行预应力穿束并张拉，随着张拉力的增加，箱梁内钢铰线的长度缩短而出现弯曲变形，这种弯曲变形对零号块而言，是承受向下的压力，而对其两端的悬臂而言，是承受向上的提升力，从而使箱梁出现上挠变形；张拉后，把悬臂两端的施工挂篮各自前移而进入下一块箱梁施工的位置，由于挂篮自身重量和悬臂长度的作用，使得悬臂箱梁又有下挠变形的趋势。表 11-5 为虎门大桥辅航道桥 20 号墩浇筑 30 号块主梁时，边跨悬臂前端 10 个块件在上述三阶段施工中的挠度变形情况，表中所统计的变形值足以说明大跨连续刚构桥施工中主梁在不同工况下挠度变形的规律。

表 11-5　　　　大跨连续刚构桥施工中主梁在不同工况下挠度变形量统计表　　　　单位：mm

工况	块　号	21	22	23	24	25	26	27	28	29	30
	悬臂长	84m	89m	94m	99m	104m	109m	114m	119m	124m	129m
1	挠度变形	−44.2	−50.9	−58.4	−66.6	−75.6	−84.7	−94.7	−103.7	−112.8	−118.4
2		10.7	12.0	13.5	15.9	18.6	21.6	25.1	28.3	32.4	36.5
3		−5.7	−7.0	−8.8	−9.8	−11.2	−12.5	−13.3	−14.7	−15.5	−19.1

注：①工况 1 为浇筑混凝土阶段，工况 2 为张拉预应力阶段，工况 3 为前移挂篮阶段；
　　②表中"−"表示下挠变形，表中"+"(已省略)表示上挠变形。

由于跨度大和悬臂长，在白天太阳照射的作用下，箱梁的顶面和底面间形成温差，顶面温度高，混凝土膨胀，而相对而言，底面温度低，混凝土收缩，从而使悬臂箱梁有下挠变形的趋势；到黑夜，箱梁顶、底面散热较快，温度下降迅速，而箱梁内由于空气不流通和散热慢，温度相对较高，从而形成箱内和箱外的温差，箱内温度高混凝土膨胀，而箱外温度相对较低混凝土收缩，使得悬臂箱梁又有上挠变形的趋势；即使是悬臂合拢后，还要在箱梁顶面铺装桥面混凝土和铺装层，由于二次恒载的作用和悬臂箱梁混凝土的收缩徐变，整个悬臂箱梁仍具有下挠的趋势。由此可见，大跨预应力连续刚构桥在上部构造施工过程中和受外界环境温度的影响下，悬臂箱梁处于不断的变形之中。

11.5.2　挠度变形监测与精度

连续刚构桥悬臂箱梁施工中，监测悬臂箱梁挠度变形的意义如下。在一般情况下，有

$$悬臂箱梁施工标高 = 设计成桥标高 + 弹性总挠度 + 预拱度 + 挂篮挠度 \quad (11-7)$$

式中，设计成桥标高、弹性总挠度和预拱度是由设计者根据悬臂长度、钢筋混凝土的力学性质、张拉力的大小以及同类桥型的实测挠度等因素，采用经验参数和某种数学模型计算出来的，由于参数选择的不准确和计算模型的误差，计算结果不可避免存在误差；此外由于施工过程中出现的误差，如箱梁混凝土块重误差、配筋误差、预应力管道位置误差、张拉力误差、测量放样误差以及挂篮多次使用后的非弹性变形和其他未顾及因素的影响，都有可能使实际施工悬臂的力学性质发生变化，从而出现与设计计算不相吻合的挠度变形。在这种情况下，若继续采用原设计数据指导施工，有可能使已施工的悬臂线形与设计线形偏差较大，造成合拢困难而影响成桥质量。高精度及时测量悬臂箱梁的挠度变形，在大跨

度刚构桥施工中显得十分重要。当实测挠度与计算挠度相差较大时，应以实测挠度计算施工标高，实时地指导施工，以确保对向施工的悬臂高精度自然合拢，并保证成桥线型最大限度地接近设计线型。表 11-6 统计的数据为虎门大桥辅航道桥 19 号墩中跨施工 26 号块张拉时，悬臂前端 10 个块件实测挠度与设计计算挠度的比较情况。

表 11-6　　　　　　　中跨 26 号块张拉时主梁实测挠度与设计挠度比较情况　　　　挠度单位：mm

块　　号	17	18	19	20	21	22	23	24	25	26
悬臂长度	64m	69m	74m	79m	84m	89m	94m	99m	104m	109m
计算挠度	8.3	9.9	11.9	14.1	16.6	19.3	22.4	25.8	29.6	33.7
实测挠度	5.0	6.0	7.3	8.7	10.4	12.3	14.4	16.9	19.5	23.0
差　　值	3.3	3.9	4.6	5.4	6.2	7.0	8.0	8.9	10.1	10.7

从上表中的统计数据可以看出：张拉后实测的挠度比设计计算的挠度小，而且这种差异随悬臂长度的增加而增加，施工中若不顾及这种实际情况，到合拢时主梁悬臂的线形将较大程度地偏离设计线形。悬臂箱梁的挠度变形监测包括以下内容：

1. 基准网点布设

由于大跨度连续刚构桥一般均位于深水中，而且主墩的承台也处于不断的沉降变形之中，因此箱梁挠度变形监测的基准网或基准点，应建立在河流两岸的稳定处。基准点的数量不少于 3 个，并构成网形成基准网。此项变形监测的工作基点，一般布设在承台面上和零号块顶面上。挠度变形监测基准传递的过程，是根据岸上的基准点，通过跨河水准测量的方法，监测承台上工作基点的稳定性；再根据承台上的工作基点，通过悬挂钢尺水中测量的方法，监测零号块上工作基点的稳定性；而悬臂箱梁的挠度变形监测，则是根据零号块上的工作基点，采用精密水准测量的方法，周期性地对预埋在悬臂中每一块箱梁上的监测点进行监测，则不同工况下同一监测点标高的变化（差值），就代表了该块箱梁在这一施工过程中的挠度变形。

2. 观测周期确定

连续刚构桥挂篮悬臂浇筑法施工，一般每一块箱梁分为三个施工阶段，即挂篮前移阶段、浇筑混凝土阶段和预应力张拉阶段。为配合施工，有效地反映箱梁在不同施工阶段中的挠度变形情况，应以施工阶段作为挠度观测的周期，即每施工一块混凝土箱梁，应在挂篮前移后、浇筑混凝土后和张拉后，对已施工箱梁上布设的监测点观测一次，这样随着箱梁块数的增加，愈靠近零号块的箱梁，箱梁上的监测点被观测的次数愈多，监测点标高的变化就代表了该点所在的箱梁在不同施工阶段中挠度变形的全过程。这种挠度变形观测程序，称之为连续刚构桥三阶段挠度观测法。而工作基点的稳定性监测，通常与承台沉降监测同期进行，根据荷载增加的速度和施工速度，一般每 2~3 个月观测一次。

3. 水准路线设计

主梁挠度变形监测的水准路线，以各自墩零号块上的工作基点为起闭点，采用闭合水准路线的形式进行挠度变形监测。闭合水准路线具有容易检测粗差、提高外业观测数据的自检核能力和可进行单程观测、减少外业工作量及缩短外业观测时间等优点。大跨度连续刚构桥一般为双幅桥，若只有一个主跨，则共有 8 个大跨悬臂同时施工，外业挠度变形观测的工作量是相当大的，因此缩短外业观测时间、减少外业工作量和削减温度变化对挠度观测结果的影响，对及时进行挠度观测、不漏测、保证观测精度和配合施工，具有重要意义。挠度观测所采用的闭合水准路线本身已构成检核条件，因此可不进行往返观测，这样可减少一半的外业观测工作量。

4. 监测点埋设

为监测悬臂中每一块箱梁在施工过程中的挠度变形情况，应在每一块箱梁前端顶面分上、下水方向各埋设直径为 15~20mm、长度为 80~100mm 的钢棒(钢棒可预先加工，顶部磨圆，在浇筑混凝土前焊接好，圆端头露出混凝土表面约 5mm)，作为挠度监测的观测点。按设计要求并考虑到所采用挂篮的结构特点，观测点应埋设在腹板顶部外侧 1m 处，以保证观测点本身的稳定性和极大限度地反映挠度变形，同时也不妨碍挂篮的前移。同一块箱梁分上、下水方向各埋设一个观测点，有两个方面的作用，其一是通过这两个点的挠度比较，可观察该块箱梁有无出现横向扭转，其二是同一块箱梁上有两个观测点，其监测结果可进行比较和相互验证，以确保各块箱梁挠度观测结果的正确无误，从而真实地反映变形。

5. 精度分析

为提高挠度变形监测的精度，并使外业观测的工作量适中和易于达到设计的观测精度，一般在挠度变形观测中采用国家二等水准测量的精度等级和观测方法进行施测。下面分析这种精度等级的挠度变形监测的灵敏度。

根据工程测量规范，用 DS1 级精密水准仪，按二等水准测量的技术要求施测，每测站高差测量的中误差为 $M_h = 0.30$mm。对跨度为 300m 左右的连续刚构桥，当悬臂箱梁施工到最后一块时，闭合水准路线的长度最长，此时水准路线的长度约为 $2 \times 150 = 300$m，按每测站水准路线的长度为 50m 计，需进行 6 测站的水准测量，则最弱点的高程中误差为：

$$M_{H弱} = \pm \sqrt{6} \times M_h = \pm 0.73\text{mm} \tag{11-8}$$

由此可计算最弱点两周期观测高程值之差即挠度变形量的中误差为：

$$M = \sqrt{2} \times M_{H弱} = 1.03\text{mm} \tag{11-9}$$

以上推算说明，按二等水准测量的观测精度进行悬臂箱梁的挠度监测，监测方法的灵敏度为 $2 \times (1.03)$mm $= 2.06$mm，即该方法能监测到变形量大于 2mm 的挠度值，这种精度显然能满足大跨度连续刚构桥挠度变形监测和指导施工的目的。

11.5.3 挠度变形监测的措施

大跨度连续刚构桥上部构造施工中，挠度变形监测的工作量大、影响因素多和重要性大。为做好这一项工作，在挠度变形监测中应采取以下几条措施：

(1)挠度观测严格安排在清晨 5：00~8：00 时间段内进行观测并完成。多座大跨度连续刚构桥悬臂"箱梁挠度和温度观测试验"结果表明，在该时间段内，悬臂箱梁正好处于夜晚温度降低上挠变形停止和白天温度上升下挠变形开始之前，是悬臂箱梁温度引起的挠度变形的相对稳定时段。此外在该时段内，工人还未上班，因此在此时进行挠度观测，可减少温度变化对观测结果的影响和施工对观测的干扰；

(2)张拉力所引起的箱梁挠度，有一个时间上的滞后效应，亦即张拉后上挠变形不会立即发生，而是在张拉后的 4~6 小时内逐渐完成，这是因为张拉力在箱梁内有一个释放的过程，因此张拉阶段的挠度观测，应安排在张拉完成 6 小时后的清晨进行，以真实地反映张拉所引起的箱梁挠度变形；

（3）相对于常规水准测量而言，挠度变形监测的视线长度短并且监测点与监测点之间的间距小，因些在实际观测中，对大多数监测点可采取"前视变后视"的方法，即在当前测站，该监测点为前视读数，读数完后仪器不动，把该点的前视读数当作后一测点的后视读数，这样既可保证高差观测的连续性，又可减少仪器和水准尺搬动的次数以及读数的次数，从而达到缩短外业观测工作量的目的。

11.5.4 挠度变形的规律

通过对虎门大桥辅航道桥、福建下白石大桥和镇海湾大桥等多座大跨度连续刚构桥箱梁施工挠度变形监测资料的整理和分析，可以发现其主梁挠度变形具有很强的规律性，这些规律可总结为以下几点：

（1）浇筑混凝土后，悬臂箱梁呈下挠变形；张拉预应力后，悬臂箱梁呈上挠变形；挂篮前移后，悬臂箱梁呈下挠变形。上述各种工况下挠度变形值随悬臂长度的增加而逐渐增大。

（2）同一个主墩的中跨和边跨，悬臂箱梁各种工况下的挠度变形大多数情况下是对称的，也有出现不对称的情况，此时在变形值幅度上中跨比边跨略大一些。

（3）同一座桥各个主墩的悬臂箱梁，在各种工况下的挠度变形，大体上呈现相同的变形规律。

（4）同一号块箱梁上的两个挠度监测点，在各工况下的挠度变形几乎是相等的，最大相差不到 1mm，说明在各工况下箱梁没有出现横向扭转，也说明挠度变形观测结果具有较高的精度和可靠性。

（5）实测挠度与设计计算挠度的比较：靠近零号块的悬臂箱梁（前 1/3），三阶段的观测挠度与计算挠度吻合得最好，两者相差一般小于 0mm；悬臂中部（中 1/3），三阶段的观测挠度与计算挠度吻合得还可以，两者相差一般在 10~20mm 之间；悬臂前端（后 1/3），两者相差略要大一些，有的超过 20~30mm，因此箱梁放样标高的调整，也大多在悬臂前端的箱梁上进行。

按照上述的挠度变形监测方案，进行虎门大桥辅航道桥、福建下白石大桥和镇海湾大桥等多座大跨度连续刚构桥箱梁施工的挠度变形进行监测和标高调整，施工和监控的效果相当好，这些桥都自然合拢，合拢误差分别为 5.2mm、8.3mm 和 11.8mm，因此对该桥型而言上述监测方法值得学习和借鉴。

11.6 长悬臂箱梁标高的温度影响

大跨度桥梁悬浇法施工过程中，施工控制的关键是主梁线形，即各个节段梁体标高的控制，使合拢后主梁的结构基本上能达到设计所要求的线形和内力，从而保证成桥质量和通车安全。因而在悬浇法施工的三阶段中，如何控制和监测主梁的标高及其变化，是施工测量监控所要解决的首要问题之一。影响悬浇法施工主梁标高的因素众多，既有梁体重力引起的向下的标高变化，又有张拉力引起的向上的标高变化，还有温度变化引起的温度升高悬臂向下、温度降低悬臂向上的标高变化。悬浇法施工三阶段中由于工况改变所引起的标高变化，已在上节中有所论述，本节将着重介绍长悬臂箱梁施工中温度变化对箱梁标高的影响规律及减弱其影响的相关措施。

11.6.1 温度对长悬臂箱梁标高的影响

由于跨度大、悬臂长，白天在太阳的照射和温度变化的作用下，箱梁的顶、底面和箱内、外将形成温差，顶面温度高，混凝土膨胀，而相对而言，底面温度低，混凝土收缩，从而使悬臂箱梁有下挠变形的趋势；到黑夜，箱梁顶、底面散热较快，温度下降迅速，而箱梁内由于空气不流通，散热慢，温度相对较高，从而形成箱内和箱外的温差，箱内温度高混凝土膨胀，而箱外温度相对较低混凝土收缩，使得悬臂箱梁又有上挠变形的趋势。由此可见，大跨度预应力连续刚构桥和斜拉桥在上部构造悬浇法施工过程中，由于受外界环境温度变化的影响，悬臂箱梁处于不断的变形之中，这种变形随一日中温度变化量的增大而增大，也随着悬臂长度的增长而增大，上述定性的描述可以通过下面的温度与箱梁标高变化的观测实验数据得到验证。

由于温度变化对悬浇法施工长悬臂箱梁标高的影响，给大跨度预应力连续刚构桥和斜拉桥施工中主梁标高的控制，带来了以下三个方面的危害：

(1)影响主梁标高的测量放样。若在上午10点按监控标高实施了挂篮标高的测量放样，而后进行钢筋铺设，并在下午5点浇筑混凝土，则由于时间的推移和温度的变化，浇筑混凝土时的挂篮标高并不在原监控计算的标高上，导致所施工主梁标高的误差，而且这种误差具有累积的性质，将较大地影响主梁的线形。

(2)影响挠度监测的准确度和可靠性。由于温度变化使主梁产生了额外的挠度，使得工况变化后的实测挠度与监控计算挠度产生较大的差异，给挠度分析和监控决策带来困难。现以某桥26号块(悬臂长度109m)挂篮前移这一工况为例，说明温度变化对挠度监测结果的影响。

如表11-7所示，本来由于挂篮重心前移，悬臂箱梁应该下挠变形，但是因为台风的到来，温度降低了10℃，使这一工况改变后，悬臂箱梁不但不下挠，反而上挠，而且这种差异随着悬臂长度的增长而增大。

表 11-7 温度变化对挠度监测结果的影响 单位：mm

工况	温度变化	块名	17	18	19	20	21	22	23	24	25	26
挂篮前移	19.9→9.9℃	挠度	7.1	8.3	9.1	10.0	11.3	12.3	13.3	14.5	16.3	17.3

(3)给中跨和边跨的合拢带来困难。由于温度变化的影响，使得大跨度预应力连续刚构桥、斜拉桥中跨和边跨的合拢时间不得不选择在深夜或凌晨，因为合拢时的任何悬臂变形都将较大地影响桥梁的结构内力，而在深夜或凌晨进行桥梁合拢，给人力和物力的安排带来困难。

11.6.2 温度影响的实验分析

前已述及，温度变化对长悬臂箱梁的标高产生了较大的影响，这种影响通过对多座桥梁箱梁挠度的长期观测，已经有了定性的认识，但温度每变化一度，悬臂箱梁的标高变化有多大，还没有"量"的概念，只要掌握了温度变化对箱梁标高影响"量"的规律，才能在箱梁施工的标高放样中考虑温度的影响，使箱梁施工的标高更接近监控计算标高；此外还有可能在各种温度下观测的箱梁挠度中，剔除温度影响的部分，从而使观测的挠度真正反映工况变化所引起的挠度，为此在某桥施工的间隙，进行温度变化对长悬臂箱梁标高影响规律的观测实验。在观测实验中，为使观测结果真实地反映温度的影响，停止该墩悬臂箱梁上所有的施工作业，在观测的同时记录观测的时间、空气温度、混凝土表面温度和箱内温度，连续观测 24 小时，每小时观测一次，监测点分别布设在某桥悬臂箱梁的 24、26、28 和 30 号块上，这些箱梁的悬臂长度分别为 99m、109m、119m 和 129m。实验数据统计在表 11-8 中。

表 11-8　　　　　　长悬臂箱梁时间-温度-挠度关系观测实验数据统计表

观测周期		1		2		3		4		5	
观测时间		15：50		16：50		17：50		18：50		21：00	
空气温度		26.3℃		24.9℃		23.9℃		22.6℃		21.7℃	
箱内温度		21.7℃		21.8℃		21.9℃		22.7℃		22.7℃	
表面温度		21.7℃		22.2℃		22.3℃		22.5℃		22.5℃	
挠　度		本挠	累挠	本挠	累挠	本挠	累挠	本挠	累挠	本挠	累挠
块号	24	0.00	0.00	0.30	0.30	1.74	2.04	2.52	4.56	4.66	9.22
	26	0.00	0.00	1.05	1.05	2.38	3.43	3.00	6.43	6.30	12.73
	28	0.00	0.00	1.33	1.33	3.02	4.35	4.10	8.45	7.98	16.43
	30	0.00	0.00	1.72	1.72	3.81	5.53	5.30	10.83	9.91	20.74

观测周期		6		7		8		9		10	
观测时间		23：20		2：25		5：30		7：30		8：30	
空气温度		21.3℃		20.6℃		20.0℃		21.3℃		23.5℃	
箱内温度		22.6℃		22.4℃		22.5℃		21.9℃		21.9℃	
表面温度		22.4℃		22.4℃		22.4℃		21.7℃		21.8℃	
挠　度		本挠	累挠	本挠	累挠	本挠	累挠	本挠	累挠	本挠	累挠
块号	24	4.50	13.72	6.16	19.88	1.74	21.62	−0.75	20.87	−1.72	19.15
	26	5.70	18.43	7.88	26.31	2.50	28.81	−1.06	27.75	−2.18	25.57
	28	7.00	23.43	9.00	32.43	4.18	36.61	−1.19	35.42	−2.71	32.71
	30	8.72	29.46	11.32	40.78	5.26	46.04	−1.30	44.74	−3.48	41.26

观测周期		11		12		13		14		15	
观测时间		9：30		10：30		12：00		13：30		15：00	
空气温度		24.4℃		27.5℃		28.4℃		30.0℃		29.4℃	
箱内温度		22.0℃		21.8℃		21.8℃		21.8℃		21.8℃	
表面温度		21.8℃		21.8℃		21.8℃		21.8℃		21.8℃	
挠　　度		本挠	累挠	本挠	累挠	本挠	累挠	本挠	累挠	本挠	累挠
块号	24	−4.25	14.60	−6.83	7.77	−3.53	4.24	−5.50	−1.26	−2.88	−4.14
	26	−5.68	19.89	−8.78	11.11	−5.10	6.01	−7.10	−1.09	−3.23	−4.32
	28	−6.79	25.92	−10.21	15.71	−7.17	8.54	−8.95	−0.41	−3.74	−4.15
	30	−8.07	33.19	−12.41	20.78	−9.63	11.15	−11.02	0.13	−4.62	−4.75

注：上表中的"本挠"表示本次挠度，"累挠"表示累计挠度，挠度的单位为 mm。

从表 11-8 中的观测实验数据，可以分析长悬臂箱梁时间-温度-挠度间变化的规律，总结为以下几条：

(1)从当天下午 3：50 开始观测，到第二天凌晨 5：30，空气温度一直在下降，共下降了 6.3℃，该时段箱梁一直在产生向上的挠度变形，对 24、26、28 和 30 号块上的监测点，产生向上的累计挠度分别为 21.6mm、28.8mm、36.6mm 和 46.0mm。

(2)清晨 5：30 到 7：30 的两个小时中，温度上升了 1.3℃，箱梁挠度最大变化仅为 1.3mm，说明各工况的挠度观测，若安排在此时间段内观测，则观测结果受温度变化的影响最小。

(3)上午 7：30 到下午 3：00，温度一直在上升，共上升了 8.1℃，该时段箱梁一直在产生向下的挠度变形，对 24、26、28 和 30 号块上的监测点，产生向下的累计挠度分别为 25.8mm、33.1mm、40.8mm 和 50.8mm。

(4)悬臂愈长，温度变化对箱梁挠度的影响愈大，不论是向上的挠度，还是向下的挠度，不论是本次挠度，还是累计挠度，都具有这样的变化规律。

(5)从晚上 9：00 到第二天凌晨 2：25，温度只下降了 1.1℃，而这四块箱梁产生向上的挠度变形分别为 15.3mm、19.9mm、24.0mm 和 30.0mm，分别占上挠总挠度的 71%、69%、66% 和 65%，说明随着温度变化，箱梁挠度变形并不是马上发生，箱梁挠度随温度的变化，具有滞后的现象，对混凝土箱梁，这种滞后的时间长一些，而对钢箱梁，这种滞后的时间相对要短一些。

11.6.3　克服温度影响的对策

对策之一：采用固定时间观测法进行挂篮立模标高放样。

通过上面的时间-温度-挠度关系观测实验数据(见表 11-8)，已经清楚地看到，在清晨 5：30 至 7：30 这个时间段里，空气温度变化最小，在这一时间段里进行挂篮立模标高放样，温度变化对立模标高的影响可忽略不计。这一克服温度变化对长悬臂箱梁标高影响的对策，又称为固定时间观测法，已经在很多大跨度悬浇法施工的桥梁施工中得到广泛应用，并已取得较好的效果。但这一方法由于必须固定标高放样时间，在工期较紧的桥梁施工中，对缩短施工工期不利。

对策之二：采用相对标高法进行挂篮立模标高的放样。

设前后两块箱梁的梁底监控计算标高分别为 H_1 和 H_2，而且这两块箱梁梁底的监控计算的高差为 Δh_{12}，则有：

$$\Delta h_{12} = H_2 - H_1 \tag{11-10}$$

若前一块箱梁是按照监控计算的立模标高进行放样和施工，在某一时刻，欲放样后一块箱梁的立模标高，设此时温度变化对前一块和后一块箱梁的标高影响量分别为 ΔH_1 和 ΔH_2，而且此时实测的前一块箱梁的梁底标高为 H_1'，则 H_1' 中含有此时温度变化对这一块箱梁标高的影响量 ΔH_1，即有：

$$H_1' = H_1 + \Delta H_1 \tag{11-11}$$

此时，后一块箱梁的梁底放样标高 H_2' 可按下式计算：

$$H_2' = H_1' + \Delta h_{12} - \Delta H_2 \tag{11-12}$$

把式（11-10）和式（11-11）式带入（11-12）式，则有：

$$H_2' = H_1 + \Delta H_1 + H_2 - H_1 - \Delta H_2 = H_2 + \Delta H_1 - \Delta H_2 \tag{11-13}$$

若有 $\Delta H_1 = \Delta H_2$，代入上式则得 $H_2' = H_2$，可见这样得到的 H_2' 中，已经不含温度变化对后一块箱梁标高的影响部分 ΔH_2。

由于长悬臂中各块箱梁的长度一般不超过 5m，因此在同一时刻，温度变化对前一块箱梁（已浇筑混凝土）标高的影响量 ΔH_1，和对后一块箱梁（待放样立模标高）标高的影响量 ΔH_2，应该近似相等，两者的互差一般不超过 2mm，这可从表 11-8 中的"时间-温度-挠度关系观测实验数据"中得到验证。在表 11-8 中的各个时段，温度变化对 28 号块和对 30 号块的标高的影响量相差最大不超过 3mm，而这两者之间还夹着一个 29 号块，由此可见，在 2mm 的误差范围内，若有 $\Delta H_1 = \Delta H_2$，而 2mm 的误差对挂篮立模标高而言，可以忽略不计。

根据上面的分析，如果前一块箱梁是按照监控计算的立模标高进行放样和施工，挂篮移篮后，在进行后一块待施工箱梁的立模标高放样时，可先实测前一块箱梁的梁底标高 H_1'，再根据这两块箱梁的梁底监控计算的高差 Δh_{12}，按上面的（11-12）式计算待施工箱梁在这一时刻的放样标高 H_2'，并根据这一放样标高进行待施工箱梁挂篮立模标高的放样，这样得到的待施工箱梁的立模标高中，已经有效地消除了温度变化对长悬臂箱梁立模标高的影响，这一方法称之为克服温度变化对长悬臂箱梁标高影响的相对标高放样法。这种方法的最大优点是不仅能消除温度变化对标高的影响，而且可以实现在需要的时候随时都可以进行立模标高的放样。在崖门大桥斜拉桥悬臂箱梁的立模标高放样中，创立并采用了这一方法。最终崖门大桥斜拉桥毫米级的合拢精度、较好的主梁线形和较短的工期完成主梁施工，证明了这一方法的有效性。

综上所述，可以得到以下主要结论：

（1）温度变化对悬浇法悬臂箱梁标高的影响显著，在大跨度桥梁的悬浇法施工监控中，应采取有效的方法克服其影响。

（2）通过时间-温度-挠度关系观测实验，获得了温度变化对悬浇法长悬臂箱梁标高影

290

响的量的关系，即影响量与温度变化量成正比，随悬臂长度的增加而增加，在时间上具有滞后的特点。

（3）固定时间观测法和相对标高放样法，可有效地削减温度变化对悬浇法悬臂箱梁标高的影响，后者由于其放样时间的随意性，更切合实际情况。

（4）本节所获得的结论是在分析大量观测数据的基础上总结得到的，方法正确，理论合理，在多座大跨度桥梁悬浇法施工中得到应用。

◎ 本章重点和难点

重点：桥梁施工控制网必须达到的精度分析，悬索桥基准索股的垂度测量，施工中索塔变形监测，连续刚构桥悬臂箱梁的挠度测量，长悬臂箱梁在施工期间温度变化对箱梁标高的影响。

难点：悬索桥索塔在施工期的变形监测，连续刚构桥悬臂箱梁的挠度测量和温度影响分析。

◎ 思考题

（1）确定桥梁施工控制网精度的常用方法有哪些？

（2）建立桥梁施工平面控制网的要点是什么？

（3）什么叫悬臂浇筑法？

（4）大跨度连续刚构桥箱梁挠度变形具有什么规律？

（5）悬索桥主缆架设中的垂度测量包含哪些内容？

（6）悬索桥主缆垂度测量应注意的事项有哪些？

（7）悬索桥的索塔变形监测包括哪些监测项目？

（8）连续刚构桥悬臂箱梁施工中，监测悬臂箱梁挠度变形的意义何在？

（9）悬臂箱梁的挠度变形监测包括哪些内容？

（10）温度变化对长悬臂箱梁标高有什么危害？

（11）克服温度变化对长悬臂箱梁标高影响的对策有哪些？

（12）何谓固定时间观测法？

第12章　水利和港口工程测量

本章对水利工程和港口工程测量工作进行了概述性的介绍，讲述了大型水利工程的控制测量、几种施工和安装测量，对大坝安全监测做了较详细的介绍；港口工程方面则对桩基定位测量和几种施工测量做了扼要讲述。

12.1　水利工程测量概述

对自然界的地表水和地下水进行控制、治理、调配、保护，开发利用，以达到除害兴利的目的而修建的工程称水利工程，它是防洪、除涝、灌溉、发电、航运、供水、调水、养殖、旅游、水资源保护、围垦、水土保持工程（包括新建、扩建、改建、加固、修复）及其配套和附属工程的统称。水利工程需要修建坝、堤、溢洪道、水闸、进水口、渠道、倒虹管、渡漕、筏道、鱼道等不同类型的水工建筑物。在大江及主要支流上修建的具有防洪、灌溉、发电和航运这四种主要功能中两种以上功能的水利工程称为水利枢纽工程。

修建大型水利工程需要综合考虑多方面的因素，要求河流的流量大，落差大，地质条件好。像世界上第二大河流南美的亚马逊河和世界上第四大河流美国的密西西比河就不具备这些条件。我国是世界上水利资源最丰富的国家，其中长江、黄河水系最具代表性。

长江全长6380km，是世界上第三大河流，在干流和主要支流上就建成有20多个大型水电站，如二滩电站、龚嘴电站、乌江渡电站、隔河岩电站、水布垭电站、丹江口电站、五强溪电站、葛洲坝电站等大型电站，以及正在建设中的装机容量都在800万千瓦以上的向家坝电站、溪洛渡电站、白鹤滩电站、乌东德电站和锦屏电站等巨型电站。长江三峡水利枢纽是世界上规模最大的水利工程，在防洪、发电、航运和南水北调四大方面有巨大经济效益，在水产养鱼、旅游方面也极具潜力。在防洪上，对中下游9000多万亩农田和重庆、武汉、南京、上海、宜昌、九江等大中城市起着重要保护作用，将防洪标准从十年一遇提高到了百年一遇。三峡电厂的装机容量为32台每台70万千瓦共计2240万千瓦，2012年的发电量达981亿千瓦时。在航运方面，从四川宜宾到入海口2800km的水道可通行千吨到万吨级船队，货运量可占全国内河货运总量的80%，航运成本可降低37%。南水北调可将三峡水库调节的水先调到丹江口水库，再从太行山东侧调到北京、天津等城市，解决北方缺水问题。三峡工程的主体建筑物主要有挡水大坝及泄水建筑物、水力发电厂、永久船闸、升船机、茅坪溪防护大坝、排水工程和冲沙孔等。

黄河干流全长5464km，水面落差4480m，流域总面积79.5万平方公里，是世界上第五大河流，流经的大中城市有兰州、银川、郑州、开封和济南等，干流上的大型水电站和水利枢纽工程有：三门峡、三盛公、碛口、青铜峡、刘家峡、盐锅峡、天桥、八盘峡、龙羊峡、大峡、李峡、万家寨以及小浪底等。

国外的大型水利工程如世界第一大河流尼罗河上埃及的阿斯旺水利枢纽工程于 1961 年开工，1970 年竣工，具有灌溉、水力发电和防洪等作用。为黏土心墙堆石坝，坝高 111m，在粘土心墙内布置有灌浆和宽 3.5m、高 5m 的钢筋混凝土廊道。电站装机容量为 210 万千瓦，与葛洲坝电站差不多。

修建水利工程都离不开测量。在规划设计阶段，除了需要在 1∶10000 到 1∶50000 地形图上作规划设计外，还需要进行流域基本控制测量、建设征地和移民工程测量、堤防工程测量、岸线利用规划测量、水域测量、地质勘察测量，在水库淹没影响区、枢纽工程建设区和移民安置区，为可行性研究和初步设计提供 1∶2000 到 1∶5000 的地形图和土地利用现状图；在技术施工设计阶段要做的测量更多，主要包括地形图测绘和建设工程所进行的平面和高程控制测量，建立和维护高精度的施工测量控制网，为设计测绘陆地和水下各种大比例尺地形图，进行输水线路测量、输电线路测量、道路测量、各种施工测量、设备安装测量以及变形监测；在运营管理阶段，要建立和维护高精度的变形监测网，进行大坝内部和外部变形监测、边坡和库岸稳定性监测和区域地表沉降监测等。本章主要针对大型水利工程中独具特色的典型测量工作和技术进行简要介绍。

12.2 大型水利工程的施工测量

12.2.1 施工控制测量

1. 平面控制测量

大型水利工程的施工平面控制网一般按两级布设，称首级施工平面控制网或施工控制基本网(简称基本网)和二级施工控制网(或称定线网)。基本网的精度要求较高，控制范围较大，要在大坝工程的上下游沿河两岸布设，顶空障碍较大，同一岸两相邻地面点之间的通视条件较差，所以网的选点、布设相当困难，常常要进行大量的砍伐。在我国，已有的大型水利工程的施工平面控制网很少采用 GNSS 网，传统上都布设成边角全测的三角形网，且由三角形、大地四边形构成图形非常强的网型，施工控制点一般要建造混凝土观测墩，并在墩顶埋设强制对中设备。从理论上讲，基本网也可单独采用 GNSS 技术布设，如果受顶空障碍的影响，最好是采用地面边角网和 GPS 联合布设的方案。首级施工平面控制网的一些网点也可以作为变形监测网的点。

图 12-1 所示为某大型水利枢纽工程的施工控制网网图，全网共有 26 个点，为地面三角形全边角网，采用高精度智能型全站仪 TCA 2003 观测，最长边 760m，最短边仅十多米，多余观测值总数达 131，平均多余观测值数为 0.70，可靠性极高；该网的设计也较复杂，考虑到了施工期间的通视经常受干扰，尽可能多地利用施工控制网点来进行检查和放样，以保证放样的精度和可靠性。

本书第 4 章图 4-6 所示的某大型水利枢纽工程的施工控制网也极具特色，可参见 4.7.3 节。

定线网根据工程细部放样的要求建立，定线网有矩形网、三角网和导线网等形式，但一般仍以边角全测的三角形网为宜，或挂靠在基本网的一点一方向上，或在两个(或以上)基本网点上发展。有时定线网的精度比基本网还高。基本网点布设在便于长期保存、

图 12-1 某水利工程首级平面施工控制网

不受施工影响的地方；定线网点则宜离建筑物较近，便于放样和保存。

2. 高程控制测量

高程控制网采用水准测量方法建立，一般也分两级。首级水准网应与最近的国家水准点联测，按一、二等水准要求布设成闭合网或附合网。二级水准网宜按三、四等精度布设。首级水准网点要求永久性保存，应埋设在基岩上或埋设钢管标志，既是施工放样也是变形监测的高程基准。二级水准网点的布设应便于高程放样作业和施工，也应布设成闭合或附合水准路线。

3. 专用控制网

在大型水利工程的施工和运行阶段，还有按专用控制网建立的控制测量，等级和精度从高到低，边长从短到长，分专一级、专二级、专三级和专四级控制网。专一级、专二级多为变形监测网，平均边长分别为 500m 和 1000m 左右，专三级、专四级多为施工控制网，平均边长分别为 1200m 和 1500m 左右，主要采用地面精密边角测量技术和卫星定位测量技术建立。在大型抽水蓄能电站中，由于高差大，需要采用特殊方法来化算平距，或者直接建立高精度三维网。

12.2.2 施工测量和放样

1. 大坝轴线测设

大坝轴线指大坝坝顶纵向的中心线，对于直线型大坝，是一条直线，对于拱坝，则是一条规则的曲线。大坝轴线是水利工程设计和施工的依据，也是大坝变形监测的基准。坝轴线的位置由地形、地质、水文以及其他许多因素确定。坝轴线位置确定的精度并不要求很高，一般先在图上定出大坝的两端端点，用图解方法量算其坐标，再根据附近的控制网点坐标反算出放样数据，将两端点在实地放样(标定)出来，要埋设永久性的固定标石标志。与施工控制网、变形监测网联测，得到坝轴线端点的精确坐标。坝轴线一经确定，就不能再轻易更改。为了防止施工破坏，须在坝轴线延长线两端各埋设 1~2 个固定点。

2. 工程方量和浇筑混凝土测量

包括开挖土石方量、填筑土石方量及混凝土浇灌方量的测量和计算。采用地形图测绘、断面测绘、轮廓点放样、验收测量等方法进行。轮廓点放样主要采用自由设站法、极坐标法和 GPS-RTK(GPS 实时动态定位)等方法。

混凝土大坝的施工常采用分块、分段、分层浇筑混凝土的方法。大坝施工前，应把坝体分块控制线和分段控制线测设出来。分块控制线与坝轴线平行，一般是温度缝，分段控制线垂直于坝轴线，一般为施工缝，它们的交点坐标是已知的。在基坑开挖竣工验收后，应放样出分段、分块控制线，以便立模浇筑混凝土。放样时应以坝轴线端点为基准安置仪器，分块控制线要延长到两侧山坡，并埋桩标定；分段控制线要延长到上、下游围堰，并在其上并埋桩标定。坝体中间部分分块立模时，系根据分块控制桩和分段控制桩，直接在基础面或已浇筑好的坝块面上放样弹线。由于模板是架在分块线上的，立模后分块线将被覆盖，所以分块线弹好以后，还要在分块线内侧弹出平行线(称为立模线)，用以检查、校正模板的位置，立模线与分块线距离一般为 0.2~0.5m。对于直立模板，还应检查垂直度。检查的方法是在模板顶部的两头，各垂直量取一段 0.2m 的长度，挂上锤球，待锤球稳定后，看下端是否通过立模线，通过校正模板，直至两端锤球尖端通过立模线为止。为了控制浇筑混凝土的标高，要将高程传递到坝块面上，在模板两端内侧放样出混凝土层的高度，弹出水平线，即为浇筑的标高线。四周模板都画好标高线之后，就可以浇筑这一块混凝土了。

3. 水工隧洞施工测量

水工隧洞按其作用可分为：引水发电隧洞、输水隧洞、泄洪隧洞、导流隧洞等，又分有压隧洞和无压隧洞。其中，精度要求较高的是发电隧洞，其次是输水隧洞。有压隧洞的测量精度一般比无压隧洞的精度要求高。

水工隧洞施工测量主要包括：洞外控制测量、洞内控制测量、联系测量、隧洞中心线放样、开挖断面和衬砌断面放样等，与铁路隧道、公路隧道、地铁隧道和矿山巷道测量相似，在此略去。

4. 水电站厂房施工测量

厂房施工测量主要包括：基础开挖测量、厂房施工控制网测量和厂房放样等。厂房基础开挖测量的精度要求不高，放样较简单，通常采用全站仪极坐标法直接放样出开挖边界，利用厂房中心线设置平行轴线放样厂房两侧边墙，高程放样一般采用悬吊钢尺法。厂房内吊车梁及轨道安装，其精度要求较高，一般用激光全站仪设置平行轴线，用精密量距法对轨道中心间距进行调整和检核。厂房控制网一般根据实际情况布设成矩形方格网，主轴线根据首级施工控制网测设、调整。在建立厂房控制网时，其点位精度和点位分布应考虑水轮发电机组的安装测量。图 12-2 所示为三峡工程地下发电厂房布置图。

12.2.3 设备安装测量

在水电工程中，闸门、压力管道、水轮发电机组和升船机都是金属构件设备，有吊装、现场组装和部件安装等工序，水电工程中的金属结构安装测量是施工测量的重要内容。安装测量的精度要求较高，需建立独立的安装控制网，与施工测量控制网须保持联系，如坐标系和轴线关系应保持一致。

1. 闸门安装测量

不同类型的闸门，其安装测量的内容和方法略有差异，但一般都是以建筑物轴线为依

图 12-2 三峡工程地下发电厂房布置图

据进行，主要步骤如下：

（1）测定底枢中心点。为确保中心点与一期混凝土的相对关系，根据底枢中心点的设计坐标用土建施工控制点放样，检查两点连线是否与中心线垂直平分，根据实际情况调整。

（2）顶枢中心点的投影。采用经纬仪交会或精密投点仪进行投影，采用吊锤球的方法检核。

（3）高程放样。应保证两个蘑菇头的相对高差，绝对高程需与一期混凝土保持一致。在安装过程中，两蘑菇头的高程放样必须用同一个基准点。

2. 水轮发电机组安装测量

由于各水轮发电机组均处于发电系统中，为了保证系统正常运转，它们之间的相对位置精度要求较高，应建立高精度的放样基准。

我国水电站主要采用混流式水轮发电机，且多为立式布置，按施工顺序分，安装放样主要有：吸出管安装放样、座环安装放样、蜗壳安装放样等。

吸出管安装放样一般利用机组纵轴线和机组中心线建立轴线坐标系进行，即在蜗壳底板混凝土上，根据机组中心线和机组轴线建立直角坐标控制点；因为座环的上水平面高出吸出管口，为方便座环安装放样，需将上述控制点抬高，一般是在原控制点上搭建测量台架，将控制点投影到台架顶面；蜗壳安装放样也是直接利用纵横轴线控制点。吸出管、座环和蜗壳的高程一般用水准测量放样。每项安装完成后，都应进行检查验收测量。

在水轮发电机安装中，应用的测量仪器工具有：全站仪、水准仪、平尺、卡尺、千分表等。大型水轮发电机组的安装需要制作求心器、中心架、测圆架等专用工具，主要包括平直度、标高、水平、半径、圆度、同心度、垂直度以及发电机转子空间姿态测量等，与高精度测量仪器如测量机器人、激光跟踪仪及三维工业测量系统等配合使用，从人工操作、接触测量到自动化和无接触测量，完成安装、调校和检测所要求的各项测量工作。

3. 压力管道安装测量

水电站的压力管道一般都是倾斜管道，在结构上分为水平段、弯段和斜段。压力管道钢管的安装放样随施工进程分两步进行，即先放样承重支墩，在支墩上铺设输送钢管的导

296

轨，然后进行钢管的安装放样。

支墩放样要根据管道的设计中心线和墩距计算各支墩中心点的坐标，一般用全站仪放样。为保证中心线的几何形状，在放样结束后，应检查和调整它们的相对位置关系。由于压力管道的总高差较大，各项放样和测量数据应投影到合适的平面上。

压力管道钢管的放样点一般以 3 个测点为一组，即钢管底板中心点和左右腰线高程点。每节钢管由导轨输入管道，根据测点，安装就位，然后节节拼焊成整体。钢管就位时，以中腰线为转轴，按设计倾角旋转，致使管口平面倾斜，所以，3 个测点不在同一竖直面内，而是在一倾斜面内。腰线高程点的放样一般根据管道里程和倾斜角，采用水准测量的方法进行。

12.3 大坝安全监测

大型水利工程的安全监测非常重要，关系到工程效益的发挥和下游千百万人民的生命财产安全，大坝是水利枢纽工程中的主要水工建筑物，世界上大坝失事的例子很多，如法国的马尔巴塞大坝(Malpasset)、美国的提堂大坝(Teton)、意大利的瓦依昂拱坝(Vaiont)以及我国的板桥大坝、石漫滩大坝和沟后大坝等的失事都造成了严重灾难。因此，大坝的安全监测是重中之重。

大坝可分为混凝土坝和土石坝两大类。混凝土坝又分为重力坝、拱坝和支墩坝三种。重力坝系依靠坝体自重及其与基础间的摩擦力来承受水的推力和维持稳定，它结构简单，施工容易，耐久性好，适宜在岩基上建造高坝，便于布设泄水建筑物。重力坝体积大，水泥用量多，材料强度未能充分利用。拱坝为空间壳体结构，平面上呈拱形，凸向上游，利用拱的作用将所承受的水平载荷变为轴向压力传至两岸基岩，两岸拱座支撑坝体，保持坝体稳定，具有较高的超载能力。拱坝对地基和两岸岩石要求较高，施工难度较大。支墩坝由倾斜的盖面和支墩组成。支墩支撑着盖面，水压力由盖面传给支墩，再由支墩传给地基，是较经济的坝型之一，与重力坝相比，具有体积小、造价低、适应地基的能力较强等优点。土石坝包括土坝、堆石坝、土石混合坝等，统称为当地材料坝。具有就地取材、节约水泥、对坝址地基条件要求较低等优点，一般由坝体、防渗体、排水体、护坡等部分组成。

对于不同类型的大坝，其监测内容和方法都不尽相同，但总体上可分为内部变形监测和外部变形监测两个方面，下面予以介绍。这部分内容应结合本书第 7 章即工程建筑物的变形监测进行学习。

12.3.1 大坝外部变形监测

用大地测量方法对大坝外部及周边所进行的监测工作称为大坝外部变形监测，包括大坝水平位移、沉降、倾斜、裂缝和两岸高边坡稳定性监测等。监测分经常性的现场巡视检查和周期性的仪器监测，有特殊需要时需做持续动态监测。巡视检查应根据工程的等级、施工进度、荷载情况等决定。如施工期，可每周 2 次，正常运营期，可减少到每月 1 次。在工程进度加快或荷载变化很大时，应加强巡视检查；在暴雨、巨风、洪水和地震等特殊情况下，应及时进行巡视检查。

仪器监测的要点如下：大坝水平位移可根据变形监测网的周期观测资料获得；也可采用基准线法(视准线法、引张线法、激光准直法)获取在垂直于坝轴线方向的位移量；土坝、堆石坝、土石混合坝等坝的坝顶和外坡的水平位移，以及高边坡稳定性监测，可以采用GPS技术作持续动态监测，或用测量机器人进行周期性的自动化监测。变形监测网的设计、观测方案制定，监测点的布设、精度确定和数据处理等，可参见本书第7章。大坝沉降观测主要采用精密水准测量方法进行周期观测，也可采用精密测距三角高程测量方法。大坝的倾斜观测和扰度观测可采用正倒锤法。

12.3.2 大坝内部变形监测

在大坝内部所进行的各种变形监测，以及与变形有关的环境量监测称为大坝内部变形监测。大坝内部变形监测是许多大坝日常性的监测工作，由专人进行。大坝内部变形监测分人工观测和自动化观测两大部分，大多数大型水利工程，大坝内部都分层分段设计有监测廊道和井孔，埋设有各种变形监测设备，依靠传感器技术、通信技术和计算机技术等，大都实现了变形监测自动化。大坝内部变形监测项目主要包括：水平位移监测，沉降监测，扰度监测，渗流、渗压监测，地下水位监测，应力、应变监测和温度监测等。

位移监测包括分层水平位移、分层沉降监测和界面位移监测。分层水平位移监测和分层沉降监测一般以监测断面形式布置，监测断面布置在最大横断面和特征断面上，每个监测断面上布设1~3条监测垂线，其中一条布设在坝轴线附近。监测垂线上测点的间距，根据大坝高度、结构、材料及施工等确定。一条监测垂线上的分层沉降测点有3~15个，最下一个测点在基础表面上，以监测基础的沉降量。分层水平位移监测仪器有测斜仪、引张线位移计和正倒锤等。分层沉降监测仪器有电磁式、干簧管式、水管式和横臂式沉降仪以及液体静力水准仪等；界面位移可采用振弦式位移计、电位器式位移计进行监测。

大坝在水压力的作用下，横截面形心在坝轴线垂直方向的位移称为挠度，挠度监测本质上也是一种位移监测。在不同坝高监测的扰度所连成的曲线称挠度曲线。挠度的观测方法是测定大坝在铅垂面内各不同高程点相对于底部横截面形心的水平位移。大坝内部设计有竖直通道，挠度观测多采用垂线观测，即在顶部附近悬挂一根不锈钢丝，下挂重锤，直到大坝底部，形成铅垂线(称为正锤法)；在大坝底部下的基岩上固定一根不锈钢丝，上用浮箱和重锤拉紧，直到大坝顶部，形成铅垂基准线(称为倒锤法)。沿着铅垂基准线在不同高程的坝体上设置监测点，用坐标仪或传感器可测出各监测点相对于垂线底部监测点的位移，对于正锤法，因铅垂线在变动，需设夹线装置，对于倒锤法，铅垂基准线可视为不变，可直接得到扰度曲线。比较不同周期的观测成果，可得到大坝的挠度变化(参见图12-3)。

渗透压力一般采用专门的渗压计进行观测。渗流、渗压监测主要包括渗流量监测、渗透压力监测、扬压力监测和水质监测等。渗流量监测可采用人工量杯观测和量水堰观测法，量水堰有三角堰和矩形堰两种形式，前者适用于小渗流量，矩形堰适用于渗流量较大的场合。

地下水位监测通常采用水位观测井或水位观测孔进行，在需要观测的位置打井或埋设专门的水位监测管，测量井口或孔口到水面的距离，然后换算成水面的高程，通过水面高程的变化分析地下水位的变化情况。

图 12-3　正倒垂法监测大坝挠度

应力、应变监测包括混凝土应力应变监测、锚杆(锚索)应力监测、钢筋应力监测和钢板应力监测等，一般采用专门的应力计和应变计进行，为了使应力应变监测成果不受环境变化的影响，在测量应力应变时，应同时测量监测点的温度。

温度监测在于了解坝体内部的温度状况，以达到监控温度荷载的目的。一般采用预埋温度传感器的方式，即在设计的监测断面上，按一定的间距埋设温度传感器，常用的温度传感器有电阻式温度计和光纤温度传感器。

环境量监测包括气温、气压、降水量、风力、风向、库水位、地下水位、库水温度、冰压力、坝前淤积和下游冲刷等。气温、气压、降水量、风力、风向等通常采用自动气象站来实现，即在大坝附近设立专门的气象观测站，水位、水温由专门设立的水文站得到、需要时还设立地震监测站。

大坝内部变形监测自动化分三种形式：一种是数据采集自动化，称"前自动化"；一种是数据处理自动化，称"后自动化"；一种是在线数据自动采集和离线数据自动处理，称"全自动化"。

大坝内部变形自动化监测系统也分三种：集中式监测系统、分布式监测系统和混合式监测系统。集中式系统是将各种传感器通过集线箱连接到采集器端进行集中观测，不同类型的传感器用不同的采集器控制，由一条总线连接，形成一个独立的子系统。系统有几种传感器，就有几个子系统，所有采集器都集中在主机附近，由主机存储和管理各个采集器数据。采集器通过集线箱选点。这种监测系统的高技术部件均集中在机房，工作环境好，便于管理，系统重复部件少，相对投资也较少。但系统传输的是模拟量，电缆用量大，易受外界干扰，风险集中，可靠性不高，维护不便。分布式数据采集系统由计算机、测控单元和传感器组成，各种传感器通过通信介质(屏蔽电缆)接入测控单元，测控单元按采集程序将监测数据转换、存储发送到计算机处理。测控单元也接收计算机的指令，将本身和传感器的工作状况发送给计算机，系统操作员据以分析判断，及时排除系统中的故障。因系统中的数据传输多为数字信号，在精度、速度、可靠性和可扩展性上较集中式系统有显著提高。混合式是介于集中式和分布式之间的一种采集方式，它具有分布式的外型，而采用集中方式进行采集，设置在传感器附近的遥控转换箱可将模拟信号汇集于一条总线之中，传到监控室进行集中测量和 A/D 转换，然后将数字信号送入计算机。

12.4　港口工程测量

12.4.1　概述

具有水陆联运条件和设备并能供船舶安全进出和停泊的运输枢纽称为港口。港口是水陆交通的集结点，产品物资的集散地，船舶停泊、装卸货物、上下旅客、补充给养的场所，是联系内陆腹地和海洋运输的界面。按所处位置分，有河口港、海港和河港，按用途分，有商港、军港、渔港和避风港等。河口港位于河流入海口或受潮汐影响的河口段内，可兼为海船和河船服务，一般有大城市作依托。海港位于海岸、海湾或泻湖内，也有离开海岸建在深水海面上的。河港位于天然河流或人工运河上包括湖泊港和水库港。

港口由水域和陆域组成。港口水域主要包括码头前水域(港池)、进出港航道、船舶转头水域、锚泊地以及助航标志等几部分。码头前水域是码头前供船舶靠离和装卸作业的水域，要求风浪小，水流稳定，具有一定的水深和宽度，能满足船舶靠离装卸作业的要求。分开敞式、封闭式和挖入式三种港池。进出港航道是船舶进出港区水域并与主航道连接的通道。船舶转头水域又称回旋水域，是船舶在靠离码头和进出港口需要转头或改换航向时而专设的水域，其大小与船舶尺度、转头方式、水流和风速风向有关。锚泊地是专供船舶在水上停泊及进行各种作业的水域，有停泊锚地、避风锚地、装卸锚地、引水锚地和检疫锚地等。陆域指供货物装卸、堆存、转运和旅客集散之用的陆地面积。陆域上有进港陆上通道(铁路、道路、运输管道等)、码头前方装卸作业区和港口后方区。

我国海岸线总达 33200km，现有沿海港口 150 余个。沿海港口作为国民经济和社会发展的重要基础设施，有力地支撑了经济、社会和贸易发展对于国家综合实力的提升、综合运输网的完善等具有十分重要的作用。为适应经济社会跨越式发展需要，完善港口布局，协调地区、城市间的港口发展，加快港口建设和提高港口资源利用率，近年来，我国港口高速发展，特别是沿海港口规划的工作，在完成环渤海、长江三角洲、珠江三角洲三大港群建设规划后，又开展了全国沿海港口布局规划、沿海各省市港口发展规划和沿海各港总体规划，初步形成了较为完整的港口规划体系，为我国沿海港口科学合理发展奠定了基础。

港口工程指兴建、扩建或改建港口港口所需的各项工程设施和技术，包括港址选择、工程规划设计及各项设施的修建。港口工程水工建筑物主要包括：防波堤、码头、装卸设备、系船浮筒、修船和造船水工建筑物、进出港船舶的导航设施(航标、灯塔等)和港区护岸等。港口工程测量是为港口规划、建设和运营所进行的测量。

12.4.2　港口地形和控制测量

在规划阶段测绘要为港址选择和港口总平面布置服务。港址选择是港口规划的重要步骤，与港口密切相关的经济腹地范围、交通、矿产、货运量等因素是确定港址的重要依据，对有条件建港的位置，需要在港口勘测、滨海水文、地质、地貌和气象等方面进行深入调查和比选。港口勘测需要提供港口水域、陆域的 1∶500 到 1∶5000 的数字地形图和平面、高程控制点资料。因此，水下地形测绘是港口工程测量的一个重要内容。不仅在规划阶段，港口总平面布置就是以测绘资料为基础完成的，它是将港口水域、陆域的各部分和工程设施进行合理的平面布置，使各装卸作业和运输作业系统、生产建筑和辅助建筑系统等相互配合和协调，以提高港口的综合通过能力，降低运输成本。在施工和运营阶段，也要对港口地区的水下地形进行定期测绘。水下地形测绘一般采用多波束测深系统进行，可实现定位、测深和成图的一体化，可参见本书第 5 章。

内河港口工程一般呈狭长条带形状布置，所占面积较小，港口工程的平面控制网(测图控制网、施工控制网和变形监测网)可在同一坐标系和基准下采用地面边角测量或 GPS 技术建立，测图控制网最先建立，施工控制网和变形监测网可挂靠在测图控制网上。网的精度应根据工程规模、网的用途、设计需要、施工方法等因素决定。高程控制网一般采用几何水准、测距三角高程方法建立。

在首级施工控制网基础上，可能会建立二级施工控制网，有时二级网精度要比首级网的精度还要高。考虑港口工程施工的特殊性，常以施工基线的形式作为施工放样的依据。施工基线常见的布置形式有：两条互相垂直的基线、倾斜基线和两条任意夹角的基线，如图 12-4 所示。

图 12-4　基线的布设

12.4.3　桩基定位与施工测量

1. 桩基定位测量

由设置于岩土中的桩和与桩顶联结的承台共同组成的基础称为桩基。组织实施桩基施工的过程叫桩基工程。它具有承载力高、沉降量小且较均匀的特点，在港口工程中应用很普遍。按基础的受力原理可分为摩擦桩和承载桩。按施工方法可分为预制桩和灌注桩。按桩的打入方式可分为直桩和斜桩。深水桩基础施工是港口工程建造的重要环节，须先搭建水上施工平台，保证水上施工平台在建造过程中以及建成后营运的安全。

桩基定位是港口工程施工测量中的重要内容。桩的定位精度直接影响着工程的质量。直桩的计算和放样较简单，直桩中心线的平面位置不变，因此，竖直角的改变不会影响平面定位结果，桩的定位精度主要受交会角度和交会距离的影响。过去主要采用交会法定位，可将一台全站仪的竖直角按设计标高位置固定，以控制桩的标高，另一台仪器随时检查桩的垂直度情况。

对于斜桩的定位，传统方法是在控制平面处按照直桩进行放样数据计算，该法忽略了桩倾斜和船尾扭动后控制截面变成椭圆的影响，会给放样数据带来一定计算误差。

为了防止高潮位时桩顶淹没在水下，要加一个加提高量，提高量为设计标高平面到控制平面的垂直距离，设为 h，设待放样斜桩中心在设计标高平面的坐标为 (x_0, y_0)，测站坐标为 (x_p, y_p)，仰俯比例为 $n:1$，船轴线的方位角为 α，桩顶的标高为 H，加提高量后控制截面处的桩心坐标 (x_0', y_0') 则可按下述公式计算，仰桩为

$$\begin{cases} x_0' = x_0 + \dfrac{h}{n}\cos\alpha \\[2mm] y_0' = y_0 + \dfrac{h}{n}\sin\alpha \end{cases} \qquad (12\text{-}1)$$

俯桩的计算公式：

$$\begin{cases} x_0' = x_0 - \dfrac{h}{n}\cos\alpha \\[2mm] y_0' = y_0 - \dfrac{h}{n}\sin\alpha \end{cases} \qquad (12\text{-}2)$$

求出新的桩心坐标后，按照直桩的计算方法(即将控制截面近似为圆形)，计算左、右切点的方位角。上述的斜桩定位数据计算还是近似的，人们还提出了改进算法。

由于桩基远离陆地，常规的经纬仪交会法等方法一般不能满足其施工测量的要求，目前大多采用 GPS 打桩系统。如图 12-5 所示，GPS 打桩系统由打桩船、三台 GPS 接收机、测斜仪、测距仪、无线及电缆通信、监控中心以及数据处理软件组成。系统由 GPS 接收机和测斜仪观测，可实时得到打桩船的姿态，利用免棱镜测距仪测量到桩的距离，利用姿态数据进行，可得到桩心的准确坐标，整个定位过程可实现实时数据采集、处理、传输和监控，达到精度要求，解决了水上打桩定位的关键技术难题。

图 12-5　GPS 打桩系统

2. 桩基施工管理信息系统

桩基施工管理信息系统属于专题地理信息系统，用于管理桩基工程的文档资料、测量数据和桩基设计数据等，提供数据录入、放样数据计算、报表生成等功能，系统的结构如图 12-6 所示。系统有项目管理、定位计算、沉桩记录、统计分析、数据报表、辅助工具及系统帮助等七个功能模块，其功能如下：

（1）项目管理。系统以项目为管理单元，每个项目有自己的工作目录、数据库及配置文件，下设项目信息、资料管理、图表管理、工作日志、数据备份、数据恢复几个子模块。

（2）定位计算。主要是原始数据录入、编辑，桩基放样数据生成。下设基点数据管理、桩基数据管理、桩基放样计算、花杆方位计算以及补桩数据计算等子模块。

（3）沉桩记录。是对桩基下桩过程的真实反映，可用于沉桩后各种信息的统计分析，如沉桩进度、偏位统计等，也可为施工方、监理方和设计方提供反馈信息，在沉桩出现异常时，沉桩记录是最有价值的参考资料。

（4）统计分析。用于统计基点、桩基的各种数据，如给定桩型、倾斜、长度等参数的桩基数量；更多的是统计沉桩进度、桩基偏位、桩基标高等，并支持进度与偏位的图形化表达。生成的统计图表可作为管理人员的参考资料。

（5）数据报表。前面几项功能模块中，大多需要报表打印，故设计数据报表模块，把前面所有的报表都集中到这里，方便用户查询打印各种数据资料。用户可自定义报表的样式，方便了各种需求。

（6）辅助工具。将科学计算器、坐标转换等常用小软件挂接到一起，方便使用。

（7）系统帮助。对重要功能及使用注意事项作详细说明。

12.4.4　港口施工测量和安全监测

港口施工测量主要包括码头施工测量、防波堤施工测量和干船坞施工测量等。安全监测主要包括位移监测、应力监测和环境监测等。

1. 码头施工测量

供船舶停靠、装卸货物或上下旅客的水工建筑物称为码头，它是港口的主要组成部分。按平面布置可分为顺岸式、突堤式和墩式码头，按结构形式可分为重力式、板桩式、高桩式、斜坡式、墩柱式和浮码头式等，按用途分杂货码头、专用码头、客运码头和修船码头等，直立重力式码头最为广泛，又分为方块码头、沉箱码头和扶壁式码头等，主要由墙身、基床、墙后抛石棱体和上部结构等四部分组成，依靠码头的本身结构及其上部的填料重量来维持其稳定，与重力式码头有关的测量如下：

（1）基槽开挖及基床填抛测量。基槽开挖测量的主要任务是设置挖泥导标，测设横断面桩，进行挖泥前后的断面测量。基床开挖后要抛石、填砂，又要按设计尺寸为抛石设置导标，抛填前、后也要进行断面测量，并绘制断面图，抛填后要进行基床的整平测量。

（2）预制方块和沉箱的定位。基床开挖整平后，要进行混凝土方块预制和沉箱安置，为了精确定位这些水下预制构件，要利用控制点和码头特征点的设计坐标，将预制构件的平面位置确定下来，并投影到基床面上，将水底投影点用线连接起来，构成安装基准线，使底层和各层预制方块按安装基准线设放。沉箱一般由预制厂预制，然后浮运到码头施工

图 12-6　桩基工程信息管理系统总体结构

区域，再沉入整平后的基床设计位置上。沉箱安装时必须定出下沉的平面位置和下沉的深度，当沉箱离岸较近时，可根据施工基线交会法定位，若离岸较远，一般先用前方交会法精确指导第一个沉箱就位，然后在此沉箱上架仪器，根据预先计算好的放样数据，采用极坐标法放样其余沉箱下沉的位置。现在多采用 GPS-RTK 或网络 RTK 进行定位和放样。

2. 防波堤施工测量

防波堤是保护港口、港池、航运或沿岸区的水中堤坝，一般建在港口水域或某部分外围，其作用是阻挡波浪直接侵入港内，使港内水面相对平静，船舶能安全靠泊和装卸。要根据设计部门提供的防波堤起、终点坐标及堤轴线方位，根据测量控制网点将其放样到实地上。由于防波堤的终点一般位于深水区，难以设点，需在岸上设置堤轴线的延长线。在施工过程中，在轴线上设立导标，以便施工和定位。

防波堤施工时，要进行基槽开挖，基槽开挖的方法与重力式码头基本相同，要进行开挖定位和水下断面测量，在基槽开挖完成后，要进行水下地形测量，基槽开挖验收合格后，进行防波堤抛石施工，抛石可先在某些选定的点位处进行，待抛石露出水面，再以岸上控制点或基线处进行前方交会，或用 GPS-RTK 或网络 RTK 技术测出抛石处轴线点的精确位置，再根据这些轴线点进行防波堤施工。防波堤抛石前、后均要进行横断面测量，绘制横断面图，计算抛石量。横断面的间距一般为 10m 左右，测点间距 2m，横断面总宽度按抛石底边边各加宽 10~20m。

3. 干船坞施工测量

干船坞是位于地面以下，有开口通向水域以进出船舶，并设有闸门，闸门关闭后将水排干以从事修造船的水工建筑物。干船坞由翼墙、坞门、坞墙、坞室、输水系统等组成，船坞临水的一面为坞门，坞门前端为翼墙，与坞门接触的是门框，其两侧分别为船坞的灌水及排水系统。干船坞的施工控制一般采用矩形控制网，在建立时，根据港口施工控制网点和船坞中心线的设计坐标，放样出船坞中心线，再以此为基准布设矩形控制网，进行船坞的细部放样。简述如下：

（1）基坑、底板和坞墙的放样。施工开挖前，先根据施工平面图和控制点坐标放出开挖边线，由于船坞深度较大，基坑开挖时一般分成几级平台进行，当船坞开挖到一定深度后，原先设置在四周的施工基线已不能满足进一步施工的要求，需在新开挖出的平台上设置新的基线。底板尺寸、厚度和分段线由设计数据给定，可根据分段设计数据，在施工基线上确定出相应的分段点位，再进行施工。

（2）灌、排水系统的放样。主要是根据施工控制网点，精确测放闸阀井和水泵房的中心位置。灌、排水系统的精度要求较高，适合以主轴线为基准进行放样。

（3）坞门框和门槛的放样。坞门有卧倒式和浮箱式等形式。卧倒式坞门的坞首底板上有若干与坞门连结的铰座，使坞门起闭。铰座放样是闸首施工测量的关键，要求间距准确，与中心线对称，高程的测设精度也较高。通常以设在坞首的基线放样钢板底座，用水准仪测高程，利用预埋螺栓调整钢板高度，使其与设计高程之差小于 5mm。与坞门接触的门枢和门槛，由焊接在混凝土坞体上的钢板组成，要求钢板面与门轴中心线严格平行，误差不大于 3mm。

4. 安全监测

港口工程的安全监测内容主要包括位移监测、应力监测和环境监测等。位移监测与其他工程相似，在此从略。大型码头工程的应力监测主要通过在结构体内布设应力监测、温度监测传感器，环境监测项目主要包括气温、气压、降雨量、风力、风向、流速、流向、水位和波浪等，对于高桩码头还应进行码头区域的淤积和冲刷监测。

◎ 本章重点和难点

重点：大型水利工程的施工平面控制网布设，大坝轴线、水工隧洞和厂房施工测量。开挖、填筑土石方量及混凝土浇灌方量测量，大坝的外部和内部变形监测，港口桩基定位测量、港口施工测量和安全监测。

难点：大型水轮发电机组安装测量，港口桩基施工管理信息系统。

◎ 思考题

（1）大型水利工程的施工平面控制网的特点是什么？

（2）为什么大型水利工程的施工平面控制网很少采用 GNSS 网，传统上都布设成地面测三角形网？

（3）大型水轮发电机组的安装、调校和检测需要进行哪些测量？

（4）何谓大坝外部变形监测？它有何特点？

（5）何谓大坝内部变形监测？它有何特点？

（6）何谓 GNSS 打桩系统？它有什么作用？

（7）港口的施工测量和安全监测包括哪些内容？

第13章　隧道和地下工程测量

　　隧道和地下工程测量中，以隧道工程最为典型，对测量工作的要求也很高；矿山井巷工程是矿山测量的主要内容，城市地铁工程也以隧道为主，在隧道和矿山井巷中，都涉及贯通测量、地面与地下的联系测量、隧道和巷道的定向测量等。本章主要以隧道工程为例，讨论与地下工程有关的地面与地下控制测量、隧道贯通测量、竖井联系测量、陀螺经纬仪的定向测量、地下工程的施工、竣工测量和施工与运营期间的变形测量等。最后介绍了盾构自动引导测量和顶管施工测量技术。

13.1　概述

　　地下工程是指为了开发利用地下空间资源，深入到地面以下建造的各类工程。地下工程可分为以下三大类：

　　(1)地下通道工程。以隧道为主，是一种穿通山岭，横贯海峡、河道和盘绕城市的地下交通通道。按工程用途，可分为公路隧道、铁路隧道、城市地下铁道和水工隧洞等，按地形又分为山岭隧道、沿山隧道、海底和过江隧道等。通常隧道的开挖从两端洞口开始，即只有两个开挖工作面。如图13-1所示，A、B两处为开挖隧道正洞。如果隧道工程量大，为了加快隧道开挖施工速度，可根据需要和地形条件设立辅助坑道，如横洞、平行导坑、竖井、斜井等增加开挖面。

图13-1　隧道及辅助坑道

　　(2)地下建(构)筑物。包括地下厂房、地下仓库、停车场、地下商场、人防工程、地下粒子加速器工程和军事设施等。
　　(3)地下采矿工程。为开采各种矿产而建设的地下采矿工程，如地下煤矿、磷矿、铁矿和各种有色金属矿等。

地下工程的施工方法分明挖法和暗挖法。浅埋地下工程常采用明挖法，深埋的地下工程则采用暗挖法，暗挖法又分盾构法和矿山法。由于施工方法的不同，对测量工作的要求也有所不同，但总的来说，在测量工作上有许多共同之处。

为地下工程设计、施工和管理提供测绘保障的测量工作统称地下工程测量，主要包括：地面、地下控制测量，联系测量，施工测量，隧道(洞)贯通测量，竣工测量和变形测量等。

地下工程测量的作用，是标定地下工程建(构)筑物中心线的平面位置和高程，为开挖、衬砌、施工、设备安装指定方向和位置；特别是要保证两个相向开挖面的正确掘进和贯通，即保证所有建(构)筑物在贯通前能正确地施工修建，贯通后能按设计的几何位置正确对接，保证地下工程的施工质量和工程的安全，为设计、施工、管理提供所需要的各种测绘资料。

地下工程测量与地面工程测量相比较，具有以下特点：

地下工程的测量空间狭窄、黑暗、潮湿、烟尘、滴水、人员和机械干扰大，测量条件差。

地下工程的隧道或巷道采用独立掘进方式，随施工逐渐延伸，施工面狭窄，只能前后通视，洞内控制测量只适合布设导线，一般先布设低等级的短边导线，指示隧道或巷道的掘进，再布设高等级的长边导线，进行检核和控制。由于掘进过程较长，洞内导线的重复测量较多，这样可提高测量的精度和可靠性。

洞内点位埋设受到环境限制，测站点一般设在两边地面或墙上，有的还设在顶部，测量时需进行点下对中，对于曲线巷道和隧道来说，导线边较短，且相邻导线边的边长相差较大，加上测量条件差，精度和可靠性都受到影响。

地下工程测量，往往需要采用一些特殊的仪器和方法，如仪器加防爆装置，采用陀螺经纬仪进行地上、地下的方向传递和控制地下导线测角误差的积累，在竖井中采用多种联系测量方法等。

13.2 隧道贯通误差与估算

13.2.1 隧道贯通误差

在隧道工程中，两个相向掘进工作面在设计的位置对接连通的过程称为贯通，由于误差的影响，隧道的设计中线在贯通面上会出现偏差，该偏差称隧道的贯通误差。贯通误差通常用横向、纵向和竖向三个分量来描述，称横向贯通误差、纵向贯通误差和高程贯通误差。横向贯通误差是在水平面内垂直于隧道轴线方向上的误差，纵向贯通误差在水平面内隧道轴线方向上的误差，高程贯通误差是在竖直平面内垂直于隧道轴线方向上的误差，分别用 m_q、m_l 和 m_h 表示。一般取两倍中误差作为各项贯通误差的限差。高程贯通误差影响隧道的竖向设计即隧道的坡度，一般容易满足限差的要求；纵向贯通误差只要不大于定测中线的误差，能够满足铺轨的要求即可，按定测中线精度，其限差为：

$$\Delta l = 2m_l \leqslant \frac{1}{2000}L \tag{13-1}$$

式中，L 为隧道两开挖洞口间的长度。

横向贯通误差影响隧道的平面设计，引起隧道中线几何形状的改变。如果贯通误差大了，会引起洞内建筑物侵入规定限界，增加隧道在贯通面附近的竖向和横向开挖量，或使已衬砌部分拆除重建，将造成重大工程损失，影响工程质量。因此，我们主要讨论隧道的横向贯通误差。

在隧道设计后和施工前，可以估算贯通误差的大小；在隧道贯通时，可以测量出实际的贯通误差，方法是：利用隧道进、出口两端贯通面两侧平面和高程控制点，测出贯通面上同一点(称贯通点)的平面坐标和高程，根据其差值即可得到相应的隧道贯通误差。

13. 2. 2　隧道贯通误差的分配

根据工程测量规范 GB50026—2007，隧道工程的贯通误差限差如表 13-1 所示，表13-2 为"铁路测量技术规则"中的隧道贯通误差限差，可对比参考。一般按 2 倍贯通中误差作为贯通误差限差。表 13-3 列出了隧道控制测量对贯通中误差的影响值的限值，贯通中误差影响值是指洞外、洞内平面控制测量，洞外、洞内高程控制测量和竖井联系测量所引起的贯通中误差称为相应测量的影响值。注意，表 13-3 列出的是中误差值，不是限差。

表 13-1　　　　　　　　　　　　　　　隧道工程的贯通误差限差

类别	两开挖洞口间长度(km)	贯通误差限差(mm)
横向	$L < 4$	100
	$4 \leqslant L < 8$	150
	$8 \leqslant L < 10$	200
高程	不限	70

表 13-2　　　　　　　　　"铁路测量技术规则"中的隧道贯通误差限差

两开挖洞口间的长度(km)	<4	4~8	8~10	10~13	13~17	17~20
横向贯通限差(mm)	100	150	200	300	400	500
高程贯通限差(mm)	50					

表 13-3　　　　　　　　　　隧道控制测量对贯通中误差的影响值的限值

两开挖洞口间的长度(km)	横向贯通中误差(mm)				高程贯通中误差(mm)	
	洞外控制测量	洞内控制测量		竖井联系测量	洞外	洞内
		无竖井的	有竖井的			
$L < 4$	25	45	35	25	25	25
$4 \leqslant L < 8$	35	65	55	35		
$8 \leqslant L < 10$	50	85	70	50		

在制定方案时，可以根据误差分配的三个原则（即等影响原则、按比例分配原则和忽略不计原则）进行误差分配。如施工放样误差引起贯通误差可以忽略不计，洞外平面控制网的误差可以分配得小一些。

例如：设某隧道长 9.4km，中间无竖井、斜洞，即只有一个贯通面，由表 13-2 和表 13-3 可查出，横向贯通限差为 200mm，贯通中误差为 100mm。洞内控制测量误差影响值为 85mm，洞外控制测量误差影响值为 50mm，即

$$100 = \sqrt{(50^2 + 85^2)} = \sqrt{9725} = 98.6 \approx 100$$

若将洞内控制测量误差按进出口端的两条导线分配，则每条洞内导线所引起的横向贯通误差为 60mm。上述的分配是洞外平面控制网的误差按 $100/\sqrt{4}$ 的比例分配，洞内按平均分配，其值为：50mm、60mm、60mm；若洞外平面控制网的误差按 $100/\sqrt{5}$ 的比例分配，洞内按平均分配，其值则为：45mm、63mm、63mm。若将洞外、进出口端的洞内导线按平均分配，则都为 57mm。

13.2.3 隧道横向贯通误差影响值估算

13.2.3.1 洞外平面控制测量的横向贯通误差影响值

1. 导线法

导线法是一种近似估算方法。过去用地面三角形网、导线网作洞外平面控制时，选择最靠近隧道中线的一条线路（如图 13-2 中的 J-1-2-3-4-C）作为导线，用下述导线公式估算对横向贯通误差的影响值：

$$m_q = \pm \sqrt{\left(\frac{m_\beta}{\rho}\right)^2 \sum R_x^2 + \left(\frac{m_l}{l}\right)^2 \sum d_y^2} \tag{13-2}$$

式中，m_β 为测角中误差，以秒计；m_l 为最弱边相对中误差；$\sum R_x^2$ 为导线点至贯通面垂直距离的平方和；$\sum d_y^2$ 为导线边在贯通面上投影长度的平方和。

图 13-2　贯通误差影响值计算示意图

2. 权函数法

权函数法是间接平差中求未知数函数精度的一种方法，也称微分公式法。估算隧道横向贯通误差影响值的原理如下：设隧道洞外平面控制网及坐标轴、隧道轴线如图 13-2 所示，从进口点 J 和定向点 A，经洞内导线推算得贯通点 P（G_J）的坐标，从出口点 C 和定

向点 B，经洞内导线推算得贯通点 P（G_C）的坐标，如果不考虑 β_j、β_c、S_{jp}、S_{cp} 的误差，由图可知，隧道洞外平面控制测量横向贯通误差影响值即贯通点 P（G_J、G_C）的横坐标差 Δy_p 的中误差。可列出 Δy_p 的下述计算公式：

$$
\begin{aligned}
\Delta y_p &= y_{pc} - y_{pj} = y_c + \Delta y_{cp} - (y_j + \Delta y_{jp}) \\
&= y_c - y_j + S_{cp}\sin T_{cp} - S_{jp}\sin T_{jp} \\
&= y_c - y_j + S_{cp}\sin(T_{cb} - \beta_c) - S_{jp}\sin(T_{ja} - \beta_j)
\end{aligned}
\tag{13-3}
$$

然后进行全微分，因为 β_j、β_c、S_{jp}、S_{cp} 的误差放在洞内导线中考虑，故只对 y_j、y_c、T_{cb}、T_{ja} 微分，可得

$$
\mathrm{d}(\Delta y_p) = \mathrm{d}y_c - \mathrm{d}y_j + \Delta x_{cp}\mathrm{d}T_{cb} - \Delta x_{jp}\mathrm{d}T_{ja}
\tag{13-4}
$$

其中，

$$
\begin{aligned}
\mathrm{d}T_{cb} &= a_{cb}\mathrm{d}x_c + b_{cb}\mathrm{d}y_c - a_{cb}\mathrm{d}x_b - b_{cb}\mathrm{d}y_b \\
\mathrm{d}T_{ja} &= a_{ja}\mathrm{d}x_j + b_{ja}\mathrm{d}y_j - a_{ja}\mathrm{d}x_a - b_{ja}\mathrm{d}y_a
\end{aligned}
\tag{13-5}
$$

整理后可得"横向贯通误差影响值"的权函数式：

$$
\begin{aligned}
\mathrm{d}(\Delta y_p) =& -a_{ja}\Delta x_{jp}\mathrm{d}x_j - (1 + b_{ja}\Delta x_{jp})\mathrm{d}y_j + \\
& a_{ja}\Delta x_{jp}\mathrm{d}x_a + b_{ja}\Delta x_{jp}\mathrm{d}y_a + a_{cb}\Delta x_{cp}\mathrm{d}x_c + \\
& (1 + b_{cb}\Delta x_{cp})\mathrm{d}_c - a_{cb}\Delta x_{cp}\mathrm{d}x_b - b_{cb}\Delta x_{cp}\mathrm{d}y_b
\end{aligned}
\tag{13-6}
$$

方向系数 a_{ja}、b_{ja} 按下式计算：

$$
a_{ja} = \frac{\Delta y_{ja}}{S_{ja}^2}, \qquad b_{ja} = \frac{\Delta x_{ja}}{S_{ja}^2}
$$

式（13-6）可写为：

$$
\mathrm{d}(\Delta y_p) = \mathrm{d}F = f^{\mathrm{T}}\mathrm{d}X
\tag{13-7}
$$

根据网的近似坐标不难求得权函数式的系数阵，由广义误差传播律可得横向贯通误差影响值。

隧道洞外平面控制网测量误差的纵向贯通误差影响值计算与上述计算方法相似，权函数式为：

$$
\begin{aligned}
\mathrm{d}(\Delta x_p) =& (a_{ja}\Delta y_{jp} - 1)\mathrm{d}x_j + b_{ja}\Delta y_{jp}\mathrm{d}y_j - \\
& a_{ja}\Delta y_{jp}\mathrm{d}x_a - b_{ja}\Delta y_{jp}\mathrm{d}y_a - (a_{cb}\Delta y_{cp} - 1)\mathrm{d}x_c - \\
& b_{cb}\Delta y_{cp}\mathrm{d}y_c + a_{cb}\Delta y_{cp}\mathrm{d}x_b + b_{cb}\Delta y_{cp}\mathrm{d}y_b
\end{aligned}
\tag{13-8}
$$

隧道洞外平面控制网横向贯通误差影响值和纵向贯通误差影响值可在网平差程序中编写一个子程序模块进行计算，因为权函数式也是微分公式，所以该法也称微分公式法。

3. 零点误差椭圆法

从进、出口点和定向点分别经洞内导线推算贯通点 P 的坐标，在不考虑洞内导线测量误差的情况下，若将 β_j、β_c 和 S_{jp}、S_{cp} 视为不含误差的虚拟观测值，P 点的点位差在垂直于隧道轴线方向投影值（P 点横坐标差）的中误差，即为横向贯通误差影响值，可按两贯通点 P 的相对误差椭圆即零点误差椭圆计算，即椭圆在贯通面上的投影即为影响值：

$$
m_q = \sqrt{E^2\cos^2\psi + F^2\sin^2\psi}
\tag{13-9}
$$

式中，ψ 为以椭圆长半轴为起始方向时 y 轴的方位角。

310

在科傻系统的 CODAPS 软件中有权函数法计算横向贯通误差影响值、纵向贯通误差影响值功能，也有计算任意两点误差椭圆的功能。用两种方法所计算的影响值略有不同，这是因为权函数法的结果与定向点有关，零点误差椭圆综合了所有定向点的误差。

4. 设计尺寸法

按照隧道设计尺寸确定横向贯通误差允许值。对于圆形隧道可取设计直径的 1/7 ~ 1/10 作为横向贯通误差的允许值，对于方形隧道可取洞宽 1/7 ~ 1/10 作为横向贯通误差的允许值。当出现这种横向贯通误差时，可以在贯通面附近进行调整，既不会增加开挖量，也不会影响工程的质量和进度。

5. 误差来源分析法

在《铁路工程测量规范》和《高速铁路工程测量规范》中，对洞外 GPS 平面网测量误差对隧道横向贯通的影响，采用下式估算：

$$M^2 = m_J^2 + m_C^2 + \left(\frac{L_J \cos\theta \times m_{\alpha_J}}{\rho} \right)^2 + \left(\frac{L_C \cos\varphi \times m_{\alpha_C}}{\rho} \right)^2 \qquad (13\text{-}10)$$

式中，m_J、m_C 为进、出口 GPS 控制点的 Y 坐标误差；L_J、L_C 为进、出口 GPS 控制点至贯通点的长度；m_{α_J}、m_{α_C} 为进、出口 GPS 联系边的方位中误差；θ、φ 为进、出口控制点至贯通点连线与贯通点线路切线的夹角。该法称误差来源法，与微分分析法有些类似，但不如微分分析法严密。

13.2.3.2　洞内平面控制测量的横向贯通误差影响值

1. 导线公式法

洞内导线横向贯通误差影响值按导线公式(13-2)估算，导线公式是按支导线推导的，实际工作中，多布设为环形或网形，平差后测角、测边精度都会提高，故按导线公式估算的值偏于安全。

2. 简化公式法

对于直线隧道，设洞内布设等边直伸导线，洞内导线测角误差引起横向贯通误差可近似表示为以下简化公式：

$$m_q = \sqrt{\frac{n^2 s^2 m_\beta^2}{\rho^2} \cdot \left(\frac{n + 1.5}{3} \right)} \qquad (13\text{-}11)$$

式中，s 为导线的平均边长(单位为米)，n 为导线的边数，m_q 的单位为米。简化公式的实质是：洞内导线测量误差所引起的隧道横向贯通误差完全由测角误差所引起，测角误差与边长成正比，且与平均边长有关，平均边长越长，则导线测量误差所引起的隧道横向贯通误差越小。

3. 坐标差统计法

对于只有一个贯通面的直线隧道，按等边(如 300 ~ 500m)模拟从进、出口到贯通面的洞内导线网，取隧道轴线为 X 坐标轴，贯通面与 X 坐标轴垂直，与 Y 轴平行。根据按一定精度模拟观测值，并对进、出口洞内导线网分别进行平差，计算位于贯通面上同一点的 X、Y 坐标，Y 坐标差即为洞内导线测量误差所引起的隧道横向贯通误差，模拟计算 20 组(大子样)，对 Y 坐标差作统计计算，即计算 Y 坐标差的均值、均值的中误差。最后可将均值作为洞内导线网测量误差所引起的横向贯通误差。若对 X 坐标差值作统计计算，则可得洞内导线网测量误差所引起的纵向贯通误差。该方法的特点是使用简便、易于程序实现，子样越大，所得的结果越可靠。而且可将进、出口洞内导线网作为一个独立的影响因子一起估算。

4. 坐标中误差法

与坐标差统计法完全一样，对直线隧道按前述坐标系和设计的进、出口洞内导线网分别进行平差，计算出的位于贯通面上同一点的 X、Y 坐标及其中误差，我们可以把 X、Y 坐标的中误差视为洞内导线测量误差所引起的隧道纵、横向贯通误差，因为进出口端各有一个网，坐标的中误差乘以 $\sqrt{2}$，即为洞内导线测量误差所引起的隧道横向贯通误差，又因为平差是一次性的结果，在实际作业中，要对洞内导线网作经常性的重复测量，可以乘以一个小于 1 的系数，如除以 $\sqrt{2}$，则刚好抵消，因此，可直接把进口端洞内导线网不同隧道长贯通面上点的 Y 坐标中误差视为洞内导线测量误差所引起的隧道横向贯通误差。

13.2.3.3 洞外 GPS 网的横向贯通误差影响值

GPS 网测量误差所引起的隧道贯通误差，可以采用两种方法估算。

最弱点误差法。对 GPS 网作一点一方向的最小约束平差，一般以洞口点为已知点，垂直于贯通面的轴线方向为 X 轴方向，由此可推求得洞口点到另一洞口点的方位角，将其作为已知方位角。GPS 网平差后，可将最弱点 Y 坐标中误差作为 GPS 网测量误差的横向贯通误差影响值。

权函数法。与洞外地面边角网相似，可将 GPS 网视为边角全测的网或全测边和方位角的网。按前面地面边角网间接平差求未知数函数精度的方法，可估算横向贯通误差影响值。只要给出进、出口点及其定向点的近似坐标、贯通点的设计坐标以及贯通面的方位角等信息，即可通过模拟 GPS 网的观测值和平差计算得到横向贯通误差影响值。CODAPS 软件实现了 GPS 网的横向贯通误差影响值估算功能。

13.2.4 高程测量误差对高程贯通误差的影响

高程测量误差对高程贯通误差的影响，可按下式计算：

$$m_h = \pm m_\Delta \sqrt{L} \tag{13-12}$$

式中，L 为洞外(或洞内)水准线路总长，以公里计，m_Δ 为每公里高差中数偶然中误差，对于一、二、三等水准测量，分别为 1mm/km、2mm/km 和 3mm/km。

洞外若采用精密测距三角高程方法时，L 为测距三角高程线路的长度。应分别计算洞内、外高程测量误差对高程贯通误差的影响。

13.3 地下工程的控制测量

地下工程的地面与地下控制测量包括平面和高程控制两部分，一般都是分开进行。本节以隧道工程为例予以说明，可供其他地下工程参考。

隧道地面控制测量在隧道开挖前完成，应根据隧道的长度、形状、线路通过地区的地形情况和施工方法等沿隧道两洞口的连线方向布设，网中各个洞口(包括辅助坑道口)均应布设两个以上且相互通视的控制点。首先要收集资料，包括隧道所在地区 1：2000～

1：500地形图，线路平面图，线路纵横断面图，竖井（斜井或水平坑道）与隧道的相互关系位置图，已有的测量控制点资料，隧道施工技术设计，各洞口的机械设备和房屋布置总平面图，以及隧道地区气象、水文、地质以及交通等方面的资料。分析所收集的资料，进行实地踏勘，现场选点，确定布网方案。隧道进出口、竖井（斜井或水平坑道）口，每个洞口附近至少要布设三个平面控制点和两个水准点，洞口投点应便于施工中线的放样，便于联测洞外控制点及向洞内测设导线，向洞内传算方位的定向边长度不宜小于300m。投点的高程要适当，埋设需稳固可靠，便于长期保存和使用。洞口水准点应布设在洞口附近土质坚实、通视良好、施测方便、便于保存且高程适宜之处，两个水准点间的高差，以安置一次水准仪即可联测为宜。

对于地下矿山工程，涉及范围较大，在采矿区域内，由于采矿影响会产生地表塌陷现象，因此在布网时，在工业场区内宜布设2~3个可相互通视的控制点，在采矿范围外应布设几个点，作为基准点用。当两个井口相距较远，且有贯通工程时，应在井口附近设立一个控制点，并构成控制网的一条边。

地面平面控制测量主要是建立平面控制网，在GPS定位技术应用之前，基本是采用地面三角形网和导线网建立首级和加密网；在电磁波测距技术广泛应用之前，还采用量测基线的测角网，两米横基尺测距的边角网或导线网。现在地下工程的首级控制网，基本都采用GPS网，在规范中，尽管地面测量技术建网的内容还较多，实际中已基本不再采用地面三角形网和导线网。因为，无论是隧道（洞）、巷道还是城市地铁工程，因为GPS网不受隧道进出口之间的的长度和通视限制，既经济、简便、实用，又精确、可靠。

地下平面控制只能采用导线，如短边导线、长边导线、交叉导线和导线网，特长隧道可加测陀螺方位角。大型矿山巷道也需要使用陀螺仪。

地面高程控制一般采用等级水准测量，也可根据情况采用测距三角高程测量技术建立。地下高程控制采用水准测量。

下面以隧道工程为例来说明地下工程的地面与地下控制测量。

13.3.1 隧道工程的地面控制测量

隧道地面平面控制网一般采用独立坐标系，为了施工放样和估算与测量贯通误差的方便，坐标轴与隧道轴线一致，或与贯通面垂直，投影高程面选取隧道的平均高程面。采用一点一方向的最小约束平差。但为了与隧道和线路的设计坐标系联系起来，需要与线路控制点联测，根据线路测量的控制点进行定位和定向，并且计算出线路坐标系下的坐标。

13.3.1.1 地面平面控制测量

隧道地面平面控制的方法主要有以下三种，即现场标定法、地面边角网法和GPS网法，分述如下。

1. 现场标定法

对于长度较短（如小于500m）且地形条件较好的直线型隧道，可酌情采用现场标定法。如图13-3所示，A、D为隧道中线上的已知点，在线路定测时选定在进出口处，现场标定法就是要根据A、D在隧道中线竖直平面上标定出中间地面上的B、C两点，分别作为进出口的定向点，以便向洞内引线。标定步骤：在A点架设全站仪，按AD的概略方位角，用正倒镜延长直线法，将中线从A点延长至B'、C'和D'点，并测出AB'、$B'C'$、

$C'D'$ 的平距，量取 DD' 的距离，按下式计算 CC' 的距离：

$$CC' = \frac{DD'}{AD'} \times AC' \tag{13-13}$$

将仪器移到 C，后视 D 点，再用正倒镜延长直线法至 A，若直线不通过 A 点，则按上述方法计算在 B 点的偏距，将仪器移至 B 点，后视 A 点，重复上述方法，直到 B、C 都在 AD 直线上为止，将 B、C 两点在地面上标定出来，相当于建立了一条无定向直伸导线。该法可认为是直线定线方法的扩展，随着 GPS 技术的普及，也将逐渐被淘汰。

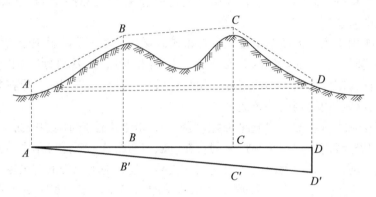

图 13-3　现场标定法示意图

2. 地面边角网法

在 GPS 定位技术应用之前，基本是采用地面边角测量技术建立隧道地面平面控制网。如图 13-4 所示是一个典型的隧道地面边角网图，隧道两洞口点 A、D，曲线隧道两切线上的点 ZD_1、ZD_3、ZD_4 和直圆点 ZY 都是网点，可精确地确定曲线的转角和曲线元素。

随着 GPS 技术的广泛应用，对于隧道工程的洞外平面控制测量来说，它与地面边角测量技术相比，有无与伦比的优点，因此，基本不再考虑地面边角网的布设方案，只有较短的沿山隧道，如在 500m 以下，地形条件较适合，且受仪器设备限制的情况下，可考虑采用导线测量方法。

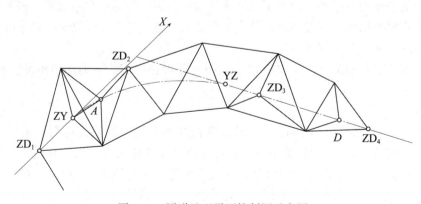

图 13-4　隧道地面平面控制网示意图

3. GPS 网法

选点布设应满足下述基本要求：点位稳定，交通方便，便于保存和使用，高度角15°以上的顶空障碍较少，远离高压电线或强电磁波辐射源，远离大面积水面或平坦光滑地面等。此外，应在隧道各开挖洞口附近布设不少于四个点的洞口点群（含洞口投点）。对于直线隧道，应在进出口的定测中线上布设两个控制点，另外再布设两个定向点，要求洞口点与定向点通视；对于曲线隧道，应把曲线的主要控制点（曲线起点、终点）和每条切线上布设的两点包括在网中。洞口点应便于用地面测量方法检测、加密或恢复；洞口投点与定向点间应相互通视，距离不宜小于300m，高差不宜过大。隧道 GPS 平面控制网宜采用网联式布设，整个 GPS 网由若干个独立异步环构成，每个点至少有三条独立基线通过，至少独立设站观测两个时段。

13.3.1.2 地面高程控制测量

地面高程控制测量的任务是在各洞口附近设立2~3个水准基点，作为向洞内或井下传递高程的依据。一般在平坦地区用等级水准测量，在丘陵及山区可考虑采用测距三角高程测量。

应以线路定测水准点的高程作为起始高程，水准线路应形成闭合环线，或敷设两条相互独立的水准线路。对于矿山工程，水准基点的精度应达到国家四等高程控制点的要求，对于大型隧道工程，水准测量等级应根据两洞口间水准线路长度确定。

13.3.2 隧道工程的地下控制测量

13.3.2.1 地下导线测量

洞内平面控制网宜采用导线形式，根据地下导线点的坐标可以放样隧道（或巷道）的中线及衬砌位置。地下导线的起始点通常位于平洞口、斜井口以及竖井的井底车场，这些点的坐标系由地面控制测量得到的。地下导线的等级取决于地下工程的用途、类型、范围大小及设计所需的精度等，可参见有关规范。地下导线应以洞口投点为起始点沿隧道中线或隧道两侧布设成直伸导线或多环导线。对于特长隧道，洞内导线可布设为由大地四边形构成的全导线网和由重叠四边形构成的交叉双导线网两种形式（参见图13-5），大地四边形的两条短边可用钢尺量取，不需作方向观测。大地四边形全导线网的观测量较大，靠近洞壁的侧边易受旁折光影响，所以采用交叉双导线网较好。为增加检核，应每隔一条侧边闭合一次。

与地面导线测量相比，地下导线的主要特点是：不能一次布设，而是随隧道（或巷道）的开挖而分级布设，并逐渐向前延伸。一般先敷设边长较短、精度较低的施工导线，指示隧道（或巷道）的掘进；再布设高等级长边导线，进行检核，提高精度和可靠性，保证隧道（或巷道）的正确贯通。

地下导线的分级布设通常分施工导线、基本导线和主要导线（参见图13-6）。施工导线的边长为25~50m，基本导线边长为50~100m，主要导线的边长为150~800m。当隧道（或巷道）开始掘进时，首先布设施工导线给出坑道的中线，指示掘进方向。当掘进300~500m时，布设基本导线，检查已敷设的施工导线是否正确，高等级导线的起点、部分中间点和终点应与低等级导线点重合。隧道（或巷道）继续向前掘进时，应以高等级导线为基准，向前敷设低等级导线和放样中线。

图 13-5　洞内导线网

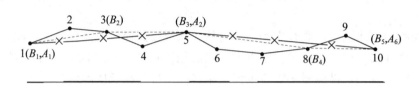

——施工导线(1,2,3,…) ----- 基本导线$(B_1,B_2,B_3,…)$ —×— 主要导线$(A_1,A_2,A_3,…)$

图 13-6　地下导线的分级布设

地下导线布设的一些注意事项：边长要近似相等，应避免长短边相接；导线点应尽量布设在施工干扰小、通视好且稳固的地方；视线与坑道边的距离应大于 0.2m；有平行导坑时，平行导坑的单导线应与正洞导线联测；在进行导线延伸测量时，应对以前的导线点作检核测量，在直线地段，只作角度检测，在曲线地段，要同时作边长检核；在短边进行角度测量时，应尽可能减小仪器和目标的对中误差影响；当测距时，应注意镜头和棱镜不要有水雾，当洞内水汽、粉尘浓度较大时，应停止测距；洞内有瓦斯时，应采用防暴全站仪；对于螺旋形巷道，因不能形成长边导线，每次向前延伸时，都应从洞外复测，在导线点无明显位移时，取点位的均值。

13.3.2.2　加测陀螺方位角的地下导线测量

在地下导线中加测一定数量导线边的陀螺方位角，可以限制测角误差的积累，提高导线点位的横向精度。下面简介加测陀螺方位角的导线边位置、数量以及加测后对地下导线点位横向精度的增益。

如图 13-7 所示，地下导线有 n 条边，平均边长为 S，在不加测陀螺方位角时，导线终点 n 的横向误差估计公式为：

$$m_q^2 = \frac{m_\alpha^2}{\rho}(ns)^2 + \frac{m_\beta^2}{\rho^2}s^2\frac{n(n+1)(2n+1)}{6} \tag{13-14}$$

式中，m_α 为地下导线起始边方位角中误差，m_β 为地下导线测角中误差。

当在导线上均匀地加测了 i 个陀螺方位角时，则产生 i 条方位角附合导线。导线终点

图 13-7 地下导线加测陀螺方位角示意图

的横向误差估算公式(推导从略)如下:

$$m_q^2 = \frac{m_\beta^2}{\rho^2}s^2 \cdot i\left(\frac{k(k-1)(2k-1)}{6} + k^2w^2 - \frac{k^2(k-1+2w^2)}{4}\right) +$$

$$\frac{m_{\alpha i}^2}{\rho^2}s^2(n-ik)^2 + \frac{m_\beta^2}{\rho^2}s^2\frac{(n-ik)(n-ik+1)[2(n-ik)+1]}{6}$$

(13-15)

式中,$w = \dfrac{m_\alpha}{m_\beta}$,$k$ 为每条附合路线的导线边数。对于上式,求 m_q^2 对于 k 的极小值,在 m_q^2 等于极小的条件下,计算 k 与 n 的比值,可得到加测陀螺方位角的最优位置。

对不同的布设方案(导线总长、平均边长和边数),按上面公式可计算加测 1 个、2 个和多个陀螺方位角时,与不加测陀螺方位角的导线比较其横向精度的增益。计算表明,在 $m_\alpha = m_\beta$ 即 $w = 1$ 的情况下,加测 1~2 个陀螺方位角,横向精度增益的幅度较大。加测一个陀螺方位角时,应加测导线全长的 2/3 处的边,加测两个以上陀螺方位角时,以按导线总长均匀分布最好。

13.3.2.3 洞内高程控制测量

洞内高程控制测量的任务是测定洞内各水准点与永久导线点的高程,以建立地下高程基本控制。其特点为:

高程测量线路一般与地下导线测量的线路相同。在坑道贯通之前,高程测量线路均为支线,因此需要往返观测及多次观测进行检核。

通常利用地下导线点作为高程点。高程点可埋设在顶板、底板或边墙上。

在施工过程中,为满足施工放样的需要,一般是用低等级高程测量给出坑道在竖直面内的掘进方向,然后再进行高等级的高程测量进行检测。每组永久高程点应设置 3 个,永久高程点的间距一般以 300~500m 为宜。

洞内高程控制测量采用洞内水准测量,应以洞口水准点的高程作为起始依据,通过水平坑道、斜井或竖井等将高程传递到地下,然后测定洞内各水准点的高程,作为施工放样的依据。

13.4 竖井联系测量

有多个开挖面的情况,为了保证地下工程按设计方向掘进,保证各相向掘进的工作面在预定地点能正确贯通,应通过平峒、斜井或竖井将地面的平面坐标系统和高程系统传递到地下,使地下和地面测量有一个统一的平面坐标系统和高程系统。该项测量工作称为联系测量。平峒、斜井的联系测量可由导线测量、水准测量、三角高程测量由地面洞口直接联测到地下完成。本节主要讲述竖井联系测量，即通过竖井将地面的平面坐标系统和高程系统传递到地下的测量。竖井联系测量分为平面联系测量和高程联系测量，平面联系测量包括一井定向、两井定向和陀螺经纬仪定向，亦称为竖井定向测量；传递高程的联系测量也称导入标高。

13.4.1 竖井平面联系测量

13.4.1.1 一井定向

通过在一个竖井内悬挂两根吊锤线(图 13-8)，将地面点的坐标和地面边的坐标方位角传递到井下的测量工作称为一井定向。在地面由井口投点(近井点)和控制点测定两吊锤线的坐标 x 和 y 以及其连线的坐标方位角；在井下根据吊锤线投影点的坐标及其连线的方位角确定地下导线起算点的坐标和起算边的坐标方位角。

图 13-8 一井定向示意图

1. 一井定向的原理与作业

一井定向测量的原理与作业分为投点和连接测量两部分。通过竖井用吊锤线投点，吊锤线选用细直径抗拉强度高的优质炭质弹性钢丝，吊锤的重量与钢丝的直径随井深而不同(例如当井深为 100m 时，锤重为 60kg，钢丝直径为 0.7mm)。投点时，首先在钢丝上挂上小重锤(例如 2kg)，用绞车将钢丝放入井中，然后在井底换上作业重锤，并将其放入盛有油类液体的桶中，重锤线不得与竖井中任何物体和桶壁(底)接触，并要检查重锤线是否自由悬挂。

由地面向地下投点时，由于井筒内气流、滴水等影响，致使井下垂球线偏离地面上的位置，该线量偏差 e 称为投点误差，由此而引起的垂球线连线的方向误差 θ，叫做投向误差，用下式计算：

$$\theta = \pm \frac{e}{a} \rho'' \tag{13-16}$$

318

当两钢丝间距 $a = 4.5m$ 、$e = 1mm$ 时，$\theta = \pm 45.8''$。可见，投点误差对定向精度的影响是非常大的。因此，在投点时必须采取有效措施减小投点误差。

连接测量常采用连接三角形法（见图 13-9）。A 与 C 称为井上下的连接点（近井点），O_1、O_2 点为两垂球线点，从而在井上下形成了以 O_1O_2 为公共边的三角形 O_1O_2A 和 O_1O_2C。

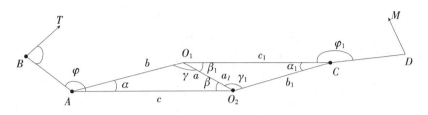

图 13-9　用连接三角形法进行井上下连接测量示意图

连接测量时，在连接点 A 与 C 点处用测回法测量角度 α 、α_1、φ 、φ_1。同时丈量井上下连接三角形的 6 个边长 a 、b 、c 、a_1、b_1、c_1。量边应用检验过的钢尺并施加比长时的拉力，测记温度。在垂线稳定情况下，应用钢尺的不同起点丈量 6 次，读数估读到 0.1mm。同一边各次观测值的互差不得大于 2mm，取平均值作为丈量的结果。在垂球摆动情况下，应将钢尺沿所量三角形的各边方向固定，用摆动观测的方法至少连续读取 6 个读数，确定钢丝在钢尺上的稳定位置，以求得边长。每边均需用上述方法丈量 2 次，互差不得大于 3mm，取其平均值作为丈量结果。井上、井下量得两垂球线间距离 a 、a_1 的互差，一般应不超过 2mm。内业计算时，首先应对全部记录进行检查。然后按下式解算连接三角形各未知要素：

$$\sin\beta = \frac{b}{a}\sin\alpha \ , \ \sin\gamma = \frac{c}{a}\sin\alpha \tag{13-17}$$

连接三角形三内角和 $\alpha + \beta + \gamma = 180°$，若尚有微小的残差时，则可将其平均分配给 β 和 γ。计算时还应对两垂球线间距进行检查。设 $a_丈$ 为两垂线间距离的实际丈量值，$a_计$ 为其计算值，则：

$$a_计^2 = b^2 + c^2 - 2bc\cos\alpha$$
$$d = a_丈 - a_计 \tag{13-18}$$

当地面连接三角形中 $d < 2mm$ 、地下连接三角形中 $d < 4mm$，可在丈量的边长中分别加入下列改正数，以消除其差值：

$$v_a = -\frac{d}{3} \ , \ v_b = -\frac{d}{3} \ , \ v_c = +\frac{d}{3} \tag{13-19}$$

然后按 $B \rightarrow A \rightarrow O_2 \rightarrow O_1 \rightarrow C \rightarrow D$ 的顺序，用一般导线计算方法计算各点的坐标。

2. 一井定向误差分析

由图 13-9 可知：

$$\alpha_{CD} = \alpha_{AB} + \varphi + \beta - \beta_1 + \varphi_1 \pm n \times 180°$$

由此可得：

$$m_{\alpha_{CD}}^2 = m_{\alpha_{AB}}^2 + m_\varphi^2 + m_\beta^2 + m_{\beta_1}^2 + m_{\varphi_1}^2 + \theta^2 \tag{13-20}$$

因为角度 β 是用正弦公式计算得到的，即：$\sin\beta = \dfrac{b}{a}\sin\alpha$

角度 β 为测量值 b、a 和 β 的函数，故其误差公式为：

$$m_\beta^2 = \left(\frac{\partial\beta}{\partial b}\right)^2 m_b^2\rho^2 + \left(\frac{\partial\beta}{\partial a}\right)^2 m_a^2\rho^2 + \left(\frac{\partial\beta}{\partial\alpha}\right)^2 m_\alpha^2 \tag{13-21}$$

式中各偏导数分别为：

$$\frac{\partial\beta}{\partial b} = \frac{\sin\alpha}{a\cos\beta}, \; \frac{\partial\beta}{\partial a} = \frac{b\sin\alpha}{a^2\cos\beta}, \; \frac{\partial\beta}{\partial\alpha} = \frac{b\sin\alpha}{a\cos\beta}$$

将各偏导数值代入式(13-21)中并进行整理后可得：

$$m''_\beta = \pm\sqrt{\rho^2\tan^2\beta\left(\frac{m_b^2}{b^2} + \frac{m_a^2}{a^2} - \frac{m_\alpha^2}{\rho^2}\right) + \frac{b^2}{a^2\cos^2\beta}m_\alpha^2} \tag{13-22}$$

同理可得：

$$m''_\gamma = \pm\sqrt{\rho^2\tan^2\gamma\left(\frac{m_c^2}{c^2} + \frac{m_a^2}{a^2} - \frac{m_\alpha^2}{\rho^2}\right) + \frac{c^2}{a^2\cos^2\gamma}m_\alpha^2} \tag{13-23}$$

对井下定向水平的连接三角形，也可得到同样的公式。

在式(13-22)和式(13-23)中，如果 $\beta \approx 0°$，$\gamma \approx 180°$（或 $\beta \approx 180°$，$\gamma \approx 0°$）时，则 $\tan\beta = 0$，$\tan\gamma = 0$，$\cos\beta = 1$，$\cos\gamma = -1$。此时各测量元素的误差对于垂球线 O_1、O_2 处计算角度的精度影响最小。式(13-22)和式(13-23)可简写为

$$\left.\begin{array}{l} m''_\beta = \pm\dfrac{b}{a}m''_\alpha \\[2mm] m''_\gamma = \pm\dfrac{c}{a}m''_\alpha \end{array}\right\} \tag{13-24}$$

分析上述误差公式可得出如下结论：

连接三角形最有利的形状为锐角不大于 2° 的延伸三角形。计算角 β（或 γ）的误差，随测量角 α 的误差增大而增大，随比值 $\dfrac{b}{a}$ $\left(和\dfrac{c}{a}\right)$ 的减小而减小。故在连接测量时，应尽量使连接点 A 和 C 靠近最近的垂球线，并精确地测量角 α。两垂球线间的距离 a 越大，则计算角的误差越小。在延伸三角形中，量边误差对定向精度的影响较小。

在点 A 处的连接角 φ 的误差，对连接精度的影响 m_φ 可按下式计算：

$$m_\varphi = \pm\sqrt{m_i^2 + \rho^2\left(\frac{e_A}{\sqrt{2}\,d}\right)^2 + \rho^2\left(\frac{e_B}{\sqrt{2}\,d}\right)^2} \tag{13-25}$$

式中，m_i 为测量方法误差；d 为连接边 AB 的边长；e_A、e_B 为仪器在连接点 A、B 上对中的线量误差。

由此可知，欲减少测量连接角的误差影响，主要应使连接边 d 尽可能长些，并提高仪器的对中精度。上述公式对估算井下连接测量时 φ_1 的误差也同样适用。

13.4.1.2 两井定向

通过在已贯通的两相邻竖井各悬挂一根吊锤线和地面测量方法，把吊锤线的坐标传递到井下的测量工作叫两井定向。当两相邻竖井间开挖的隧道已贯通，或在矿山建设中，两

竖井间已有地下巷道连通，此时就具备采用两井定向的条件。两井定向是在两竖井中各悬挂一根吊锤线 A 和 B，由地面控制点测定两吊锤线 A、B 的坐标，在地面和地下用导线将 A、B 两吊锤线连接起来，从而把地面坐标系统中的平面坐标传递到地下，如图 13-10 所示。布设连接导线时，在条件允许的情况下，应尽量使其长度最短并尽可能沿两吊锤线连线方向延伸导线。

图 13-10　两井定向示意图

两井定向与一井定向相比，由于两吊锤线间的距离大大增加了，因而减少了投点误差引起的定向误差，有利于提高地下导线定向的精度；其次是外业测量简单，占用竖井的时间较短，有条件时可把吊锤线挂在竖井中的设备管道之间，以便使竖井能照常进行生产。

内业计算时，首先由地面测量结果求出两垂球线的坐标（x_A，y_A），（x_B，x_B），并计算出 A、B 连线的坐标方位角 α_{AB} 和长度 D_{AB}：

$$\alpha_{AB} = \arctan \frac{y_B - y_A}{x_B - x_A}$$

$$D_{AB} = \sqrt{\Delta x_{AB}^2 + \Delta y_{AB}^2} \tag{13-26}$$

两井定向的地下导线采用无定向导线计算，可解算出地下各点的坐标。两井定向的实质是通过无定向导线测量和计算，提高地下导线的方位角精度和可靠性。由于测量误差的影响，地下求出的 B 点坐标与地面测出的 B 点坐标存有差值。如果其相对闭合差符合测量所要求的精度，可将坐标增量闭合差按边长成比例反号分配给地下导线各坐标增量上。最后计算出地下各导线点的坐标。

上述方法是在竖井中挂锤线，如果竖井深或重锤线不稳定，垂准误差对地下定向边的方位角精度影响较大，且有时在竖井中挂锤线也不方便，甚至影响到施工。因此，可用激光铅垂仪代替挂锤线进行两井定向，称为铅垂仪与全站仪联合定向法，这种方法不仅方便，而且可提高垂准精度。该方法的基本原理与计算方法同在竖井中挂锤线的方法相同，在此不再赘述。

13.4.1.3　陀螺经纬仪定向

陀螺仪是专门用于测定方向的仪器，用陀螺仪可以把方位角直接从地面传递到地下去，用陀螺仪进行定向的过程如下：（陀螺仪定向原理及应用详见 13.5 节）

（1）在地面已知方位角的边上测定仪器常数；

（2）在地下待定边上测定陀螺方位角：

如图 13-11 所示，在 A 点安置好陀螺经纬仪，照准 B 点读取水平度盘的读数 M，然后设法测取陀螺转子轴指向真北方向的水平度盘读数 N，则 AB 边的陀螺方位角 m 为：

$$m = M - N \tag{13-27}$$

（3）在地面已知边上重新测定仪器常数；

（4）计算测线 AB 的坐标方位角。

图 13-11　陀螺仪测角原理图

13.4.2　高程联系测量

为使地面与地下建立统一的高程系统，应通过斜井、平峒或竖井将地面高程传递到地下巷道中，该测量工作称为高程联系测量（亦称为导入高程）。通过斜井、平峒的高程联系测量，可从地面用水准测量和三角高程测量方法直接导入，这里不再赘述。下面仅讨论通过竖井导入高程的方法。通过竖井导入高程的常用方法有长钢尺法、长钢丝法、光电测距仪铅直测距法等。

13.4.2.1　长钢尺法导入高程

如图 13-12 所示，将经过检定的钢尺挂上重锤（其重量应等于钢尺检定时的拉力），自由悬垂在井中。分别在地面与井下安置水准仪，首先在 A、B 点水准尺上读取读数 a、b。然后在钢尺上读取读数 m、n（注意，为防止钢尺上下弹动产生读数误差，地面与地下应同时在钢尺上读数）。同时应测定地面、地下的温度 $t_{上}$ 和 $t_{下}$。由此可求得 B 点高程：

$$H_B = H_A - \left[(m - n) + (b - a) + \sum \Delta l \right] \tag{13-28}$$

式中，$\sum \Delta l$ 为钢尺改正数总和（包括尺长改正、温度改正、拉力改正、自重伸长改正）。其中钢尺温度改正计算时应采用井上、井下实测温度的平均值。钢尺自重伸长改正计算公式为：

$$\Delta l = \frac{\gamma}{E} l \left(L - \frac{l}{2} \right) \tag{13-29}$$

式中，$l = m - n$；L 为钢尺悬挂点至重锤端点间长度，即自由悬挂部分的长度；γ 为钢尺的比重（$\gamma = 7.8 \text{g/cm}^3$）；$E$ 为钢尺的弹性模量（一般取为 $2 \times 10^6 \text{kg}$）。

图 13-12　用长钢尺导入高程示意图

13.4.2.2　钢丝法导入高程

用长钢丝导入高程，一般随几何定向一起进行。长钢丝导入高程的过程基本同长钢尺法，但因长钢丝无尺寸标记，因此在地面以下观测钢丝时，需要在钢丝上作出记号，然后在地面选一平坦区域，加悬挂时的重量将钢丝拉开，量测两记号间的长度（应注意加入各项改正）。

13.4.2.3　光电测距仪导入高程

采用光电测距仪导入高程时，在井口附近的地面上安置光电测距仪，在井口和井底分别安置反射镜，井上的反射镜与水平面成 45°夹角，井下的反射镜处于水平状态，用光电测距仪分别测量出仪器中心至井上和井下反射镜距离 L、S，同时测定井上、井下的温度及气压。则井上和井下反射镜间高差可按下式计算：

$$h = S - L + \Delta l \tag{13-30}$$

式中，Δl 为光电测距仪的总改正数。

然后用水准仪测量出井上、井下反射镜中心与地面、地下水准点间的高差，可计算出水准点的高程。

13.5　陀螺仪定向原理及应用

13.5.1　概述

陀螺经纬仪是一种将陀螺仪和经纬仪结合在一起的仪器。它利用陀螺仪的物理特性及地球自转影响，实现自动寻找真北方向从而测定地面和地下工程中测站到目标点的大地方位角，即测站到目标点方向与真北方向间的角度。在地理南北纬度不大于 75°的范围内，它可以不受时间和环境等条件限制，实现快速定向。

陀螺特性的发现与应用始于中国西汉末年，法国人 L. Foucault 于 1852 年制造了第一台陀螺仪，命名为 Gyroscope；德国人 M. Schuler 在 1908 年首次制成单转子液浮陀螺仪，用于军事和航海；1949 年德国 Clausthal 矿业学院的 O. Rellensmann 研制了 MW1 型子午线指示仪，并于 1958 年研制出 KT-1 陀螺经纬仪。此后几十年间，世界各国先后开展了陀螺经纬仪的研制工作，相继生产出多种产品，可分为液体漂浮式、下架悬挂式、上架悬挂式和磁悬浮式四种类型。

液体漂浮式陀螺经纬仪的陀螺转子装在封闭的球形浮子中，采用液体漂浮电子磁定中心，陀螺转子由空气压缩涡轮机带动三相交流电机供电，仪器重达几百千克，一次定向需几小时，陀螺方位角一次测定中误差为±(1'~2')。

下架悬挂式陀螺经纬仪是利用金属悬挂带把陀螺房悬挂在经纬仪空心轴下，悬挂带上端与经纬仪的壳体固连；采用导流丝直接供电，附有携带式蓄电池组和晶体变流器。下架悬挂式陀螺经纬仪在定向精度、定向时间及仪器的重量上有很大改进。

上架悬挂式陀螺经纬仪是用金属丝悬挂带把陀螺转子(装在陀螺房中)悬挂在灵敏部的顶端，灵敏部可稳定地连接在经纬仪横轴顶端的金属桥形支架上，不用时可取下，灵敏部相当于经纬仪的一个附件，是一种改进。

磁悬浮陀螺全站仪采用磁悬浮支承技术取代了传统陀螺的悬挂带支承技术，可全天候、全天时独立测定任意测线真北方位角，同时具有测角测距的功能，可实现数据采集、记录、处理、显示与传输的自动化。

13.5.2 陀螺仪的基本特性

能绕其质量对称轴高速旋转的物体称为陀螺。陀螺仪主要由一个匀质转子构成，转子的质量集中在边缘上，可绕其质量对称轴高速旋转，其转速可达每分钟 20000 转左右。

按陀螺仪转子所具有的自由度数目划分，可分为三自由度陀螺仪和二自由度陀螺仪。陀螺仪有三个相互垂直的轴：陀螺转子轴(也称旋转轴) X，垂直于转子轴的水平轴 Y 和垂直轴 Z，三轴交于一点，称转子的支架点或陀螺仪的中心点，能绕三个轴旋转的陀螺仪称三自由度陀螺仪，若陀螺仪的中心点与陀螺的重心重合，称平衡陀螺仪，不受任何外力矩作用的三自由度陀螺仪称自由陀螺仪。转子轴只能绕转子轴 X 和水平轴 Y 旋转的陀螺仪称二自由度陀螺仪。

自由陀螺仪的转子在高速旋转时具有以下两个基本特性：

(1)在无外力矩作用时，陀螺仪的旋转轴始终指向其初始恒定方向，称为定轴性；

(2)受外力矩作用时，陀螺仪的旋转轴将按一定的规律产生进动，称为进动性。

陀螺仪的两个基本特性可以利用动量矩定理来解释：根据动力学中的动量矩定理，即外力矩 $\bar{M}$ 等于动量矩 $\bar{H}$ 对时间 t 的导数

$$\bar{M} = \frac{\mathrm{d}\bar{H}}{\mathrm{d}t} \tag{13-31}$$

式中，$\bar{H}$ 为陀螺转子动量矩矢量。由上式可知，当 $\bar{M}=0$，即没有外力矩作用时，陀螺转子动量矩 $\bar{H}$ 为一常量，其大小以及在空间所指方向不变，这就是陀螺仪的定轴性。当 $\bar{M} \neq 0$，即有外力矩作用在陀螺仪上时，由于外力矩不会改变陀螺转子的转速，其动量矩的大小保持不变，而动量矩的变化是方向发生改变，这就是陀螺仪的进动性。

13.5.3 陀螺经纬仪定向原理

13.5.3.1 地球自转及对悬挂式陀螺仪的作用

从地球的北极看,地球是绕其旋转轴逆时针方向旋转,旋转角速度矢量 ω_E 沿旋转轴指向北端(见图13-13)。地球上的物体也随着地球转动,对纬度为 φ 的地面点 A , ω_E 与当地的水平面成 φ 角,且位于当地的子午面内。为便于说明问题,可将 ω_E 分解为沿子午线方向的水平分量 ω_1 和沿铅垂方向的垂直分量 ω_2 。 ω_1 表示地平面在空间绕子午线旋转的角速度,该旋转造成地平面东降西升,使地球上的观测者感到太阳和其他星体的高度发生变化。 ω_2 表示子午面在空间绕铅垂线旋转的角速度,该运动使子午线的北端向西移动,使地球上的观测者感到太阳和其他星体的方位发生变化。由图13-13(a)可得:

$$\begin{cases} \omega_1 = \omega_E \cos\varphi \\ \omega_2 = \omega_E \sin\varphi \end{cases} \tag{13-32}$$

(a)   (b)

图 13-13 地球自转角速度分量示意图

为了进一步说明地球旋转角速度对悬挂式陀螺仪的影响,我们把 ω_1 再分解成为两个互相垂直分量 ω_3 (沿 Y 轴)和 ω_4 (沿 X 轴)。 ω_3 表示地平面绕 Y 轴旋转的角速度, ω_4 表示地平面绕陀螺仪转子轴 X 旋转的角速度,由图3-13(b)可得

$$\begin{cases} \omega_3 = \omega_E \cos\varphi \sin\alpha \\ \omega_4 = \omega_E \cos\varphi \cos\alpha \end{cases} \tag{13-33}$$

ω_4 对陀螺仪旋转轴在空间的方位没有影响,不需考虑, ω_3 对陀螺仪 X 轴的进动有影响,称地球自转有效分量,它使陀螺仪旋转轴对于地平面高度发生变化,当陀螺仪旋转轴在子午线以东时,其向东的一端相对于地平面上升,向西的一端下降。

假设陀螺仪 X 轴在某一时刻其正端位于子午线以东,与地平面平行,陀螺仪的转子高速旋转并处于自由悬挂状态。此时陀螺房上的悬重 Q 对 X 轴不产生重力矩,所以对陀螺仪旋转轴的方位没有影响。但在下一时刻,由于地平面以角速度 ω_3 绕 Y 轴旋转,而高

速旋转的陀螺具有定轴性，从而使 X 轴与地平面不再平行。因此悬重 Q 对 X 轴正端产生重力矩，该重力矩的矢量方向指向 Y 轴正端，使 X 轴正端产生进动，依据右手定则，X 轴的进动方向朝向子午面。其进动角速度为

$$\omega_p = \frac{M}{H}\sin\theta = \frac{Ql}{H}\sin\theta \qquad (13\text{-}34)$$

当陀螺仪 X 轴正端位于子午线以西时，X 轴的进动方向也朝向子午面。因此悬挂式陀螺仪在地球自转有效分量 ω_3 的影响下，其主轴 X 总是向子午面方向进动。

13.5.3.2　陀螺仪旋转轴对子午面的相对运动

由于地球自转垂直分量 ω_2 的影响，子午面在不断地变换位置，造成陀螺仪旋转轴与子午面之间产生相对运动。下面结合图 13-14 说明陀螺仪旋转轴与子午面之间的相对运动过程。

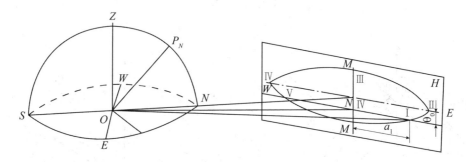

图 13-14　陀螺仪旋转轴对子午面的相对运动

图中 SZN 面为子午面，$ESWN$ 面表示地平面，竖直投影面 H 垂直于子午面。H 面内的纵轴为子午面的投影，表示陀螺仪旋转轴正端对地面倾角 θ 的变化量。横轴为地平面的投影，表示陀螺仪旋转轴正端偏离子午面角度 α 的变化量。假设初始状态时陀螺仪旋转轴正端位于子午面以东，方位角为 α_1 且 $\theta=0$（图中的 I 点），此时 $\omega_P=0$（见式（13-34））。随后，由于地球自转有效分量 ω_3 的作用，陀螺仪旋转轴正端相对于地平面仰起（$\theta>0$），陀螺仪旋转轴开始进动。但此时进动角速度 ω_p 小于子午面在空间绕铅垂线旋转的角速度 ω_2，因此，α 角仍在增大。当陀螺仪旋转轴的进动角速度 ω_p 与角速度分量 ω_2 相等时，$\theta=\theta_0$（补偿角），此时 α 角达到最大值（图中的 II 点），该点称为东逆转点。此后，随着 θ 角的增大，使 $\omega_p > \omega_2$，α 角在逐渐减小。当 $\alpha=0$，即陀螺仪旋转轴回到子午面内（图中的 III 点））时，θ 角达到最大值，ω_p 也达到最大值，陀螺仪旋转轴将超过子午面向西进动。由于地球自转有效分量 ω_3 的作用，西边地平面相对于陀螺仪旋转轴正端抬高，使 θ 角在逐渐减小。当到达图中的 IV 点时（$\theta=\theta_0$，$\omega_p=\omega_2$），$|\alpha|$ 达到最大值，称该点为西逆转点，随后 θ 开始小于 θ_0，$\omega_p<\omega_2$，α 角逐渐减小，直到图中的 V 点，该点 $\theta=0$，$\omega_p=0$。随着地平面西半部的继续上升，陀螺仪旋转轴正端低于水平面，重力矩出现负值，陀螺仪旋转轴正端开始向东进动。由于负端 θ 角的绝对值越来越大，陀螺仪旋转轴正端向东进动的速度越来越快，重新回到子午面内（图中的 VI 点），并继续向东进动，形成以子午面为中心的简谐摆动，其轨迹为一很扁的椭圆。

13.5.3.3 陀螺经纬仪的基本结构

陀螺经纬仪是由陀螺仪、经纬仪、陀螺电源三部分组成(见图 13-15)。

图 13-15　陀螺仪基本结构图

悬挂式陀螺仪由以下几部分组成:

(1)灵敏部:包括导流丝、悬挂带、陀螺马达、陀螺房和反光镜等。

(2)光学观测系统(用来观测和跟踪灵敏部的摆动)。

(3)锁紧限幅机构(用于陀螺灵敏部的锁紧和限幅)。

(4)陀螺仪外壳(用于防止外部磁场的干扰)。

经纬仪则比普通经纬仪增加了一个定位连接装置。陀螺电源由蓄电池组、充电器、逆变器等组成。

13.5.3.4 陀螺经纬仪的定向测量作业过程

(1)在地面已知边上测定仪器常数。由于陀螺仪旋转轴与望远镜光轴及观测目镜分划板零刻划线所代表的光轴因安装或调整不完善,使上述三轴不在同一竖直面中,所以陀螺仪旋转轴的稳定位置通常不与地理子午线重合。二者的夹角称为仪器常数(用 Δ 表示)。如果陀螺仪稳定位置位于地理子午线的东边,Δ 为正;反之,则为负(见图 13-16)。

进行陀螺定向时,首先在地面已知边上测定仪器常数,即在已知边上测定陀螺方位角 m_0,然后与已知的地理方位角 A_0 比较,按(13-35)式求出仪器常数 Δ:

$$\Delta = A_0 - m_0 \tag{13-35}$$

(2)在待定边上测定陀螺方位角 m,则定向边的地理方位角 A 为:

$$A = m + \Delta \tag{13-36}$$

测定待定边陀螺方位角应独立进行两次,并进行检核。

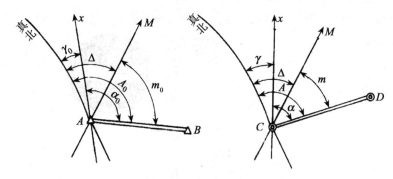

图 13-16　陀螺仪定向示意图

（3）在地面上重新测定仪器常数。待定边陀螺方位角测完后，应在地面已知边上重新测定仪器常数。前后两次测定的仪器常数应符合要求，然后求出仪器常数的最或是值。

（4）求算待定边的坐标方位角。一般地面已知边测定的是坐标方位角 α_0 ，而井下定向边需要求算的也是坐标方位角 α ，而不是地理方位角 A ，因此还需要求算子午线收敛角 γ 。

地理方位角和坐标方位角的关系为：

$$A_0 = \alpha_0 + \gamma_0 \tag{13-37}$$

子午线收敛角 γ 的符号，在中央子午线以东为正，以西为负。

$$\Delta = A_0 - m_0 = \alpha_0 + \gamma_0 - m_0 \tag{13-38}$$

待定边的坐标方位角则为：

$$\alpha = A - \gamma = m + \Delta - \gamma \tag{13-39}$$

若将式（13-38）的仪器常数值 Δ 代入上式，则可写出：

$$\alpha = \alpha_0 - (m_0 - m) + \delta_\gamma \tag{13-40}$$

式中，$\delta_\gamma = (\gamma_0 - \gamma)$ 表示地面已知边和待定边的子午线收敛角的差数，可按下式求得：

$$\delta_\gamma = \mu(y_0 - y) \tag{13-41}$$

式中，δ_γ 的单位为秒，$\mu = 32.23\tan\varphi$（当地面已知边和待定边的距离不超过 5~10km，纬度小于 60° 时采用）；φ 为当地的纬度；y_0 和 y 为地面已知边和待定边端点的横坐标（km）。

13.5.3.5　精密定向

在精密测定已知边或待定边的陀螺方位角之前，必须把经纬仪望远镜视准轴置于近似北方，即进行粗略定向。粗略定向的方法有罗盘法、已知方位角法、两逆转点法、四分之一周期法等。

精密定向就是精确测定已知边和定向边的陀螺方位角。精密定向方法可分为逆转点法及中天法两大类。

由于全自动陀螺仪技术（如 Gyromat2000 陀螺经纬仪，GAT-08 磁悬浮陀螺全站仪）的发展，在无需人工干预的情况下可快速高精度地实现自动定向观测，故上述精密定向方法在此不再赘述。下面着重介绍由我国长安大学与中国航天时代电子公司所研制的 GAT 磁悬浮陀螺全站仪。

13.5.4 高精度磁悬浮陀螺全站仪定向原理及应用

GAT 磁悬浮陀螺全站仪是一种具有全天候、全天时独立测定任意测线真北方位角的陀螺定向仪器。如图 13-17 所示即为 GAT 陀螺全站仪，其中陀螺仪部分通过采用磁悬浮支承技术取代了传统陀螺的悬挂带支承技术，从根本上解决了悬挂带易断裂以及扭力矩影响的问题，最大限度地减小了干扰力矩对寻北精度的影响。

13.5.4.1 GAT 陀螺全站仪的工作原理

1. 系统结构组成

如图 13-18 所示为 GAT 陀螺仪的系统结构图，其主要结构部件有电感线圈①、磁浮球②、连接杆③、陀螺马达④、力矩器⑤。

图 13-17　GAT 磁悬浮陀螺全站仪

图 13-18　GAT 磁悬浮陀螺仪系统结构图

2. 磁悬浮陀螺寻北过程

当陀螺需要进行寻北定向时，电感线圈首先通电，电感线圈和磁悬浮球结构参见图 13-19。在电磁场的作用下磁浮球被向上拉起，在连接杆的传动作用下，陀螺马达也被拉起，陀螺灵敏部处于悬浮状态；在指向力矩的作用下，陀螺旋转轴开始向子午线方向逼近，但是在底部力矩器施加的反向力矩作用下使陀螺旋转轴达到平衡状态，固定在某一静止位置，此时力矩器施加的反向力矩与指向力矩大小相等、方向相反。通过反复观测力矩器测量的力矩值，得到海量力矩观测数据，根据指向力矩公式：

$$M = H \times \omega_E \cos\varphi \sin\alpha \qquad (13\text{-}42)$$

式中，M 为指向力矩；H 为陀螺角动量；ω_E 为地球自转角速度；φ 为测站点纬度；α 为陀螺旋转轴的北向偏角，据此即可推算陀螺旋转轴的北向偏角

$$\alpha = \arcsin \frac{M}{H \times \omega_E \cos\varphi} \qquad (13\text{-}43)$$

同时，为了消除系统性干扰力矩和水平测角系统偏心的误差影响，系统在进行完一个位置的寻北过程后，将陀螺旋转轴回转180°，从倒镜位置再次进行寻北测量，最后根据两个位置的寻北力矩计算陀螺旋转轴的北向偏角，计算公式如下：

$$\alpha = \arcsin \frac{M_1 - M_2}{H \times \omega_E \cos\varphi} \tag{13-44}$$

陀螺寻北测量结束后，水平测角系统即可给出真北方向与陀螺内部固定轴线方向的夹角。如图13-19所示。OT为陀螺确定的真北方向；OM为陀螺内部固定轴线方向；OL为全站仪水平度盘零位方向；OC为全站仪望远镜照准目标的测线方向。

陀螺寻北测量结束后即可确定出$\angle TOM$，并通过串口输出角度测量值；再利用全站仪照准目标方向，依据方向法测量要求，测量目标方向与全站仪水平度盘零位的夹角$\angle LOC$，于是

$$\angle TOM + \angle MOL + \angle LOC + \Delta_{仪} = A_{真} = \alpha + \gamma \tag{13-45}$$

这样，我们可以通过在已知测线上与$\alpha + \gamma$比对，从而确定

$$\angle MOL + \Delta_{仪} = \alpha + \gamma - \angle TOM - \angle LOC \tag{13-46}$$

上面公式中，$A_{真}$为真北位角，$\Delta_{仪}$为陀螺仪常数，γ为子午线收敛角。$\angle MOL$在仪器出厂时通过仪器常数的标定，可以将其限定为一个很小的值，即通过度盘配置的方法使全站仪的水平度盘零位与陀螺内部的固定轴线方向重合，从而使$\angle TOM + \angle LOC$即为陀螺方位角。

13.5.4.2　GAT磁悬浮陀螺全站仪的技术特点

1. 磁悬浮支承技术

目前，国内外绝大多数陀螺经纬仪（全站仪）采用悬挂带支承技术，而悬挂带的性能（弹性极限、抗拉强度、弹性后效、耐腐蚀性、弹性模量的温度系数以及磁性等）将直接影响到陀螺的寻北精度。此外，悬挂带的零位稳定性、使用寿命以及运输后立即测量的精度保证也是目前国内此类陀螺仪的瓶颈问题。

高精度磁轴承在实际中逐渐得到应用。相对而言，磁悬浮技术具有较高的系统设计难度，但其技术特点更适合为整机提供优良的输出环境，可以为陀螺寻北过程实现自动化提供保证。如图13-20所示为GAT陀螺全站仪寻北本体部分的磁悬浮系统设计原理图。当磁悬浮线圈通电后，产生的磁力便会使陀螺灵敏部整体上浮，并处于悬浮状态。

图13-19　电感线圈和磁悬浮球结构示意图

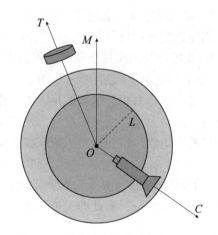

图13-20　GAT磁悬浮陀螺全站仪定向原理示意图

由于陀螺灵敏部在寻北过程中处于无接触的悬浮状态，解决了传统机械轴承所带来的摩擦干扰问题，并且也延长了陀螺的使用寿命。

2. 测量稳定性技术

陀螺全站仪的稳定性主要体现在仪器常数的稳定性，而仪器常数的稳定性包括两个方面，一是长期稳定性，即较长的时间内仪器常数的变化量的大小；二是短期稳定性，主要是仪器的运输适应性以及随机架设精度。为了保证仪器的运输适应性，当陀螺本体处于非工作状态时，采用50牛顿的力将陀螺转子部分固定，以保证其中的结构原件不会因为运输过程中的颠簸而受到损害。

陀螺电机转速的稳定性也是影响陀螺寻北精度的因素之一，为控制陀螺电机转速的稳定性，在设计中对其供电系统采用电流反馈、电压反馈和转速反馈的方法实现了陀螺电机高速稳定转动的目的。

在仪器的结构稳定性设计方面，采用高精度配对轴承，减少摩擦力矩波动性；敏感组件及随动壳体之间采用导电游丝完成电信号的连接，导电游丝采用较稳定的青铜丝合金并经过稳定性处理，从而保证了其微力矩的稳定性。此外，在陀螺本体中充入氮气，外部采用硅胶密封；陀螺房内充入氮气，以此提高系统整体的稳定性，也可以保护内部元器件，延长整机使用寿命。

对于民用领域，例如矿山、隧道系统中应用的一些磁性材料和元件以及电子器件如果不加抗电磁干扰处理很难保证其在受到电磁干扰时工作的可靠性。为此对整机的抗电磁干扰能力进行了分析，并做出相应措施，以消除外界电磁场对其精度造成的影响，如对接插件及电源板采取屏蔽措施、采用软磁材料构造成内部屏蔽罩等。

3. 快速定向与测量自动化

为满足地下工程建设的要求，在保证定向测量精度的同时必须提高陀螺寻北的速度，提高工作效率。GAT陀螺全站仪主要采用光电力矩式寻北法，在8分钟的时间里快速采集4万组力矩观测数据，并以此计算出陀螺马达轴线方向与地理子午线北方向的夹角，整个寻北过程方便、快捷，无需人工干预，完全避免了传统陀螺定向过程中零位观测、陀螺下放和人工跟踪读数的繁琐过程。GAT陀螺全站仪借助于全站仪的WindowsCE操作系统，实现了陀螺本体与全站仪之间的数据通讯，将陀螺定向成果传输到全站仪，并直接参与定向计算，整个定向过程完全实现了可视化、自动化。

GAT高精度磁悬浮陀螺全站仪将磁悬浮技术、回转技术、无接触式光电力矩反馈技术和精密测角、测距技术集于一体，具有精度高、速度快、寿命长、自动化程度高和操作简便等优点。

13.5.4.3 GAT陀螺全站仪的应用

2010年5月23日，用GAT高精度磁悬浮陀螺全站仪(标称定向精度为5″)对某煤矿主巷道内测线2NF7→2NF8进行了陀螺定向测量。该仪器寻北过程在8分钟内即可完成，无需人工干预，实现了寻北过程的快速、自动化。将寻北过程中采集的4万组数据实时传输到外接数据存储设备中，在后期数据处理的过程中，可以通过对这些数据的分析，判断数据的质量、提高数据成果的可靠性；也可以通过滤波等方法对粗差数据进行剔除，以提高数据测量精度。

陀螺仪全站仪定向测量过程如下：

(1)在地面已知边上测定陀螺方位角，求得仪器常数。根据该测区的地理位置，在实测过程中输入的纬度值为：39.0°。仪器常数的测定，选取地面控制网中 NF02→NF03 已知边进行仪器常数标定。已知边坐标方位角为：202°37′39″，计算的子午线收敛角 $\gamma_0 = -0°29′51″$，$\gamma = -0°29′39″$。实测数据见表13-4。

表 13-4   地面已知边测定的陀螺方位角

测线	N	Z		陀螺方位角 m_0
		盘左	盘右	
NF02→NF03	358°29′18″	203°38′18″	23°38′09″	202°07′31″
		203°38′14″	23°38′11″	
	358°29′18″	203°38′18″	23°38′11″	202°07′32″
		203°38′13″	23°38′12″	

根据 $A_0 = \alpha_0 + \gamma_0$，可得地面测线"NF02→NF03"的真北方位角为：

$$A_{\mathrm{NF02 \to NF03}} = 202°37′39″ - 0°29′51″ = 202°07′48″$$

由 $\Delta = A_0 - m_0$，结合陀螺的地面定向成果，可计算陀螺仪器常数：

$$\Delta = A_0 - m_0 = 202°07′48″ - 202°07′31.5″ = 0°00′16.5″$$

(2)井下导线边定向测量。根据现场采集数据，井下定向边 2NF7→2NF8 各测回陀螺精寻北采样数据的散点图，如图13-21所示。

寻北结果：359° 52′ 22″

寻北结果：359° 52′ 22″

图 13-21   采样数据的散点图

从上述数据散点图可以看出，在井下 2NF7→2NF8 这条陀螺定向边采集的数据分布较为均匀，无明显的外界振动干扰，数据质量及成果可靠，再通过全站仪测量，可得井下定向边各测回的陀螺定向方位角如表 13-5 所示。

（3）计算井下定向边上的坐标方位角。将上述计算得到的仪器常数，配合井下定向边的陀螺定向成果，可得井下定向边的真北方位角：

$$A = m + \Delta = 183°01'09.5'' + 0°00'16.5'' = 183°01'26''$$

由公式 $\alpha = A - \gamma$ 可以计算井下定向边的坐标方位角：

$$\alpha = A - \gamma = 183°01'26'' + 0°29'39'' = 183°31'05''$$

表 13-5　　　　　　　　　　井下定向边各测回的陀螺方位角

测线	N	Z		陀螺方位角 m
		盘左	盘右	
2NF7→2NF8	359°52'22''	183°08'50''	3°08'42''	183°01'08''
		183°08'48''	3°08'45''	
	359°52'25''	183°08'50''	3°08'42''	183°01'11''
		183°08'48''	3°08'45''	

13.6　隧道施工测量与竣工测量

隧道施工测量的主要任务是：在隧道施工过程中标定掘进方向（包括中线法、串线法、激光指向仪法和腰线法），检查工程进度，计算土石方量进行贯通误差测量和调整，竣工测量和施工期的变形监测等。

13.6.1　隧道施工测量

隧道施工有全断面开挖法和导坑开挖法，在开挖过程中，除了要随时检查工程进度，计算土石方量外，最重要的是标定隧道的掘进方向，对于直线隧道，平面上掘进方向的标定有中线法、串线法和激光指向仪法，全断面开挖法施工通常采用中线法，导坑开挖法施工时，因精度要求较低，一般可采用串线法，但都将逐渐被激光指向仪法所取代。对于曲线隧道，主要用导线测量加全站仪极坐标法。竖面上掘进方向的标定则采用水准仪加腰线法。无论是哪一种测量和方法，都离不开洞内导线或高程控制测量。

13.6.1.1　平面上掘进方向的标定

1. 中线法

图 13-22 中，P_1、P_2 为导线点，C 为隧道中线点，已知 P_1、P_2 的实测坐标、C 的设计坐标（按其里程及隧道中线的设计方位角计算）和隧道中线的设计方位角，可按(13-47)式计算出放样中线点 C 的数据 β_2、β_C 和 L。

图 13-22　中线标定隧道中线的示意图

$$\alpha_{P_2C} = \arctan \frac{Y_C - Y_{P_2}}{X_C - X_{P_2}}$$

$$\beta_2 = \alpha_{P_2C} - \alpha_{P_2P_1}$$

$$\beta_C = \alpha_{CD} - \alpha_{CP_2}$$

$$L = \frac{Y_C - Y_{P_2}}{\sin\alpha_{P_2C}} = \frac{X_C - X_{P_2}}{\cos\alpha_{P_2C}}$$

(13-47)

将仪器安置在导线点 P_2 上,用盘左后视 P_1,拨角度 β_2,在视线方向上丈量距离 L,即得中线点 C_1,盘右可得 C_2,取 C_1、C_2 的中点即得点 C。在 C 点上埋设与导线点相同的标志,并重新测定其坐标。将仪器安置于 C 点,后视 P_2,拨角 β_C,即得中线方向。随着开挖面推进,C 点距开挖面越来越远,这时需要将中线点向前延伸,埋设新的中线点,其标设方法同前。

2. 串线法

串线法是利用悬挂在两临时中线点上的垂球线,直接用肉眼来标定开挖方向。首先需用类似前述设置中线点的方法,在导坑顶板或底板上设置三个临时中线点 B、C、D,两临时中线点的间距不宜小于 5m,标定开挖方向时,在三点上悬挂垂球线,一人在 B 点指挥,另一人在工作面持手电筒(可看成照准标志),使其灯光位于中线点 B、C、D 的延长线上,然后用红油漆标出灯光位置,即得隧道中线。利用这种方法延伸中线方向时,误差较大,所以 B 点到工作面的距离不宜超过 30m,曲线段不宜超过 20m。当工作面向前推进超过 30m 后,应向前再测定两临时中线点,继续用串线法延伸中线,指示开挖方向。

随着开挖面的不断向前推进,中线点也应随之向前延伸,地下导线也紧跟着向前敷设,为保证开挖方向的正确,必须随时根据导线点来检查中线点和纠正开挖方向。

3. 激光指向仪法

在直线隧道(巷道)建设施工中,有的单位采用激光指向仪进行指向与导向。由于激光束的方向性良好,发射角很小,能以大致恒定的光束直线传播相当长的距离,因此它成为地下工程施工中一种良好的指向工具。我国生产的激光指向仪,从结构上来说,一般都采用将指向部分和电源部分合装在一起,指向部分通常包括气体激光器(氦氖激光器)、聚焦系统、支架、整平和旋转指向仪用的调整装置。由激光器发射的激光束经聚焦系统后发出一束大致恒定的红光,测量人员将指向仪配置到所需的开挖方向后,施工人员即可自己随时根据指向需要,开启激光电源找到掘进开挖方向。

对于曲线隧道掘进时，隧道中线点是随导线测量测设，而供衬砌时使用的临时中线点是根据中线点加密，一般采用全站仪极坐标法测设。

13.6.1.2　竖面上掘进方向的标定

在隧道开挖过程中，除标定隧道在水平面内的掘进方向外，还应定出坡度，以保证隧道在竖直面内正确贯通。隧道竖直面掘进方向标定通常采用腰线法。所谓腰线是用来指示隧道在竖直面内掘进方向的一条基准线，通常标设在离开隧道底板一定距离的帮上。

如图 13-23 所示，A 为已知的水准点，C、D 为待标定的腰线点，标定腰线点时，应在适当位置安置水准仪，后视水准点 A，可得到视线的高程，根据隧道的坡度以及 C、D 的里程，可计算出两点的高程，并求出 C、D 点与仪器视线间的高差 Δh_1 和 Δh_2，由仪器视线向上或向下量取 Δh_1、Δh_2，即可标出腰线点 C、D 点的位置。

图 13-23　腰线标定示意图

13.6.2　隧道贯通误差的测定与调整

隧道贯通误差的测定是一项重要的工作，隧道贯通后要及时地测定实际偏差，以对贯通结果作出最后评定，验证贯通误差预计的正确程度，总结贯通测量方法和经验，若贯通偏差在设计允许范围之内，则认为贯通测量工作成功地达到了预期目的。若存在着贯通偏差，将影响隧道(巷道)断面的修整、扩大、衬砌和轨道铺设工作的进行。因此，应该采用适当方法对贯通后的偏差进行调整。

13.6.2.1　实际贯通偏差的测定方法

（1）采用中线法指向开挖的隧道，贯通之后，应从相向开挖的两个方向各自向贯通面延伸中线，并各钉一临时桩 A、B(见图 13-24)。丈量出两临时桩 A、B 之间的距离，即得隧道的实际横向贯通误差，A、B 两临时桩的里程之差，即为隧道的实际纵向贯通误差。

（2）采用地下导线作洞内控制的隧道，可在贯通面附近钉设一临时桩点，然后由相向的两个方向对该点进行测角和量距，各自计算临时桩点的坐标。这样可以测得两组不同的坐标值，其 Y 坐标的差值即为实际的横向贯通误差，其 X 坐标之差为实际的纵向贯通误差。在临时桩上安置经纬仪测出角度 α，如图 13-25 所示，以便求得导线的角度闭合差（也称方位角贯通误差）。

图 13-24　用中线法测定实际横向贯通偏差

图 13-25　用导线法测定实际横向贯通偏差

（3）由隧道两端洞口附近的水准点向洞内各自进行水准测量，分别测出贯通面附近的同一水准点的高程，其高程差即为实际的高程贯通误差。

13.6.2.2　贯通误差的调整

测定贯通隧道的实际偏差后，需对贯通误差进行调整，调整贯通误差的工作，原则上应在隧道未衬砌地段上进行，不再牵动已衬砌地段的中线，以防减小限界而影响行车。在中线调整之后，所有未衬砌地段的工程，均应以调整后的中线指导施工。

1. 直线隧道贯通误差的调整

图 13-26　直线隧道贯通误差的调整

直线隧道中线的调整，可在未衬砌地段上采用折线法调整，如图 13-26 所示。如果由于调整贯通误差而产生的转折角在 5′ 以内时，可作为直线线路考虑。当转折角在 5′～25′ 时，可不加设曲线，但应以顶点 a、C 的内移量考虑衬砌和线路的位置。各种转折角的内移量如表 13-6 所列。当转折角大于 25′ 时，则应以半径为 4000m 的圆曲线加设反向曲线。

表 13-6　　　　　　　　　　　　　　各种转折角的内移量

转 折 角 （′）	内 移 量 （mm）
5	1
10	4
15	10
20	17
25	26

对于用地下导线精密测得实际贯通误差的情况，当在规定的限差范围之内时，可将实测的导线角度闭合差平均分配到该段贯通导线的各导线角，按简易平差后的导线角计算该段导线各导线点的坐标，求出坐标闭合差。根据该段贯通导线各边的边长按比例分配坐标

闭合差，得到各点调整后的坐标值，并作为洞内未衬砌地段隧道中线点放样的依据。

2. 曲线隧道贯通误差的调整

当贯通面位于曲线上时，可将贯通面两端各一中线点和曲线的起点、终点用导线联测得出其坐标，再用这些坐标计算交点坐标和转角 α ，然后在隧道内重新放样曲线。

3. 高程贯通误差的调整

贯通点附近的水准点高程，采用由贯通面两端分别引测的高程的平均值作为调整后的高程。洞内未衬砌地段的各水准点高程，根据水准路线的长度将高程贯通误差按比例分配，求得调整后的高程，并作为高程施工放样的依据。

13.6.3 隧道竣工测量

隧道竣工后，为检查主要结构及线路位置是否符合设计要求，应进行竣工测量。该项工作包括，隧道净空断面测量、永久中线点及水准点的测设。

隧道净空断面测量，应在直线段每 50m、曲线段每 20m 和需要加测断面处测绘隧道的实际净空断面。测量时均以线路中线为准，包括测量隧道的拱顶高程、起拱线宽度、轨顶水平宽度、铺底或抑拱高程(见图 13-27)。隧道净空断面测量除了人工测量方法外，还可使用便携式断面仪和激光扫描仪，激光扫描仪的速度快、精度高，还可用于施工期隧道的变形测量。

隧道竣工测量后，隧道的永久性中线点要埋设金属标志。采用地下导线测量的隧道，可利用原有中线点或调整后的中心点。直线上每 200m 至 250m 埋设一个，曲线上应在缓和曲线的起终点各埋设一个，在曲线中部，可根据通视条件适当增加。洞内水准点应每公里埋设一个，在隧道边墙上要画出永久性中线点和水准点的标志。

图 13-27　隧道净空
断面图

13.6.4 施工期的变形监测

地下工程在施工期间有变形监测的需要，应根据情况制定监测方案。在城市地铁施工期间，部分地段需要对地上建筑物、地面和隧道进行沉降观测和位移观测，在矿山工程建设中，有地表位移和沉降观测和部分井下、巷道工程的变形监测等，一般来说，沉降观测主要用水准测量方法，位移测量可采用全站仪、测量机器人和激光扫描仪等，参见本书第 7 章。

13.7　盾构自动引导测量和顶管施工测量

在城市地铁及地下管网建设中，常采用盾构法开挖和顶管施工技术。本节简要介绍盾构法开挖中的一种自动引导测量系统和顶管施工测量。

13.7.1　盾构自动引导测量系统

盾构法是地下工程暗挖法施工中用带防护罩的特制机械(盾构)在破碎岩层或土层中

掘进隧洞的一种全机械化施工方法。盾构机械在推进中，通过盾构外壳和管片支承围岩，防止发生往隧道内的坍塌，同时在开挖面前方用切削装置进行岩土开挖，通过出土机械运出洞外，靠千斤顶在后部加压顶进，并拼装预制混凝土管片，形成隧道结构的一种机械化施工方法。

盾构施工前的测量工作：采用联系测量将地面控制点传递到盾构井中，利用控制点测设出线路中线点和盾构安装时所需的点。测设值与设计值较差应小于 3mm。在盾构机下井前，应安装盾构机始发导轨，测设同一位置的导轨方向、坡度和高程，与设计值较差应小于 2mm。盾构机掘进实时姿态测量包括与线路中线的平面偏离、高程偏离、纵向坡度、横向旋转和切口里程，各项测量误差应满足有关规定。

盾构机安装的 SLS-T APD 导向系统能够对盾构在掘进中的各种姿态、盾构线路和位置关系进行精确的测量和显示。操作人员可根据导向系统提供的信息，实时对盾构的掘进方向及姿态进行调整，保证盾构沿设计方向掘进。隧道掘进软件是 SLS-T APD 的核心。提供盾构机的三维坐标和定向的动态信息。通过通信装置接收数据，隧道掘进软件计算的盾构机的方位和坐标，以图表方式显示，使盾构机的位置一目了然，如图 13-28 所示。SLS-T APD 导向系统由激光全站仪、激光定向仪、ELS 靶、工控机、显示器、调制解调器、通信装置和隧道掘进软件组成。系统中有 2 个托架，一个安置全站仪、一个安置后视棱镜，托架固定在管片右上方，和导向系统的激光靶同侧。

图 13-28　SLS-T APD 导向系统

为保证施工测量的精度，应及时进行测量复核，复核项目包括：

（1）地下导线的复测与延伸。

（2）托架坐标复核。导向系统需要 2 个托架，一个安置全站仪、一个安置后视棱镜，

338

托架固定在管片右上方，和导向系统的激光靶同侧。由于管片受水土压力、注浆压力、盾构掘进时的推力等的影响，存在变形，托架坐标是导线系统的基准，为保证托架坐标的准确性，要定期对托架坐标进行复测，如一周一次，特殊情况下，应随时复测，确保托架坐标的准确性。

(3)盾构机姿态复核。定期进行盾构机姿态的人工复核测量，将人工测量和导向系统显示的盾构机姿态进行比较，检查导向系统的准确性。

(4)衬砌环片姿态复测。主要包括衬砌环片环中心偏差、管片椭圆度和环的姿态测量。衬砌环片须 3~5 环测量一次，测量时每环都测量，并测定待测环的前端面。相邻衬砌环重合测定 2~3 环环片，以便检查环片有没有发生位移。环片中心偏差测量是将一只5m 长的铝合金尺(配水平尺)横在管片环内侧，移动铝合金尺使之水平，在铝合金尺中央2.5m 处垂直放置棱镜头，用全站仪直接测定棱镜中心坐标，与设计线路计算出该点的里程和偏移，若偏移为 0 时，说明环片中心与设计线路中心重合，并规定偏左为负，偏右为正。

(5)环片竖直偏差测量。使用 DSZ2 自动安平水准仪测出管片前沉底部高程，根据线路纵断面图推算该环环片里程的底部设计高程，实测高程与设计高程相比较，即环片竖直偏差值。

13.7.2 顶管施工测量

顶管施工技术是用掘进机头前方刀盘切削土体，后方千斤顶顶进管道，掘进机刀盘的转动与液压千斤顶的推进是同步进行的，顶进一定距离后，千斤顶回缩，再在工作井内装入新的管道，再顶进，如此重复，直到掘进头和管道到达接收井。顶管施工技术的主要特点是顶进速度快，最小的施工管径为 Φ200mm。管径在 2000mm 以下时，操作人员可以不进入机舱，在地表遥控。管道随千斤顶的顶进而移动。主要用于管径为 Φ4000mm 以下，Φ300mm 以上的地下管线施工。该设备能平衡地下水压力和土压力，能控制地表的隆起和沉降，具有激光导向纠偏功能，掘进速度可达 200mm/min 以上。但掘进(顶进)距离超过500m 时，则要在管道内加装液压中继站。

顶管设备的设计原理目前主要基于气压平衡、土压平衡和泥水平衡三大理论，利用这三种理论分别设计出三种顶管施工设备。本节以顶管自动引导测量系统为例，介绍顶管自动引导测量系统的原理、结构及其应用的情况。

顶管施工测量的目的在于测量出顶管机头当前的位置，并与设计管道轴线进行比较，求出机头当前位置的左右偏差(水平偏差)和上下偏差(垂直偏差)，以引导机头纠偏。为保证顶管施工质量，机头位置偏差必须加以限制，因此纠偏要及时，做到"随测随纠"。

目前国内顶管大多为直线顶管，由于距离近，在工作井内能与机头直接通视，因此测量机头的位置比较简单，在工作井内安置经纬仪和水准仪，或激光指向仪，并在机头内安置测量标志，就可以随时测量机头的位置及其偏差。

最近几年，在特殊情况下，进行了曲线顶管。由于距离远，这时在工作井内不能与机头通视，井下安置的仪器无法直接测量机头的位置，必须用导线测量的方法在管道内逐站测量至机头，以求出机头的位置偏差(如图 13-29 所示)。

图 13-29　顶管工程导线控制机头示意图

13.7.2.1　曲线顶管施工测量解决方案

在管道中进行人工导线测量作业条件差，操作困难，测量时顶管必须停止，占用时间多，当进行 4 站的管道测量时，一般用时 2~3 小时。

管道内的导线点随顶管一起移动，每次测量都必须由井下开始全程进行，要做到"随测随纠"，相当困难。

曲线顶管，尤其是小半径的曲线顶管，机头的控制更加困难，更加要求及时纠偏，因此测量频率更要提高，难以满足。

解决曲线顶管施工测量存在的问题必须改变人工测量的落后方法，采用自动测量的技术。为此，必须采用顶管自动引导测量系统指导施工。

13.7.2.2　顶管自动引导测量系统的测量原理

自动引导测量系统是一种按支导线测量原理建立的自动化测量系统。如图 13-30 所示，T_1、P_L、P_R 为已知点，T_2、T_3、T_4 为过渡的导线点，P_1、P_2 为导线支点（设置于顶管机头内）。

图 13-30　自动引导测量系统

与传统导线测量不同的是,自动引导测量系统在 T_1、T_2、T_3、T_4 同时架设全站仪(如 TCA1800)和圆棱镜,每台全站仪与计算机连接,在其控制下,各全站仪按测量程序自动有序地测量各点上的角度及边长,并传给计算机处理。由于机头中心 P_0 无法安置棱镜,其坐标须由 P_1、P_2 归算。将计算结果和设计轴线比较并在计算机上显示机头中心 P_0 相对于设计轴线的左右、上下偏差、机头旋转角、10 米内机头中心轨迹的图形以及测量时的里程、时间等信息。整个测量过程自动进行,每测量一次,约需 5 分钟。

13.7.2.3 顶管自动引导测量系统的构成

按 4 站导线测量的方式构成的自动引导测量系统配置如图 13-30 所示。

(1)在每一个导线点上安置一台自动全站仪,需要配置 4 台全站仪。

(2)在后视点 P_L、P_R 和机头 P_1、P_2 点及各导线点上安置棱镜,需要 8 只棱镜。

(3)在每一个导线点上棱镜必须固定于全站仪的手柄上,并且使棱镜中心和全站仪的旋转中心位于同一垂线上,这由棱镜接合器来完成,需要 4 套棱镜接合器。

(4)要有一台计算机,由它控制各台全站仪的测量并进行数据的收集和处理。

(5)系统通讯设备,计算机及各台全站仪必须有一台信号控制箱,需要 5 台,以及计算机、计算机控制箱、全站仪控制箱、全站仪的通信电缆 1000m。控制箱同时供给全站仪及 AD-12 自动整平基座 12V 直流电。

(6)在管道内的导线点(测站)上必须安置 AD-12 自动整平基座,需要 3 台。

13.7.2.4 顶管自动引导测量系统的测量精度分析

在顶管施工中,要求横向(左右)贯通误差必须 ≤10cm,高程(上下)误差容易控制,因此这里仅分析自动测量成果横向误差的大小。

横向误差主要由角度测量引起,距离测量主要影响纵向误差,在贯通测量中可以不必考虑。

使用 TCA1800 全站仪一测回方向测量中误差 $m_方 = \pm 1''$,则一测回角度测量中误差为 $\sqrt{2} m_方$,自动测量系统以半测回进行角度测量,则半测回角度测量中误差为 $m_\beta = \sqrt{2}\sqrt{2} m_方 = \pm 2''$,所以按直伸支导线方式,求得自动引导测量系统导线端点(机头)的横向误差为

$$m_{u_1} = \sqrt{\frac{n + 1.5}{3}} \cdot \frac{m_\beta S}{\rho} = \pm 1.31\ cm$$

式中,S 为支导线长度,这里将其设定为 1000m;n 为导线点个数,这里为 4。

考虑到机头中心位置是由测量机头两个棱镜归心计算求得,归心元素的测定误差影响到归心的精度,此项影响的误差为 m_{u_2},有把握控制 $m_{u_2} \le \pm 1cm$。这样本系统测量机头位置的横向误差为 $m_1 = \pm \sqrt{m_{u_1}^2 + m_{u_2}^2} = \pm 1.65cm$。

顶管贯通误差由三部分测量误差引起:一是地下导线的测量误差,是影响贯通的主要误差,在此为自动引导测量系统的横向误差 m_1;二由地面控制点引测到井下导线点的定向误差 m_2,由于井下定向边很短,此项误差影响也较显著;三是连接两井口的地面控制测量误差 m_3。根据经验,取这三项测量误差对贯通的影响比为:$m_1 : m_2 : m_3 = 3 : 2 : 1$,顶管测量总的横向贯通误差为:$m = \pm \sqrt{m_1^2 + m_2^2 + m_3^2}$,现以 $m_1 = \pm 1.65cm$ 代入,求得 $m_2 = \pm 1.10cm$,$m_3 = \pm 0.55cm$,则 $m = \pm \sqrt{1.65^2 + 1.10^2 + 0.55^2} = \pm 2.06cm$;若以 2 倍中误差为极限误差计算,则使用自动引导系统时顶管贯通测量的最大横向误差为 ±4.12cm。考虑

到施工误差，按"等影响原则"，则顶管施工最大贯通误差为 $\pm 4.12\text{cm} \cdot \sqrt{2} = \pm 5.83\text{cm} < \pm 10\text{cm}$，完全满足施工规程要求。

13.7.2.5 顶管自动引导测量系统的操作及初始化

微机操作环境采用 Windows 95 和 Visual Basic 5.0，顶管自动引导测量系统安装后，必须进行以下初始化：

(1)在计算机的程序文件中输入井下导线起始点 T_1 坐标，$T_1 - P_L$、$T_1 - P_R$ 的方位角；

(2)在计算机的程序文件中输入管道轴线的设计元素：起、终点坐标，曲线主要点坐标、曲线元素、管道坡度等。

(3)把各台全站仪进行大概度盘定向，并把定向值输入计算机文件。这是为了进行第一次自动测量时，各站仪器能很快找到目标。

(4)启动计算机，进行自动测量。

根据顶管施工情况，系统可退出自动测量程序，暂停一段时间后，重新进入自动测量状态，也可以关闭计算机，各台全站仪会相继自动关闭。

13.7.2.6 顶管自动引导测量系统的生产应用

在上海市合流污水工程穿越黄浦江底的长距离曲线顶管施工中采用了自动引导系统。管径 2.7m，管线长 630m。开始为 165m 的直线段，中间为 365m 的圆曲线段（半径为1600m），最后又是 100m 的直线段。开始的 165m 直线段，对于机头位置的测量，仍采用常规的测量方法。自动测量系统是从里程 98m 开始使用的。

自动测量系统在长距离曲线顶管中长时间连续运行，完成"自动测量"的使命。系统在 3 个多月的试验期间里引导顶管 490m，其中 365m 为圆曲线。

系统从 1 台全站仪，逐步增加为 2 台、3 台，最后为 4 台全站仪。从 3 个月零 7 天的自动测量记录中可以看出，系统的运行是正常的，共记录 4000 多次自动测量成果。

自动测量系统由于能连续不断对机头进行跟踪测量，每顶进几厘米、十几厘米便能显示一次机头当前的偏差值，这时的偏差值变化是很小的，纠偏很容易做到，因此自动测量能做到"随顶随测随纠"，这就大大提高和保证了顶管的施工质量。

◎ 本章重点和难点

重点：隧道横向贯通误差影响值的估算方法，隧道地面平面控制网和洞内控制网的布设，竖井联系测量，一井定向、两井定向和陀螺经纬仪定向，陀螺仪的定向原理，高精度GAT 磁悬浮陀螺全站仪，盾构自动引导测量和顶管施工测量。

难点：隧道横向贯通误差影响值估算权函数法，陀螺仪的定向原理，高精度 GAT 磁悬浮陀螺全站仪的工作原理。

◎ 思考题

(1)估算洞外平面控制测量的横向贯通误差影响值的方法有哪些？

(2)估算洞内平面控制测量的横向贯通误差影响值的方法有哪些？

(3)隧道地面平面控制网的布设有什么发展变化？

(4)为什么隧道地面平面控制网基本不再采用地面三角形网和导线网？

(5)何谓隧道地面平面控制的现场标定法？

（6）特长隧道的洞内平面控制宜采用什么网型？

（7）与地面导线测量相比，隧道地下导线的主要特点是什么？

（8）什么叫一井定向？其原理如何？

（9）通过一井定向的误差中分析，可得到什么结论？

（10）什么叫两井定向？其原理如何？

（11）何谓陀螺经纬仪？它的作用是什么？

（12）自由陀螺仪的转子在高速旋转时有何基本特性？

（13）GAT磁悬浮陀螺全站仪有何创新和优点？

（14）何谓盾构法？

（15）顶管自动引导测量系统与传统导线测量有何不同？

（16）何谓顶管施工技术？

（17）顶管贯通误差由哪些测量误差引起？

第14章　城市地下管线探测

城市地下管线探测把物探技术和测量技术相结合，是典型和常用的工程测量。本章在介绍城市地下管线基本知识基础上，对地下管线探测技术、方法和仪器进行了简要的讲述，较详细介绍城市地下管线测绘流程，最后对城市地下管线网信息系统的构成、建立和应用做了概括性的描述。

14.1　概述

城市中已有和新建的位于地下的各种管道、管线称为城市地下管线。现代化城市都拥有一个结构复杂、规模庞大的地下管线系统，城市地下管线就像人体内的血管，称为生命线工程。地下管线探测是指采用物探和测绘技术确定地下管线空间位置和属性的全过程。包括对已有地下管线普查、新建地下管线施工和竣工测量等内容。已有地下管线普查是查明地下管线的现状，即管线和附属设施的空间位置及其属性特征，包括管线探测、管线测量和沿地下管线的带状地形图测绘；新建地下管线的施工和竣工测量属于工程测量的范畴；城市地下管线网信息系统是利用地理信息系统原理和方法，建立对地下管线网及其附属设施的空间信息和属性信息进行管理，满足城市规划、设计、施工和管理需要。

14.1.1　城市地下管线的现状

城市地下管线的现状可以概括为：缺少统一领导和规划；家底不清，资料不全，管理不力；地下管线普查投入不足，进度较慢，效果欠佳。

在统一领导和规划方面，城市建设主管部门是地下管线的管理机构，但由于历史和现实原因，未能真正履行管理职能。许多城市在管线的铺设中，经常出现道路重复开挖、重复施工情况；管道铺设的基础处理和回填质量差，造成道路路面很差；旧城区道路狭窄，建筑密度大，违章建筑压在管线上面，影响使用、维护和更新，已有给、排水管道严重老化，成为事故隐患。城市郊区居民区，基本没有考虑给排水的统一规划，污水排放问题最为突出，许多应埋在地下的管线如电力线、通信线等，都无序地布设在地上。

资料不全方面，有些城市甚至没有一张完整的"地下管网图"，全国大约有 70%的城市没有地下管线基础性的城建档案资料，由于不能提供准确的现状资料，造成规划、设计和施工困难，规划管理审批的盲目性大。新建管线在竣工后未经主管测量单位审查和作竣工测量，大量竣工资料分散。原有城市地下管线没有普查、建档，新增管线资料也没有及时归档入库。在城市建设中，经常有管线事故发生，在施工中发生管线被挖断，引起停水、停气、停热、停电和通信中断等事故，如某省会城市平均每天发生供水水管损坏达 30 多起，一年中，300mm 以上的水管管爆达 335 起，年流失饮用水 7000 多万吨。据不完全统计，每年全国城市施工中挖断管线而引起停水、停气、停电和通信中断等事故所造成的经济损失达 450 亿元。

针对上述问题，国家极为重视，建设部于 1994 年就制定了《城市地下管线探测技术规程》，2003 年又进行了更新。城市地下管线普查工作在各大中城市全面开展，许多城市的地下管线普查都是由副市长领导负责，普查经费也得到进一步保证。目前，全国有四分之一的城市完成了地下管线普查工作。

14.1.2 地下管线探测的目的和意义

地下管线探测的目的在于获取地下管线精确、可靠、完整且现势性强的几何及属性数据，生产地下管线各种图表等档案资料，为建立城市地下管线网信息系统提供基础资料。进一步为城市的规划、设计、施工和管理服务，实现管理的科学化、自动化和规范化。地下管线探测随着城市的产生、发展而出现和发展，是一项永远性的工作，关系到居民的切身利益，也关系到城市的可持续性发展。地下管线探测对城市规划管理现代化既具有重要的经济意义和现实意义，对城市居民和城市可持续性发展来说，又具有重大的社会意义和永久意义。

14.1.3 城市地下管线分类和结构

(1)地下管线的分类。城市地下管线可分为供水、排水、燃气、热力、电力、电信和工业等管线。也可分为以下几大系统：

供水系统：自来水经水厂净化消毒后由供水管网送往不同用户。

中水系统：将生产、生活使用过的污水处理成可利用的中水。

排水系统：按污水和雨水分流原则，分别由雨水管沟和污水管道组成。

热力系统：分工业供热和居民供热。又分为蒸汽管和热水管，部分是架空的明管，部分是直埋的暗管或地下管沟暗管。

燃气系统：分为中、低压供气钢管。

电力电信系统：埋地敷设于电缆沟。

物料系统：分原油、天然气、石脑油、乙烯、丙烯、汽油、柴油、液化气和渣油等直埋管线。

(2)地下管线的结构。地下管线包括管线上的建(构)筑物和附属设施。前者有水源井、给排水泵站、水塔、清水池、化粪池、调压房、动力站、冷却塔、变电所、配电室、电信交换站、电信塔(杆)等，附属设施包括各种窨井、阀门、水表、排气排污装置、变压器、分线箱等。

地下管线可抽象为管线点和管线段组成。管线点可细分为：各种窨井、各种塔杆电缆分支点、上杆、下杆、消防栓、水表、出水口、测压装置、放气点、排污装置、排水器、涨缩器、凝水井、边坡点、变径点等。连接相邻两管线点的部分称管线段，可组成环状网和树状网的复杂网络，有的管线还具有方向。

(3)地下管线的材质。分为三大类：由铸铁、钢材构成的金属管线；由钢、铝材料构成的电缆；由水泥、陶瓷和塑料材料构成的非金属管道，包括钢筋混凝土管、砖石沟道。管线材质与地下管线探测的仪器和方法密切相关。

14.1.4 城市地下管线探测基本流程

首先要依据地下管线探测的技术规定确定坐标系统、图幅划分、探测和测量的方法、精度和成果质量检查，进行地下管线图和成果表的编绘等。

城市地下管线探测的基本流程如下：

（1）签订合同。接受探测任务，明确测区范围。

（2）收集整理资料。包括测区控制点成果、地形图、管线图及管线设计、施工与竣工资料。

（3）现场踏勘。了解测区地形、地物、地质、地貌、交通以及管线情况。

（4）编写技术设计书。制定管线探测的技术方法，进行工作进度安排，提出质量保证措施。

（5）对已有管线的现况进行调绘，编制地下管线现况调绘图，同时进行管线控制测量。

（6）地下管线探测的实地调查，对明显管线点作调查、记录和量测。

（7）进行地下管线隐蔽管线点的探测，在地面设置标志。

（8）采用数字测绘方法，进行管线测量，绘制地下管线带状地形图。

（9）同时进行地下管线探测和测量的质量检查、编写质量检查报告。

（10）编绘地下管线图。包括综合地下管线图、专业地下管线图、管线横断面图和局部放大图。

（11）编制成果表。

（12）进行数据处理和转换，建立地下管线网信息系统的管线网数据库。

地下管线外业测量是指对工作区已有和新建的地下管线以及相关的地形、地物进行测量，其主要工作包括：管线控制测量、已有管线测量、新建管线的定线与竣工测量、管线图测绘和测量成果的检查验收等。

在地下管线探测的同时应采用 GIS 技术建立城市地下管线网信息系统，为城市的规划、设计和施工服务，实现城市地下管线网信息科学化、自动化和规范化管理。

14.2 城市地下管线探测方法和仪器

14.2.1 地下管线探测方法

地下管线探测是要确定地下管线的位置，包括平面位置和埋设深度（埋深），平面位置为管线中心点在地面上的投影，埋深为管线点到地面的垂直距离。探测时要在地面上标出地下管线探测点的位置，通过测量获得其平面坐标和高程。

地下管线探测方法有两种：一是开井调查、开挖样洞和进行触探的方法，另一种是用地下管线探测仪进行物探的方法。两种方法要结合起来，以物探方法为主。

地下管线探测中使用的管线探测仪的品牌、型号较多，其结构设计、性能、操作和外形虽各不相同，但都是以电磁场理论和电磁感应定律为基础设计的，由发射机与接收机两大部分组成。工作原理相同，可用图 14-1 来说明。管线探测仪的发射机在地下管线上施加一个交变电流信号，该信号在管线传输中，会在管线周围产生一个交变磁场，将磁场分解为水平和垂直方向的磁场分量，通过矢量分解可知，在管线正上方时水平分量最大，垂直分量最小，而且它们的大小与管线的位置和深度呈一定的比例关系。用管线探测仪接收机的水平和垂直天线分别测量其水平和垂直分量的大小，就能测出地下管线的位置和定深度。

地下管线物探方法分为电探测法、磁探测法和弹性波法等，电探测法又分直流电探测法和交流电探测法两类。下面予以简单介绍。

14.2.1.1 电探测法

1. 直流电探测法

用两个供电电极向地下提供直流电，电流从正极传入地下再回到负极，在地下形成一个电场。当存在金属管线时，金属管线对电流有"吸引"作用，使电流密度的分布产生异常；若地下存在水泥或塑料管道，由于它们的导电性极差，对电流有"排斥"作用，同样也使电流密度的分布产生异常。在地面布置两个测量电极，可观测到这种异常，从而判断地下是否存在金属管线或非金属管线，并能确定管线的位置。

(a)管线二次场　　　　　　　　(b)管线磁场分量曲线

图 14-1　管线探测仪的工作原理

2. 交流电探测法

利用交变电磁场对导电性、导磁性或介电性物体具有感应作用的特性，通过对发射产生的二次电磁场的测量来发现被感应的物体。

交流电探测法分为电磁法、电磁波法(或称探地雷达法，Ground Penetrating Radar Method)。电磁法又分为频率域电磁法和时间域电磁法。频率域电磁法主要用于金属管线的探测，先使导电的地下金属管线带电，在地面上测量由此电流产生的电磁异常，从而探测出地下管线的位置。其前提条件是：地下管线与周围介质之间有明显的电性差异，且管线的长度远远大于管线的埋深。频率域电磁法又分主动源法和被动源法两种方法，主动源法是采用人工方法把电磁信号加到地下金属管线上，又包括直接法、夹钳法、电偶极感应法、磁偶极感应法和示踪法等。被动源法是直接利用金属管线本身所带有的电磁场进行探测，又分为工频法和甚低频法。

频率域电磁法因具有探测精度高、抗干扰能力强、应用范围广、工作方式灵活、成本低等优点，应用最广。

电磁波法是利用高频电磁波以宽频带短脉冲形式由地面通过发射天线传送入地下，由于周围介质与管线存在明显的物性差异，例如电导率和介电常数差异，脉冲在界面上将产生反射和绕射回波，接收天线收到这种回波后，将信号传到控制台，经计算机处理后，可将雷达图像显示出来，通过对雷达波形的分析，可确定出地下管线的位置，所以电磁波法又称探地雷达法。

探地雷达法除了能准确探测金属管线，对非金属管线同样具有快速、高效、无损及实时等特点。

14.2.1.2 磁探测法

该法只适于地下铁质管道探测。由于铁质管道在地球磁场的作用下会被磁化，磁化后的磁性强度与管道的铁磁性材料有关。铁质管的磁性较强，非铁质管则无磁性。磁化的铁质管道可形成自身的磁场，与周围物质的磁性有明显差异。通过在地面观测铁质管道的磁场分布，可以发现地下的铁质管道并确定出管道的位置。

14.2.1.3 弹性波法

分反射波法、面波法以及弹性波 CT 法等。反射波法又分为共偏移距法（Common Offset Distance，COD 法）和地震映像法。

COD 法主要用于非金属地下管线的探测，由于非金属管线与周围介质存在显著物性差异，激发的弹性波在地下传播时遇到这种物性差异界面时会发生反射，反射波被仪器接收记录，可根据发射信号的同相轴连续性及频率变化来确定非金属地下管线的位置。

地震映像法是近几年才出现的新方法，弹性波在地下介质传播过程中，遇到地下管线后会产生反射、折射和绕射波，使弹性波的相位、振幅及频率发生变化，在反射波时间剖面上出现畸变，从而确定地下管线的位置。

间距很小并行管线探测，并排管道区分，拐点、终点、分支点及变坡点确定，以及上下重叠管线探测等是城市地下管线探测中的难点，需要采用特殊方法和技术解决。地下管线探测野外采集数据时应尽可能减少噪声，提高信噪比。在信号处理方面，可将小波变换、遗传算法和神经网络等方法，应用于地下管线探测信号分析，还需要和开井调查、开挖样洞和进行触探结合，与化探结合，综合应用多种探测方法，提高地下管线探测中管线位置确定的精度。

因为地下管线探测方法不属于工程测量学的内容，本书对上述方法不作详述。

14.2.2 地下管线探测仪器

采用物探方法能确定地下管线平面位置和埋深的仪器称地下管线探测仪（又称管线仪或探管仪）。其发展经历了从高频到低频，从单频到多频，从 1W 到几十瓦的历程。1915年至 1920 年，美国、英国和德国先后生产了探测地下地雷和未引爆的炸弹等金属的探测仪。第二次世界大战后，出现了应用电磁感应原理的地下金属管线探测仪。20 世纪 80 年代后，仪器的信噪比、精度和分辨率大大提高，而且更加轻便和易于操作。探地雷达的开发应用，进一步拓宽了地下管线的探测范围。

英国雷迪公司 RD4000 系列地下管线探测仪采用先进的技术和工艺，在功能、性能和应用范围等方面要优于其他地下管线探测仪。2005 年该公司又推出的 LD 500 数字管线仪，由于采用差分技术、相位识别技术和超强的发射机，精度比 RD4000 提高了一倍，是探测煤气、电力、电信和给排水等各类地下管线的有效仪器(见图 14-2 管线仪)。最新推出的 RD 8000 PDL/PXL 系列采用最新的专利数字固件设计, 取代了原来的作为行业标准的 RD 4000 PDL/ PXL 系列管线探测仪(见图 14-3)产品, 该系列产品的响应速度更快、准确性高、可靠性更强, 为全球用户提供了一种可控性强、可靠性高、性价比高的地下管线探测解决方案。

图 14-2　LD 500 数字管线仪　　　　图 14-3　RD8000 PDL/PXL 地下管线探测仪

瑞典 MALA 公司的管线探测雷达 Easy Locator(易捷)既可以探测金属管线, 也可以探测各种材质的非金属管线, 与 RD4000 系列结合使用是地下管线探测的有效方法。

美国 RYCOM 公司的 8850/8875/8878/8831 地下管线探测仪, 采用多频率工作模式, 可以准确探测地下电缆、管线的位置。加拿大的竖威管线探测雷达 Pulse EKKO 1000 型和探管仪 EI_ /GI, 适合城市燃气、供水及市政管网的普查。加拿大 Sensors & Software 公司生产的 EKKO 100、EKKO 1000 及 Noggin250 型数字探地雷达, 可用于各种地下管线及其他埋设物的探测。

国产的 GXY 系列、SL 系列地下管线探测仪, 适用于各种复杂的地下管线探测、定位及故障查找, 并能对破损点进行定位。

14.2.3　地下管线探测的程序和检验

地下管线探测的程序和检验包括: 仪器检验、方法试验、实地调查、仪器探测和质量检验等, 简要说明如下:

(1)仪器检验。管线探测作业前, 应对所有准备投入使用的仪器设备按照有关技术指标要求和仪器检验有关规定进行检验。

(2)方法试验。选择有代表性的路段进行不同类型的管线和不同的地球物理条件下的方法试验。试验结果写入是地下管线探测技术设计书。

(3)实地调查。应有管线权属单位或熟悉管线敷设情况的人员参加, 根据地下管线现况调绘资料在实地对管线位置、走向和连接关系进行核查, 对明显管线点如消防栓、接线箱、窨井等作详细调查、记录和量测, 确定需要用仪器探测的管线段。明显管线点调查一般采用直接开井量测法, 并现场填写明显管线点调查表, 按管类分别记录调查项目。应查明每条管线的性质和类型, 量测埋深。按规定的要求设置地面标志, 并绘制位置示意图。

(4)仪器探测。针对工作区内不同地球物理条件, 选用不同的物探方法和仪器进行仪器探测, 确定地下管线的水平位置、埋深。对管线分布复杂、地球物理条件较差和干扰较强的路段应综合采用多种物探方法。

（5）质量检验。针对隐蔽管线点执行作业台组自检、作业项目部抽检和探测施工单位验收检查的三级质量检查验收制度。方法是：仪器重复探测，探测点开挖验证。仪器重复探测量不少于全测区总点数的 5%。统计计算点位中误差、埋深中误差。开挖验证是评价地下管线探测工作质量最直接而有效的方法，应遵循"均匀分布、随机抽取"和有代表性的原则。

14.3　城市地下管线测绘

14.3.1　一般规定

地下管线外业测量是指对工作区已有和新建的地下管线以及相关的地形、地物进行测量，其主要工作包括：管线控制测量、已有管线测量、新建管线的定线与竣工测量、管线图测绘和测量成果的检查验收等。

按探测任务可分为城市地下管线普查、厂区或住宅小区管线探测、施工场地管线探测和专用管线探测。城市地下管线普查应根据城市规划管理部门或公用设施建设部门的要求进行，其范围包括道路、广场等主干管线通过的区域；厂区或住宅区管线探测应根据工厂或住宅小区管线探测设计施工和管理部门的要求进行，其探测范围应大于厂区或住宅小区所辖区域或要求指定的其他区域；施工场地管线探测应在专项工程施工开始前参照有关规定进行，其范围应包括开挖可能受开挖影响的地下管线安全以及为查明地下管线所必需的区域。专业管线探测应根据某项管线工程的规划设计、施工和管理部门的要求进行，其探测范围应包括管线工程敷设的区域。

城市地下管线普查采用的平面坐标和高程系统必须与当地城市平面坐标和高程系统相一致，当厂区或住宅小区地下管线探测和施工场地管线探测采用非当地城市统一坐标系统时，应与当地城市坐标系统建立换算关系。城市地下管线探测采用的地形图比例尺应与城市基本地形图比例尺一致，施工场地管线探测地形图比例尺可按实际情况而定。

城市地下管线探测的取舍应根据各城市情况、管线密集度和委托方的要求确定，如给水管线的管径大于等于 50 或 100cm、排水管线的管径大于等于 200cm、燃气管线的管径大于等于 50 或 75cm 时才需探测，工业、热力、电力和电信管线需全测。探测的精度应符合下列规定，地下管线隐蔽管线点的探测限差为：

平面位置限差　　$\delta_{ts} = 0.10h$

埋深限差　　　　$\delta_{th} = 0.15h$

其中，h 为地下管线的中心埋深，单位 cm，当 $h < 100$cm 时，以 100cm 计算。相对于邻近控制点，管线点平面位置中误差 m_s 不得大于 5cm，高程中误差 m_h 不得大于 3cm。地下管线与邻近的建筑物、相邻管线以及规划道路中心线的间距中误差 m_c 不得大于图上 0.5mm。

14.3.2　已有地下管线测量

14.3.2.1　管线控制测量

分平面控制测量和高程控制测量，主要是指为进行管线点联测及相关地物、地形测量而建立的等级控制和图根控制。平面控制测量可采用 GNSS 技术或地面边角测量技术平面控制网、导线网，随着网络 RTK 技术的推广应用，可直接利用城市 CORS 系统获取测站坐标。高程控制测量主要有水准测量和电磁波测距三角高程测量。管线控制测量可参见本书第 4 章，在此从略。

14.3.2.2 管线点测量

对已有地下管线的普查测量，内容包括：对管线点的地面标志进行平面位置和高程测量，测定地下管线有关的地面附属设施和地下管线的带状地形图，编制成果表。在管线调查或探测工作中设立的管线测点统称管线点，分明显管线点和隐蔽管线点，前者是地面上的管线附属设施的几何中心，如窨井(检查井、检修井、闸门井、阀门井、仪表井、人孔和手孔等)井盖中心、管线出入点(上杆、下杆)、电信接线箱、消防栓栓顶等；隐蔽管线点是地下管线或地下附属设施在地面上的投影位置，如变径点、变坡点、变深点、变材点、三通点、直线段端点以及曲线段加点等。

管线点的平面位置可采用导线串连法、极坐标法测量或 GNSS 法测量。导线串联法通常用于图根点稀少或没有图根点的情况，这时需重新布设图根点，将全部或部分管线点纳入图根导线，起闭点应不低于城市三级导线。采用极坐标法时水平角宜观测一测回，钢尺量距应双次丈量，距离不宜超过 50m，电磁波测距不宜超过 150m。采用全站仪同时测定管线点坐标与高程时，水平角和垂直角宜测一测回。采用 GNSS 技术测量管线点平面位置时，要顾及环境影响，可采用快速静态法或 RTK 法。管线点的高程宜采用直接水准联测，也可采用电磁波测距三角高程法。管线点的高程精度不得低于图根水准精度，高程起始点为四等以上水准点。水准路线应沿地下管线走向布设，采用附合水准路线、闭合水准路线，在特殊情况下可采用水准支线，但不得超过 4km，并按规范规定进行往返观测。电磁波测距三角高程，应按电磁波测距导线和解析交会法测设，垂直角可单向观测，交会不少于三个方向，应确保仪器高、觇标高的量测精度和垂直角的观测精度。

管线点的平面位置精度一般用管线点相对于邻近解析控制点平面位置的中误差 m_P 表示，采用数字测图法时，主要受下列误差的影响：

定向误差 m_{Din}、仪器对中误差 m_{DZ}、观测误差 m_{CL}、棱镜中心与待测地物点不重合误差 m_{CH} 的影响，管线点的平面位置精度可用下式表示：

$$m_P = \sqrt{m_{Din}^2 + m_{DZ}^2 + m_{CL}^2 + m_{CH}^2} \qquad (14\text{-}1)$$

根据有关文献分析，数字法测图的管线点平面位置中误差如表 14-1 所示。

表 14-1 　　　　　　　　　**数字法测图的管线点平面位置中误差**　　　　　　　单位：cm

全站仪标称精度	半测回水平角中误差(″)	平距(m)						
		50	100	150	200	300	400	1000
3mm+2ppm·D 2″级	4	3.0	3.0	3.1	3.1	3.1	3.1	3.6
5mm+5ppm·D 6″级	12	3.0	3.1	3.2	3.2	3.5	3.8	6.5

14.3.2.3 管线横断面和带状地形测绘

为满足地下管线改扩建施工图设计的需要，这时需要作横断面测量，提供一些路段的横断面图。横断面的位置要选择在主要街道有代表性的位置，应垂直道路中心线，一幅图不少于两个断面。横规划道路应测至两侧沿路建筑物或红线外。应测出道路的特征点、管线点高程，地面高程变化点以及各种设施，高程点可按中视法实测，高程检测较差不大于4cm。

带状地形图测量主要是为保证地下管线与邻近地物有准确的参照关系，测区没有相应比例尺地形图或现有地形图不能满足管线图要求时，应采用数字测图技术施测比例尺为1∶500或1∶1000的带状地形图。测绘宽度：规划道路测出两侧第一排建筑物或红线外20m为宜，非规划路根据需要确定。测绘内容按管线需要取舍，测绘精度与基本地形图相同。

14.3.3 新建地下管线测量

新建地下管线主要包括定线测量和竣工测量。定线测量是把图上的设计管线放样到实地，竣工测量是对新敷设管线进行测绘，得到图表结果。

14.3.3.1 定线测量

城市新建地下管线应依据线路设计施工图和定线条件进行定线测量。线路设计施工图上标明了管线的位置、主要点的坐标以及与周围地物的关系，所谓定线条件是指管线的设计参数、主要点的坐标和其他几何条件。

定线测量主要采用全站仪极坐标法、交会法和 GNSS 定位法，应在两个测站上用不同的起始方向，用极坐标法或两组前方交会法进行坐标测量，当两者差小于限差时，取平均值。定线测量中，应进行控制点校核、图形校核和坐标校核等各种校核测量，校核限差应符合有关规定。

14.3.3.2 竣工测量

竣工测量应尽量在覆土前进行，主要内容包括管线调查、测量和资料整理。当管线不能在覆土前施测时，应设置管线待测点，将设置位置准确地引到地面上，做好点之记。竣工测量管线点的平面位置中误差不大于5cm，高程中误差不大于3cm。

管线竣工测量应采用全站仪和 GNSS 技术基于图根控制点或定线控制点用解析法进行。覆土前应现场查明各种地下管线的敷设状况，确定在地面上的投影位置和埋深，同时应查明管线种类、材质、规格、载体特征、电缆根数、孔数及附属设施等，绘制草图并在地面上设置管线点标志。在实地逐项填写地下管线探测记录表。管线点宜设在管线特征点的地面投影位置上。管线特征点包括交叉点、分支点、转折点、变深点、变材点、变坡点、变径点、起讫点、上杆、下杆以及管线上的附属设施中心点等。在没有特征点的管线段上，宜按比例设置管线点，如图上间距不大于15cm。管线弯曲时，应能反映管线弯曲特征。

14.3.3.3 质量控制

对城市地下管线测量成果必须进行质量检验。质量检验应遵循均匀分布、随机抽样两大原则。一般采用同精度重复测量管线点坐标和高程的自检方式，统计管线点的点位中误差和高程中误差。对管线图要作100%的图面检查，在外业作实地对图检查，对管线点一般按测区管线点总数的5%进行检测，平面位置较差不得大于5cm，高程的较差不得大于3cm。并填写记录，编写质量检查报告。

复测管线点的平面位置中误差 m_{cs} 和高程中误差 m_{ch} 按下式计算。当复测结果超过限差时，应增加管线点总数的5%进行重复测量，再计算 m_{cs} 和 m_{ch}。若仍达不到规定要求时，整个测区应重测。

$$m_{cs} = \pm \sqrt{\frac{\sum \Delta s_{ci}^2}{2n_c}} \tag{14-2}$$

$$m_{ch} = \pm \sqrt{\frac{\sum \Delta h_{ci}^2}{2n_c}} \tag{14-3}$$

式中，Δs_{ci}、Δh_{ci} 为重复测量的平面位置较差和高程较差；n_c 为重复测量的点数。

质量检查报告内容应包括：

(1)工程概况。包括任务来源、测区基本情况、工作内容、作业时间及完成工作量等。

(2)检查工作。检查工作组织、实施、工作量统计及存在的问题等。

(3)精度统计。根据检查数据统计出来最大误差、平均误差、超差点比例、各项中误差及限差等。

(4)发现问题及处理建议。检查中发现的质量问题，整改对策、处理结果和建议。

(5)质量评价。统计结果对工程质量情况进行结论性总体评价(包括优、良、合格、不合格)，提出是否交监理检查或下一级检查等。

14.3.4 管线数据处理与图形编绘

14.3.4.1 管线数据处理

城市调查与外业测绘采集的数据，需经过数据和图形处理，输出地下管线带状图和各种成果表。管线属性数据应具有科学性、可扩性、通用性、实用性、唯一性和统一性。数据采集所生成文件应便于检索、修改、增删、通信与输出，应具有通用性，便于转换。

数据处理与图形处理包括：城市管线属性数据的输入和编辑，元数据和管线图形文件的自动生成等。地下管线属性的输入应按照调查的原始记录和探测的原始手簿进行。数据处理后的成果应准确、一致和通用。野外采集生成的管线图形数据和属性数据能联动修改编辑，管线成图软件应具有生成管线数据、管线图形、管线成果表和管线统计表等文件，绘制地下管线带状图、分幅图，输出管线成果表与统计表等功能，所绘制的地下管线图应符合国家和地方现行的图式符号标准。

14.3.4.2 城市地下管线网图编绘

1. 一般规定

地下管线数据处理完成并检查合格后，可采用计算机或人工方法编绘城市地下管线图。计算机编绘包括：比例尺选定、数字化地形图和管线图导入、注记编辑、成果输出等。人工编绘包括：比例尺选定、复制地形底图、管线展绘、文字和数字注记、成果表编绘、图廓整饰和原图上墨等。专业及综合管线图的比例尺、图幅规格及分幅应与城市基本地形图一致。编绘用地形底图比例尺应与所绘管线图的比例尺一致，坐标和高程系统应与管线测量所用系统一致，图上地物地貌应反映测区现状，质量应符合现行行业标准，数字化管线图的数据格式应与数字化地形图的数据格式一致。

管线展绘和数字化应采用地下管线探测采集的数据或竣工测量的数据。地下管线图编绘所采用的软件应能进行数据输入或导入，对进入数据库中的数据进行检查，能根据数据库自动生成管线图的注记文件、管线点文件、线属性数据库和元数据文件，可对文件进行编辑，可对管线图按任意区域裁剪、拼接，可绘制任意多边形窗口图形，输出各种成果表，具有开放式的数据交换格式，能将数据转换到城市地下管线网信息系统。

管线图的各种注记不得压盖管线及其附属设施符号。注记应平行于管线走向，字头朝图的上方，跨图幅的文字、数字注记分别注记在两幅图内。在此不一一叙述。

2. 专业管线图编绘

表示一种管线及其与之有关地面建(构)筑物、地物、地形和附属设施的为专业管线图。可按一种专业一张图，也可按相近专业组合成一张图进行编绘。采用计算机编绘时，应采用专业管线与城市基本地形图的图形数据文件叠加方法编辑成图。不同专业管线图的编绘内容不同，说明如下：

(1)给水管道专业图编绘。水源池、干管道、支干管道和支管道；在市政公用管道探测区，主要编绘干管道及其建(构)筑物和附属设施，支干管道至入户为止；在工厂、居住小区等探测区，主要编绘从城市接水点开始至工厂、小区内的给水管道系统；施工区和专业管道探测区，编绘内容根据工程规划、设计和施工的具体要求确定。

(2)排水管道专业图编绘。排水管道的主干道、支干道、支管道；其上的建(构)筑物主要有排水泵站、沉淀池、化粪池和净化构筑物等；附属设施包括检查井、水封井、跌水井、冲洗井、沉淀井和进出水口等。

(3)电力电缆专业图编绘。地下电力电缆、附属设施和有关的建(构)筑物以及地面上的架空线路。

(4)电信电缆专业图编绘。包括测区内各种电信电缆、与线路有关的建(构)筑物如变换站、控制室、电缆检修井、各种塔(杆)和增音站等，电缆上的附属设施如交接箱和分线箱等，以及地面上的架空通信线。

专业管线图上应注记管线点的编号、管线的规格和材质；电力电缆应注明电压和电缆根数，电信电缆应注明管块规格和孔数，沟埋或管埋时应加注管线规格，直埋电缆注明缆线根数。

3. 综合管线图编绘

城市综合地下管线图是表示各类地下管线、附属设施、有关地面建(构)筑物和地形特征图，是市政建设规划、设计和管理的重要图件。其编绘应以外业探测成果资料为依据，需保证编绘的完整性和准确性。

综合地下管线图上的管线应以 0.2mm 线粗进行绘制，当管线上下重叠且不能按比例绘制时，应在图内以扯旗的方式说明。扯旗线应垂直管线走向，扯旗内容应放在图内空白处或图面负载较小处。

城市综合地下管线图编绘要求和内容主要有：

(1)只绘出各专业地下管线的干线，干线应根据工程情况及用途而定，应按规定的代号、颜色、图例和符号表示。

(2)绘出与干线有关的能反映地形现状的地面建(构)筑物和附属设施，作为图的背景和管线相对位置的参照。

(3)铁路、道路、河流、桥梁和其他主要地形特征。

综合地下管线图的注记应符合下列要求：

（1）图上的各种注记、说明不能重叠或压盖管线；应注记管线点的编号，编号图幅内应进行排序，不允许有重复点号。

（2）应注明管线的类别代号、管线的材质、规格和管径等。

（3）电力电缆应注明管线的代号、电压，沟埋或管埋时，应加注管线规格。

（4）电信电缆应注明管线的代号、管块规格和孔数。直埋电缆注明管线代号和根数。目前电信管线又细分为移动、联通、铁通、网通、交警等子类，标注时，应分别标注。

4. 管线图断面编绘

地下管线断面图分纵断面图和横断面图两种，一般只要求根据断面测量成果编绘断面图。其比例尺一般为1：50或1：100。横断面图应表示的内容有：地面线、地面高、管线与断面相交的地上地下建（构）筑物、测点间水平距离、地面和管顶或管底高程、管线规格等。

管线断面图的编号应采用城市基本地形图图幅号加罗马文顺序号表示，横断面图的编号宜用 A—A′、I—I′或 1—1′的形式表示，在此不一一说明。

14.3.4.3 城市地下管线成果表编制

城市地下管线成果表编制应依据绘图数据文件和管线探测成果进行。应以城市基本地形图图幅为单位，分专业整理编制，装订成册。每一图幅各专业管线成果的装订顺序为：给水、排水、燃气、电力、热力、通信和综合管沟。对各种窨井只标注井中心点坐标，但应填写清楚井内各个方向的管线情况，在备注栏以邻近管线点号说明方向。成果表的内容主要包括：管线点号、类型、特征、规格、材质、权属单位、埋设年代、电缆根数、埋深以及管线点的坐标和高程，见如表14-2。

表 14-2   **地下管线点成果表**

工程名称：
工程编号：
工作区：
图幅编号：

图上点号	物探点号	管线点			管线			压强（Pa）或电压（kV）	流向或根数	平面坐标（m）	埋深（cm）	地面高（cm）	权属单位	埋设		备注
		编码	特征	附属物	类型	材质	规格							方式	年代	

探测单位：   制表者：   日期：   第 页 共 页

14.4 城市地下管线网信息系统

地下管线信息量巨大，在地下管线普查的同时应采用 GIS 技术建立城市地下管线网信息系统，完善数据实时更新和动态管理机制和安全保密措施，实现管线信息的管理、维护、更新和使用，有利于全面反映各类地下管线的空间位置、分布及其相互关系，为规划、设计、管理和决策服务；有利于快速准确地检索查询管线信息，进行各种统计分析和空间分析，提供图、文、声、像并茂的技术资料；有利于从根本上改变低效率的人工管理模式，节省大量人力、物力；有利于公共安全和突发事故的应急处理，如发生地震、暴雨灾害和水管破裂、煤气泄漏和电线火灾等事故时，通过信息系统的快速查询、分析，制定抢救方案，保证城市生命线工程的安全有序运行。

14.4.1 系统结构

城市地下管线网信息系统包括基本地形图数据库、地下管线空间信息数据库、地下管线属性信息数据库、数据库管理子系统和管线信息分析处理子系统等。

各种数据库是城市地下管线网信息系统的核心，数据库的结构应按规范设计。地下管线普查获取的城市地形信息及地下管线的空间和属性信息，应按要求通过数据处理软件录入计算机，建立基本地形图数据库、地下管线空间信息数据库、地下管线属性信息数据库。进库数据和资料需经过程序检查排查错误，确保其准确性。基本地形图数据库包括道路、房屋、公用设施等重要地形资料，是地下管线的参照物。管线空间信息数据库设计包括：数据分层设计，数据在各层次上表达形式及格式，管线属性信息设计。管线属性信息通常建立在关系型数据库管理系统（RDBMS）中，如 Oracle，Infomix，SQL Server 和 Sybase 等。管线空间信息可以是基于文件的，例如 Esri 的 Shapfile 文件，也可以是基于 RDBMS 的，如 Esri 的 Geodatabase，后者与属性信息的集成更为紧密；管线信息分析处理子系统是最重要的，它使 GIS 有别于 CAD，同时也使管线信息系统有别于其他的 GIS 系统。

14.4.2 基本功能

城市地下管线网信息系统应具备地形图库管理、数据输入与编辑、数据检查、信息查询统计、信息分析和输出等功能，说明如下：

（1）地形图库管理。系统应具有海量图库管理能力，可对测区内的地形图统一管理（增加、删除、编辑、检索），具有图幅无缝拼接和可按多种方式调图的功能。

（2）数据输入与编辑。系统的基础地形图和管线信息的输入，应适应图形扫描矢量化、手扶跟踪数字化或实测数据直接输入或读入等多种输入方式。系统应具有对 GIS 常用平台双向数据转换功能，系统的编辑模块应具有完备的图形编辑工具，具有图形变换、地图投影方式转换和坐标转换功能。对管线数据的编辑应具有图形和属性联动编辑的功能，以及对管线数据的拓扑建立和维护的功能。在数据编辑方面，应具有图形的放大、缩小、平移、复制、剪切、粘贴、旋转、恢复、裁减等功能。由于许多城市的历史原因，控制网多次改造、扩建，投影方式和坐标系统也跟着变化，为此要求系统具有投影方式转换和坐标转换功能。

（3）数据检查。系统的管线数据检查功能宜包括：点号和线号重号检查、管线点特征值正确性检查、管线属性内容合理性和规范性检查、测点超限检查、自流管线的管底埋深和高程正确性检查、管线交叉检查和管线拓扑关系检查等。

（4）信息查询与统计。主要包括：空间定位查询、管线空间信息和属性信息的双向查询，以及管线纵、横断面查询。管线属性信息的查询结果可用于统计分析。统计功能是指针对属性信息的统计，对于数值型的字段可以计算平均值，标准差，最大、最小值或中位数，也可以绘制各种图表来表现数据的分布和趋势。

（5）信息分析。主要包括：管线碰撞分析、事故分析、抢险分析、最短路径分析等。爆管分析是指管道发生爆炸后能自动计算出需要关闭的阀门。横断面分析指通过鼠标拖动形成剖面线，绘制出和地下管线垂直的断面图，在图上可以分析管线在垂直方向上的空间位置及相互关系；纵断面分析指通过鼠标拖动形成剖面线，绘制出与管线平行的纵断面，在图上可以分析管线的埋深在管线走向上是否有变化；网络分析指利用网络模型计算最佳路径，查找最近设施，计算上游、下游管网等。

（6）信息维护与更新。主要包括：管线空间信息和属性信息的联动添加、删去和修改。

（7）输出。系统的输出功能应包括：基本地形图和管线图形信息的图形输出和属性查询统计的图表输出。

14.4.3 数据标准制定和数据库设计

14.4.3.1 数据标准制定

制定数据标准的目的是为了维护数据一致性和便于数据共享。对于管线数据来说，数据标准不仅使不同的管线网信息系统之间的数据共享成为可能，也可避免不同类型管线网之间的数据冲突，从而使建立一个综合的城市地下管线网信息系统成为可能。

地下管线网信息系统的各类信息，应具有统一性、精确性和时效性，编码应标准化、规范化。统一性是指应采用和城市地理信息系统一致的基础地形底图作为管线网定位的基础，各种管线网信息应采用相同的比例尺和坐标系统。精确性是指系统中所管理的管线空间信息（平面坐标和高程）的精度，应满足管线管理的要求。时效性是指系统中的基础地理信息和管线网信息与时间有关，要求对信息作维护和更新。管线网信息有分类编码和标识编码两类。分类编码应按现行国家标准 GB/T 13923—2006《基础地理信息要素分类与代码》实施。若某些要素类型在国标中尚未规定分类编码，可采用行业标准，或按暂行标准分类。每类地下管线的各要素都应采用标识编码进行标识和存储。其标识编码可按现行国家标准《城市地理要素编码规则城市道路、道路交叉口、街坊、市政工程管线》GB/T14395—2009 的规定执行。地下管线要素一般分为管点、管段、管线。管点是各种管件设备、管线连接点、转折点和变径点等的统称，也是管线探测点。管段是两个同类管点之间连接管。管线是指属性相同管段的连接线。这三种要素中的每个实体都要用标识编码加以识别。

管线信息要素的标识编码由定位分区代码和各要素实体的顺序代码两个码段构成。定位分区代码由 3~4 位字符数字组成。要素实体代码根据管线各要素的数量，采用若干位字符和序数的混合编码。编码在每一个定位分区中必须保持唯一性。标识编码是在管线分类的基础上对各类管线要素的实体所设计的识别代码。通过标识编码，计算机可对各管线要素的每一实体进行存储管理和逐个查询检查。地下管线信息的标识编码实际上是分类码的补充，标识编码中实体的定位分区信息是为了方便对管线信息进行定位和查询。

14.4.3.2 数据库设计

数据库设计分为概念设计、逻辑结构设计和物理结构设计三个阶段。

概念设计是数据库设计的第一个阶段，目的是建立概念数据模型。该模型是面向问题的，反映了用户的现实工作环境，与数据库的具体实现无关。绘制 E-R 图是建立概念数据模型的常用方法。E-R 图又称为实体-联系图，由实体，属性，联系三个要素构成。实体用矩形表示，属性用椭圆表示，联系用菱形表示，实体与属性之间或实体与联系之间通过线段连接。

逻辑结构设计是将 E-R 图转换为关系数据模型，并根据范式对关系表进行优化。E-R 图转为关系模型所遵循的原则是：一个实体转换为一个关系表，一个联系转化为一个关系表，与该联系相连的各实体的主键以及联系的属性转化为该关系表的属性。

物理结构设计的主要任务是确定存储结构、数据存取方式和分配存储空间等。存储结构的确定要综合考虑存取时间和存储空间。这两个因素往往是相互矛盾的，例如消除冗余数据虽然能节约存储空间，但往往会导致检索时间增加。另外，聚簇功能的使用也会影响数据库的性能。数据存取方式是指如何建立索引。

14.4.4 应用实例

14.4.4.1 系统概况

随着城市规模的扩大和现代化程度的提高，城市的供水管网系统也越来越庞大，借助图纸、各类卡片来管理城市供水管网系统的传统管理方式已无法满足需要。建立城市地下供水管网信息系统，实现城市供水系统的科学管理已成为现代城市发展的迫切需求。本实例为国内某公司所建立的某城市供水管线信息系统。该系统的开发目标有以下几个方面：

(1)以城市供水地下管网的图形数据和属性数据为管线专题数据源，以地形、道路等空间数据等为基础数据源，建立管线网系统数据库，实现城市供水管网系统各类文档的数字化管理。

(2)有效、快速地定位管道、阀门和水表等管网组件，为管网的生产运行提供依据。

(3)为管网施工提供标准化图件，避免因开挖位置不正确造成施工浪费或对其他地下建(构)筑物及管线的损坏。

(4)快速、高效地为爆管抢修等事故处理提供决策支持和辅助制定抢修施工方案。

(5)提供与供水公司日常运行的其他管理软件接口，实现供水公司日常运营业务的科学管理。

(6)提供供水管网规划设计、实时运行模拟、管网系统优化调度等的软件接口，实现供水管网系统的优化和科学运行。

(7)提供与生产过程实时监控系统的软件接口，满足企业对生产过程的科学调度与指挥。

(8)建立并采用水力计算模型，实现供水管网水力计算。

(9)系统设计严格遵循现有国家标准和行业标准，制定统一的数据编码体系，包括数据定义体系、分类体系、数据交换格式、数据存储格式、输出格式、数据文档以及质量标准，以利数据共享。

14.4.4.2 总体结构

城市供水管网信息系统的总体结构如图 14-4 所示，包括道路、地形等基础图形数据、供水管网空间数据库和属性数据库，数据的输入、输出，图形编辑和输出，为水力计算模型所做的数据组织与管理等。图中的 SCADA 系统是指该城市供水公司的供水管网实时监控系统。

图 14-4　供水管网信息系统的总体结构框图

14.4.4.3 平台选择

为实现用户需求和系统目标，本系统采用网络化 GIS 的企业级解决方案，选用桌面地图软件 MapInfo 作为系统软件平台。考虑到系统的功能需求和开发实现的方便性，确定以 MapX 为底层开发平台。用 Visual Basic、Visual C++等作为开发语言，通过构件技术（ActiveX）、对象链接和嵌入技术（OLE）和空间数据引擎技术（SDE）等实现 GIS 系统集成。利用 Visual Studio.NET 等开发工具结合 MapX 控件来实现系统的图形和数据库的管理功能。选择 Office 系列产品或开发报表工具进行报表制作，选用三维动画制作工具包（OpenGL）制作三维管网图。

鉴于该城市供水公司现有的 SCADA 系统所用的数据库是 SQL Server 2000，所以，系统数据库也采用大型关系型数据库 SQL Server 2000 作为系统数据库。配合空间数据引擎 Spatial Ware，把 MapInfo 的图形与属性数据上传到数据库，从而实现统一管理。

14.4.4.4 系统功能

（1）数据输入、输出。供水管线竣工测量成果入库与普查成果入库使用相同标准与操作，系统同时提供相应的图形绘制、修改、编辑等功能；以及与 DXF 格式的数据交换，图形剪裁，打印与绘图输出，图形及属性录入和自定义输出等。

（2）统计查询。按图号、道路名、区域对可多幅任意范围的管线进行查询统计；根据所选管点、管线查询对应的属性；根据属性条件查相应的图形；按照管线类型、坐标、管径大小、埋设年代等各种属性进行管线、管点的组合查询。

（3）专题图制作。按管径、材质、埋设时间等绘制相应的专题图。

（4）空间分析。任意地点、任意角度横断面的自动生成与分析；管线纵断面的生成与分析；供水管线爆管事故的影响区域分析；管网平差计算与分析。

（5）供水管线工程综合。敷设新管线与已有管线在地下空间的布局应科学合理，需要综合考虑地上及地下各种影响因素，进行新管线的设计。供水管线工程综合功能是为新管线的规划设计提供帮助，本系统有以下功能：全市规划区供水干管的总体布置现状分析，供水管线与建（构）筑物之间水平间距判断与分析，以及交叉供水管线垂直净距判断与分析等。

（6）管线辅助设计功能。以国家有关管线工程的最小覆土深度、管线最小水平净距、管线交叉时的最小垂直净距等规定为准则，在地形图库、现状管线库的基础上，实现管线设计计算、分析、绘图以及方案比较。主要包括地下管线缓冲区分析、地下管线垂直净距设计分析、管线辅助设计以及管线点辅助设计。

（7）对外服务功能。生成供水管线报建图，用"供水综合管线图+大比例尺横断面图"取代原来的管线报建用图。

（8）与已有系统的衔接。通过采用标准数据库接口方式从 SCADA 系统读取配网数据，通过数据实时通信，进行流量及压力分析，对供水运行系统进行监控。与 MIS 收费系统衔接，从 MIS 收费系统中提取相关数据用于计算与分析。

（9）系统维护。提供本系统软件的安装程序作为系统的恢复工具；提供供水管线数据库的结构和存储方式说明资料。为保障系统的安全性，进行权限设置、数据定时备份和安全恢复。

◎ **本章重点和难点**

重点：地下管线的探测方法，城市地下管线测量和成果质量检验，管线数据处理和管线图编绘，城市地下管线网信息系统的建立、维护和应用。

难点：地下管线探测的电磁波法，已有地下管线普查测量的技术与方法，数字法测图中管线点的误差分析。

◎ **思考题**

（1）城市地下管线的现状存在哪些问题？

（2）城市地下管线探测的目的和意义何在？

（3）城市地下管线的探测方法有哪些？

（4）地下管线物探方法有哪些？

（5）地下管线探测仪的工作原理是什么？

（6）城市地下管线普查中的测量包括哪些内容？

（7）城市地下管线控制测量有何特点？

（8）城市地下管线外业测量主要有哪些工作？

（9）城市地下管线外业测量质量检验的原则和做法是什么？

（10）新建地下管线外业测量的质量自检报告包括哪些内容？

（11）何谓新建地下管线的定线测量和竣工测量？

（12）建立城市地下管线网信息系统有什么意义？

（13）城市供水管网系统应具备哪些功能？

参 考 文 献

[1] 中国基督教协会. 圣经[M]. 南京：爱德印刷有限公司，2009.

[2] 张正禄主编. 工程测量学[M]. 武汉：武汉大学出版社，2002.

[3] 张正禄等编著. 工程测量学[M]. 武汉：武汉大学出版社，2005.

[4] 张正禄编著. 工程测量学习题、课程设计和实习指导书[M]. 武汉：武汉大学出版社，2008.

[5] 张正禄编译. 现代工程测量控制网的理论和应用[M]. 北京：测绘出版社，1989.

[6] 张正禄，吴栋材，杨仁编著. 精密工程测量[M]. 北京：测绘出版社，1992.

[7] 张正禄，黄全义等编著. 工程的变形监测分析和预报[M]. 北京：测绘出版社，2007.

[8] 刘祖强，张正禄等编著. 工程变形监测分析预报的理论与实践[M]. 北京：中国水利水电出版社，2008.

[9] 张项铎，张正禄. 隧道工程测量[M]. 北京：测绘出版社，1998.

[10] 田应中，张正禄，杨旭. 地下管线网探测与信息管理[M]. 北京：测绘出版社，1997.

[11] 张正禄，司少先等编著. 地下管线探测和管网信息系统[M]. 北京：测绘出版社，2007.

[12] 高时浏，张正禄译. 地籍测量概论[M]. 北京：测绘出版社，1988.

[13] 张正禄，樊炳奎，董彦玲译. 联邦德国的地籍技术和方法[M]. 北京：国家测绘局，1988.

[14] 张正禄主编. 同等学力人员申请硕士学位测绘科学与技术学科综合水平全国统一考试大纲及指南[M]. 北京：高等教育出版社，1999.

[15] 李青岳主编. 工程测量学[M]. 北京：测绘出版社，1984.

[16] 李青岳，陈永奇主编. 工程测量学[M]. 北京：测绘出版社，2008.

[17] 陈永奇等编著. 高等应用测量[M]. 武汉：武汉测绘科技大学出版社，1996.

[18] 李永树主编，张正禄主审. 工程测量学[M]. 北京：中国铁道出版社，2011.

[19] 宁津生等编著. 测绘学概论[M]. 武汉：武汉大学出版社，2004.

[20] 张正禄. 数学辞海第五卷工程测量学辞条. 北京：中国科学技术出版社，2002.

[21] 黄声享，郭英起，易庆林. GPS在测量工程中的应用(第二版)[M]. 北京：测绘出版社，2012.

[22] 黄声享，尹晖，蒋征. 变形监测数据处理(第二版)[M]. 武汉：武汉大学出版社，2010.

[23] 黄声享，邱文华等．小浪底水利枢纽外部变形规律研究[M]．北京：测绘出版社，2008．

[24] 岳建平．工程测量[M]．北京：科学出版社，2006．

[25] 岳建平，邓念武．水利工程测量[M]．北京：中国水利水电出版社，2008．

[26] 岳建平，陈伟清．土木工程测量[M]．武汉：武汉理工大学出版社，2006．

[27] 岳建平，田林亚．变形监测技术与应用[M]．北京：国防工业出版社，2007．

[28] 冯兆祥，钟建驰，岳建平．现代特大型桥梁施工测量技术[M]．北京：人民交通出版社，2010．

[29] 岳建平，魏叶青，张永超．船舶建造工业测量系统[M]．北京：科学出版社，2011．

[30] 田林亚，岳建平等．工程控制测量[M]．武汉：武汉大学出版社，2011．

[31] 岳建平，方露．城市地面沉降监控理论与技术[M]．北京：科学出版社，2012．

[32] 孔祥元，郭际明，刘宗泉编著．大地测量学基础[M]．武汉：武汉大学出版社，2005．

[33] 许才军，申文斌，晁定波编著．地球物理大地测量学原理与方法[M]．武汉：武汉大学出版社，2005．

[34] 周忠谟，易杰军等编著．GNSS卫星测量原理与应用[M]．北京：测绘出版社，1997．

[35] 赖锡安，游新兆等译．卫星大地测量学[M]．北京：地震出版社，1998．

[36] 赵建虎主编．现代海洋测绘(上、下册)[M]．武汉：武汉大学出版社，2007．

[37] 张祖勋，张剑清编著．数字摄影测量学[M]．武汉：武汉大学出版社，2012．

[38] 胡鹏，游涟等．地图代数[M]．武汉：武汉大学出版社，2002．

[39] 杜明义主编．城市空间信息学[M]．武汉：武汉大学出版社，2012．

[40] 潘正风，程效军等编著．数字测图原理与方法[M]．武汉：武汉大学出版社，2004．

[41] 崔希璋，於宗俦，陶本藻等．广义测量平差[M]．北京：测绘出版社，1982．

[42] 於宗俦，于正林编著．测量平差原理[M]．武汉：武汉测绘科技大学出版社，1990．

[43] 武汉大学测绘学院测量平差学科组编著．误差理论与测量平差基础[M]．武汉：武汉大学出版社，2009．

[44] 李德仁．误差处理和可靠性理论[M]．北京：测绘出版社，1988．

[45] 陈永奇．变形观测数据处理[M]．北京：测绘出版社，1988．

[46] 冯文灏编著．工业测量[M]．武汉：武汉大学出版社，2004．

[47] 李广云，李宗春主编．工业测量系统原理与应用[M]．北京：测绘出版社，2011．

[48] 张小红著．机载激光雷达测量技术理论与方法[M]．武汉：武汉大学出版社，2007．

[49] 叶德培．测量不确定度理解评定与应用[M]．北京：中国计量出版社，2007．

[50] 孔祥元，潘正风等．注册测绘师资格考试基础训练[M]．北京：中国人事出版社，2011．

[51] 中华人民共和国国家标准．工程测量规范[S]（GB 50026—2007）．北京：中国计划出版社，2008．

[52] 中华人民共和国国家标准．国家一、二等水准测量规范[S]（GB/T 12897-2006）．北京：中国标准出版社，2006．

[53] 中华人民共和国行业标准．建筑变形测量规程［S］(JGJ 8-2007)．北京：中国建筑工业出版社，2007.

[54] 中华人民共和国行业标准．城市测量规范［S］(CJJ 8-99)．北京：中国建筑工业出版社，1999.

[55] 中华人民共和国行业标准．高速铁路工程测量规范［S］(TB 0601-2009/J 962-2009)．北京：中国铁道出版社，2010.

[56] 中华人民共和国行业标准．水利水电工程测量规范（规划设计阶段）［S］(SL 197-97)．北京：中国水利水电出版社，1997.

[57] 中华人民共和国行业标准．城市地下管线探测技术规程［S］(CJJ 61-2003)．北京：中国建筑工业出版社，2003.

[58] 中华人民共和国行业标准．混凝土坝安全监测技术规范［S］(DL/T5178-2003)．北京：中国电力出版社，2003.

[59] 中华人民共和国行业标准．精密工程测量规范［S］．北京：中国标准出版社，1995.

[60] 张正禄．论隧道施工三角网和边角网测量误差对贯通误差的影响和网的最优化设计．硕士论文，武汉测绘学院，1981.

[61] 张正禄．隧道施工地面导线网的合理布设［J］．武汉测绘学院学报，1982(1)：7~15.

[62] 张正禄．隧道施工三角网和边角网测量误差对横向贯通误差的影响和网的最优化设计［J］．测绘学报，1982(3)：203~213.

[63] 张正禄，A.安东诺甫罗斯．隧道测量的设计和平差［J］．武汉测绘科技大学学报，1985(2)：1~9.

[64] 张正禄．电子速测仪系统和自动化数据流［J］．测绘通报，1986(3)：26~32.

[65] 张正禄．模拟法测量控制网优化设计［J］．工程测量，1986(5)：1~4

[66] 张正禄．监测大区域地壳垂直形变的重复精密重力和水准测量联合平差模型［J］．测绘学报，1986(3)：208~215.

[67] 张正禄．变形监测网的灵敏度分析［J］．武汉测绘科技大学学报，1986(3)：105~113.

[68] 张正禄．重复精密重力测量对水准测量平差成果的加强和改善［J］．测绘学报，1987(1)：17~24.

[69] 张正禄，吴栋才，杨仁．精密工程测量讲座第1到第6讲［J］．工程测量，1987(1)~1987(6).

[70] 张正禄，王建国．秩亏自由网平差的一种近似解法［J］．工程测量，1988(4)：2~5.

[71] 丁窘辋，张正禄，潘正风．工程测量的发展趋势及实施对策．全国测绘行业科技发展论文选编，1988：1~3.

[72] 张正禄．第十届"工程测量国际讨论会"看工程测量的发展趋势［J］．工程勘察，1989(1)：68~69.

[73] 张正禄，李晓东．变形监测网优化设计的一种新算法［J］．武汉测绘科技大学学报，1989(2)：1~8.

[74] 张正禄，李晓东．观测值的灵敏度影响系数及其在监测网优化设计中的应用［J］．测绘学报，1989(4)：249~257.

[75] 张正禄，李晓东．局部相对误差椭圆—测量控制网的一种相邻精度[J]．测绘通报，1989(4)：9~13.

[76] 王金岭，张正禄．平面测量控制网数据自动化处理软件包[J]．工程勘察，1990(1)：54~57.

[77] 张正禄．国外地籍测绘发展动态[J]．测绘通报，1990(1)：26~30.

[78] 张正禄．异国测绘风情[J]．城乡测绘，1990(3).

[79] 张正禄．对"工程测量学"课教学的探讨[J]．高教研究，1991(4)，16~18.

[80] 张正禄，邓克寰．宝钢引水库大坝水平位移监测评价和变形分析[J]．武汉测绘科技大学学报，1992(4)，26~32.

[81] 张正禄．当代测绘科技在工程测量领域中的发展及其应用[J]．四川测绘，1992(1)：3~7.

[82] 张正禄．工程平面控制网模拟法优化设计策略[J]．武测科技，1993(1)：1~5.

[83] 张正禄，金国胜，李清泉．矿岩界线的自动推断[J]．武汉测绘科技大学学报，1994(3).

[84] 张正禄．工程测量学科发展若干问题的思考[J]．全国测绘行业科技发展战略研讨会论文．1995.10.

[85] 张正禄，巢佰崇．地面控制测量工程一体化自动化系统的研究与实现[J]．武测科技，1995(3)：10~15.

[86] 方国柱，张正禄，章传银．工程高边坡稳定性评价的信息量法[J]．武汉测绘科技大学学报，1996(4)：344~349.

[87] 张正禄．测量工程专业及其教学改革探讨[J]．测绘高教研究，1997(4).

[88] 张正禄教授简介．武汉测绘科技大学学报，1991(1)：90.

[89] 章传银，张正禄．变形体的稳定性及其定量分析方法初探[J]．测绘学报，1997(4).

[90] 邓跃进，王葆元，张正禄．边坡变形分析与预报的模糊人工神经网络方法[J]．武汉测绘科技大学学报，1998(1)：26~31.

[91] 邓跃进，张正禄．测量控制网优化设计专家系统研究[J]．武汉测绘科技大学学报，1998(2)：105~110.

[92] 冯琰，张正禄等．最小独立闭合环与附合导线自动生成算法[J]．武汉测绘科技大学学报，1998(3)：255~259.

[93] 罗年学，张正禄．WIN95现代测量控制网数据处理通用软件的若干技术和算法[J]．水利水电科技论文集，1998，169~174.

[94] 张正禄．工程测量学的发展现状和趋势[J]．武汉测绘科技大学学报增刊，1999.2.

[95] 蒋征，张正禄．变形模式的拓扑约束识别[J]．测绘学报，1999(4)：330~334.

[96] 张正禄，黄全义等．全站式地面测量工程一体化自动化系统研究[J]．武汉测绘科技大学学报，1999(1)：79~82.

[97] 邓跃进，董兆伟，张正禄．大坝变形失稳的尖点突变模型[J]．武汉测绘科技大学学报，1999(2)：170~173.

[98] 郭际明，梅文胜，张正禄等．测量机器人系统构成与精度研究[J]．武汉测绘科技大学

学报，2000(5)：421~425.

[99] 张正禄. 工程测量学的发展评述[J]. 测绘通报，2000(1)：11~14，2000(2)：9~10.

[100] 张正禄，黄全义等. 论测绘工程专业本科教育的实践性教学[J]. 武汉测绘科技大学学报，2000 增刊：25~26.

[101] 罗年学，张正禄等. 工程网模拟设计与数据处理计算机辅助教学设计[J]，武汉测绘科技大学学报，2000 增刊：53~55.

[102] 张正禄，郭际明等. 超站式集成测绘系统 STGPS 研究[J]. 武汉大学学报(信息科学版)，2001(5)：446~450.

[103] 郭际明，张正禄等. GPS 与 TPS 集成超站仪的数据转换研究[J]. 武汉大学学报(信息科学版)，2001(1)：46~50.

[104] 张正禄，罗年学等. 一种基于可靠性的工程控制网优化设计新方法[J]. 武汉大学学报(信息科学版)，2001(4)：354~360.

[105] 黄全义，张正禄等. 论测绘工程专业地面测量实习的改造[J]. 测绘通报，2001(9)：41~43.

[106] 张正禄，郭际明等. 超站仪定位系统概述[J]. 测绘信息与工程，2001(2)：40~42.

[107] 黄全义，张正禄. 神经网络专家系统在大坝变形预测中的应用[J]. 测绘信息与工程，2001(3)：13~15.

[108] 张正禄. 测量机器人[J]. 测绘通报，2001(5)：17.

[109] 张正禄. 工程测量学的若干进展[J]. 水利水电测绘，2001(4)：6~7.

[110] 张正禄. 论工程测量学科的现状和教材建设[J]. 测绘通报，2002(6)：61~63.

[111] 张正禄，张松林等. 大坝安全监测、分析与预报的发展综述[J]. 大坝与安全，2002(5)：13~16.

[112] 张正禄，张松林等. 特高精度水电站施工控制网分析与研究[J]. 大坝与安全，2002(5)：17~20.

[113] 张正禄，张松林等. 珊溪电站施工控制网的模拟计算和优化设计[J]. 大坝与安全，2002(5)：43~46.

[114] 张正禄，张松林等. 锦屏辅助洞工程 GPS 平面施工控制探讨[J]. 大坝与安全，2002(5)：39~42.

[115] 张正禄，梅文胜等. 用测量机器人监测三峡库区典型滑坡研究[J]. 湖北地矿湖北省三峡库区地质灾害防治论文专辑，2002(4)：56~59.

[116] 张正禄，李静年等. 超站仪 HD-STGPS 的基线向量解算[J]. 测绘信息与工程，2002(3)：36~37.

[117] 张正禄. 工程的变形分析与预报方法研究进展[J]. 测绘信息与工程，2002(5)：37~39.

[118] 黄全义，张正禄等. 现代工程测量的发展与应用研究[J]. 大坝与安全，2002(5)：7~12.

[119] 梅文胜，张正禄等. 测量机器人变形监测软件系统研究[J]. 武汉大学学报(信息科学版)，2002(2)：165~171.

[120] 罗年学，张正禄等. 基于 AutoCAD 的 HD-STGPS 超站仪碎部测量数据采集系统的实现

[J]. 测绘信息与工程，2002(1)：26~27.

[121] 黄全义，张正禄等. HD-STGPS 超站仪在线路测设和工程放样中的应用研究[J]. 测绘信息与工程，2002(1)：28~30.

[122] 张正禄. 工程测量学的研究发展方向[J]. 现代测绘. 2003(3)：3~6.

[123] 张正禄，冯琰等. 多维粗差定位与定值的算法研究及实现[J]. 武汉大学学报(信息科学版)，2003(4)：400~404.

[124] 张正禄，张松林. 施工控制测量监理的理论和实践[J]. 水利水电测绘科技论文集. 武汉：湖北辞书出版社，武汉：268~270.

[125] 张正禄，张松林等. 20~50km 超长隧道(洞)横向贯通误差允许值研究[J]. 测绘学报，2004(1)：83~88.

[126] 张松林，张正禄等. GPS 平面控制网的模拟设计计算方法及其应用[J]. 武汉大学学报(信息科学版)，2004(8)：711~714.

[127] 张正禄. 论工程测量学的发展特点和研究方向. 教育新发展，2004(6)：1~2.

[128] 罗长林，张正禄等. 数字水果湖水下地形和淤泥厚度测量. 测绘信息与工程，2004(4)：29~30.

[129] 文鸿雁，张正禄. 小波分析与傅里叶变换相结合在探测周期性变形中的应用[J]. 测绘通报，2004(4)：14~6.

[130] 张正禄. 工程测量学的发展评述[M]. 北京：红旗出版社，2004(3)：513~516.

[131] 张正禄，黎明等. 等距等高电磁波测距三角高程测量及精度分析[J]. 现代测绘，2005(1)：3~4.

[132] 张正禄. 工程测量学教材的体系结构研究[J]. 教育研究论坛杂志，2005(3)：61~63.

[133] 张正禄，邓勇等. 精密三角高程代替一等水准测量的研究[J]. 武汉大学学报信息科学版，2006(1)：5~8.

[134] 张正禄，邓勇等. 瑞士的测绘教育述评[J]. 测绘通报，2006(3)：64~66.

[135] 张正禄，邓勇等. 利用 GPS 精化区域似大地水准面[J]. 大地测量与地球动力学，2006(4)：14~17.

[136] 张正禄，罗长林等. 论精密工程测量及其应用[J]. 测绘通报，2006(5)：17~20.

[137] 张正禄，邓勇等. 大气折光对边角测量影响及对策研究[J]. 武汉大学学报(信息科学版)，2006(6)：37~40.

[138] 刘旭春，张正禄. 云阳宝塔滑坡监测的变形模式识别与分析[J]. 测绘科学，2006(1)：38~40.

[139] 刘旭春，张正禄等. 地基 GPS 遥感大气水汽含量中加权平均温度获取方法的比较分析[J]. 北京建筑工程学院学报，2006(2)：38~40.

[140] 刘旭春，张正禄等. 利用 GPS 技术遥感哈尔滨地区大气可降水量的分析[J]. 测绘通报，2006(4)：10~12.

[141] 刘旭春，张正禄等. GPS 三频数据在周跳和粗差探测与修复中的应用[J]. 煤炭学报，2006(5)：585~588.

[142] 张正禄，罗长林等. 大型水利枢纽工程高精度平面控制网设计研究——以向家坝为例[J]. 测绘通报，2007(1)：33~35.

[143] 罗长林，张正禄等．基于改进的高斯-牛顿法的非线性三维直角坐标转换方法研究[J]．大地测量与地球动力学，2007(1)：50~54．

[144] 刘旭春，张正禄等．GPS 反演大气综合水汽含量的影响因素分析[J]．测绘科学，2007(2)：21~23．

[145] 刘旭春，张正禄等．利用 GPS 监测两起太阳耀斑事件的结果分析[J]．测绘科学，2007(5)：11~13．

[146] 张正禄，彭璇等．论附合导线及其之改进[J]．测绘通报，2007(10)：1~3．

[147] 罗长林，张正禄等．三维直角坐标转换的一种阻尼最小二乘稳健估计法[J]．武汉大学学报(信息科学版)，2007(8)：707~710．

[148] 刘祖强，张正禄等．三峡工程近坝库岸滑坡变形监测方法试验研究[J]．工程地球物理学报，2008(3)：351~355．

[149] 张正禄，邓勇等．测量控制网优化设计的可靠性准则法[J]．测绘科学，2008(2)：23~24．

[150] 周京春，张正禄等．地下管线信息系统建设中的若干核心问题探讨[J]．测绘通报，2008(10)：53~55．

[151] 张正禄．论工程测量学课程的教学改革[J]．测绘通报，2009(4)：71~73．

[152] 张正禄，邓勇等．滑坡变形分析与预报的新方法研究[J]．武汉大学学报(信息科学版)，2009(12)：1387~1389．

[153] 张正禄，王小敏．模糊神经网络在变形分析与预报中的应用研究[J]．武汉大学学报(信息科学版)，2010(1)：6~8．

[154] 张正禄，邓勇等．锦屏辅助洞施工控制网布设研究[J]．武汉大学学报(信息科学版)，2010(7)：794~797．

[155] 张正禄，罗年学等．COSA_CODAPS 及在精密控制测量数据处理中的应用[J]．测绘信息与工程，2010(2)：52~54．

[156] 邓勇，张正禄等．模糊聚类及其在滑坡监测中的应用研究[J]．测绘科学，2010(4)：163~165．

[157] 张正禄，孔宁等．地铁变形监测方案设计与变形分析[J]．测绘信息与工程，2010(6)：25~27．

[158] 张正禄，沈飞飞等．徕卡新型全站仪 TS 30 的测评和开发研究[J]．测绘信息与工程，2011(1)：52~542．

[159] 张正禄．论测量的广义可靠性及其应用[J]．水利水电测绘，2011(3)：7~10．

[160] 张正禄，沈飞飞等．地铁隧道变形监测基准网点确定的一种方法[J]．测绘科学，2011(4)：98~99．

[161] 邓勇，张正禄．工程测量中的坐标转换相关问题探讨[J]．测绘科学，2011(5)：28~30．

[162] 张正禄．徕卡图像全站仪 TS15 及其应用评述[J]．测绘通报，2012(1)：98~99．

[163] 张正禄，范国庆等．测量的广义可靠性研究[J]．武汉大学学报(信息科学版)，2012(5)：577~581．

[164] 张正禄，张松林．关于测量中可靠性理论的哲学思想[J]．测绘科学．2012(4)：

28~30.

[165] 张正禄，罗年学等．地面网平差通用软件包 COSA_ CODAPS 及其应用[J]．武汉：长江出版社．水利水电测绘科技论文集：2012.232~234.

[166] 张正禄．若干测量理论的哲学思考[J]．武汉：长江出版社．水利水电测绘科技论文集：2012. 327~328.

[167] 黄声享．监测网的稳定性分析[J]．测绘信息与工程，2001(3)：16~19.

[168] 黄声享，柳响林．GPS 定位技术在高层建筑施工基准传递中的应用[J]．测绘工程，2001，10(1)：37~40.

[169] 黄声享，向东．GPS 系列化教学实习的设计与实践[J]．测绘通报，2004，(10)：64~66.

[170] 黄声享，刘星等．利用 GPS 测定大型桥梁动态特性的试验及结果[J]．武汉大学学报（信息科学版），2004，29(3)：16~19.

[171] 黄声享，李志成．工程建筑沉降预测的非等间距灰色建模[J]．地理空间信息，2004，2(1)：41~43.

[172] 刘大伟，黄声享．GPS 桥梁控制网精度估算方法的探讨[J]．测绘信息与工程，2004，29(1)：15~16.

[173] 黄声享，吴文坛等．大跨度斜拉桥 GPS 动态监测试验及结果分析[J]．武汉大学学报（信息科学版），2005，30(11)：999~1002.

[174] 刘文建，黄声享等．CORS 系统组网方案探讨[J]．测绘信息与工程，2006，31(2)：44~45.

[175] 曾怀恩，黄声享等．GPS-RTK 技术在荆岳大桥钢护筒放样中的应用[J]．测绘信息与工程，2007，32(4)：21~23.

[176] 黄声享，杨保岑等．苏通大桥主梁施工期 GPS 实时监测系统的坐标转换[J]．桥梁建设，2008，184(1)：77~79.

[177] 殷文彦，黄声享等．超高层倾斜建筑周日变形监测数据分析[J]．测绘信息与工程，2008，33(2)：19~21.

[178] 黄声享，杨保岑等．GPS 动态几何监测系统在桥梁施工中的应用研究[J]．武汉大学学报(信息科学版)，2009，34(9)：1072~1075.

[179] 黄声享，杨保岑等．苏通大桥施工期几何监测系统的建立与应用研究[J]．测绘学报，2009，38(1)：66~72.

[180] 黄声享，张翠峰等．大坝监测资料的整编分析方法[J]．测绘工程，2009，18(6)：4~6.

[181] 张建坤，黄声享等．GPS 技术在滑坡变形监测中的应用[J]．地理空间信息，2009，7(6)：110~112.

[182] 刁建鹏，黄声享．CCTV 新台址主楼变形监测分析[J]．测绘工程，2009，18(5)：63~65.

[183] 陈强，黄声享等．GPS RTK 技术在城镇地籍二调中的应用[J]．工程勘察，2009(10)：75~77.

[184] 黄声享，陈晶晶等．GPS 测量实践教学的尝试[J]．实验室研究与探索，2010，29(3)：

121~123.

[185] 黄声享，罗力等．地面微波干涉雷达与 GPS 测定桥梁挠度的对比试验分析[J]．武汉大学学报(信息科学版)，2012，37(10)：1173~1176.

[186] 罗力，黄声享等．三峡库区滑坡监测 GPS 控制点的稳定性分析[J]．测绘通报，2012增刊：135~138.

[187] 刘成龙，张焕新等．虎门大桥 270m 连续刚构桥施工测量控制与挠度监测．广州：中国土木工程学会桥梁及结构工程学会第十二届年会，1996：447~455.

[188] 刘成龙，李振伟．现代桥梁施工平面控制网建网方法研究[J]．桥梁建设，2002(6)：23~26.

[189] 李振伟，刘成龙．汕头宕石大桥施工测量控制[J]．公路，1999(1)：10~13.

[190] 刘成龙，杨天宇．基于 BP 神经网络的 GPS 高程拟合方法的探讨[J]．西南交通大学学报，2007，42(2)：148~152.

[191] 刘成龙，杨友涛等．高速铁路 CPⅢ交会网必要测量精度的仿真计算[J]．西南交通大学学报，2008，43(6)：718~723.

[192] 张忠良，杨友涛，刘成龙．轨道精调中后方交会点三维严密平差方法研究[J]．铁道工程学报，2008(5)：33~36.

[193] 王鹏，刘成龙等．无砟轨道 CPⅢ自由设站边角交会网平差概略坐标计算方法研究[J]．铁道勘察，2008(3)：26~29.

[194] 徐小左，刘成龙等．无砟轨道精调中 CPⅢ网点稳定性检测方法的研究[J]．铁道工程学报，2008(9)：21~25.

[195] 刘成龙，王鹏．基于坐标协因数阵的 GPS 网隧道横向贯通中误差严密计算方法研究[J]．铁道学报，2009(1)：74~77.

[196] 程昂，刘成龙等．CPⅢ平面网必要点位精度的研究[J]．铁道工程学报，2009(1)：44~48.

[197] 王国昌，徐小左，刘成龙．高速铁路 CPⅢ平面网的闭合差研究及其应用[J]．铁道学报，2009(5)：79~83.

[198] 付建斌，刘成龙等．基于自由测站的高速铁路 CPⅢ高程控制网建网方法研究[J]．铁道工程学报，2010(11)：32~37.

[199] 黄志伟，刘成龙等．高速铁路 CPⅢ平面控制网相邻区段搭接方法研究[J]．铁道科学与工程学报，2010(6)：111~115.

[200] 付恒友，刘成龙等．CRTSⅡ型轨道板精调标准框标定的方法研究[J]．铁道科学与工程学报，2011(5)：79~83.

[201] 张绪丰，刘成龙等．2C 互差对 CPⅢ平面网精度影响的仿真计算与分析[J]．铁道工程学报，2011 (1)：15~19.

[202] 赵梦杰，刘成龙等．CPⅢ平面网半盘位观测的可行性研究与分析[J]．铁道工程学报，2011 (1)：20~24.

[203] 李书亮，刘成龙等．高速铁路 CPⅢ高程控制网测量方法研究[J]．测绘科学，2011 (1)：45~47.

[204] 王磊，刘成龙等．高速铁路自由设站 3 维整体平差计算及精度评定[J]．测绘科学技术

学报，2011（4）：258~261.

[205] 郑健，刘成龙等．轨道基准网高程测量及其数据处理方法的探讨[J]．铁道建筑，2011
（8）：121~124.

[206] 刘成龙，杨雪峰等．高速铁路 CPⅢ三角高程网构网与平差计算方法[J]．西南交通大
学学报，2011（3）：434~439.

[207] 刘成龙，杨雪峰．高速铁路轨道基准网平面网精度评定方法研究[J]．测绘科学技术学
报，2012（6）：401~405.

[208] 刘成龙，杨雪峰等．基于测量机器人的二等高程控制测量新方法[J]．西南交通大学学
报，2013（1）：69~74.

[209] 田永瑞，初东等．隧道 GPS 网贯通误差预计方法研究．地球探测科学与技术新进展，
2002.10：41~44.

[210] 初东，田永瑞等．GPS 直伸型隧道平面控制测量贯通精度可靠性标准[J]．长安大学
学报（自然科学版），2002（1）：252~254.

[211] 杨志强，田永瑞等．高精度磁悬浮陀螺全站仪系统构建、关键技术及工程应用研究报
告，2009.01.

[212] 徐万鹏．对高速铁路工程测量的几点看法[J]．铁道工程学报，1999（4）：29~32.

[213] 徐万鹏．影响高耸构筑物施工精度的主要因素及对策[J]．测绘通报，1999（6）：
22~25.

[214] 徐万鹏．隧道位移监测新方法[J]．铁道工程学报，2000（2）：65~68.

[215] 徐万鹏．绝对变形量的相对位移法监测[J]．铁道工程学报，2006（8）：49~52.

[216] 徐万鹏．基于 CPⅢ网的板式无砟轨道精调系统[J]．铁道工程学报，2011（7）：53~58.

[217] 徐万鹏．基于椭球基准的高速铁路 CPⅢ网三维平差技术[J]．铁道工程学报[J]，2012
（7）：5~10.

[218] 徐万鹏．高速铁路精密测量基准的确定[J]．铁道工程学报，2012（9），7~12.

[219] 徐万鹏．光滑三次多项式面积公式及几种面积公式的对比分析[J]．测绘通报，1999
（5），30~32.

[220] 岳建平，谢波等．工程控制网信息管理与可视化方法研究[J]．测绘通报，2005（5）：
40~43.

[221] 岳建平．大坝安全监测专家系统研究[J]．测绘通报，2000（6）：7~9.

[222] 岳建平，刘军．大型桥梁施工测量信息管理系统研制[J]．测绘通报，2004（8）：
44~46.

[223] 岳建平，郑德华．《工程测量学》课程教学质量保证措施[J]．测绘工程，2006（1）：
73~75.

[224] 岳建平，秦茂芬．观测条件对数字水准仪读数的影响试验[J]．测绘通报，2006（9）：
69~71.

[225] 岳建平，马保卫．空间距离交会原理及应用[J]．测绘通报，2006（11）：38~39.

[226] 岳建平，方露等．变形监测理论与技术研究进展[J]．测绘通报，2007（7）：1~4.

[227] 岳建平，魏叶青．自由设站法形体检测数据匹配算法及精度分析[J]．测绘通报，2007
（10）：7~9.

[228] 黎昵，岳建平. 改进模糊神经网络模型及其在大坝监测中的应用[J]. 水电自动化与大坝监测，2007(1)：74~76.

[229] 段鹏，岳建平等. 基于遗传规划模型的大坝变形监测预报模型[J]. 水电自动化与大坝监测，2007(5)：66~68.

[230] 黎昵，岳建平. 光纤变形传感技术及其应用分析[J]. 测绘通报，2007(11)：34~36.

[231] 李珂，岳建平等. 改进的遗传神经网络模型及其在变形监控中的应用[J]. 大坝与安全，2007(5)：65~68.

[232] 席广永，岳建平等. 基于联合推理机制的大坝安全监测专家系统研究[J]. 测绘通报，2008(11)：24~26.

[233] 岳建平，方露. 城市地面沉降监控技术研究进展[J]. 测绘通报，2008(3)：1~4.

[234] 李珂，岳建平等. 大坝变形分析遗传神经网络模型的改进[J]. 测绘工程，2008(2)：22~25.

[235] 岳建平，魏叶青等. 船舶建造测量分析系统研究[J]. 测绘通报，2008(10)：20~22.

[236] 岳建平，席广永等. 基于多小波的分布式光纤温度传感监测数据处理[J]. 河海大学学报，2008(5)：675~678.

[237] 蔡东健，岳建平等. JSCORS 系统实时定位性能测试与分析[J]. 测绘通报，2009(7)：19~21.

[238] 陈本富，岳建平等. 二次定权平差法在边角网平差中的应用[J]. 测绘通报，2009(10)：18~20.

[239] 魏叶青，岳建平等. 基于 WinCE 的嵌入式工业测量系统研究与开发[J]. 测绘通报，2009(10)：38~40.

[240] 杨柳，岳建平. 时变参数模型在边坡变形分析中的应用研究[J]. 测绘通报，2010(3)：21~23.

[241] 蔡东健，岳建平等. 基于遗传算法的小波神经网络模型在地面沉降监控中的应用[J]. 测绘通报，2010(8)：34~36.

[242] 岳建平，方露. "工程测量学"课程教学方法探讨[J]. 测绘通报，2011(1)：91~93.

[243] 丛康林，岳建平. 基于 SVR 的 GPS 高程拟合模型研究[J]. 测绘通报，2011(2)：8~11.

[244] 岳建平，方露. 工程测量研究现状与发展探讨[J]. 测绘通报，2011(3)：20~21.

[245] 方露，岳建平等. 基于地下水位变化的城市地面沉降确定性模型研究[J]. 测绘通报，2011(8)：20~22.

[246] 郭腾龙，岳建平等. 测量机器人 ATR 智能测量程序研制[J]. 现代测绘，2011(1)：3~4.

[247] 岳建平，甄宗坤. 基于粒子群算法的 Kriging 插值在区域地面沉降中的应用[J]. 测绘通报，2012(3)：59~62.

[248] 蔡东健，岳建平等. 改进的小波阈值去噪方法在 CORS 数据处理中的应用研究[J]. 测绘通报，2012(4)：4~7.

[249] 周保兴，岳建平等. 道路复合曲线放样元素的快速计算及精度评定[J]. 河海大学学报，2012(5)：576~581.

[250] 宗焕玲，岳建平．集对分析聚类预测法在大坝变形分析中的应用[J]．水电自动化与大坝安全，2012(1)：65~67.

[251] 陈本富，岳建平等．统计检验在判定精密工程测量随机模型质量中的应用[J]．工程勘察，2012(3)：59~62.

[252] 陈本富，岳建平等．非线性模型实用处理方法探讨[J]．测绘科学，2012(3)：38~39.

[253] 郭腾龙，岳建平．测量机器人 ATR 性能分析与测试[J]．测绘通报，2012(8)：92~94.

[254] 林嘉睿，邾继贵等．现场大空间测量中精密三维控制网的建立[J]．机械工程学报，2012(4)：6~11.

[255] Hans Pelzer (Hrsg). Geodatische Netze in Landes und Ingenieurvermessung I. Konrad Wittwer, Stuttgart, 1980.

[256] Hans Pelzer (Hrsg). Geodatische Netze in Landes und Ingenieurvermessung II. Konrad Wittwer, Stuttgart, 1985.

[257] Hans Pelzer (Hrsg). Ingenieurvermessung. Verlag Konrad Wittwer. Stuttgart, 1987.

[258] Ingenieurvermessung 84 IX Internationalen Kurs fuer Ingenieurvermessung. Graz, 1984.

[259] Ingen ieurvermessung 84 X Internationalen Kurs fuer Ingenieurvermessung. Muenchen, 1988.

[260] Ingenieurvermessung 96 XII Internationalen Kurs fuer Ingenieurver messung. Graz, 1996.

[261] Ingeni eurvermessung 2004. 14th International Course on Engineering Surveying. ETH Zuerich, 2004.

[262] Schnaedelbach K, Ebener H. Ingenieurvermessung 88. Duemmler, Bonn, 1988.

[263] Heribert Kahmen. Vermessungskunde. Walter de Gruyter, Berlin New York, 1997.

[264] Heribert Kahmen. Hybrid Measurement Robots in Engineering Surveys. ISPRS Congres, Washington, 1992.

[265] Gruen A, Kahmen H. (Hrsg). Optical 3D Measurement Techniques III Wichmann Verlag. HuethigGmbH, Heidelbert, 1995.

[266] Brandstaetter (Hrsg). Ingenieurvermessung 96. Duemmler, Bonn, 1996.

[267] Welsch/ Heunecke/Kuhlmann. Ausgleichung geodaetischer Ueberwachungsmessungen. Herbert Wichmann Verlag Heidelberg, 2000.

[268] Guenter Seeber. Satellite Geodesy. Walter de Gruyter, Berlin New York, 2003.

[269] Chen Y. Report of the Chairman of Commission 6. FIG XXI International Congress 7. Brighton UK, FIG Commission 6. Engineering Surveys, 1998.

[270] Zhang Zhenglu, Li Xiaodong. A new optimization method for monitoring networks based on the sensitivity criterion. ZfV, 1990(6), 247~253.

[271] Zhang Zhenglu, Li Xiaodong. Optimization of monitoring networks according to the sensitivity coefficients of observations, FIG Symposium. Beijing, 1991.

[272] Zhang Zhenglu. Zur Auswertung und Analyse der horizontalen Verschiebungen eines gebauten Damms von Bao Gang Wasserumleitungsreservoir, 6th International FIG Symposium on Deformation Measurements. Hannover F. R. Germany, 1992.

[273] Zhang Zhenglu, Jin Guosheng, etc. The study of graphic dataprocessing in geology and survey information management system of underground mine. Das Markscheidewesen, 1995 (2).

[274] Zhang Zhenglu, etc. Research into an Automatic System of Terrestrial Control Surveying Data Gathering and Processing. Festschrift Hannover, 1996(209): 241~248.

[275] Zhang Zhenglu, etc. Precise leveling of very long Qinling Mountain Tunnel Geo-Spatial Information Scince, Vol. 3, No. 1 2000(1): 57~61.

[276] Zhang Zhenglu, Huang Qianyi, etc. Research on Geological Landslide Problems Related on the Three Gorges Project. IAG Workshop on Monitoring of Constructions and Local Geodynamic Process. Wuhan, China, 36~44, 2001.

[277] Zhang Chuanyin, Zhang Zhenglu. Deformation Data Processing Approach from the Viewpoint of Deformation Reference Frame. IAG Workshop on Monitoring of Constructionsand Local Geodynamic Process Wuhan, China, 204~215, 2001.

[278] Jiang Zheng, Zhang ZhengLu. Stochastic process of Landslide and Prediction. IAG Workshop on Monitoring of Constructions and Local Geodynamic Process Wuhan, China, 129~136, 2001.

[279] Wen Hongyan, Zhang ZhengLu. Detection of the Periodical Signal in the Deformation Analysis. IAG Workshop on Monitoring of Constructions and Local Geodynamic Process Wuhan, China, 171~177, 2001.

[280] Guo Jiming, LUO Nianxue, Zhang Zhenglu, etc. GPS Network Adjustment and Coordinate Transformation for Deformation Monitoring Project. IAG Workshop on Monitoring of Constructions and Local Geodynamic Process Wuhan, China, 237~242, 2001.

[281] Zhang Zhenglu, Zhang Songlin. A Method for design of GPS horizontal network with simulative calculating. Festschrift Univ-Prof. Dr. -Ing. Habil. Dr. h. c. mult. Hans. Pelzer zur Emeritierung anlaesslich seines 68. Geburtstages. Hannover, 2004. 211~219.

[282] Zhang Zhenglu, Zhang Songlin. Research on the allowable value of Lateral Breakthrough Error for super long Tunnel from 20 to 50 Kilometers. Ingenieurvermessung 2004. 14th International Course on Engineering Surveying ETH Zuerich Contributions. 51~60.

[283] Zhang Jun, Zhang Zhenglu, etc. An Approach of Adaptive Genetic Algorithm to Prevent Group Premature Convergence based on Distance, ISICA, 56~62, 2005.

[284] Zhang Zhenglu, Zhang Kun, etc. Research on Precise Triangulated Height in place of First Order Leveling. Geo-Spatial Information Science, Vol. 8, 2005(4): 235~239.

[285] Zhang Zhenglu, Deng Yong, etc. Influence of atmospheric refraction to horizontal angle surveying. Geo-Spatial Information Science, Vol. 9, 2006(3): 157~161.

[286] Zhang Zhenglu, Luo Changlin, etc. Design of High Precision Horizontal Control Network for large-scale Hydropower Project. Geo-SpatialInformation Science, Vol. 9, 2006 (4): 235~239.